Die Wechselstromtechnik.

Herausgegeben

von

E. Arnold,

Professor und Direktor des Elektrotechnischen Instituts
der Großherzoglichen Technischen Hochschule Fridericiana zu Karlsruhe.

Dritter Band.

Die Wicklungen der Wechselstrommaschinen

von

E. Arnold.

Zweite, vollständig umgearbeitete Auflage.

Berlin.
Springer-Verlag Berlin Heidelberg GmbH
1912.

Die Wicklungen

der

Wechselstrommaschinen.

Von

E. Arnold,

Professor und Direktor des Elektrotechnischen Instituts
der Großherzoglichen Technischen Hochschule Fridericiana zu Karlsruhe.

Zweite, vollständig umgearbeitete Auflage.

Mit 463 Textfiguren und 5 Tafeln.

Berlin.
Springer-Verlag Berlin Heidelberg GmbH
1912.

Additional material to this book can be downloaded from http://extras.springer.com

ISBN 978-3-642-88978-3   ISBN 978-3-642-90833-0 (eBook)
DOI 10.1007/978-3-642-90833-0

Softcover reprint of the hardcover 2nd edition 1912

Vorwort.

Die vorliegende zweite Auflage dieses Buches behandelt die Wicklungen der elektrischen Maschinen, die Wechselstromwicklungen, die in sich die Gleichstromwicklungen als Spezialfall enthalten. Es ist dies das Gebiet, dem der Verfasser einen großen Teil seiner Lebenskraft widmete und in dem er seinen Namen auf immer mit der Elektrotechnik verflochten hat.

Fußend auf den grundlegenden Erfindungen von Pacinotti (1865), Gramme (1875), die den Ringanker mit Parallelschaltung angaben, von v. Hefner-Alteneck, dem wir den Trommelanker verdanken, von Andrews-Perri (1882), die die Reihenschaltung des Ringankers erfanden, stellte er das Gemeinsame aller Wicklungen zusammen und gab fortschreitend neue Möglichkeiten und Lösungen.

Im März 1891 erschien das erste Werk des Verstorbenen „Die Ankerwicklungen der Gleichstromdynamomaschinen". Schon in diesem Buch trat die volle Klarheit hervor, die Arnold auf diesem bis dahin unaufgeklärten und verwickelten Gebiet sich erworben hatte, und die sich zu seiner „Schaltungsregel" verdichtete. In dem Vorwort sagt er selbst: „Die besonderen und gemeinsamen Eigenschaften der verschiedenen Wicklungen lassen sich mit Hilfe der Schaltungsregel genau feststellen, die Verwandtschaft der Ring-, Trommel- und Scheibenankerwicklungen geht daraus deutlich hervor und der Übergang von einer Wicklung zur andern läßt sich ohne Schwierigkeiten bewerkstelligen."

Die Schaltungsregel umfaßt jedoch nicht nur die bekannten Wicklungen, sondern dieselbe leistet wesentlich mehr, sie gibt eine allgemeine Lösung des Wicklungsproblems.

Als Arnold 1902 sein umfassenderes Werk, die Gleichstrommaschine, Theorie und Konstruktion schrieb, nahm er die Ankerwicklungen als einen Teil dieses Buches auf.

Als hauptsächlichste praktische Erfolge dieser tiefen Erkenntnis will ich nur kurz die Reihenparallelschaltung, die Reihenparallelschaltung mit Äquipotentialverbindungen und die abgeänderten Gleichstromwicklungen erwähnen. In diesem Bande hat der Verstorbene zum letztenmal seine ganzen Erfahrungen zusammengefaßt und niedergelegt. Der Band erscheint leider nach dem Tode seines Verfassers. Prof. E. Arnold hat jedoch die Fertigstellung des Manuskriptes noch persönlich besorgt und auch den Anfang der Drucklegung überwacht.

Die Einteilung des Stoffes ist im wesentlichen dieselbe geblieben als in der ersten Auflage.

In der Einleitung ist das Potentialdiagramm ausführlich behandelt und sind an Hand des allgemeinen Induktionsgesetzes die tatsächlichen Induktionsvorgänge in Wechselstrommaschinen analysiert und eingehend erörtert. In Kap. III sind die Teillochwicklungen, die neuerdings zur Erzielung sinusförmiger EMK-Kurven viel verwendet werden, eingefügt. Die Theorie der Wicklungen zur Erzielung verschiedener Polzahlen ist entsprechend erweitert und sind die Schaltungen, zur Vermeidung unsymmetrischer Feldformen, angegeben.

Ferner ist die Anwendung der Reihenparallelschaltung mit Äquipotentialverbindungen die, außer bei Umformern, neuerdings eine ausgedehnte Anwendung bei Wechselstromkommutatormotoren finden, eingehend beschrieben.

Ferner ist in einem neuen Kapitel die experimentelle Bestimmung der Wicklungsfaktoren eingehend behandelt und die in experimenteller Weise ermittelten Werte sind mit den berechneten verglichen. Die Grundlage dieses Kapitels ist auf die von Dr.-Ing. O. Stern im elektrotechnischen Institut in Karlsruhe auf Anregung von Prof. Arnold ausgeführten Versuche aufgebaut.

Die Abschnitte, die die Konstruktion der verschiedenen Wicklungen behandeln, haben durch die rasche Entwicklung des Großmaschinenbaues besonders großes Interesse erreicht. Die Befestigung der Wicklungsköpfe bei großen und schnellaufenden Synchronmaschinen, hat nämlich bei den enormen, mechanischen Beanspruchungen der Wicklung, die sie bei plötzlichen Stromstößen und Kurzschlüssen erfährt, eine sehr große Bedeutung erlangt. Es ist deswegen auch den verschiedenen Befestigungsanordnungen ein besonderes Kapitel gewidmet. Den Firmen, die liebenswürdigerweise für dieses Kapitel wertvolles Material zur Verfügung stellten, sei hierfür bestens gedankt.

An der Bearbeitung einiger Kapitel der neuen Auflage haben die Herren Dipl.-Ing. M. Liwschitz und Dr.-Ing. W. O. Schumann teilgenommen. Da mir infolge des unerwarteten Ablebens des Verfassers dieses Bandes die Überwachung der Fertigstellung desselben zufiel, bei welcher Arbeit mir Herr Privatdozent Dr.-Ing. H. S. Hallo in dankenswerter Weise zur Seite stand, möchte ich nicht verfehlen, auch an dieser Stelle den obenerwähnten Herren meinen verbindlichsten Dank auszusprechen.

Västerås, Juli 1912.

I. L. la Cour.

Inhaltsverzeichnis.

Viertes Kapitel.

Die unveränderten Gleichstromwicklungen.

Fünftes Kapitel.

Die aufgeschnittenen Gleichstromwicklungen.

Sechstes Kapitel.

Die abgeänderten Gleichstromwicklungen.

Siebentes Kapitel.

Besondere Wicklungen für asynchrone Maschinen.

Achtes Kapitel.

Die Feldkurve einer synchronen Maschine.

Vierzehntes Kapitel.

Praktische Ausführung der Wicklungen.

Fünfzehntes Kapitel.

Befestigung der Wicklungsköpfe bei den Synchrongeneratoren.

Verzeichnis der Tafeln.

Erstes Kapitel.

Einleitung.

1. Das Potentialdiagramm einer geschlossenen, am Ankerumfang verteilten Wicklung. — 2. Das allgemeine Induktionsgesetz. — 3. Die Erzeugung eines einphasigen Wechselstromes. — 4. Die Erzeugung eines Mehrphasenstromes (Mehrphasensysteme). — 5. Kombinierte Mehrphasensysteme. — 6. Einteilung der Wechselstromwicklungen.

1. Das Potentialdiagramm einer geschlossenen, am Ankerumfang verteilten Wicklung.

Wir wollen im ersten Kapitel die einfachen Verhältnisse betrachten, die wir erhalten, wenn sich Strom und EMK nach dem Sinusgesetz ändern, und erst später, im Kapitel IX, zu dem allgemeinen Fall übergehen, in dem der Momentanwert der induzierten EMK einer von der Sinusform abweichenden periodischen Kurve folgt. —

In Fig. 1a ist ein zweipoliges Magnetfeld dargestellt, in dem ein Anker mit der Windung $1 - 1'$ mit gleichförmiger Geschwindigkeit v rotieren soll. Der Bogen zwischen den Seiten 1 und $1'$ der Windung oder die sog. Spulenweite (y) sei gleich der Polteilung (τ) und die Feldstärke am Ankerumfang soll sich nach dem Sinusgesetz ändern. Tragen wir somit in Fig. 1b die Werte B_x der Feldstärke als Funktion des Ankerumfanges auf, so erhalten wir als Feldkurve eine Sinuslinie.

Bezeichnet l in cm die Länge der im Felde B_x liegenden Seiten 1 und $1'$ der rechteckigen Windung, senkrecht zur Richtung von B_x und v gemessen, so ist die in der Windung induzierte momentane EMK

$$e_w = 2\, B_x l v\, 10^{-8} = \mathrm{konst}\, B_x \ \mathrm{Volt}$$

oder

$$e_w = 2\, l v\, B_{max} \sin \omega t\, 10^{-8},$$

somit

$$e_w = e_{w\,max} \sin \omega t \qquad . \quad . \quad . \quad . \quad . \quad (1)$$

Der Momentanwert der EMK ist somit B_x proportional und ändert sich nach dem Sinusgesetz. Die Feldkurve stellt also in einem bestimmten Ordinatenmaßstabe auch die EMK-Kurve dar.

Der Formfaktor der Feldkurve f_B ist daher auch gleich dem Formfaktor der EMK-Kurve einer Windung von der Weite $y = \tau$.

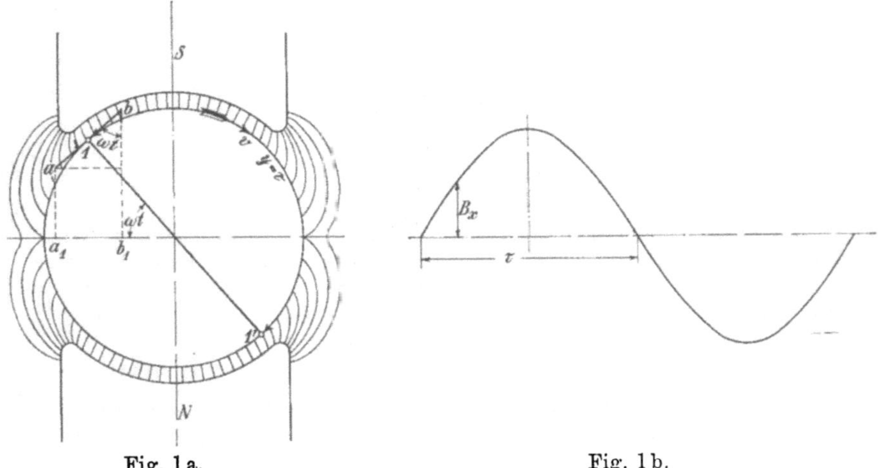

Fig. 1 a.   Fig. 1 b.

Bezeichnet E_w den Effektivwert der EMK einer Windung von der Weite $y = \tau$, also

$$E_w = \sqrt{\frac{2}{\pi} \int_0^{\frac{\pi}{2}} (e_{w\,max} \sin \omega t)^2 \, dt} = \frac{e_{w\,max}}{\sqrt{2}}$$

und $E_{w\,mittel}$ den Mittelwert dieser EMK

$$E_{w\,mittel} = \frac{2}{\pi} \int_0^{\frac{\pi}{2}} e_{w\,max} \sin (\omega t) \, dt = \frac{2}{\pi} e_{w\,max},$$

so wird

$$f_B = \frac{E_w}{E_{w\,mittel}} = \frac{\pi}{2\sqrt{2}} \quad \cdots \cdots \quad (2)$$

und

$$E_w = f_B E_{w\,mittel} = 4 f_B c \, \Phi \, 10^{-8} \quad \cdots \cdots \quad (3)$$

wobei c die Periodenzahl in der Sekunde und Φ den maximalen Kraftfluß der Windung bedeutet.

Setzen wir in Fig. 1a $e_{w\,max}$ gleich dem Kreisdurchmesser $1 - 1'$, so ist die Projektion von $1 - 1'$ auf die Polachse für jede Lage von $1 - 1'$ gleich dem Momentanwert $e_w = e_{w\,max} \sin \omega t$. Für die nachfolgenden Darstellungen ist es zweckmäßiger $e_{w\,max}$ durch eine zur Windungsebene $1 — 1'$ senkrechte Gerade

$$\overline{ab} = e_{w\,max}$$

darzustellen, die wir uns mit der Windung rotierend denken. Es ist dann in jedem Momente die Projektion von ab auf die Neutrale gleich dem Momentanwert der EMK oder

$$a_1\,b_1 = e_{w\,max}\sin \omega\,t = e_w.$$

Haben wir einen Anker, der mit vielen Windungen bedeckt ist, und schalten wir alle Windungen hintereinander, so ist die momentane in den zwischen zwei beliebigen Anschlußpunkten liegenden Windungen induzierte EMK gleich der algebraischen Summe der Momentanwerte der EMKe der einzelnen Windungen. Wir können diese Summe finden, indem wir die Amplituden der EMKe entsprechend der Lage der einzelnen Windungen geometrisch zusammensetzen und die geometrische Summe auf die Neutrale projizieren. Am anschaulichsten läßt sich das für eine Ringwicklung darstellen.

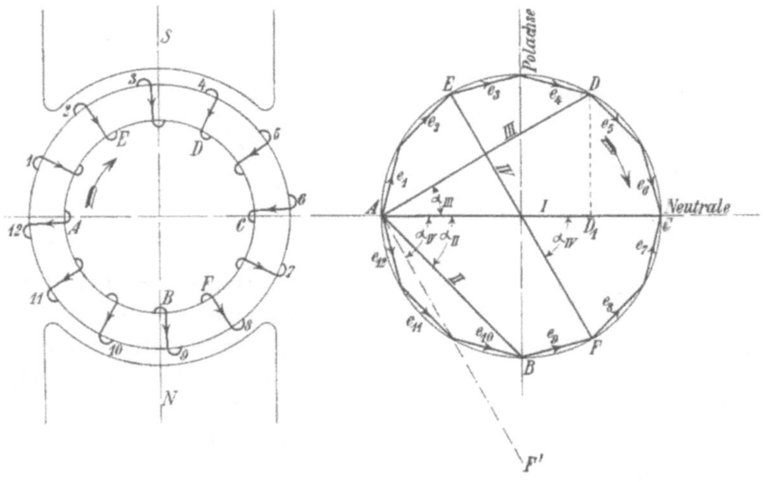

Fig. 2a.   Fig. 2b.

Wir wählen eine Ringwicklung Fig. 2a mit zwölf gleichmäßig am Umfang verteilten Windungen. Tragen wir in Fig. 2b die Amplituden der EMKe e_1 bis e_{12} der einzelnen Windungen, die nach Fig. 1a senkrecht zu dem zugehörigen Radius stehen, aneinander an, so entsteht ein gleichseitiges Polygon. Die Projektion der Polygonseiten auf der Neutrale ergibt die Momentanwerte der EMK der einzelnen Windungen.

1*

Die algebraische Summe der Momentanwerte der EMKe einer beliebigen Windungszahl, z. B. e_1 bis e_4, ist gleich der Projektion AD_1 der geometrischen Summe (AD) der Amplituden auf die Neutrale und der Maximalwert der EMK dieser Windungen ist gleich AD; er tritt ein, wenn AD parallel zur Neutralen liegt.

Die Verbindungslinie von zwei beliebigen Eckpunkten des Polygons ist somit gleich der Amplitude der resultierenden Wechsel-EMK zwischen den entsprechenden Punkten der Wicklung. Der Momentanwert Σe wird dargestellt durch die Projektion dieser Amplitude auf die Neutrale, er erreicht den Höchstwert, wenn die Verbindungslinie parallel zur Neutralen liegt.

Wir können Fig. 2b das Potentialdiagramm der Wicklung nennen, denn setzen wir das Potential eines Punktes des Polygons gleich Null, so wird das maximale Potential eines anderen Punktes durch die Länge der Verbindungslinie zwischen beiden gemessen.

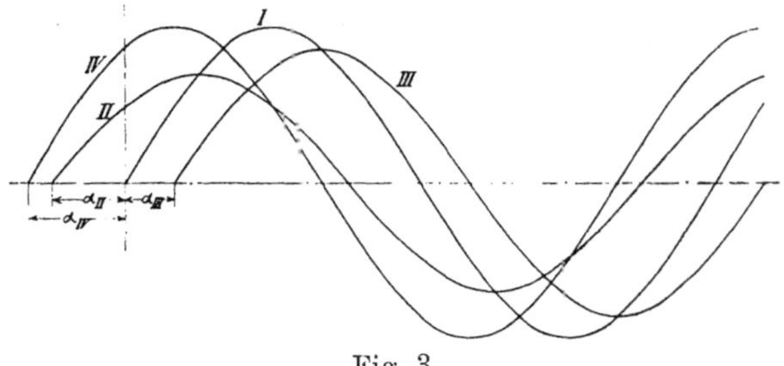

Fig. 3.

Ziehen wir in Fig. 2b verschiedene Verbindungslinien AB, AC, AD, EF, so geben uns die Winkel zwischen diesen Linien die gegenseitige zeitliche Phasenverschiebung der resultierenden EMKe an. Gegen die Resultierende AC, die sich im Maximum befindet, ist AB um den Winkel α_{II}, EF um dem Winkel $\alpha_{II'}$ voreilend und AD um α_{III} nacheilend. Diese Verschiebung des zeitlichen Eintretens des Maximalwertes und die zeitliche Variation dieser vier EMKe ist in Fig. 3 dargestellt. —

Wir können somit sagen:

Die Verbindungslinie von zwei beliebigen Punkten des Potentialdiagrammes bestimmt die maximale Differenz der Wechselpotentiale dieser Punkte oder die maximale resultierende EMK des dazwischen liegenden Teiles der Wicklung nach Größe und relativer Richtung (zeitlicher Phase).

Wie aus Fig. 2b ersichtlich, ist bei einer über den Anker verteilten Wicklung das Maximum der resultierenden EMK immer kleiner als die Summe der maximalen EMKe der einzelnen Windungen, d. h.

$$E_{max} < w\, e_{w\,max}.$$

Das Verhältnis

$$\frac{E_{max}}{w\,e_{w\,max}} = f_{w\,1} = \frac{\text{geometrische Summe der EMKe}}{\text{algebraische Summe der EMKe}}$$

heißt man den **Wicklungsfaktor**, denn seine Größe hängt von der Art der Verteilung der Wicklung ab.

Da sich die Effektivwerte der EMKe zueinander wie ihre Amplituden verhalten, ist auch

$$f_{w\,1} = \frac{E}{w\,E_w}$$

Bedeckt die Wicklung den ganzen Ankerumfang oder ist sie auf viele Nuten verteilt, so wird die Zahl der Polygonseiten in Fig. 2b sehr groß, d. h. das Potentialdiagramm kann durch einen Kreis ersetzt werden.

Das Potentialdiagramm einer über den ganzen Ankerumfang gleichmäßig verteilten Wicklung ist ein Kreis. Der Wicklungsfaktor ist gleich dem Verhältnis von Sehne zu Bogen.

Für zwei auf einem Durchmesser AB (Fig. 4) liegende Anschlußpunkte bzw. für eine Wicklung, die eine ganze Polteilung

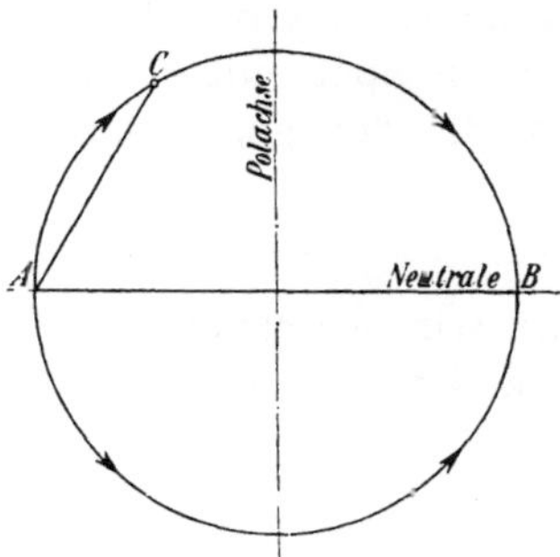

Fig. 4. Potentialdiagramm einer gleichmäßig verteilten Wicklung.

bedeckt, wird

$$f_{w1} = \frac{\text{Durchmesser}}{\text{Halbkreis}} = \frac{2}{\pi}$$

und für eine Wicklung, die ein Drittel der Polteilung AC (Fig 4) bedeckt,

$$f_{w1} = \frac{1}{\dfrac{\pi}{3}} = \frac{3}{\pi}.$$

Der **Effektivwert der resultierenden EMK** ist nun für eine beliebig am Ankerumfang verteilte Wicklung mit w hintereinander geschalteten Windungen

$$E = f_{w\,1}\, w\, E_w$$

oder, indem wir den Wert von E_w aus Gl. 3 einführen,

$$E = 4 f_B f_{w1}\, c w\, \Phi\, 10^{-8} \text{ Volt} \quad . \quad . \quad . \quad . \quad . \quad (4)$$

2. Das allgemeine Induktionsgesetz.

Die bisher abgeleiteten Werte der induzierten EMK einer Windung beziehen sich alle auf ein mit Gleichstrom erregtes Feld, das sich mit der Zeit nicht ändert, und in welchem sich die betrachtete Windung bewegt.

Es ist dies nur ein Spezialfall des allgemeinen Faradayschen Induktionsgesetzes, das wir nun kurz betrachten wollen. Wir haben es nicht immer mit derartigen zeitlich konstanten Feldern zu tun, sondern müssen oft Änderungen des magnetischen Feldes in Betracht ziehen, z. B. bei Wechselstromkommutatormotoren oder Asynchronmotoren. Das Gesetz lautet in seiner Allgemeinheit, wenn wir eine Spule mit w hintereinandergeschalteten Windungen betrachten, die den gemeinsamen Kraftfluß Φ umschlingen,

$$ e = - w \frac{d\Phi}{dt} \qquad \ldots \ldots \ldots \ldots \quad (5) $$

und wir berechnen den mit der Spule verketteten Kraftfluß Φ bei elektrischen Maschinen als

$$ \Phi = \int_{x_1}^{x_2} \mathfrak{B}_n \, l \, dx \, , \qquad \ldots \ldots \ldots \quad (6) $$

wenn x_1 und x_2 die Orte bedeuten, an denen sich momentan die Spulenseiten befinden. Eine Änderung dieses Wertes kann nun erstens durch Bewegung der Spule entstehen, d. h. die Grenzen x_1 und x_2 ändern sich mit der Zeit. Es kann aber auch eine Änderung eintreten, wenn die Spule ruht, d. h. x_1 und x_2 konstant sind und die magnetische Induktion an den verschiedenen Stellen des Ankers sich ändert. Es ist dann $\mathfrak{B}$ nicht mehr konstant, sondern von der Zeit abhängig. Im allgemeinen Fall werden beide Änderungen gleichseitig auftreten. Die gesamte Änderung von Φ setzt sich also aus zwei Bestandteilen zusammen. Erstens ändert sich Φ infolge der Bewegung der Spule, wobei das Feld konstant gedacht wird $\left(\frac{\partial\Phi}{\partial x}\right) dx$ und zweitens infolge der zeitlichen Änderung des Kraftflusses bei ruhend gedachter Spule $\left(\frac{\partial\Phi}{\partial t}\right) dt$. Es ist also die totale Änderung

$$ \frac{d\Phi}{dt} = \left(\frac{\partial\Phi}{\partial x}\right)\frac{dx}{dt} + \frac{\partial\Phi}{\partial t} \qquad \ldots \ldots \ldots \quad (7) $$

und es wird die induzierte EMK allgemein, wenn wir den Wert für Φ einführen,

$$ e = - w\,v \int_{x_1}^{x_2} l \frac{\partial\mathfrak{B}_n}{\partial x} \, dx - w \int_{x_1}^{x_2} l \frac{\partial\mathfrak{B}_n}{\partial t} \, dx \qquad \ldots \ldots \quad (8) $$

Das erste Integral läßt sich auswerten und wir erhalten

$$e = -wl\left(B_{x2} - B_{x1}\right)v - wl\int_{x1}^{x2} \frac{\partial B_n}{\partial t}\, dx \quad . \quad . (9)$$

Diese allgemein gültige Formel wollen wir auf verschiedene Fälle anwenden:

1. **Gleichstromerregung:**

$\mathfrak{B}$ ist zeitlich konstant, $\dfrac{\partial \mathfrak{B}}{\partial t} = 0$.

$$e = -wl\,(B_{x2} - B_{x1})v \quad . \quad . \quad . \quad . \quad . \quad . (10)$$

Wir sehen die bisher benützte Formel als Spezialfall des allgemeinen Gesetzes entstehen.

2. **Einphasiges Wechselfeld.**

Das Feld sei nach einer Cosinusfunktion am Ankerumfang verteilt.

$$\mathfrak{B} = B \cos \frac{x}{\tau} \pi \sin \omega t.$$

Durch Einsetzen in Gl. 9 erhalten wir

$$e = -wlvB \sin \omega t \left[\cos \frac{x_2}{\tau} \pi - \cos \frac{x_1}{\tau} \pi \right]$$

$$-wl\int_{x_1}^{x_2} \omega B \cos \frac{x}{\tau} \pi \cos \omega t\, dx.$$

Der Einfachheit halber nehmen wir die Weite der Spule gleich einer Polteilung an,

$$x_2 = x_1 + \tau$$

und erhalten dann

$$e = 2wlB \left[v \sin \omega t \cos \frac{x_1}{\tau} \pi + \omega \frac{\tau}{\pi} \cos \omega t \sin \frac{x_1}{\tau} \pi \right] \quad . \quad . \quad . \quad . (11)$$

Die induzierte EMK einer Spule stellt sich als die Summe zweier Komponenten dar, von denen die maximale Amplitude der ersten der Geschwindigkeit des Rotors proportional ist (EMK der Rotation), während die maximale Amplitude der zweiten unabhängig von der Rotorbewegung ist (EMK der Pulsation).[1]

Es ist die Umfangsgeschwindigkeit $v = \dfrac{pn}{60} 2\tau = 2\tau c_r$, wenn wir unter $c_r = \dfrac{pn}{60}$ die Periodenzahl der Rotation verstehen und es wird das Verhältnis der Amplituden der beiden EMKe gleich $\dfrac{c_r}{c}$.

---

[1] Siehe auch WT Bd. V, 1, S. 138.

Die Amplituden der EMK der Rotation ändern sich in Phase mit dem Kraftfluß, da das erste Glied mit $\sin \omega t$ behaftet ist, die Amplituden der EMK der Transformation ändern sich mit einer Phasenverschiebung von 90^0 gegen den Kraftfluß. Für Stillstand ist $v = 0$ und wir erhalten

$$e = 2\, \omega w B l\, \frac{\tau}{\pi} \cos \omega t \sin \frac{x_1}{\tau}\, \pi$$

$$= 2\, \pi c w\, \Phi_{max} \cos \omega t \sin \frac{x_1}{\tau}\, \pi \quad . \quad . \quad . \quad . \quad (12)$$

Die Größe der induzierten EMK ist in diesem Falle ganz von der Lage der Spule im Felde abhängig. Ist $x_1 = 0$, d. h. liegen die Spulenseiten unter den Polmitten, so wird sie gleich Null; ist $x_1 = \frac{\tau}{2}$, d. h. liegen die Spulenseiten in der neutralen Zone, so wird die induzierte EMK ein Maximum.

Wir können die induzierte EMK durch eine Umformung der Gl. 11 noch etwas anders darstellen

$$e = w B l \left[\left(v + \omega\, \frac{\tau}{\pi} \right) \sin \left(\omega t + \frac{x_1}{\tau}\, \pi \right) + \left(v - \omega\, \frac{\tau}{\pi} \right) \sin \left(\omega t - \frac{x_1}{\tau}\, \pi \right) \right].$$

Drücken wir v durch $(1 - s)\dfrac{\omega \tau}{\pi}$ aus, wo s die Schlüpfung gegenüber dem synchron rotierenden Drehfelde[1]) von der Tourenzahl $n = \dfrac{60 c}{p}$ angibt, und x_1 durch $v t + \dfrac{\tau}{2}$, d. h. die Spulenseiten befinden sich zur Zeit $t = 0$ in der neutralen Zone, so erhalten wir

$$e = w B l\, \frac{\tau}{\pi}\, \omega \left[(2 - s) \cos (2 - s)\, \omega t + s \cos s \omega t \right] \quad . \quad (13)$$

Die EMK setzt sich jetzt aus zwei Komponenten von den Periodenzahlen $(2 - s) c$ und $s c$ zusammen. Diese Komponenten werden durch die beiden Drehfelder erzeugt, in die man ein Wechselfeld zerlegen kann. Für Stillstand wird $s = 1$, und wir erhalten den Wert der induzierten EMK bei Stillstand

$$e = 2\, w B l\, \frac{\tau}{\pi}\, \omega \cos \omega t, \quad . \quad . \quad . \quad . \quad (14)$$

---

[1]) Siehe Abschnitt 39a Kap. X (Magnetomot. Kraft einer Einphasenwicklung).

was mit dem früheren Wert in Gl. 12 für $x_1 = \dfrac{\tau}{2}$ übereinstimmt. Für Synchronismus wird $s = 0$ und man erhält

$$e = 2\,w\omega Bl\,\frac{\tau}{\pi}\cos 2\,\omega t, \quad . \quad . \quad . \quad . \quad (15)$$

also eine EMK von der doppelten Periodenzahl des induzierenden Feldes.

3. **Drehfeld.** Die Gleichung dieses Feldes ist durch[1]

$$\mathfrak{B} = B\cos\left(\omega t - \frac{x}{\tau}\pi\right)$$

gegeben. Setzen wir diesen Wert in Gl. 9 ein, so erhalten wir

$$e = -\,wlvB\left[\cos\left(\omega t - \frac{x_2}{\tau}\pi\right) - \cos\left(\omega t - \frac{x_1}{\tau}\pi\right)\right]$$

$$+\,wl\int_{x_1}^{x_2} B\omega\sin\left(\omega t - \frac{x}{\tau}\pi\right)dx \quad . \quad . \quad . \quad (16)$$

Setzen wir nun wieder

$$x_2 = x_1 + \tau$$

und

$$x_1 + x_2 = 2vt, \quad x_1 = -\frac{\tau}{2} + vt,$$

so erhalten wir

$$e = -\,2\,wlB\left(v - \omega\frac{\tau}{\pi}\right)\sin\left(\omega t - vt\frac{\pi}{\tau}\right). \quad . \quad . \quad (17)$$

und führen wir v wieder als $(1-s)\dfrac{\omega\tau}{\pi}$ ein, so erhalten wir die bekannte Formel

$$e = 2\,wlBs\,\frac{\omega\tau}{\pi}\sin s\omega t$$

$$\boldsymbol{e = 2\,\pi\,s\,c\,w\,\Phi_{max}\,\sin s\omega t} \quad . \quad . \quad . \quad (18)$$

Für Stillstand $(s = 1)$

$$e = 2\,\pi\,cw\,\Phi_{max}\sin\omega t$$

Für Synchronismus $(s = 0)$

$$e = 0.$$

____

[1] Siehe Abschnitt 39b Kap. X (Magnetomot. Kraft einer Mehrphasenwicklung).

4. Nutenanker. Ein interessantes Beispiel der Anwendung des Induktionsgesetzes in seiner allgemeinen Form bieten Nutenanker. Die in die Nuten eingebetteten Stäbe befinden sich dauernd in einem sehr schwachen Felde, so daß die Formel 10 für diesen Fall nicht mehr zutreffen kann. Sie gilt direkt nur für den glatten Anker, dessen Stäbe sich wirklich in dem Felde B befinden. Wir müssen nun die wirkliche Gestalt der Feldkurve an der Ankeroberfläche betrachten, die in Fig. 5 dargestellt ist. Die Werte der Induktion schwanken sehr stark am Ankerumfang, da die Induktion in einem Zahn sehr groß, in der Nut hingegen sehr klein sein kann.

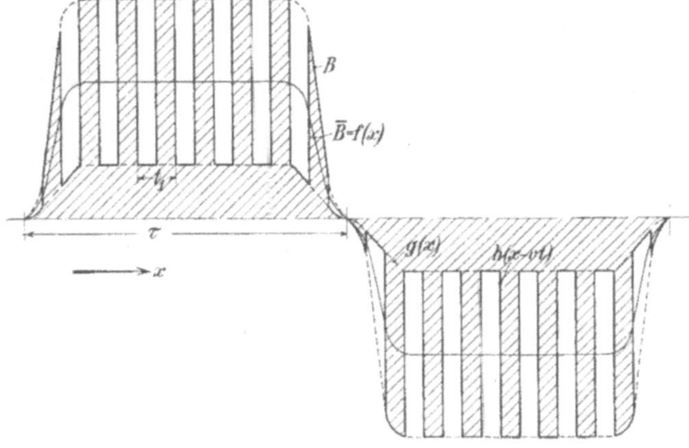

Fig. 5. Feldkurve eines Nutenankers.

Diese Zacken der Feldkurve stehen im Raume nicht still, sondern bewegen sich mit dem Ankerumfang.

Dr. Ing. R. Rüdenberg hat diesen Fall theoretisch untersucht. Anschließend an seine Arbeit. wollen wir die erzeugte EMK für den genuteten Anker, der in einem mit Gleichstrom erregten Felde rotiert, betrachten[1]).

Die Feldkurve besteht aus zwei Teilen, einem im Raume ruhenden Mittelwert, der vom Polsystem herrührt, und einem im Raume beweglichen, der aus den über diesen Mittelwert gelagerten Zacken besteht. Die zu einem Zahn gehörige Zacke ändert ihre Größe während der Bewegung des Ankers, denn wenn der Zahn unter der Polmitte steht, ist sie am stärksten ausgebildet, befindet er sich aber nahe der neutralen Zone, so ist sie nur gering. Außerdem ändert sie beim Durchgehen durch die neutrale Zone ihr Vorzeichen. Den Mittelwert der Feldkurve ($\overline{B}$ in Fig. 5) bezeichnen

---

[1]) Siehe El. u. M. 1907, S. 599.

wir mit $f(x)$, wo $f(x)$ eine periodische Funktion bedeutet, deren Periode gleich der doppelten Polteilung ist. Die Feldzacke ist am größten, wenn der Zahn unter der Polmitte steht; sie kann dargestellt werden durch die Funktion $h(x-vt)$ mit einer Periode gleich der Zahnteilung; $(x-vt)$ bedeutet, daß die Zacke sich mit der Geschwindigkeit v (der Ankergeschwindigkeit) nach rechts bewegt, im Sinne des Koordinatensystems, und ohne dabei ihre Gestalt zu ändern. Da aber in Wirklichkeit die Zacke sich der Form der Feldkurve anschmiegen muß und mit der Stellung des Ankers ihre Größe ändert, müssen wir $h(x-vt)$ noch mit einer Funktion $g(x)$ multiplizieren, die die Größe der Zacke für jeden Wert der Ankerstellung angibt. $g(x)$ ist also auch eine periodische Funktion von der Periode gleich der doppelten Polteilung. Setzen wir die Amplitude der Kurve $h(x-vt)$ gleich Eins, so gibt uns die Kurve $g(x)$ für jede Stelle des Raumes die maximale Abweichung der wirklichen Induktion von der dort herrschenden mittleren Induktion, die durch die Kurve $f(x)$ gegeben ist, an. $g(x)$ ist im allgemeinen eine zu der mittleren Feldkurve $f(x)$ (B in Fig. 5) affine Kurve; es ist $g(x)=f(x)$ wenn in der Nut selbst gar keine Kraftlinien verlaufen, d. h. die wirkliche Feldstärke in der Nut gleich Null ist.

Wir erhalten also als Gleichung der wirklichen Feldkurve:

$$B = f(x) + g(x) h(x-vt) \quad . \quad . \quad . \quad . \quad . \quad (19)$$

Zahlenmäßige Werte der drei Funktionen erhält man leicht, indem man die wirkliche Feldkurve aus dem Kraftlinienbild für verschiedene Ankerstellungen aufzeichnet. Die Kurve $f(x)$ ergibt sich einfach als Mittelwert der an einem Orte herrschenden Induktionen und $g(x)$ als die Differenz der an diesem Orte herrschenden maximalen Induktion und der mittleren Induktion. Die Gestalt der Kurve $h(x-vt)$ erhält man durch ein Kraftlinienbild eines Zahnes und einer Nut unter der Polmitte, weil da $g(x)$ nahezu eine Konstante ist und die Kurve $h(x-vt)$ dort nicht durch $g(x)$ verzerrt ist.

Setzen wir nun den Wert B in unsere Gl. 9 ein, so erhalten wir, wenn wir die mittlere Feldkurve einfach mit $\bar{B}$ bezeichnen:

$$e = - wlv\left[\bar{B}_{x_2} - \bar{B}_{x_1}\right] - wlv\left[g(x)h(x-vt)\right]_{x_1}^{x_2}$$

$$- wl \int_{x_1}^{x_2} \frac{\partial}{\partial t}\left[g(x)h(x-vt)\right] dx \quad . \quad . \quad . \quad . \quad (20)$$

Die Funktionen unter dem Integral können wir umformen:

Es ist
$$\frac{\partial h}{\partial x} = \frac{\partial h}{\partial(-vt)} = -\frac{1}{v}\frac{\partial h}{\partial t},$$

also
$$\frac{\partial}{\partial t}[h(x-vt)\,g(x)] = \frac{\partial h}{\partial t}\,g = -v\frac{\partial h}{\partial x}\,g = -v\left[\frac{\partial(gh)}{\partial x} - h\frac{\partial g}{\partial x}\right].$$

Setzen wir diesen Ausdruck in die Gl. 20 ein, so erhalten wir
$$e = -wlv\,[\overline{B}_{x_2} - \overline{B}_{x_1}] - wlv\,[gh]_{x_1}^{x_2}$$

$$+ wlv\,[gh]_{x_1}^{x_2} - vwl\int_{x_1}^{x_2}\left(h\frac{\partial g}{\partial x}\right)dx \quad \ldots \ldots \quad (21)$$

oder
$$e = -\boldsymbol{wlv}\,[\overline{\boldsymbol{B}}_{x_2} - \overline{\boldsymbol{B}}_{x_1}] - \boldsymbol{vwl}\int_{x_1}^{x_2}\left(\boldsymbol{h}\frac{\partial \boldsymbol{g}}{\partial \boldsymbol{x}}\right)\boldsymbol{dx} \quad . \quad (22)$$

Dieser Ausdruck zeigt uns, daß wir also trotz des geringen Feldes in der Nut die Rechnung wie für einen glatten Anker durchführen dürfen (vgl. Gl. 10), wenn wir mit den Mittelwerten der Induktion rechnen, wie wir es ja tatsächlich tun, denn $wlv\,(\overline{B}_{x_2} - \overline{B}_{x_1})$ ist der Ausdruck, auf der wir auch die Berechnung der induzierten EMK bei Nutenankern gründen.

Allerdings tritt jetzt noch ein zweites Glied in der Formel für e auf, das durch die Existenz der Nuten erzeugt ist, es sind dies die bekannten Nutenoberschwingungen, die mit der hauptelektromotorischen Kraft nichts zu tun haben, und die in Kap. IX ausführlich besprochen werden. Wollen wir den Wert des Integrals bestimmen, dann müssen wir $g(x)$ und $h(x-vt)$ als Fouriersche Reihen bestimmen. Aus der Art der Kurven folgt, daß man

$$\left.\begin{array}{l} g(x) = \Sigma A_\lambda \cos \alpha_\lambda x \\ h(x-vt) = \Sigma N_\nu \cos \beta_\nu (x-vt) \end{array}\right\} \quad \ldots \ldots \quad (23)$$

setzen kann. Es ist
$$\alpha_\lambda = \lambda\frac{\pi}{\tau}, \qquad \beta_\nu = \nu\frac{2\pi}{t_1},$$

wenn t_1 die Nutenteilung bedeutet. λ durchläuft bei symmetrischen Feldkurven alle ungeraden Zahlen, ν kann alle Zahlen durchlaufen, da die Nutenzackenkurve nicht symmetrisch zur Abszissenachse sein muß. Sind z. B. Zahnbreite und Nutenbreite gleich, so ist die Nutenzackenkurve annähernd einfach eine rechteckige Kurve mit gleichen positiven und negativen Halbwellen von der bekannten Gleichung
$$h(x-vt)$$
$$= -\frac{4}{\pi}\left\{\cos \beta(x-vt) - \tfrac{1}{3}\cos 3\beta(x-vt) + \tfrac{1}{5}\cos 5\beta(x-vt) - \cdots\right\}.$$

Wertet man nun das Integral aus[1]), so erhält man als Größe der „Nutenelektromotorischen Kraft":

$$e_n = -2\,l\,v\,\Sigma A_\lambda N_\nu \frac{\alpha_\lambda^2}{\alpha_\lambda^2 - \beta_\nu^2} \sin \alpha_\lambda \frac{s_0}{2} \sin \lambda \omega t \quad . \quad . \quad (24)$$

worin s_0 die Weite einer Spule bedeutet. Die Diskussion dieses Ausdrucks erfolgt in Kap. IX.

3. Die Erzeugung eines einphasigen Wechselstromes (Einphasensystem).

Ein Wechselstromgenerator besteht aus einem induzierenden Teil, dem Magnetsystem (Induktor), dessen Pole durch Gleichstrom erregt werden, und einem induzierten Teil, dem Anker (Armatur), der die Spulen oder die Wicklung trägt. Der eine Teil wird ruhend und der andere Teil drehend angeordnet.

Das Magnetsystem wird so ausgeführt, daß in der Drehrichtung entweder abwechselnd ungleichnamige Pole oder nur gleichnamige Pole aufeinander folgen. Die erste Anordnung wird als wechsel-polig bezeichnet; die Erzeugung eines Wechselstromes erfolgt hierbei durch Änderung der Stärke und Richtung des Kraftflusses, der eine Spule durchsetzt. Die zweite Anordnung heißt man gleich-polig; die Induktion erfolgt hierbei nur durch die Änderung der Stärke des Kraftflusses einer Windung.

Die momentane Richtung der induzierten EMK läßt sich nach folgender Regel bestimmen:

Stellt man sich vor den Generator, so tritt bei **Rechtsdrehung** *des* **inneren** *Teiles (s. Fig. 6a) oder bei Linksdrehung des äußeren Teiles, gleichgültig ob Anker oder Magnetsystem rotiert, der Strom vor dem* **Süd**-*pol* au**S** *und vor dem* **Nord**pol ei**N**.

a) **Wechselpolige Anordnungen.** In Fig. 6a ist eine zweipolige Anordnung mit Ringanker dargestellt. Die Wicklung bedeckt zwei Drittel der Polteilung. Das Potentialdiagramm beider Wicklungs-hälften geben die Kreisbogen der schraffierten Kreisteile der Fig. 6b.

Bei Hintereinanderschaltung beider Wicklungshälften erhalten wir das Potentialdiagramm Fig. 6c und bei Parallelschaltung Fig. 6d.

Der Wicklungsfaktor ist

$$f_{w1} = \frac{2 \sin 60^0}{\frac{2}{3}\pi} = \frac{3 \sin 60^0}{\pi} = 0{,}83$$

und die resultierende EMK E ist den Sehnen proportional.

---

[1]) Über die ausführliche Rechnung siehe R. Rüdenberg, E. u. M. 1907.

Die maximale Potentialdifferenz zwischen zwei beliebigen Punkten, z. B. 5 und 6 der Wicklung, ist nach Größe und Richtung (d. h. zeitlicher Phase) relativ zu E durch die Verbindungslinien 5 bis 6 in den Potentialdiagrammen Fig. 6c bzw. 6d gegeben.

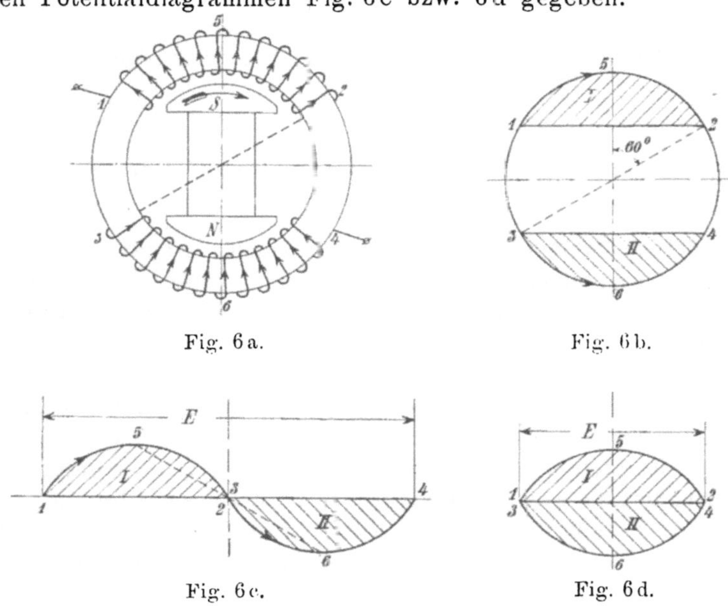

Fig. 6a.   Fig. 6b.

Fig. 6c.   Fig. 6d.

Die am meisten gebräuchliche wechselpolige Anordnung ist in Fig. 7 dargestellt. Das Magnetsystem dreht sich im Innern des ruhenden zylindrischen Ankers und der Erregerstrom wird der Magnetwicklung durch zwei Schleifringe zugeführt.

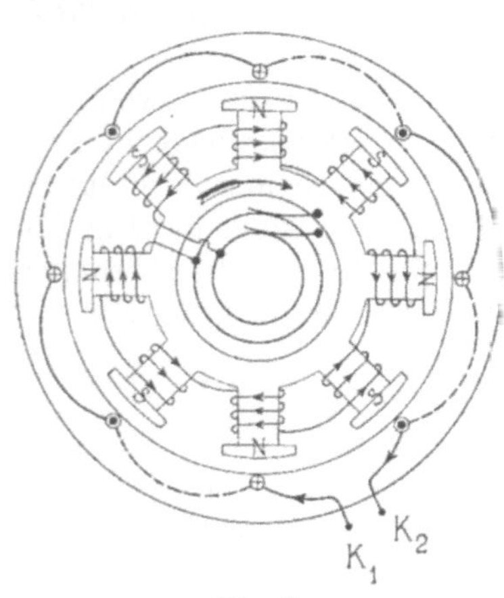

Fig. 7.

Die Ankerleiter erscheinen in der Figur, die eine Vorderansicht darstellt, als Punkte.

Denken wir uns den Anker zwischen K_1 und K_2 aufgeschnitten und so in die Papierebene ausgebreitet, daß die Pole unterhalb der Wicklung liegen, so entsteht Fig. 8. Die Wicklung bildet nun einen Wellenzug K_1, a, b, und wir können die Zahl der Umgänge beliebig vergrößern, indem wir das Ende eines Umganges (b und d) mit dem Anfange des nächsten (c und e) verbinden und erst das Ende f

des letzten Umganges mit K_2 verbinden. Wir erhalten so eine Wicklung mit mehreren Umgängen. Die Entfernung von zwei Drähten, die im Schema aufeinanderfolgen, oder der Wicklungsschritt y ist gleich der Polteilung τ.

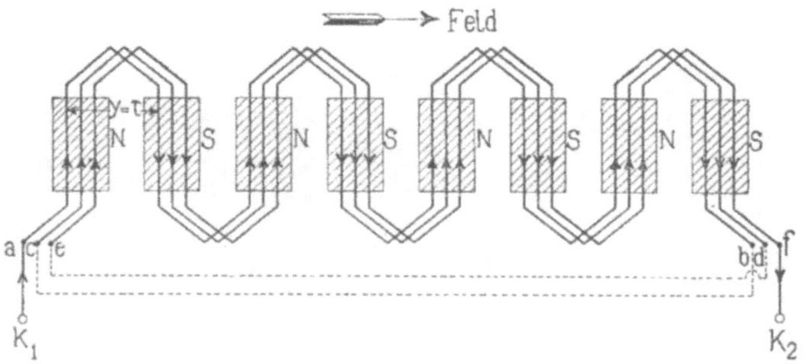

Fig. 8. Einphasige umlaufende Wicklung.

Verbindet man die Drähte nach dem Schema A oder B, Fig. 9, so entsteht eine Spulenwicklung. Je 6 Drähte bilden hier eine Spule. Bei der Verbindungsart A ist der Wicklungsschritt der Drähte einer Spule immer gleich τ, bei der Verbindungsart B gleich, größer und kleiner als τ. —

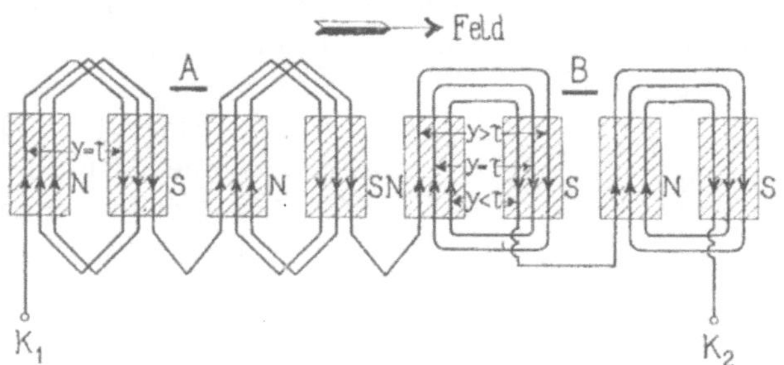

Fig. 9. Einphasige Spulenwicklung.

Die Fig. 10a und b zeigen den Schnitt durch einen wechselpoligen Generator mit einphasiger Wicklung und innen rotierendem Magnetsystem. G ist das Gußgehäuse, A das Ankereisen, M die Magnetkerne, J das Jocheisen, E die vom Gleichstrom durchflossene Erregerwicklung und W die Ankerwicklung, die hier als Spulenwicklung ausgeführt und in 4 Löchern pro Pol untergebracht ist.

Zur Erzeugung eines Wechselstromes eignet sich ferner jede Gleichstromwicklung. Das läßt sich am einfachsten an der Grammeschen Ringwicklung, Fig. 11, zeigen. Von zwei Windungen des Ankers oder zwei Lamellen a und b, die um eine Polteilung voneinander entfernt sind (180° im zweipoligen Schema), führt man Verbindungen zu zwei Schleifringen, von denen nun ein Wechselstrom abgenommen werden kann. In dem Momente, in dem die

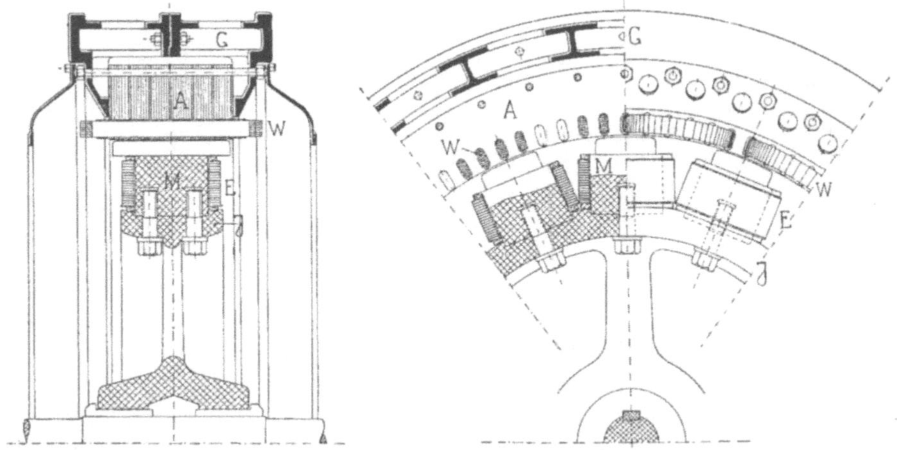

Fig. 10a.   Fig. 10b.

Wechselpoliger Einphasengenerator.

Anschlußpunkte a, b in die Verbindungslinie NS fallen, ist die Wechsel-EMK Null, und wenn sie in die neutrale Zone $m_1 m_2$ fallen, ein Maximum.

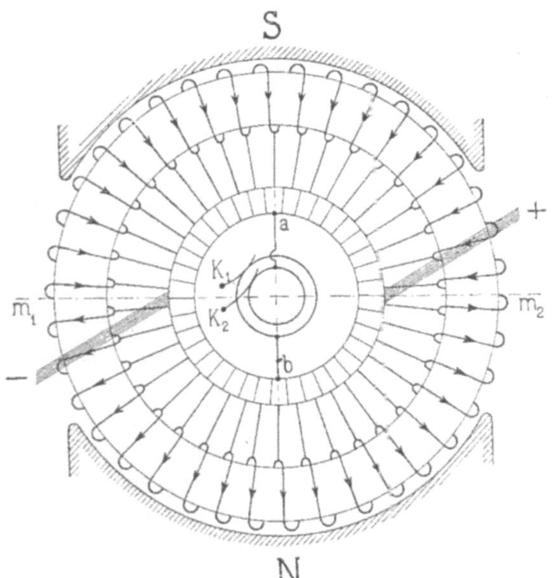

Fig. 11. Unveränderte Gleichstromwicklung.

Eine solche Wicklung eignet sich zur gleichzeitigen Erzeugung von Gleichstrom und Wechselstrom. Man kann jedoch der Maschine auch Gleichstrom zuführen und sie als Gleichstrommotor betreiben und Wechselstrom von den Schleifringen abnehmen, oder umgekehrt die Maschine als Wechselstrommotor betreiben und Gleichstrom erzeugen.

Die Gleichstromwicklung unterscheidet sich von der umlaufenden

Wicklung (Fig. 8) und der Spulenwicklung (Fig. 9) dadurch, daß sie in sich geschlossen und gleichmäßig über den ganzen Anker verteilt ist. Das Schließen der Wicklung hat zur Folge, daß höchstens die Hälfte aller Windungen hintereinander geschaltet werden kann.

Man kann jedoch auch die umlaufende und die Spulenwicklung gleichmäßig am Ankerumfange verteilen und als geschlossene Wicklung ausführen.

Soll eine Maschine mit Gleichstromwicklung nur als Wechselstromgenerator oder Motor dienen, so können alle Windungen hintereinander geschaltet werden, indem man

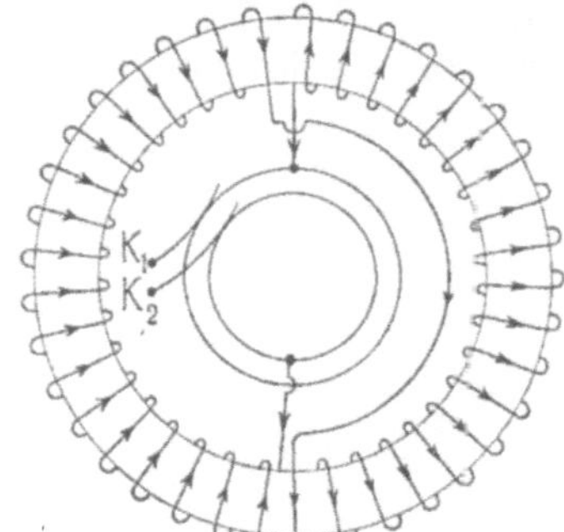

Fig. 12.
Aufgelöste Gleichstromwicklung.

nach dem Schema Fig. 12 verfährt, das eine aufgeschnittene Gleichstromwicklung darstellt. —

b) Gleichpolige Anordnungen. Denken wir uns in Fig. 7 die vier Südpole in axialer Richtung gegen die vier Nordpole verschoben und für jedes Polsystem einen Anker angeordnet, so entsteht Fig. 13, die also eine Vereinigung von zwei gleichpoligen Anordnungen darstellt. Der Pfad des Kraftflusses ist durch eine punktierte Linie angedeutet.

Anstatt jeden Pol einzeln zu bewickeln, kann nun eine gemeinsame Erregerspule F für beide Polsysteme angeordnet werden. Der gesamte Kraftfluß aller Pole durchdringt jetzt die Fläche dieser Spule, auf der einen Seite liegen die Nordpole und auf der anderen die Südpole.

Die Ankerwicklung kann verschieden ausgeführt werden. Entweder erhält jede Armatur A_1 und A_2, wie in Fig. 15, eine besondere Wicklung, die parallel oder hintereinander geschaltet werden, oder beide Armaturen erhalten eine gemeinsame Wicklung.

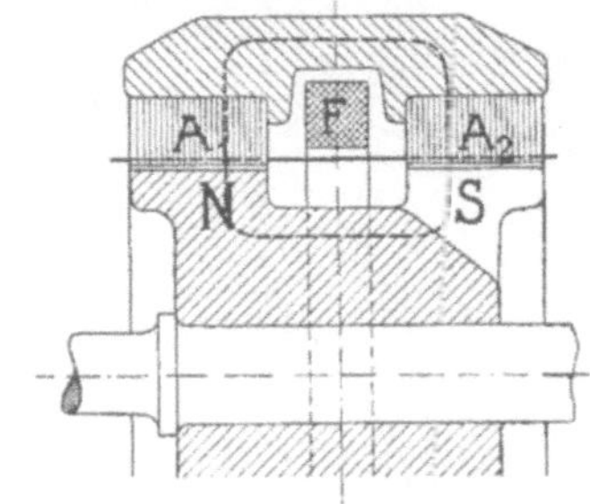

Fig. 13.

Der letztere Fall ist in Fig. 14 dargestellt.

Man kann sich diese Wicklung aus Fig. 8 einfach durch ein gegenseitiges Verschieben der ungleichnamigen Pole und ein entsprechendes Verlängern der Ankerwicklung entstanden denken.

Sämtliche Ankerwicklungen einer wechselpoligen Anordnung sind somit auch für eine gleichpolige Anordnung
geeignet. Wir wollen daher von jetzt an nur noch die Wicklungen für wechselpolige Magnetsysteme in Betracht ziehen.

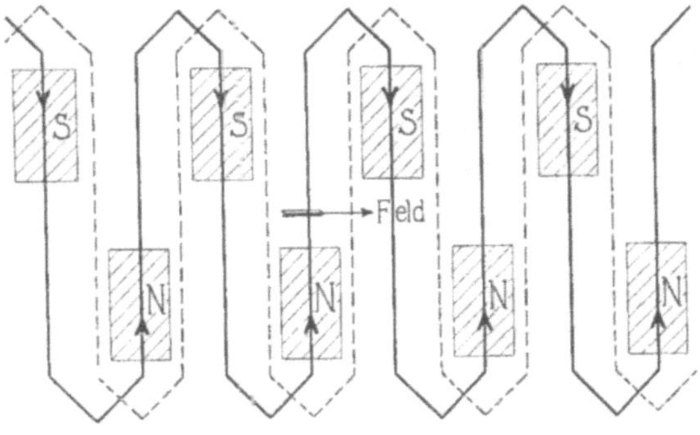

Fig. 14.

Fig. 15 zeigt den Schnitt durch einen gleichpoligen Wechselstromgenerator mit einem rotierenden Magnetrad. A_1 und A_2 sind
die beiden Ankerkerne, die durch das gußeiserne Joch J_1 miteinander magnetisch verbunden sind. W_1 und W_2 sind die beiden
Wechselstromwicklungen, M_1 und M_2 die beiden Systeme von Pol-
hörnern, die durch das gußeiserne Joch J_2 magnetisch verbunden
sind. E ist die große
von Gleichstrom durch-
flossene Erregerspule.

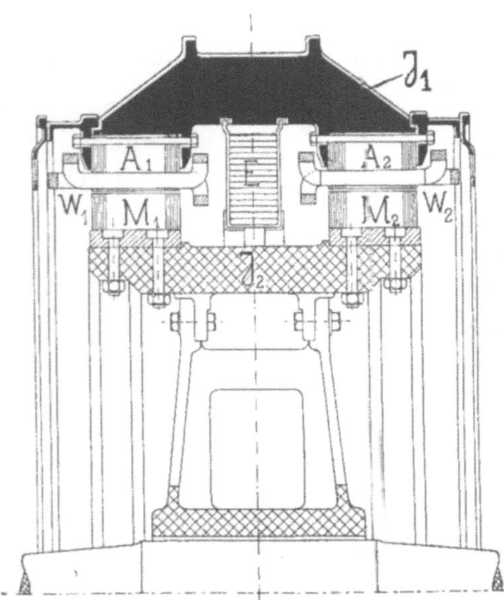

Die gleichpolige Ma-
schine, die eine Zeitlang
vielfach gebaut wurde, weil
sie keine rotierenden Wicklungen besitzt, ist durch
die wechselpolige Ma-
schine ganz verdrängt
worden, denn sie wird
im Gewicht bei gleicher
Leistungsfähigkeit erheb-
lich schwerer als die
wechselpolige, und die
große, den ganzen Anker
umspannende Erreger-
spule erschwert die Mon-
tage und Demontage der
Maschine. —

Fig. 15. Schnitt durch eine Gleichpoltype.

4. Die Erzeugung eines Mehrphasenstromes (Mehrphasensysteme).

a) Das Zwei- und Vierphasensystem.

Wir gehen, um eine einfache Darstellung zu erhalten, von einer zweipoligen Ringwicklung aus, und teilen sie, wie Fig. 16a zeigt, in vier gleiche Teile. Das Potentialdiagramm dieser aufgeschnittenen Wicklung gibt Fig. 16b. Der räumlichen Verschiebung der vier Wicklungszweige gegeneinander entspricht eine gleichgroße zeitliche Verschiebung der in ihnen induzierten EMKe. Die EMKe benachbarter Wicklungszweige sind um 90° phasenverschoben. Die vier Wicklungszweige können nun auf verschiedene Art miteinander und mit dem äußeren Stromkreis verbunden werden. —

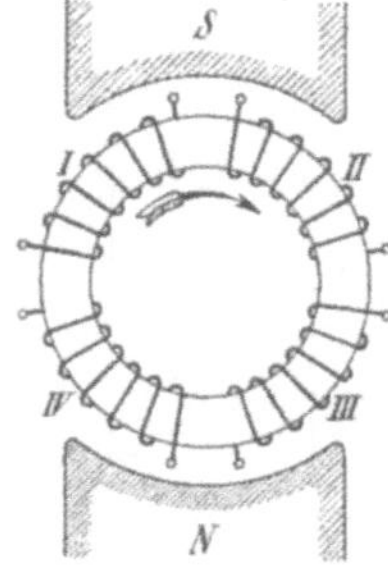

Fig. 16 a.

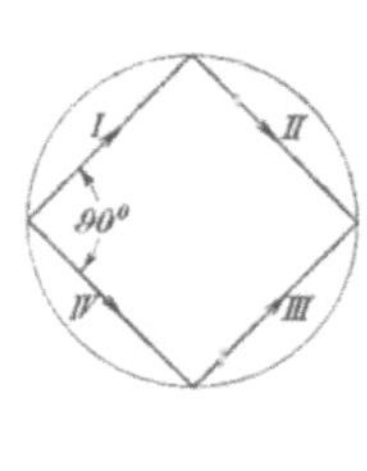

Fig. 16 b.

Das unverkettete Zweiphasensystem, Fig. 17a und 17b, besteht aus zwei ganz getrennten Stromkreisen. Bezeichnen E_p und J_p die effektive Spannung und den effektiven Strom einer

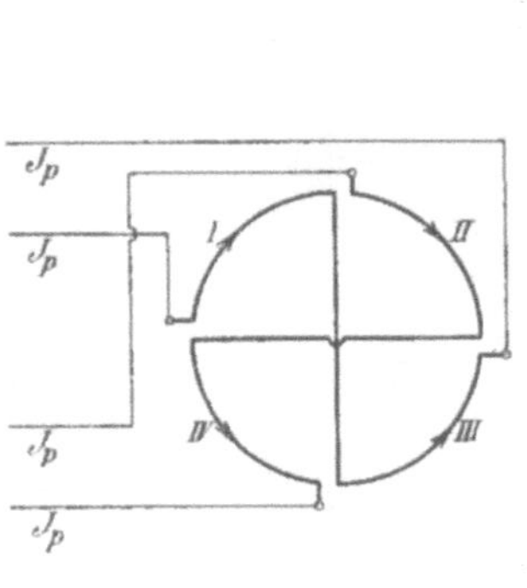

Fig. 17 a.

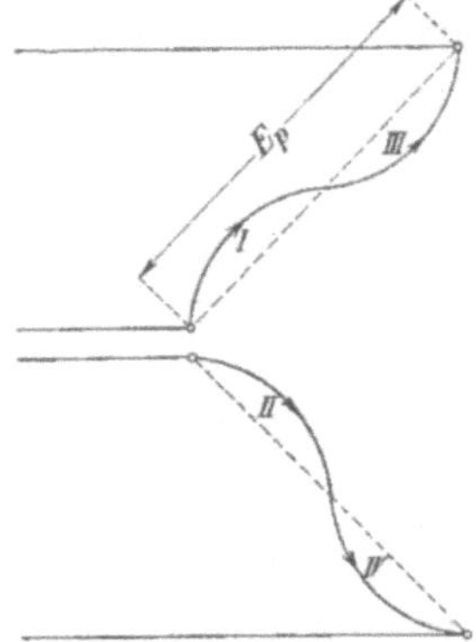

Fig. 17 b.

Phase, die für beide Phasen als gleich vorausgesetzt sind, so ist die Spannung zwischen den Außenleitern einer Phase oder die Linienspannung $E_l = E_p$ und der Linienstrom $J_l = J_p$. Die Ströme beider Phasen sind vollkommen unabhängig voneinander.

2*

Die verketteten Mehrphasensysteme zerfallen im allgemeinen in Stern- und Ringsysteme. In Fig. 18a und 18b ist ein verkettetes Zweiphasen-Sternsystem dargestellt. Zwei Außenleiter sind zu einem Mittelleiter vereinigt. Man nennt diese Schaltung auch das Zweiphasen-Dreileitersystem. Die Spannung zwischen Mittelleiter und einem Außenleiter ist gleich der Stern- oder Phasenspannung E_p und die Spannung zwischen den Außenleitern

$$E_l = 2 \sin 45^0 \, E_p = \sqrt{2} \, E_p.$$

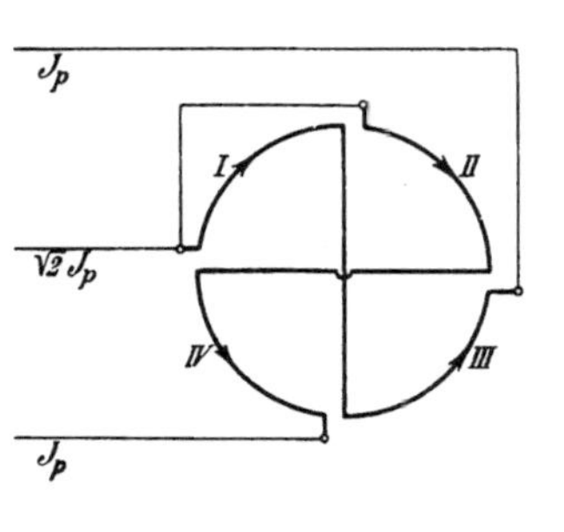
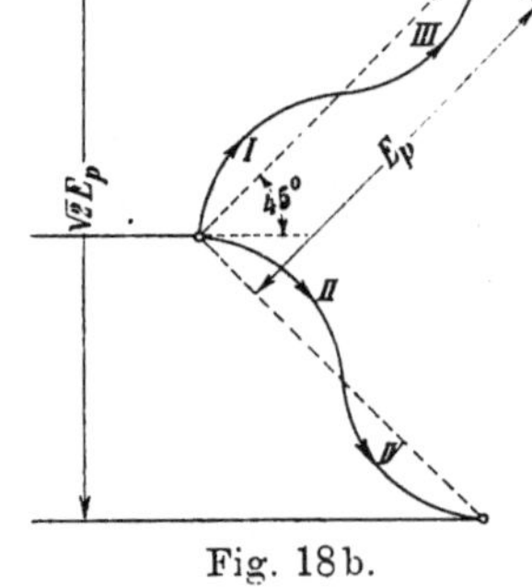

Fig. 18a.   Fig. 18b.

Die momentane Stromstärke i_0 im Mittelleiter (Fig. 19a) ist gleich und entgegengesetzt der Summe $i_1 + i_2$ der momentanen Stromstärken der Außenleiter, also $i_1 + i_2 + i_o = 0$, und der effektive Strom J_0 des Mittelleiters ist

$$J_l = 2 \sin 45^0 \, J_p = \sqrt{2} \, J_p.$$

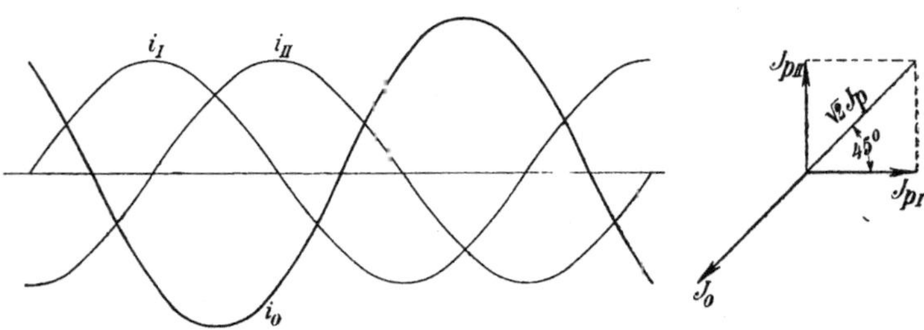

Fig. 19.

Da die Summe der drei Stromstärken stets Null sein muß, so bilden ihre Amplituden ein geschlossenes Dreieck; denn die Projektionen der Seiten dieses Dreiecks auf eine rotierende Zeitlinie stellen die momentanen Stromstärken dar, und ihre algebraische Summe ist stets Null.

Die Winkel des Dreiecks oder die Phasenwinkel sind von der Verteilung der Belastung auf die zwei Phasen und von der Impedanz des Mittelleiters abhängig. Die Ströme beider Phasen sind daher nicht mehr unabhängig voneinander.

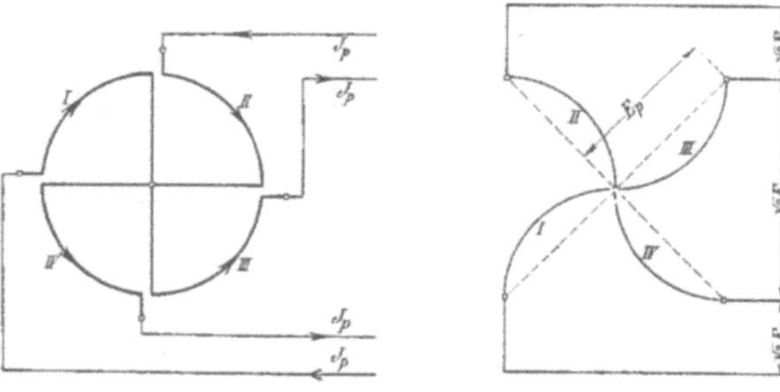

Fig. 20a und 20b.
Verkettetes Zwei- oder Vierphasensystem. Sternschaltung.

Das Vierphasensystem ist in den Fig. 20 und 21 dargestellt. In Fig. 20 haben wir Sternschaltung. Der Linienstrom ist gleich dem Phasenstrom J_p, und die Spannung zwischen benachbarten Leitern ist

$$E_l = 2 \sin 45^0 \, E_p = \sqrt{2}\, E_p.$$

Für die Ringschaltung Fig. 21 wird der Linienstrom

$$J_l = 2 \sin 45^0 J_p = \sqrt{2}\, J_p$$

und die Linienspannung gleich der Phasenspannung.

Man kann diese Schaltungen auch als Zweiphasen-Vierleitersystem bezeichnen.

Der Wicklungsfaktor dieser Wicklungen für sinusförmige EMKe ist

$$f_{w1} = \frac{\text{Sehne}}{\text{Bogen}} = \frac{2 \sin 45^0}{\dfrac{\pi}{2}} = \frac{2\sqrt{2}}{\pi} = 0,90.$$

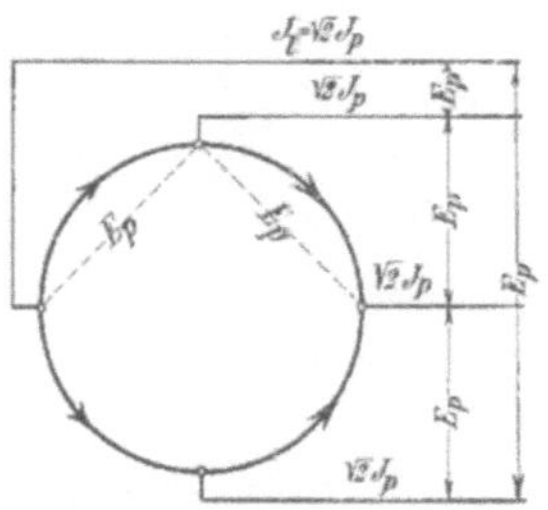

Fig. 21. Verkettetes Zwei- oder Vierphasensystem. Ringschaltung.

b) Das Drei- und Sechsphasensystem.

Teilen wir die gleichmäßig am Umfang verteilte Wicklung eines zweipoligen Ankers in sechs gleiche Teile (Fig. 22a), so können wir aus den sechs Wicklungszweigen die verschiedenen Drei- und Sechsphasensysteme durch entsprechendes Zusammensetzen dieser Wicklungsteile bilden. Die Spannungs- und Stromverhältnisse ergeben sich wie früher aus dem Potentialdiagramm.

Das unverkettete Dreiphasensystem. Schalten wir, wie

die Fig. 22a und 22b zeigen, je zwei diametral liegende Wicklungszweige in Serie, so entstehen drei Stromzweige, und wir erhalten
sechs Außenleiter und drei Wechselströme von 120° Phasenunter-

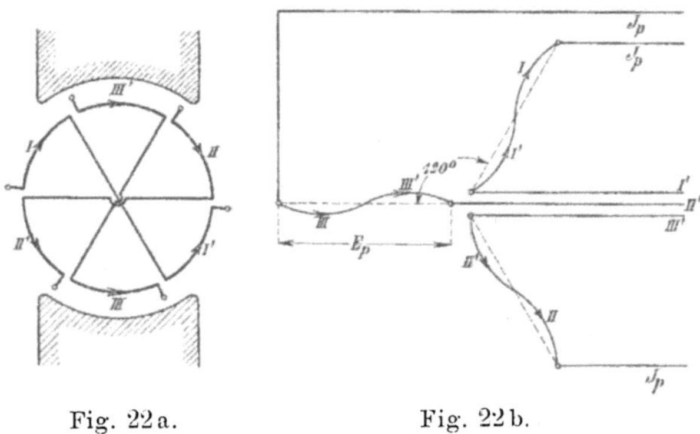

Fig. 22a.   Fig. 22b.

schied, die voneinander vollkommen unabhängig sind. In
Fig. 22a und 22b geben die Pfeile die momentane Richtung der
Ströme in den drei Phasen an. Sind die Stromkreise symmetrisch
und gleich belastet, so erhalten wir drei Ströme von gleichem
Effektivwert J_p und gleicher effektiver Spannung E_p. Der zeitliche Verlauf der Ströme ist durch Fig. 23 dargestellt; ist er sinusförmig, so ist in jedem
Momente die algebra-
ische Summe der Ströme
der drei Leiter I, II, III
und der drei Leiter I',
II', III' gleich Null, d. h.

$$i_I + i_{II} + i_{III} = 0.$$

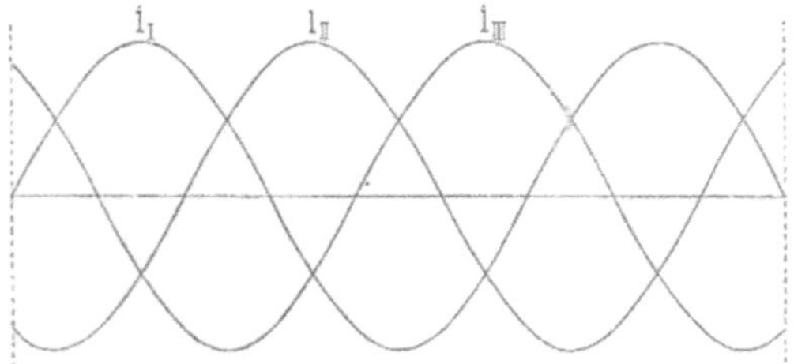

Fig. 23. Stromkurven eines Dreiphasensystems.

Vereinigen wir die
drei Leiter I', II', III' der
Fig. 22b zu einem gemeinsamen Mittelleiter, so entsteht die Sternschaltung mit Mittelleiter (Fig. 24). Für sinusförmige Ströme
und symmetrische Belastung ist die Stromstärke des Mittelleiters
Null; er wird jedoch Strom führen,
sobald die Belastung der drei
Phasen ungleich wird oder die
Ströme nicht mehr sinusförmig sind.
Die Spannung zwischen einem
Außenleiter und dem Mittelleiter
ist gleich der Phasenspannung E_p
und die Spannung zwischen zwei

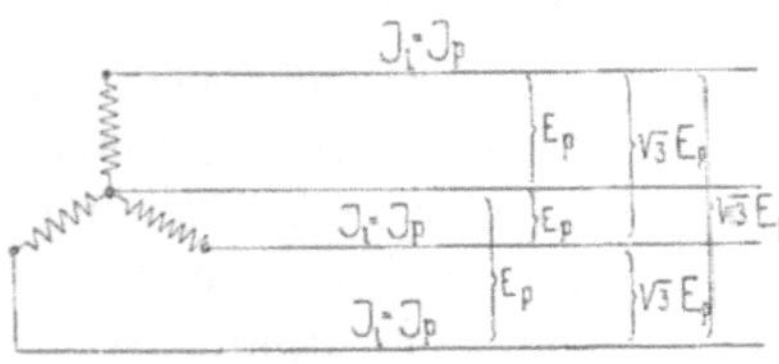

Fig. 24. Sternschaltung eines Dreiphasensystems mit Mittelleiter.

Außenleitern entsprechend der geometrischen Zusammensetzung der Spannungen von zwei Phasen unter 120° gleich

$$2 \sin 60^{\circ} E_p = \sqrt{3}\, E_p .$$

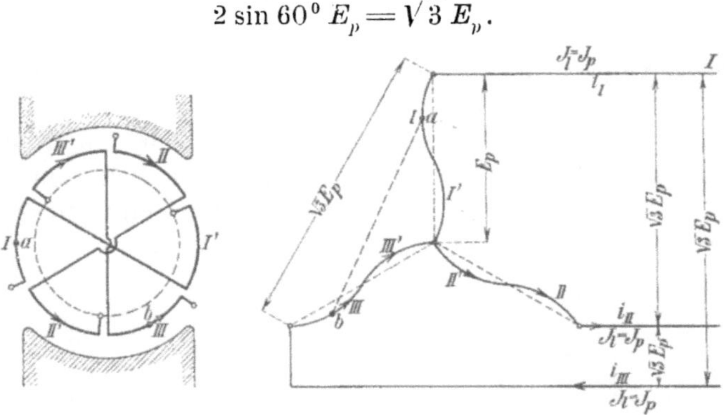

Fig. 25 a.   Fig. 25 b.
Schaltung und Potentialdiagramm des Dreiphasen-Sternsystems
ohne Mittelleiter.

Die Dreiphasen-Sternschaltung ohne Mittelleiter (Fig. 25 bis 28). Lassen wir den Mittelleiter der Schaltung Fig. 24 fort, so bleiben drei Außenleiter übrig, und es muß nun in zyklischer

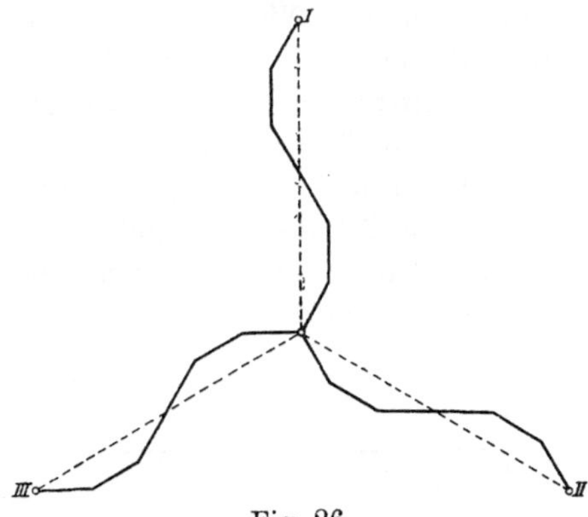

Fig. 26.
Potentialdiagramm einer zweipoligen Dreiphasenwicklung mit drei Löchern pro Pol
und Phase. Sternschaltung.

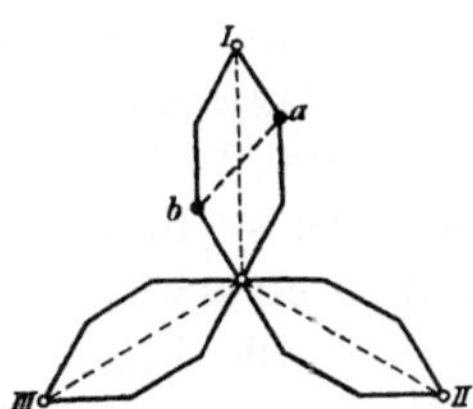

Fig. 27.
Potentialdiagramm einer
zweipoligen Dreiphasen-
wicklung mit drei Löchern
pro Pol und Phase. Stern-
schaltung mit parallel geschalteten Wicklungs-
zweigen.

Vertauschung immer ein Leiter als Rückleiter der beiden übrigen angesehen werden. In jedem Moment ist die Summe der Momentan-werte

$$i_I + i_{II} + i_{III} = 0,$$

wenn man die Richtung aller drei Ströme i_I, i_{II} und i_{III} von dem Sternpunkte aus positiv rechnet, d. h. die Amplituden der drei Stromstärken bilden jederzeit ein geschlossenes Dreieck, wenn wir sie nach Phase und Größe in einem bestimmten Maßstabe darstellen. Die Ströme sind jetzt nicht mehr unabhängig voneinander, d. h. die Winkel des Dreiecks sind in bestimmter Abhängigkeit von der Belastung der drei Phasen. Ändert man die Belastung einer Phase, so ändern sich auch die Ströme der beiden anderen; für symmetrische Belastung ist das Stromdreieck ein gleichseitiges.

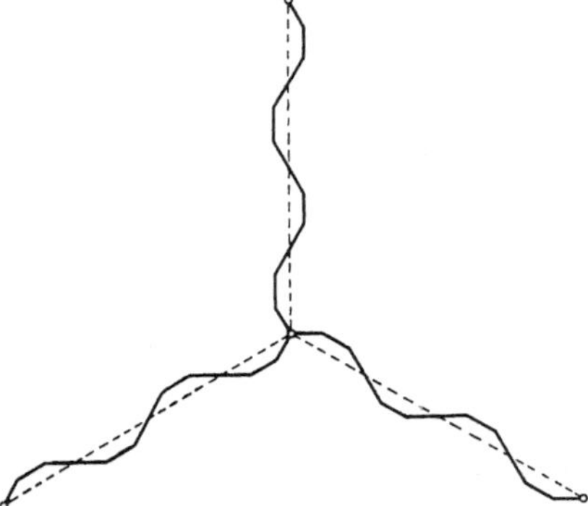

Fig. 28.
Potentialdiagramm einer vierpoligen Dreiphasenwicklung mit drei Löchern pro Pol und Phase.

Fig. 29.
Dasselbe mit zwei parallelen Zweigen pro Phase.

Die zwischen zwei beliebigen Punkten der Wicklung, z. B. a und b, auftretende maximale Potentialdifferenz ist durch die Länge und Lage der Verbindungslinie ab der entsprechenden Punkte im Potentialdiagramm Fig. 25b nach Größe und Phase gegeben.

Ist die Wicklung nicht gleichmäßig am Ankerumfang verteilt, sondern ist sie in wenigen Löchern pro Pol und Phase untergebracht, so setzt sich das Potentialdiagramm aus Teilen eines Polygons zusammen. Die Fig. 26 bis 29 geben Beispiele dafür.

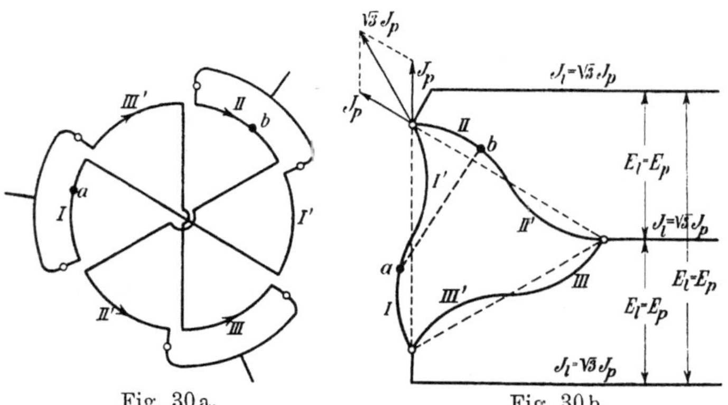

Fig. 30 a.   Fig. 30 b.
Schaltung und Potentialdiagramm des Dreiphasen-Dreiecksystems.
(Die Wicklung einer Phase bedeckt $^1/_3$ der Polteilung.)

Die Dreiphasen-Dreieckschaltung (Fig. 30 und 31). Die Zweige der drei Phasen bilden eine in sich geschlossene Wicklung. Sind die induzierten EMKe sinusförmig, so verlaufen sie zeitlich wie die drei Ströme in Fig. 23, und es ist in jedem Moment die Summe der Momentanwerte

$$e_I + e_{II} + e_{III} = 0.$$

Es können also im Dreieck selbst in diesem Falle keine inneren Ströme entstehen.

Besitzt jedoch die EMK-Kurve höhere Harmonische $3n$ facher Ordnung, wo n eine ganze Zahl ist, so sind diese EMKe $3n$ facher Ordnung in jedem Momente gleichgerichtet (gleichphasig), d. h. es ist ihre Summe

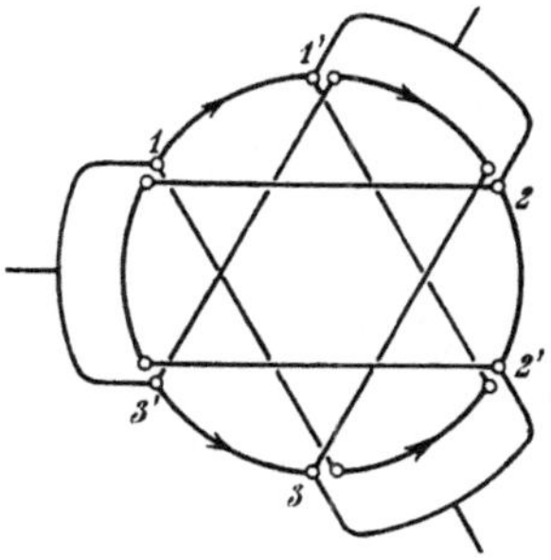

$$e_{I(3n)} + e_{II(3n)} + e_{III(3n)} = 3\,e_{3n},$$

Fig. 31 a.   Fig. 31 b.
Schaltung und Potentialdiagramm des Dreiphasen-Dreiecksystems mit parallel geschalteten Wicklungszweigen.

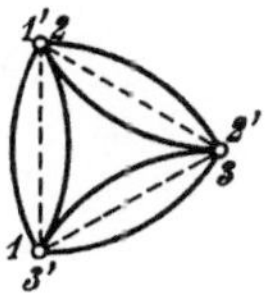

und es entsteht im Dreieck ein innerer Strom, der dieser Summe proportional ist. In Fig. 32a ist die Harmonische von dreifacher Periodenzahl als punktierte Linie eingezeichnet. Die dritten Harmonischen der drei Phasen I, II, III fallen mit der punktierten Linie zusammen, denn alle gehen in den Punkten A, B, C in gleichem Sinne durch Null; sie sind gleichphasig und addieren sich bei Dreieckschaltung (Fig. 32b) zu einer inneren Spannung $3\,e_3$ von dreifacher Amplitude.

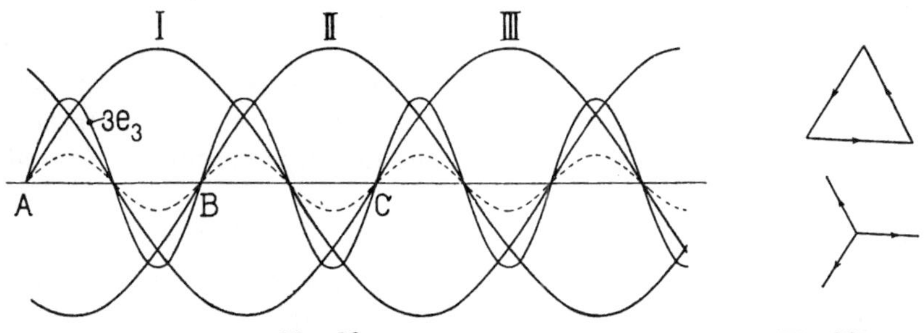

Fig. 32 a.   Fig. 32 b u. c.

Im Dreileiter-Sternsystem (Fig. 32 c) heben sich dagegen die EMKe $3n$ facher Ordnung gegenseitig auf, da sie gleichgroß und gleichzeitig vom neutralen Punkt weg oder auf ihn zu gerichtet sind, d. h. in einem Dreileiter-Sternsystem entstehen keine Ströme $3n$facher Ordnung. Sobald wir jedoch den Mittelleiter nach Fig. 24

hinzufügen, können die Ströme ihren Weg durch den Mittelleiter nehmen. Der Mittelleiter ist daher nur stromlos, wenn bei symmetrischer Belastung keine EMKe $3n$facher Ordnung induziert werden. —

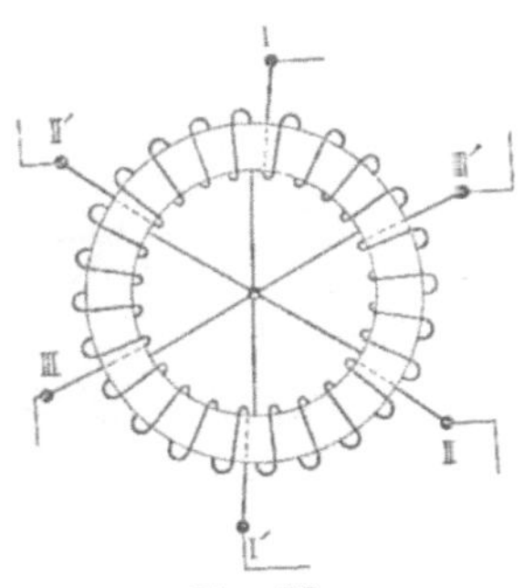

Fig. 33.
Sechsphasen-Sternschaltung.

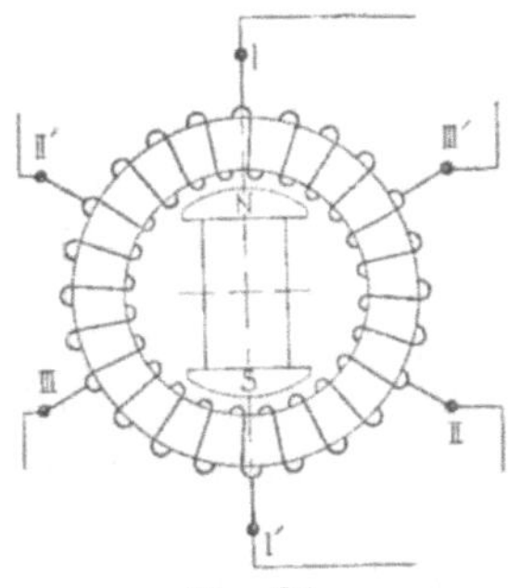

Fig. 34.
Sechsphasen-Ringschaltung.

Das Auftreten von EMKen $3n$facher Ordnung läßt sich in Generatoren nicht immer vermeiden; um daher innere Ströme zu verhüten, wird die Sternschaltung der Dreieckschaltung vorgezogen. —

Bei den beschriebenen Dreiphasenschaltungen bedeckt jede Phase $^1/_3$ einer Polteilung. Es wird somit der Wicklungsfaktor

$$f_w = \frac{\text{Sehne}}{\text{Bogen}} = \frac{1}{\dfrac{\pi}{3}} = 0{,}956.$$

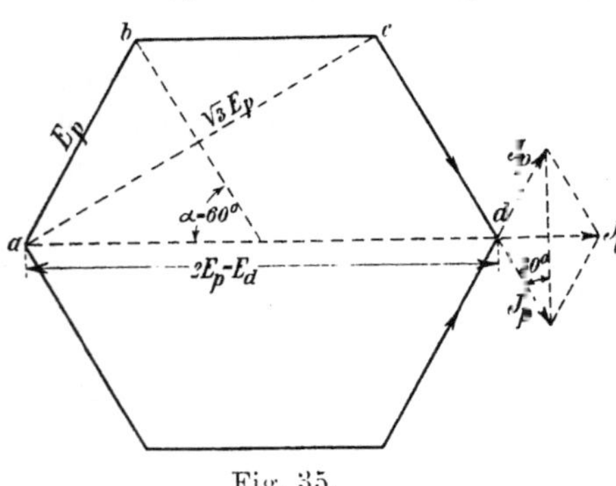

Fig. 35.

Das Sechsphasensystem. Wir unterscheiden das Sechsphasen-Sternsystem und das Sechsphasen-Ringsystem Fig. 33 u. 34.

Der Phasenwinkel ist jetzt $\alpha = 60^0$ und der Linienstrom ist bei der Ringschaltung (s. Fig. 35)

$$J_l = 2 \sin \frac{\alpha}{2} J_p = J_p,$$

also, ebenso wie bei der Sternschaltung, gleich dem Phasenstrome.

Die Spannung zwischen zwei Außenleitern ist bei der Sternschaltung

$$E_l = 2 \sin \frac{\alpha}{2} E_p = E_p,$$

also dasselbe wie bei der Ringschaltung.

Einem Sechsphasensystem können drei verschiedene Spannungen entnommen werden, und zwar, wie Fig. 35 zeigt, die Spannungen

$$\overline{ab} = E_p, \qquad \overline{ac} = \sqrt{3}\,E_p \qquad \text{und} \qquad \overline{ad} = 2\,E_p$$

oder, wenn wir die **Durchmesserspannung** mit E_d bezeichnen, die Spannungen

$$0,5\,E_d, \qquad 0,866\,E_d \quad \text{und} \quad E_d.$$

Die unveränderte Gleichstromwicklung als Mehrphasenwicklung. Jede Gleichstromwicklung läßt sich als Ein- und Mehrphasenwicklung benutzen. Da wir es mit einer geschlossenen Wicklung zu tun haben, erhalten wir Ringschaltung. Bezeichnet m die Phasenzahl, und fassen wir das Einphasensystem als ein Zweiphasensystem mit einem Phasenwinkel von 180° auf, so ist m gleich der Zahl der Anzapfungspunkte der Wicklung, bzw. gleich der Zahl der Schleifringe.

Da wir nur **symmetrische Mehrphasensysteme** betrachten, sind die m Anzapfungspunkte gleichmäßig am Umfang eines zweipoligen Ankers verteilt, und wir erhalten mit

$m = 2$ Einphasenstrom,

$m = 3$ Dreiphasenstrom,

$m = 4$ Zwei- oder Vierphasenstrom,

$m = 6$ Drei- oder Sechsphasenstrom.

Die Wicklung jeder Phase bedeckt $2/m$ einer Polteilung. Der Wicklungsfaktor wird

$$f_{w1} = \frac{2\sin\dfrac{\pi}{m}}{\dfrac{2\pi}{m}} = \frac{\sin\dfrac{\pi}{m}}{\dfrac{\pi}{m}}$$

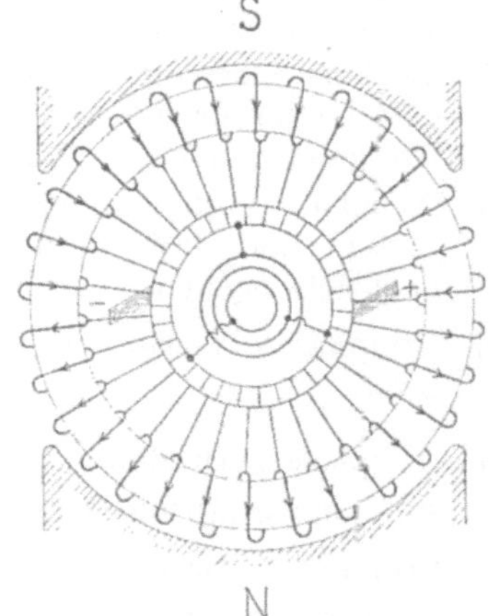

Fig. 36.

Für $m = 3$ wird $f_{w1} = 0,83$, somit kleiner als für die Schaltung Fig. 25, in der eine Phase nur $1/m$ der Polteilung bedeckt.

Die Gleichstromwicklung kommt bei allen Kommutatormaschinen zur Anwendung, also bei Umformern und Wechselstrom-Kommutatormotoren.

Fig. 36 gibt das Wicklungsschema eines Ankers mit Kommutator und dreiphasig angezapfter Wicklung. Drei Lamellen, die um $^2/_3$ der Polteilung entfernt sind, sind mit Schleifringen verbunden. Eine solche Maschine kann:

1. als Doppelstromgenerator (zur Erzeugung von Gleichstrom und Wechselstrom),
2. als Gleichstrom-Wechselstrom-Umformer und gleichzeitig oder allein als Gleichstrommotor,
3. als Wechselstrom-Gleichstrom-Umformer und gleichzeitig oder allein als Wechselstrom-Synchronmotor benutzt werden. —

Ein Vierphasen-Umformer erhält vier, ein Sechsphasen-Umformer sechs Schleifringe und Zuleitungen.

Die nachfolgende Tabelle gibt eine Zusammenstellung der verschiedenen Wechselstromsysteme und ihrer Benennungen.

Bezeichnung	Schema	Spannungen und Ströme	
1. Einphasensystem . . .		$E_l = E_p$	$J_l = J_p$
2. Einphasen - Dreileitersystem		$E_l = \begin{cases} E_p \\ 2\,E_p \end{cases}$	$\begin{aligned} J_l &= J_p \\ J_{lm} &= 0 \end{aligned}$
3. Zweiphasensystem unverkettet oder Zweiphasen-Vierleitersystem . . .	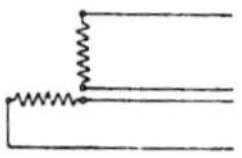	$E_l = E_p$	$J_l = J_p$
4. Zweiphasensystem verkettet oder Zweiphasen-Dreileitersystem . . .	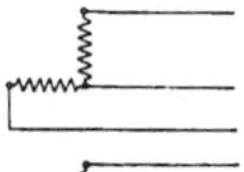	$E_l = \begin{cases} E_p \\ \sqrt{2}\,E_p \end{cases}$	$\begin{aligned} J_l &= J_p \\ J_{lm} &= \sqrt{2}\,J, \end{aligned}$
5. Dreiphasensystem unverkettet oder Dreiphasen-Sechsleitersystem . . .	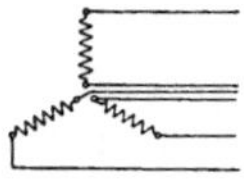	$E_l = E_p$	$J_l = J_p$
6. Dreiphasen - Vierleitersystem	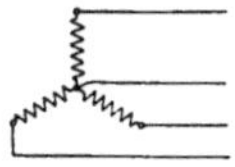	$E_l = \begin{cases} E_p \\ \sqrt{3}\,E_p \end{cases}$	$\begin{aligned} J_l &= J_p \\ J_{lm} &= 0 \end{aligned}$
7. Dreiphasen - Dreileitersystem mit Sternschaltung	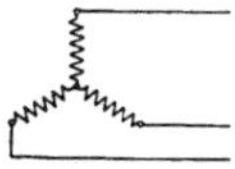	$E_l = \sqrt{3}\,E_p$	$J_l = J_p$
8. Dreiphasen - Dreileitersystem mit Ringschaltung oder Dreieckschaltung .	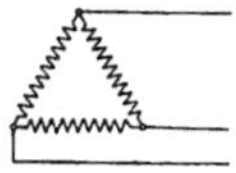	$E_l = E_p$	$J_l = \sqrt{3}\,J_p$
9. Zwei- und Vierphasen-Sternsystem	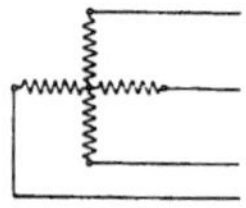	$E_l = \begin{cases} \sqrt{2}\,E_p \\ 2\,E_p \end{cases}$	$J_l = J_p$
10. Zwei- und Vierphasen-Ringsystem	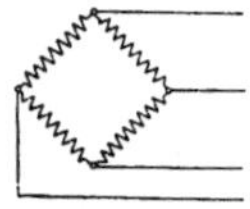	$E_l = \begin{cases} E_p \\ \sqrt{2}\,E_p \end{cases}$	$J_l = \sqrt{2}\,J_v$
11. Drei- und Sechsphasen-Sternsystem	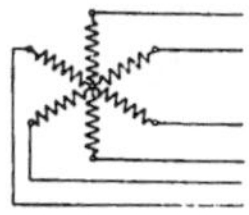	$E_l = \begin{cases} E_p \\ \sqrt{3}\,E_p \\ 2\,E_p \end{cases}$	$J_l = J_p$
12. Drei- und Sechsphasen-Ringsystem	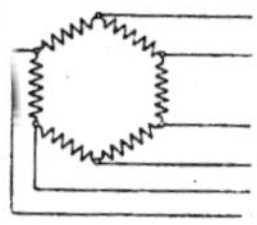	$E_l = \begin{cases} E_p \\ \sqrt{3}\,E_p \\ 2\,E_p \end{cases}$	$J_l = J_p$

Die Schaltungen 9 und 10 kann man entweder als zwei- cder als vierphasig und die Schaltungen 11 und 12 als drei- oder als sechsphasig ansehen — die erste Annahme gilt dann, wenn zwei auf einem Durchmesser liegende Klemmen als die Klemmen einer Phase angesehen werden.

Bezeichnet m die Anzahl der Phasen, so nennt man allgemein eine Schaltung mit 2 m Außenleitern oder Fernleitungen ein unverkettetes und eine Schaltung mit m oder $(m+1)$ Leitern ein verkettetes Mehrphasensystem.

5. Kombinierte Mehrphasensysteme.

Die bisher beschriebenen Mehrphasensysteme lassen sich in verschiedener Weise unter sich und mit einer Gleichstromwicklung bzw. einer geschlossenen Wicklung kombinieren. Da Punkte gleichen Potentials immer verbunden werden dürfen, gibt uns das Potentialdiagramm am besten Aufschluß über die möglichen Kombinationen.

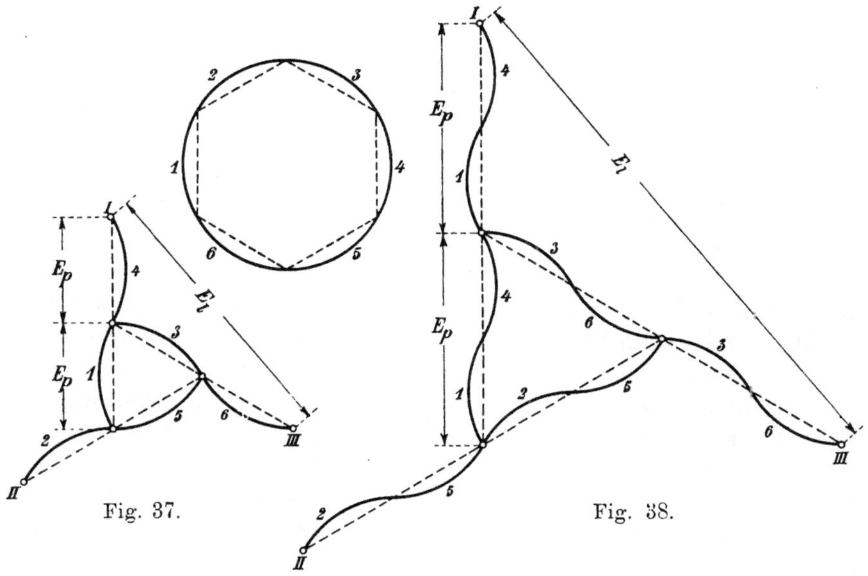

Fig. 37.

Fig. 38.

Schneiden wir eine geschlossene am Ankerumfang verteilte zweipolige Wicklung in sechs gleiche Teile auf, so können wir die sechs Teile, z. B. wie Fig. 37 zeigt, verbinden. Wir erhalten eine kombinierte Stern-Dreieckschaltung.

Denken wir uns einen Anker mit zwei gleichen geschlossenen Wicklungen, von denen jede in sechs Teile aufgeschnitten wird, so können wir die zwölf Teile zu einer Stern-Dreieckschaltung nach dem Schema Fig. 38 verbinden. Für beide Schaltungen Fig. 37 und 38 wird

$$E_l = 2{,}65\, E_p.$$

Sind die Schnittpunkte der beiden Wicklungen A und B um 30^0 verschoben, so entsteht das Schema Fig. 39. Hier ist die Linienspannung E_l etwas größer.

$$E_l = E_{..} + \sqrt{3}\, E_p = 2{,}73\, E_p.$$

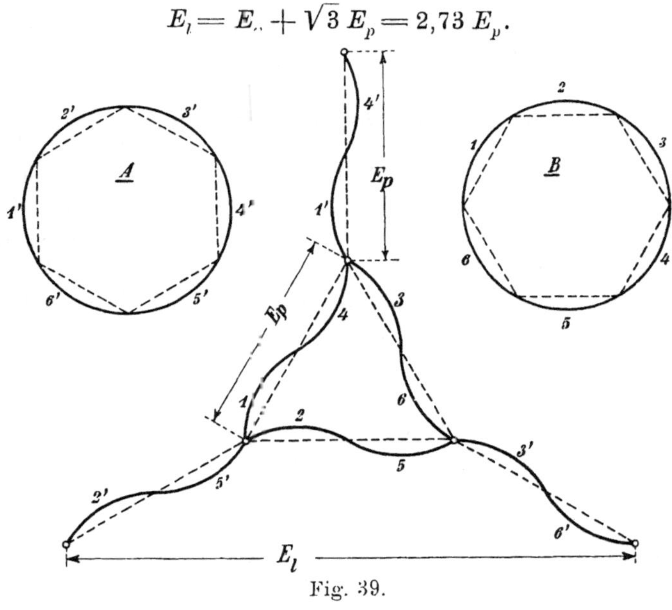

Fig. 39.

Kombinationen von Ring- und Sternschaltung bzw. einer Gleichstromwicklung mit einem Mehrphasen-Sternsystem zeigen die Fig. 40—42.

Der Kreisdurchmesser, auf dem die Bürsten BB liegen, ist ein Maß für die konstante Gleichstromspannung. Bei den Schaltungen Fig. 40 und 41 ist die Gleichstromspannung im Nullpunkt der Sternschaltung halbiert; dieser Nullpunkt kann daher als Anschlußpunkt des Mittelleiters eines Gleichstrom-Dreileitersystems benutzt werden.

Zwischen der Gleichspannung E_g und der Amplitude der zwischen zwei von den Punkten I, II, III auftretenden Wechselspannung $\sqrt{2}\, E_l$ (Fig. 40) besteht die Beziehung

$$\sqrt{2}\, E_l = \frac{\sqrt{3}}{2}\, E_g$$

oder der Effektivwert der Linienspannung ist

$$E_l = \sqrt{\frac{3}{8}}\, E_g.$$

Eine höhere Linienspannung ergeben die Schaltungen Fig. 41 und Fig. 42 zwischen den äußeren Klemmen. In Fig. 41 ist

$$E_l = \sqrt{\frac{3}{2}}\, E_g \quad \text{und in Fig. 42} \quad E_l = 1{,}5\sqrt{\frac{3}{2}}\, E_g.$$

Auf ähnliche Art lassen sich noch zahlreiche kombinierte Schaltungen bilden.

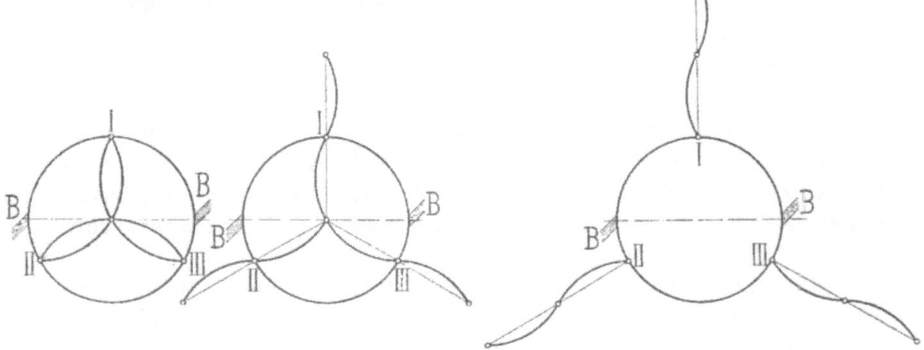

Fig. 40 bis 42. Potentialdiagramme kombinierter Wicklungen, bestehend aus einer geschlossenen und einer aufgeschnittenen Gleichstromwicklung.

6. Einteilung der Wechselstromwicklungen.

Unter Wechselstromwicklungen wollen wir solche Wicklungen verstehen, die zur Erzeugung bzw. zur Aufnahme von Wechselströmen bestimmt sind.

Die Wechselstromwicklungen kommen zur Anwendung bei

A. Synchronen Maschinen:
   1. Synchrongeneratoren,
   2. Synchronmotoren,
   3. Umformern.

B. Asynchronen Maschinen:
   1. Induktionsmaschinen,
   2. Kommutatormaschinen.

Die auf dem ruhenden Teil der Maschine sitzende Wicklung heißt Stator- oder Ständerwicklung, und die auf dem rotierenden Teil angeordnete Rotor- oder Läuferwicklung.

Bei der Maschinengruppe A besitzt nur ein Teil, entweder der ruhende oder der rotierende, eine Wechselstromwicklung. Bei den synchronen Generatoren und Motoren ist es fast immer der ruhende Teil, während das durch Gleichstrom erregte Magnetrad rotiert.

Alle genannten Wechselstromwicklungen lassen sich nun wie folgt einteilen in:

I. Gewöhnliche Wechselstromwicklungen,
II. Unveränderte Gleichstromwicklungen (mit oder ohne Kommutator),
III. Aufgeschnittene Gleichstromwicklungen,
IV. Abgeänderte Gleichstromwicklungen,
V. Vielphasige Wicklungen (Kurzschluß- und Käfigwicklungen),
VI. Wicklungen für verschiedene Polzahlen (mit Polumschaltung).

Jede dieser Gruppen umfaßt wieder eine Anzahl verschiedenartiger Wicklungen, die sich durch die Zahl der Phasen, die Zahl der Nuten einer Phase pro Pol, die Verbindungsart der induzierten Leiter und die Ausführung und Anordnung der Wickelköpfe voneinander unterscheiden.

Man unterscheidet Einlochwicklungen und Mehrlochwicklungen. Im ersten Fall liegen die auf einen Pol entfallenden Windungen einer Phase in einer Nut, in letzterem Falle sind sie auf mehrere Nuten verteilt. Man nennt erstere auch konzentrierte und letztere verteilte Wicklungen.

Bezüglich der Verbindungsart der in den Nuten liegenden Leiter auf beiden Stirnseiten des Ankers unterscheidet man Spulen- und Schleifenwicklungen einerseits und umlaufende oder Wellenwicklungen anderseits.

Die Darstellung der Wicklungen. Im allgemeinen sind die Wicklungsschemas auf zwei Arten ausgeführt. Häufig werden nur die Stirnverbindungen der Ankerleiter gezeichnet, wobei die Ankerleiter durch kleine Kreise angedeutet sind, oder es wird die Wicklung so in die Papierebene abgerollt, daß es möglich ist, die Ankerleiter mit allen ihren Verbindungen darzustellen.

Verschiedene Wicklungsebenen sind in der Regel durch ausgezogene und gestrichelte Linien unterschieden. Bei den Mehrphasenwicklungen ist meist eine Phase durch stärkere Striche hervorgehoben. Ferner wird, obgleich wir es mit Wechselstrom zu tun haben, eine Stromrichtung angenommen; diese entspricht dann jeweils nur einem bestimmten kurzen Zeitraume. Man erreicht durch die Annahme einer Stromrichtung den Vorteil, daß der Sinn der Drahtführung verständlicher wird und daß die Polarität deutlicher hervortritt. Ein Kreis mit Kreuz bedeutet, daß der Strom des betreffenden Leiters in die Papierebene eintritt, und ein Kreis mit Punkt die umgekehrte Richtung. Diese Darstellung gründet sich auf die Annahme, daß die Stromrichtung durch einen Pfeil angedeutet sei; das Kreuz bedeutet die Pfeilfeder, der Punkt die Pfeilspitze.

In der Darstellung werden wir uns auf das wechselpolige Magnetsystem beschränken, weil sich die gleichpoligen Wicklungen prinzipiell in keiner Weise von den wechselpoligen unterscheiden. (Siehe S. 18.)

Die Drähte der Armatur werden gewöhnlich in Nuten oder Löchern des Eisens eingebettet, ebenso die Feldwicklung der asynchronen Motoren. Ist die Anzahl der Löcher pro Pol und Phase 1, 2, 3 usf., so bezeichnet man die Wicklung als Ein-, Zwei- oder Dreilochwicklung.

Zweites Kapitel.

Gewöhnliche Wechselstromwicklungen.

7. Allgemeines. — 8. Einphasige Wicklungen. — 9. Zweiphasige Wicklungen.
10. Dreiphasige Wicklungen.

7. Allgemeines.

Die gewöhnlichen Wechselstromwicklungen teilen wir nachfolgend ein in:

1. einphasige Wicklungen;
2. zwei- und vierphasige Wicklungen;
3. drei- und sechsphasige Wicklungen.

Die zweiphasigen Wicklungen unterscheiden sich von den vierphasigen, und die dreiphasigen von den sechsphasigen Wicklungen nur durch die Verbindungsart der Spulen oder die Anordnung der Ableitungen, deswegen lassen sie sich jeweils in eine Gruppe zusammenfassen.

Eine gewöhnliche Wechselstromwicklung ist entweder eine Spulenwicklung, eine umlaufende Wicklung oder eine Kombination von beiden.

Die Spulenwicklung (siehe Fig. 9) kommt immer zur Anwendung, wenn die Windungszahl groß ist. Die maximale Spannung zwischen zwei benachbarten Spulen einer Phase ist gleich der zweifachen Spannung einer Spule, und die Spannung zwischen den Drähten einer Spule ist ebenfalls klein. Die Spulenwicklung kommt daher insbesondere für Hochspannungsmaschinen in Betracht.

Bei einer umlaufenden Wicklung (siehe Fig. 8) schreitet man von Ankerleiter zu Ankerleiter und von Pol zu Pol am Ankerumfange immer in gleicher Richtung. Ist die Zahl der Ankerleiter (Stäbe) pro Pol und Phase u_p, so macht die Wicklung einer Phase u_p Umläufe. Für Stabwicklungen, besonders wenn die Stäbe in den Nuten übereinanderliegen, eignet sich die umlaufende Wicklung besser als die Spulenwicklung.

Die umlaufende Wicklung kommt insbesondere für niedrige Spannungen in Betracht, bei hohen Spannungen würden die Zahl der Umläufe und die Spannung zwischen benachbarten Drähten einer Phase zu groß.

Die Verbindungen der Ankerleiter auf beiden Seiten des Ankers bilden die Spulenköpfe oder Stirnverbindungen.

Bei dünndrähtigen Wicklungen bestehen die Leiter einer Spule mit Spulenkopf aus einem einzigen Draht, der beim Wickeln in die gewünschte Form gebogen wird. Bei Leitern von größerem Querschnitt wird dagegen eine Spule oder auch eine Windung aus mehreren Teilen zusammengesetzt.

Bei Stabwicklungen wird z. B. entweder jede Windung einzeln aus einem Stabe oder Draht in die erforderliche Form gebogen und die einzelnen Windungen dann zu der Wicklung vereinigt, oder es werden zur Verbindung der Ankerstäbe auf den beiden Stirnseiten des Ankers besondere Verbindungsstücke verwendet.

In letzterem Falle kann die Wicklung, sowohl die Spulenwicklung wie die umlaufende Wicklung, entweder mit ungleichen Wicklungsschritten und Verbindungsbogen oder mit gleichen Wicklungsschritten und Verbindungsgabeln ausgeführt werden, wobei wir den Abstand der zu verbindenden Stäbe als Wicklungsschritt bezeichnen.

Fig. 43 stellt zwei Verbindungsbogen dar. Sie bestehen aus Kupferband, das an den Enden mit den zu verbindenden Stäben verlötet wird.

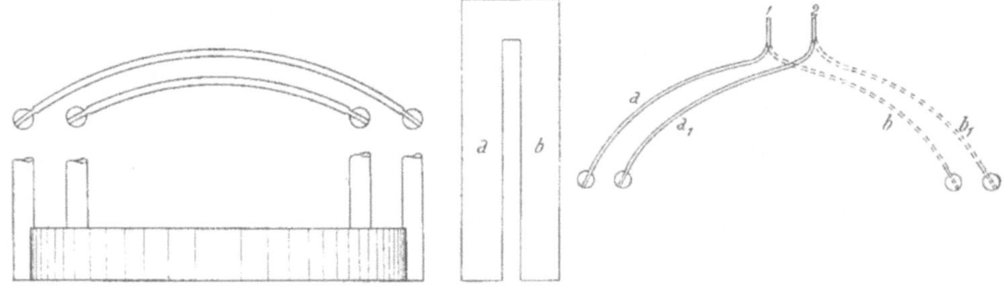

Fig. 43. Verbindungsbogen
aus Kupferband.

Fig. 44. Verbindungsgabel.

Die Verbindungsgabel hat zwei Schenkel a und b (Fig. 44); diese werden seitlich entsprechend dem Wicklungsschritt auseinandergebogen und mit den Stäben verbunden. Die Schenkel a und b liegen nun in verschiedenen Ebenen, so daß bei einer Kreuzung eine Berührung des Schenkels a und b nicht stattfindet.

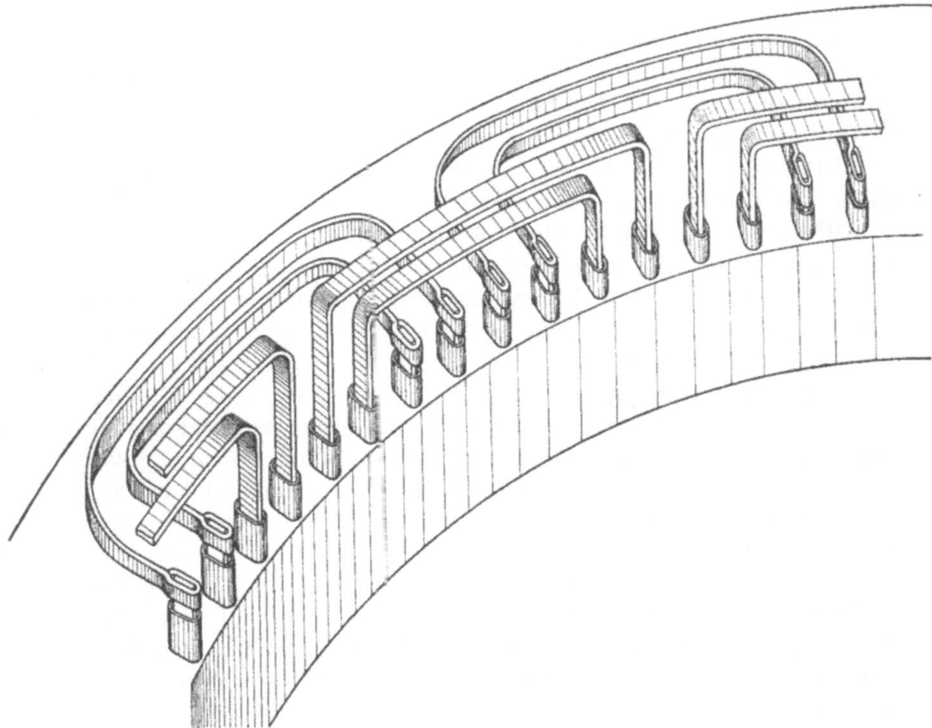

Fig. 45. Stabwicklung mit Verbindungsbogen.

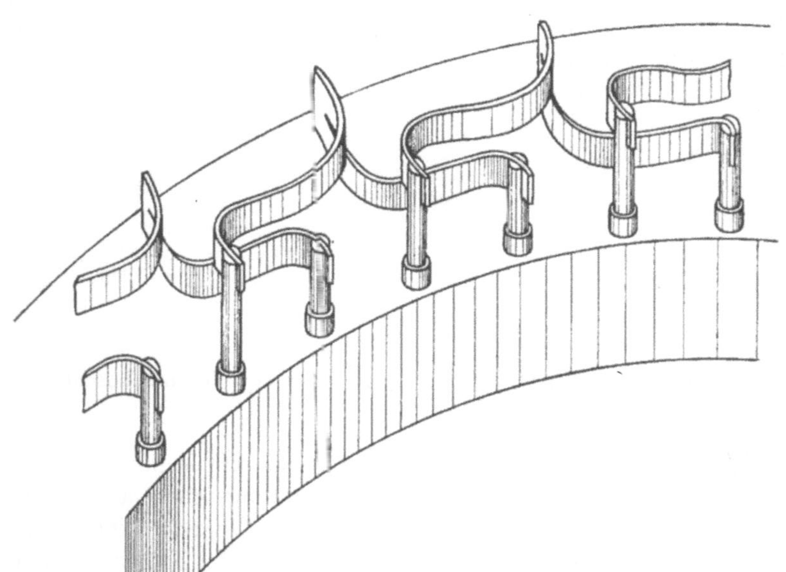

Fig. 46. Stabwicklung mit Verbindungsgabeln.

Die Fig. 45 und 46 veranschaulichen diese beiden Verbindungs-arten perspektivisch.

Bezeichnet

Z die gesamte Nutenzahl oder Lochzahl am Ankerumfange,
$2p$ die Polzahl, also p die Polpaarzahl,
m die Phasenzahl der Wicklung,
q die Nutenzahl (Lochzahl) pro Pol und Phase,

so werden Wicklungen, für die

$$q = \frac{Z}{2pm} = \text{einer ganzen Zahl,}$$

bei denen also jede Phase eine volle Nutenzahl pro Pol hat, als Vollochwicklungen, und Wicklungen, bei denen

$$q = \frac{Z}{2pm} = \text{einer gebrochenen Zahl}$$

als Teillochwicklungen bezeichnet.

Diese letzteren sind im Abschnitt 11 besonders behandelt. Wir beschränken unsere Betrachtungen zunächst auf die Volloch-wicklungen.

8. Einphasige Wicklungen.

Einphasige umlaufende Wicklungen. Die umlaufende Wicklung stellt die einfachste Art der Wicklung dar, denn eine Spulen-wicklung geht in eine umlaufende Wicklung über, wenn die Windungs-zahl einer Spule gleich 1 ist. Die umlaufende Wicklung kommt nur für große Stromstärken, also für Stabwicklungen in Betracht.

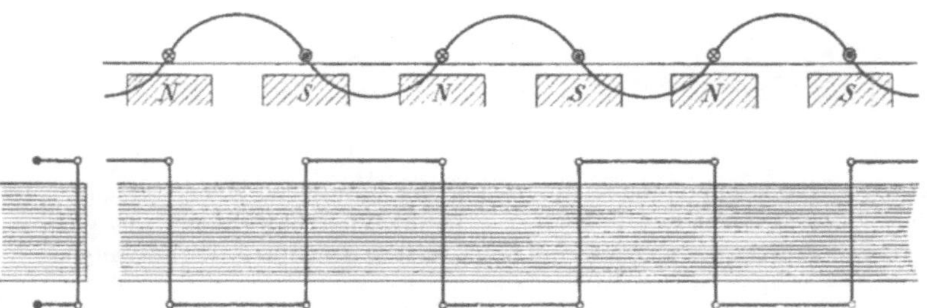

Fig. 47. Einphasige umlaufende Einlochwicklung mit Verbindungsbogen.

Den einfachsten Fall einer umlaufenden Wicklung, mit einem Leiter pro Pol, stellen die Fig. 47 und 48 dar. In Fig. 47 bestehen die Querverbindungen der Ankerleiter aus Bogen, in Fig. 48 aus Gabeln.

Sind mehrere Leiter pro Pol vorhanden, so macht die Wicklung mehrere Umläufe, wie die Fig. 49 und 50 erkennen lassen. In

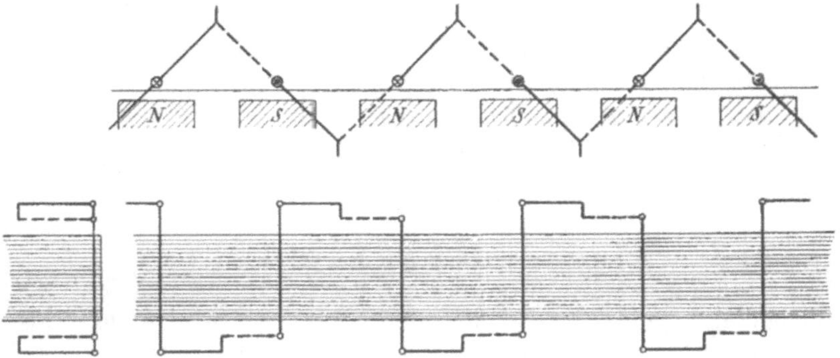

Fig. 48. Einphasige umlaufende Einlochwicklung mit Verbindungsgabeln.

Fig. 50 ändert der Lauf der Wicklung nach zwei Umgängen seinen Sinn und wir haben auf einer Seite der Armatur nur kurze, auf

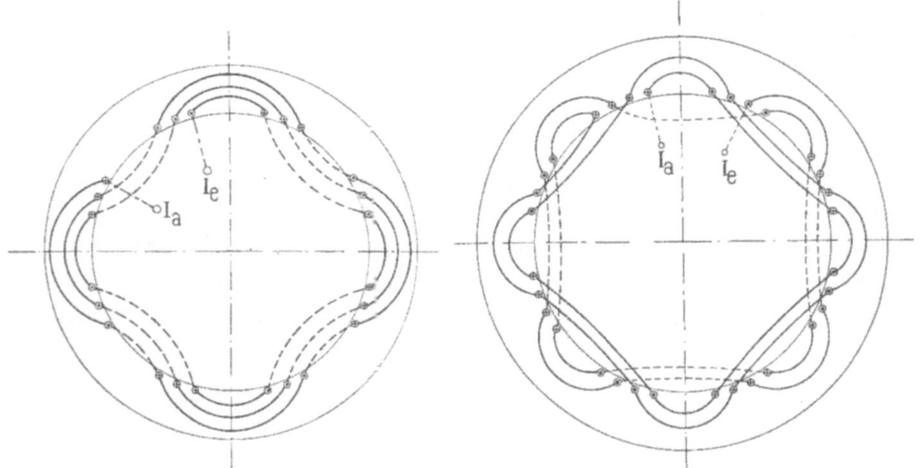

Fig. 49. Einphasige umlaufende   Fig. 50. Einphasige umlaufende acht-
achtpolige Dreilochwicklung.   polige Vierlochwicklung mit gleich-
                                          mäßig verteilten Verbindungen.

der anderen Seite nur lange Verbindungsbogen. In Fig. 51 sind die Stäbe in zwei Lagen übereinander und die Verbindungsbogen, wie Fig. 51a zeigt, in einer Ebene angeordnet. Macht man die äußeren und inneren Stäbe verschieden lang, so können alle Verbindungsbogen nach außen oder innen gelegt und in zwei Ebenen angeordnet werden.

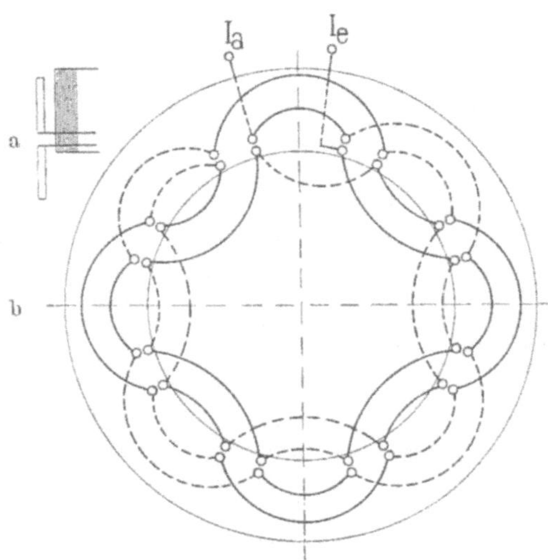

Fig. 51. Achtpolige umlaufende Zweilochwicklung mit zwei übereinanderliegenden Stäben pro Nut.

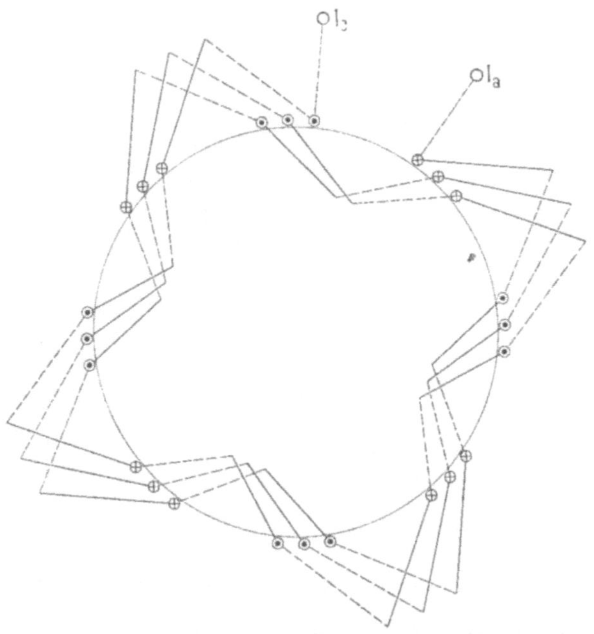

Fig. 52. Achtpolige umlaufende Dreilochwicklung mit Verbindungsgabeln.

Ersetzen wir die Verbindungsbogen durch Verbindungsgabeln,
so entstehen die Fig. 52 bis 54. Die Stäbe stehen über das Armatur-

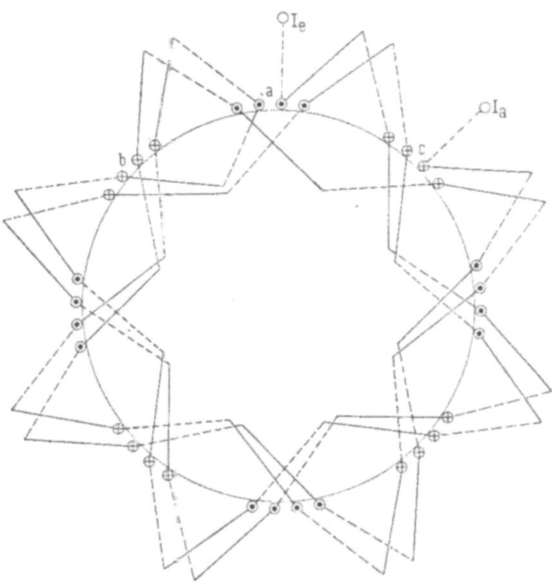

Fig. 53. Umlaufende Vierlochwicklung mit Umkehrung des Wicklungslaufes.

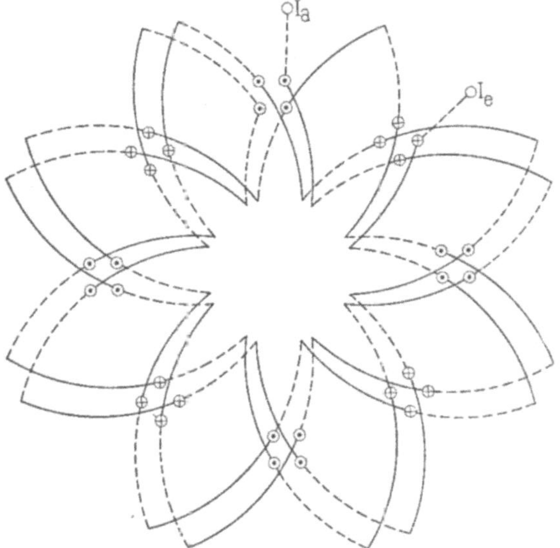

Fig. 54. Umlaufende Wicklung mit zwei Stäben pro Nut.

eisen mit verschiedener Länge vor, so daß stets ein langer Stab
mit einem kurzen Stab verbunden ist.

Wenn wir in Fig. 53 zwei Umläufe gemacht haben, können
wir anstatt von a nach c in demselben Sinne von a nach b

in entgegengesetztem Sinne weiter schreiten. Die Umkehrung des Wicklungslaufes ergibt eine gleichmäßigere Verteilung der Spulenköpfe.

In Fig. 54 liegen zwei Stäbe übereinander, und es ist auch hier von der Umkehrung des Wicklungslaufes Gebrauch gemacht.

Einphasige Spulenwicklungen mit ungleichen Spulenweiten (mit Verbindungsbogen). Fig. 55 veranschaulicht die Vorderansicht einer sechspoligen, einphasigen Wicklung mit vier Löchern pro Pol. Der Deutlichkeit wegen sind die auf der hinteren Seite liegenden Spulenköpfe nach innen gelegt und durch punktierte Linien dargestellt. Man erhält p Spulen, deren Seiten auf je vier Löcher verteilt sind (Vierlochspulen). Die Weite der einzelnen Teilspulen ist verschieden. Spule 1—8 hat die größte und 4—5 die kleinste Spulenweite.

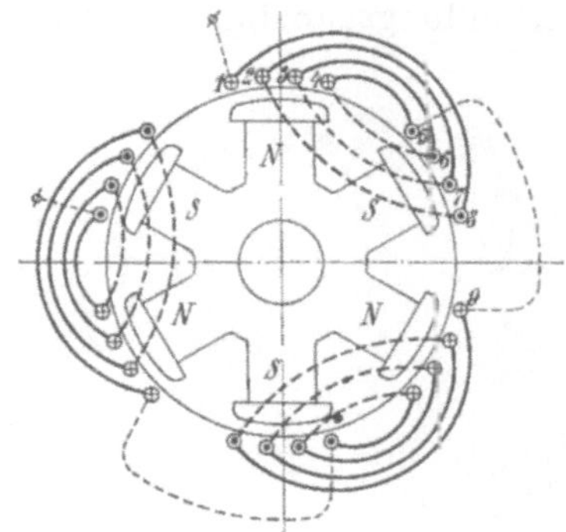

Fig. 55. Einphasige Spulenwicklung mit 4 Löchern pro Pol und p Spulenköpfen (Vierlochspulen).

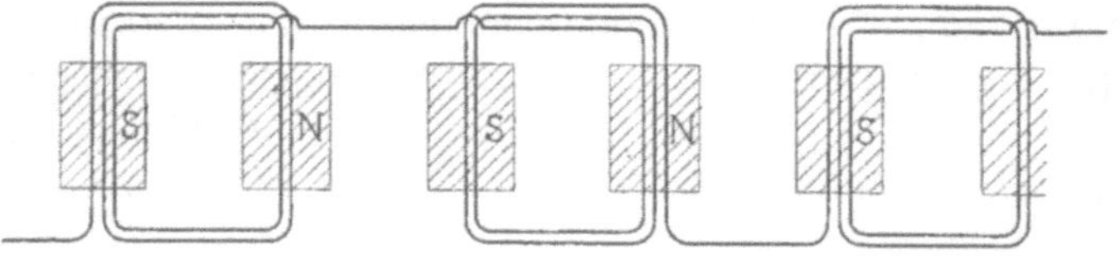

Fig. 56. Spulenwicklung mit $2^1/_2$ Windungen pro Spule.

Oft ist es erforderlich oder zweckmäßig, jeder Spule noch eine halbe Windung hinzuzufügen. In diesem Falle sind, wie Fig. 56 zeigt, die Querverbindungen der Spulen auf beide Seiten verteilt.

Eine bessere Verteilung der Spulenköpfe wird erhalten, wenn die Windungen jeder Spule in zwei Teile geteilt und nach Fig. 57 angeordnet werden; wir erhalten nun doppelt so viel Spulenköpfe mit halber Windungszahl.

In den Fig. 55 und 57 ist der

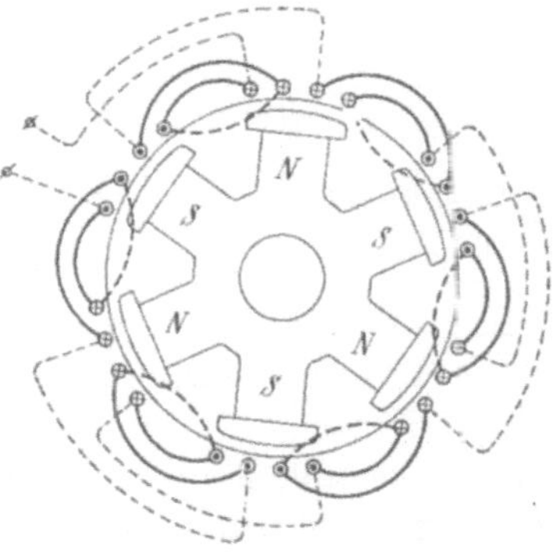

Fig. 57. Einphasige Spulenwicklung mit 4 Löchern pro Pol und $2p$ Spulenköpfen (Zweilochspulen).

Einfachheit wegen nur ein Leiter in jeder Nut vorhanden. Ohne das Wicklungsschema zu ändern, kann die Zahl der Leiter pro Nut beliebig groß gewählt werden.

Einphasige Spulenwicklungen mit gleichen Spulenweiten (mit Verbindungsgabeln). Die Spulenwicklungen Fig. 55 und 57 mit ungleichem Wicklungsschritt lassen sich durch eine Wicklung mit gleichbleibendem Wicklungsschritt ersetzen, wenn wir Verbindungsgabeln statt Verbindungsbogen verwenden. Die induzierte EMK ist in beiden Fällen unter sonst gleichen Bedingungen dieselbe.

Diese Wicklungsart kommt für Stabwicklungen und Wicklungen mit Formspulen zur Anwendung.

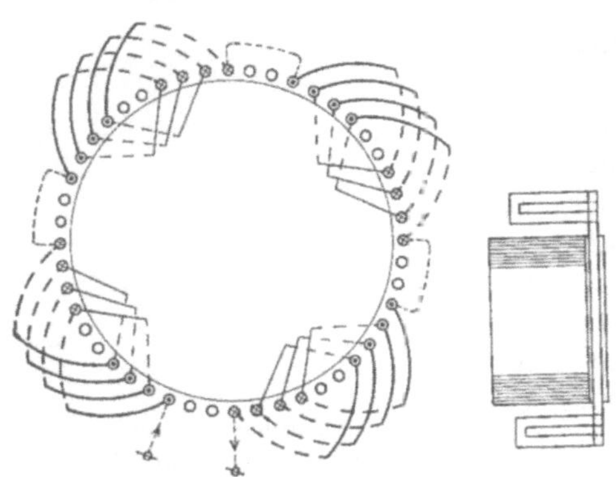

Fig. 58a.   Fig. 58b.

Fig. 58a und b. Achtpolige Spulenwicklung mit 6 Nuten pro Pol, wovon 4 bewickelt sind.

Die Fig. 58a und 58b veranschaulichen eine achtpolige Stabwicklung. Fig. 59 stellt das in die Ebene abgerollte Schema dar. Der Wicklungsschritt y ist gleich der Polteilung τ.

Eine bessere Verteilung der Spulenköpfe auf den Stirnseiten ergibt sich nach dem Schema Fig. 60 und 61. Die Spulenweite ist verkürzt ($y < \tau$) und die Stirnverbindungen sind so gewählt, daß sie sich bei einer Stabwicklung aus lauter Verbindungsgabeln herstellen lassen. Dies ist eine Kombination einer Spulenwicklung und einer umlaufenden Wicklung.

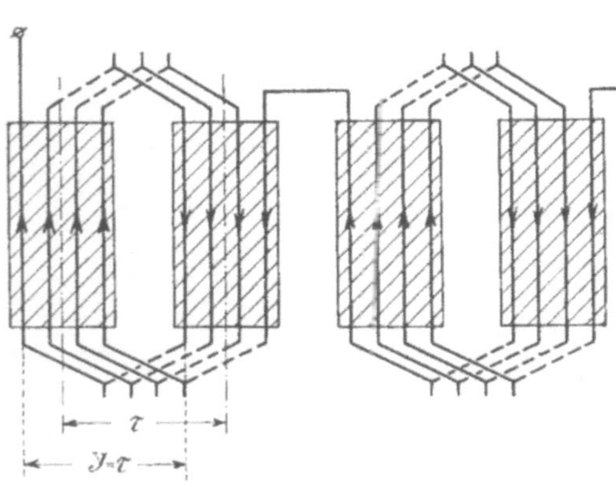

Fig. 59.

Fig. 62 ist eine achtpolige Spulen-Stabwicklung mit neun Nuten pro Pol, von denen drei bewickelt sind. In einer Nut liegen zwei Stäbe übereinander, und es ist je ein oberer Stab mit einem unteren

verbunden. Die ausgezogenen Querverbindungen kommen in eine
Ebene und die punktierten in eine zweite Ebene zu liegen.

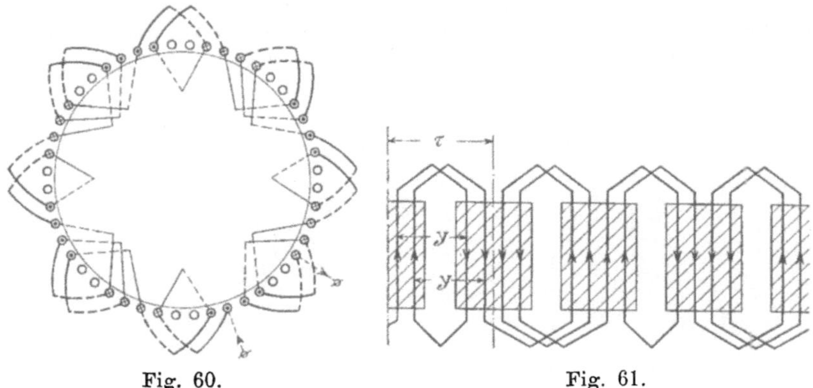

Fig. 60.   Fig. 61.

Fig. 60 und 61. Kombinierte Spulenwicklung und umlaufende Wicklung
mit verkürzter Spulenweite.

Man kann diese Wicklung auch so ausführen, daß man, wie
Fig. 63 zeigt, von K_1 ausgehend, zuerst die eine Hälfte der Spulen,

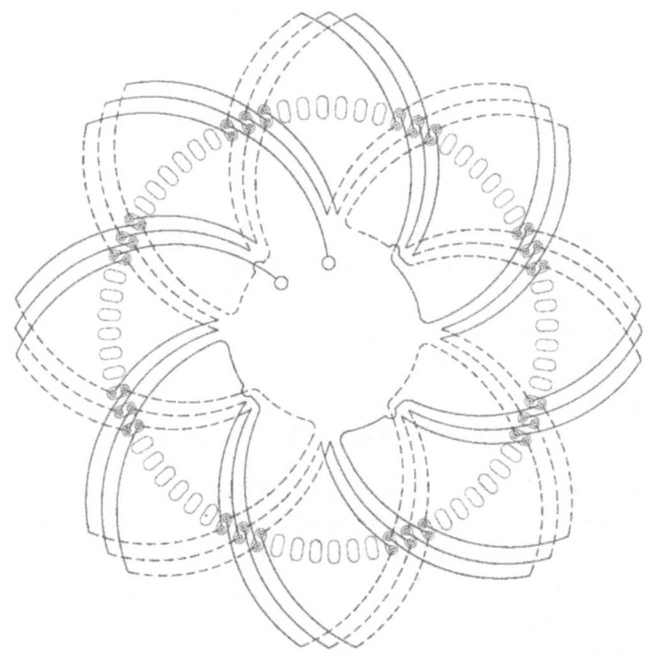

Fig. 62. Achtpolige einphasige Spulen-Stabwicklung mit neun Löchern pro
Pol, wovon drei bewickelt.

dann, bei A umkehrend, die zweite Hälfte der Spulen durchläuft und so zur zweiten Klemme K_2 gelangt.

Die Verbindungen der Spulen untereinander werden etwas einfacher, aber die maximale Spannung zwischen zwei Stäben einer Nut steigt bis zur vollen Klemmenspannung an.

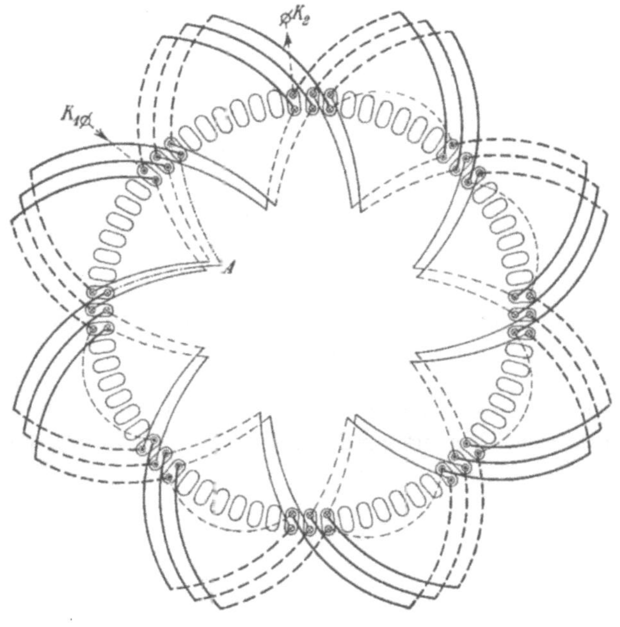

Fig. 63.

Wie oben erwähnt, eignen sich die Spulenwicklungen mit gleicher Spulenweite insbesondere für Formspulen, die auf Holz-formen (Schablonen) hergestellt werden. Da alle Spulen die gleiche Form haben, lassen sie sich alle auf der gleichen Schablone her-stellen, wie später im Kapitel XIV ausführlicher erläutert wird.

9. Zweiphasige Wicklungen.

Verschieben wir zwei einphasige Wicklungen um eine halbe Polteilung gegeneinander, so entsteht eine zweiphasige Wicklung. Die im vorhergehenden Abschnitt dargestellten Wick-lungen gelten daher auch für eine Phase einer Zwei-phasenwicklung.

Zweiphasige umlaufende Wicklungen. Die einfachste Art einer Zweiphasenwicklung geben die Fig. 64 und 65; die erstere hat

Verbindungsbogen, die zweite Verbindungsgabeln, und beide haben einen Stab pro Pol und Phase.

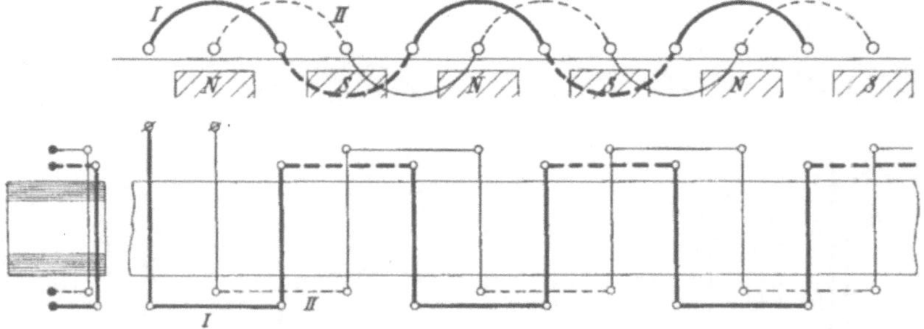

Fig. 64. Zweiphasige umlaufende Einlochwicklung mit Verbindungsbogen.

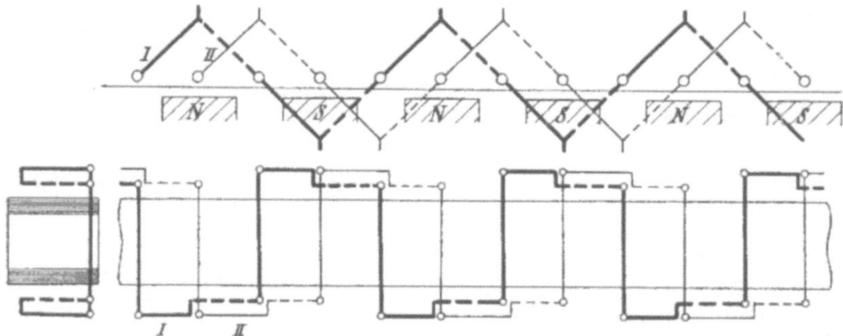

Fig. 65. Zweiphasige umlaufende Einlochwicklung mit Verbindungsgabeln.

Erhöhen wir die Stabzahl pro Pol und Phase auf zwei, so ergeben sich die Wicklungen Fig. 66 bis Fig. 69.

Ein Versuch, die Verbindungsbogen jeder Phase durch Umkehrung des Wicklungslaufes gleichmäßig zu verteilen, wie Fig. 66a für die vordere Stirnseite zeigt, ergibt auf der hinteren Stirnseite vier Ebenen für die Verbindungsbogen bei zwei verschiedenen Stablängen (Fig. 66b). Dies läßt sich vermeiden, wenn die Hälfte der Verbindungsbogen nach Fig. 66c nach innen abgebogen wird, oder wenn man für die eine Stirnseite, wie Fig. 66d zeigt, Verbindungsgabeln verwendet.

Es ist daher einfacher, eine Wicklung mit Verbindungsbogen auf die in Fig. 67 dargestellte Art mit verschiedenen Spulenweiten auszuführen.

Mit Verbindungsgabeln läßt sich die Wicklung auf die in Fig. 68 angegebene Weise, bei der alle Stäbe gleich lang und alle Verbindungsgabeln einander gleich sind ($y_1 = y_2$), oder auf die in Fig. 69 dargestellte Art herstellen, bei der die Verbindungsgabeln gleichmäßig auf den Stirnflächen verteilt sind, bei der aber die Wicklungsschritte und daher die Verbindungsgabeln auf der vorderen und hinteren Seite ungleich sind $(y_1 < y_2)$.

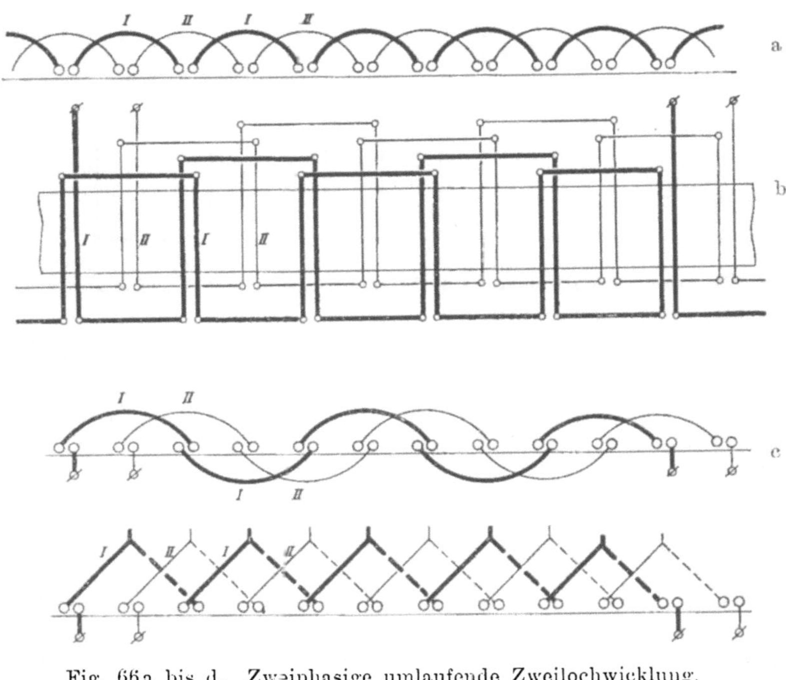

Fig. 66a bis d.　Zweiphasige umlaufende Zweilochwicklung.

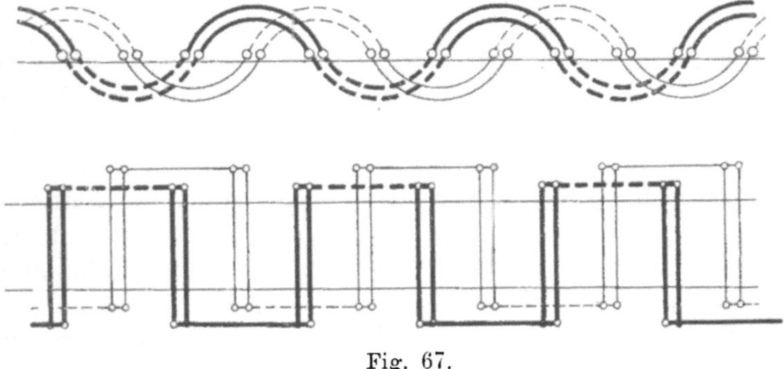

Fig. 67.

Führen wir eine Wicklung mit vier Nuten pro Pol und Phase mit Verbindungsgabeln aus und machen, wie in Fig. 69, von der Umkehrung des Wicklungslaufes Gebrauch, so entsteht das Schema Fig. 70, das wieder eine gleichmäßige Verteilung der Gabeln aufweist.

Liegen die Stäbe in zwei Ebenen übereinander, so wählt man am besten Verbindungsgabeln, wie Fig. 71 zeigt. Wir haben in diesem Schema sechs Pole und vier Stäbe pro Pol und Phase. Gehen wir von I_a aus, so kehrt, ebenso wie in Fig. 70, nach zwei Umläufen der Gang der Wicklung um, wodurch eine möglichst gleichmäßige Verteilung der Stirnverbindungen erhalten wird.

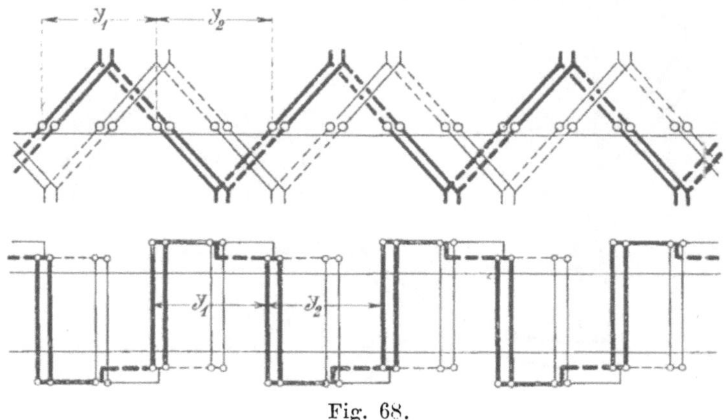

Fig. 68.

Wir können uns diese Wicklung derart verdoppelt denken, daß vier Stäbe in einer Nut übereinander liegen. Wir bekommen dann auf jeder Seite der Armatur zwei Systeme von Verbindungsgabeln, deren Schenkel auf vier Ebenen verteilt sind.

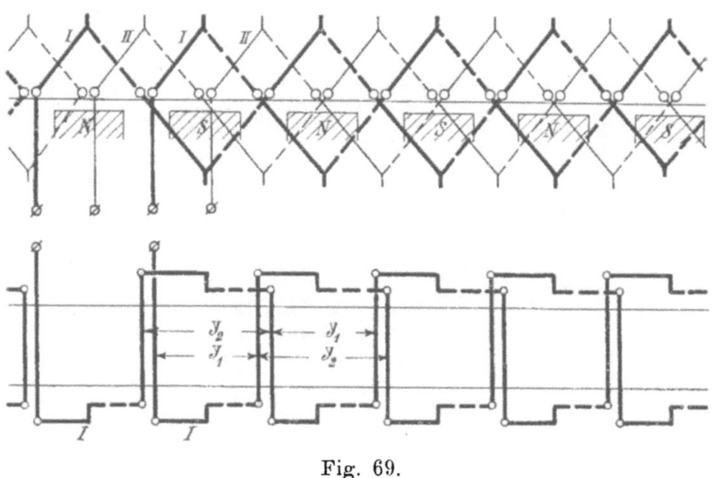

Fig. 69.

Zweiphasige Spulenwicklungen. Wir betrachten zunächst die einfachsten Fälle mit einer Nut pro Pol und Phase. Um eine

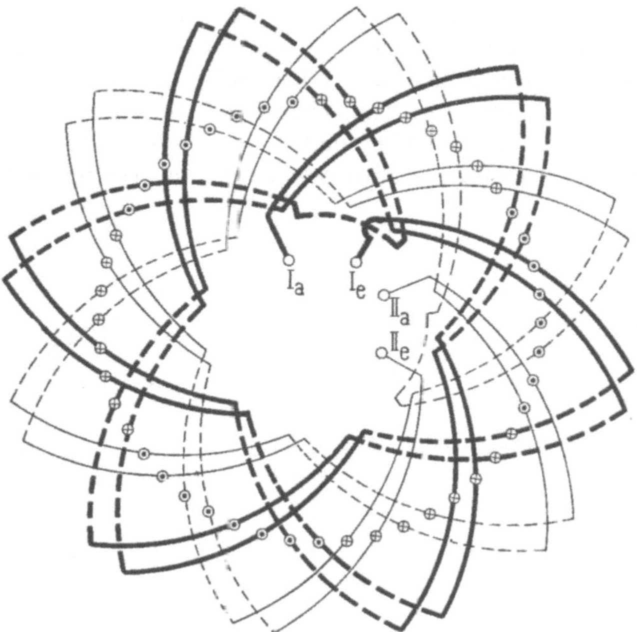

Fig. 70. Zweiphasige umlaufende Vierloch-Stabwicklung
mit Verbindungsgabeln.

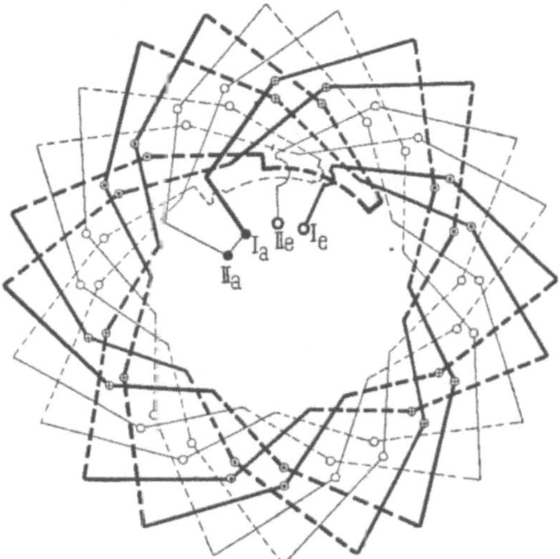

Fig. 71. Zweiphasige umlaufende Zweilochwicklung mit zwei Stäben pro Loch.

Mehrlochwicklung zu erhalten, haben wir die Einlochspulen nur
durch Mehrlochspulen zu ersetzen. Wollen wir die Wicklung aus

lauter gleichen Spulen zusammensetzen, so ergibt sich Fig. 72b. Sind die Spulenköpfe auf beiden Seiten nach oben gebogen, wie Fig. 72a für die vordere Stirnseite zeigt, so läßt sich die Wicklung nur durch Einfädeln der Drähte in die Nuten herstellen, denn es

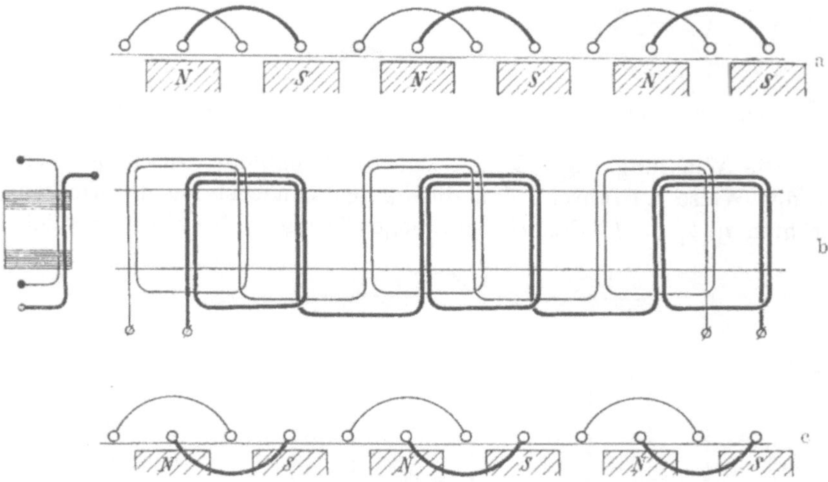

Fig. 72a bis c. Zweiphasige Spulen-Einlochwicklung.

greifen je zwei Spulen wie Kettenglieder ineinander. — Will man die Spulen auf Schablonen wickeln und in die Nuten einlegen, so müssen die Spulenköpfe auf einer Seite zur Hälfte nach innen gebogen werden. (Fig. 72c und Seitenansicht von 72b.)

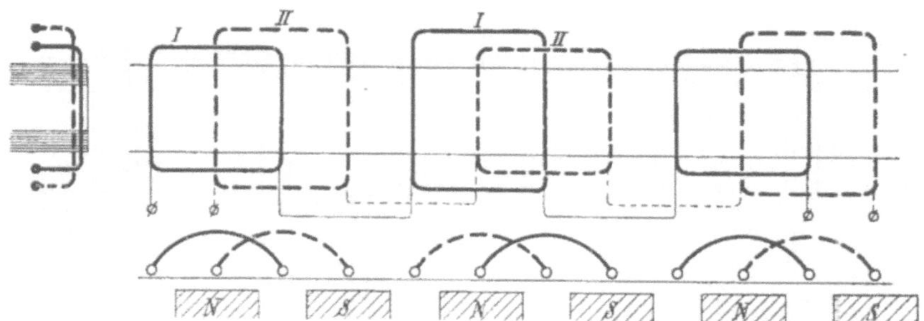

Fig. 73. Zweiphasige Schablonenwicklung mit ungleichen Spulen.

Für Schablonenwicklungen sind die in den Fig. 73 und 74 gezeichneten Spulenformen geeignet. In Fig. 73 folgen in jeder Phase abwechselnd kurze und lange Spulen aufeinander und in Fig. 74 haben alle Spulen eine gleiche Gestalt, aber eine Spulenseite ist lang, die andere kurz.

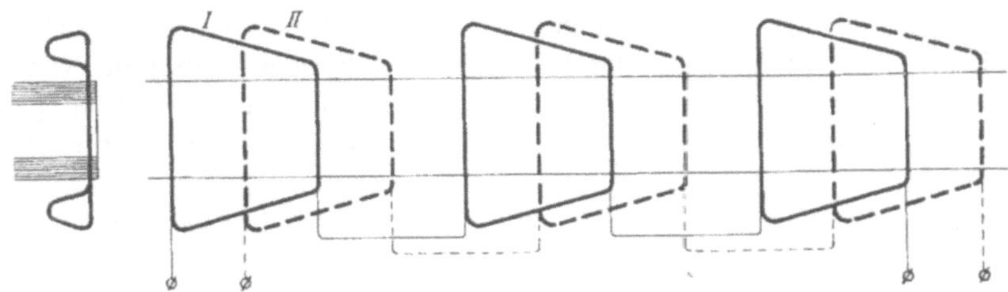

Fig. 74. Zweiphasige Schablonenwicklung mit gleichen Spulen.

Die Wicklung Fig. 72 läßt sich als Schablonenwicklung auch in der Weise ausführen, daß die Spulen zunächst aus U-förmigen Drähten a_1, b_1, c_1, d_1 (Fig. 75) mit bogenförmigem Verbindungsstück

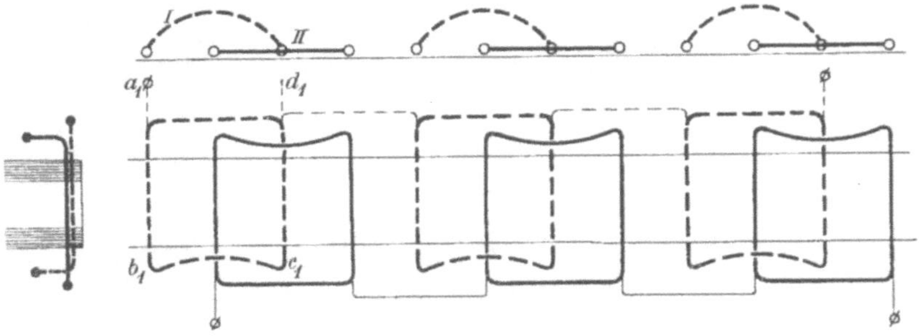

Fig. 75.

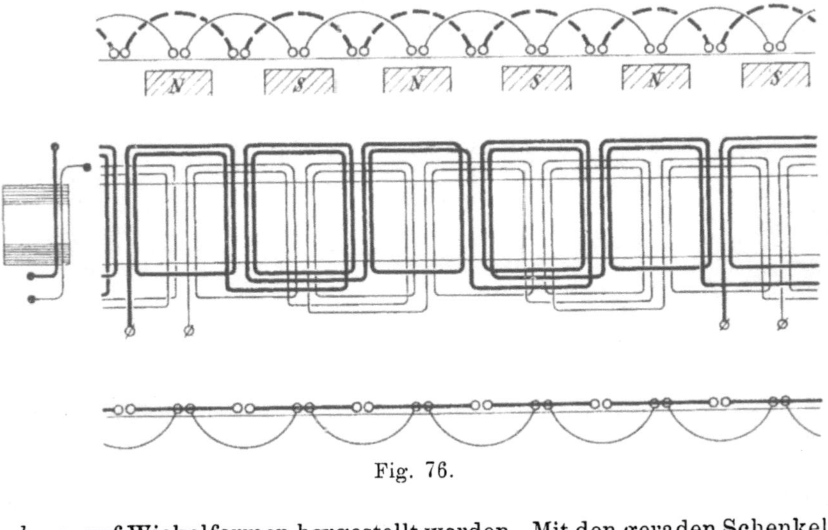

Fig. 76.

b_1, c_1 auf Wickelformen hergestellt werden. Mit den geraden Schenkeln wird dann die Hälfte der Spulen von der einen und die andere Hälfte von der anderen Seite in die Nuten eingeschoben oder eingelegt und die freien Enden werden unter sich entsprechend der gewünschten Schaltung verlötet.

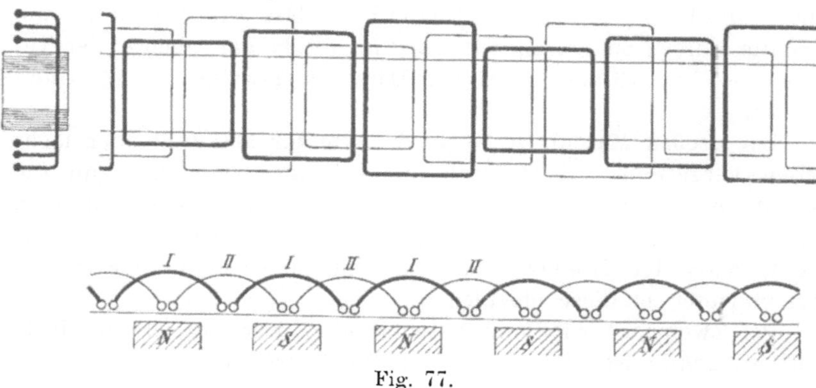

Fig. 77.

Ist die Lochzahl pro Pol und Phase groß, so kann eine bessere Verteilung und eine Verkürzung der Wickelköpfe erreicht werden, indem man die Leiter pro Pol und Phase zum Teil mit den Leitern

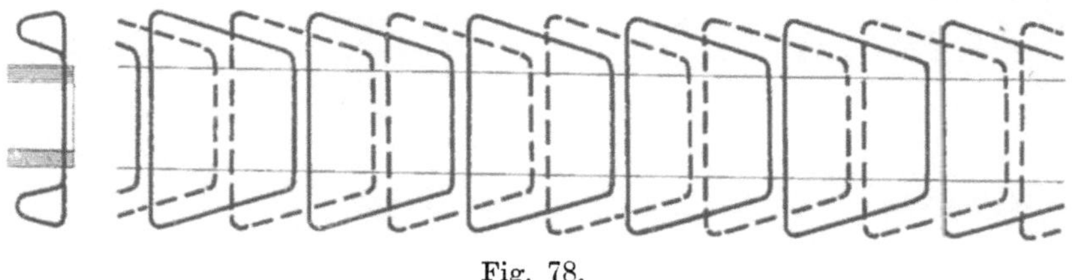

Fig. 78.

des vorhergehenden und zum Teil mit den Leitern des nachfolgenden Poles verbindet. In den Fig. 76 bis 79 ist das für Wicklungen mit zwei Nuten pro Pol und Phase veranschaulicht.

Ebenso wie die Wicklung Fig. 72 läßt sich Wicklung Fig. 76 aus Formspulen zusammensetzen, wenn die Hälfte der Wickelköpfe

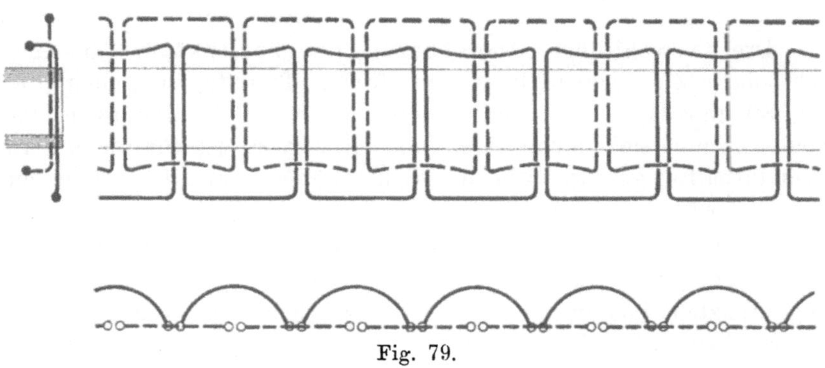

Fig. 79.

auf einer Seite des Ankers nach innen gebogen sind (Fig. 72c).
Die Fig. 77, 78 und 79 stellen ebenfalls Schablonenwicklungen
dar. — Die Wicklung Fig. 78 ist dann besonders gut geeignet, wenn
z. B. die kurzen Spulenseiten unten und die langen oben in der Nut
liegen. — Fig. 79 entspricht der Darstellungsweise der Wicklung
Fig. 75.

Bei großen Maschinen wird die Armatur aus zwei oder mehr
Teilen hergestellt. Es ist für die Montage bequem, wenn die
Trennfuge durch keine Spule überdeckt wird, sonst ist man
genötigt, bei Lochwicklungen diejenige Spule, die die Fuge überdeckt, nach der Montage der Maschine zu wickeln oder sie bei
offenen Nuten in diese einzulegen.

Bei Zweiphasenwicklungen kann man, wenn die halbe Polzahl p gerade ist, stets freie Trennfugen erhalten.

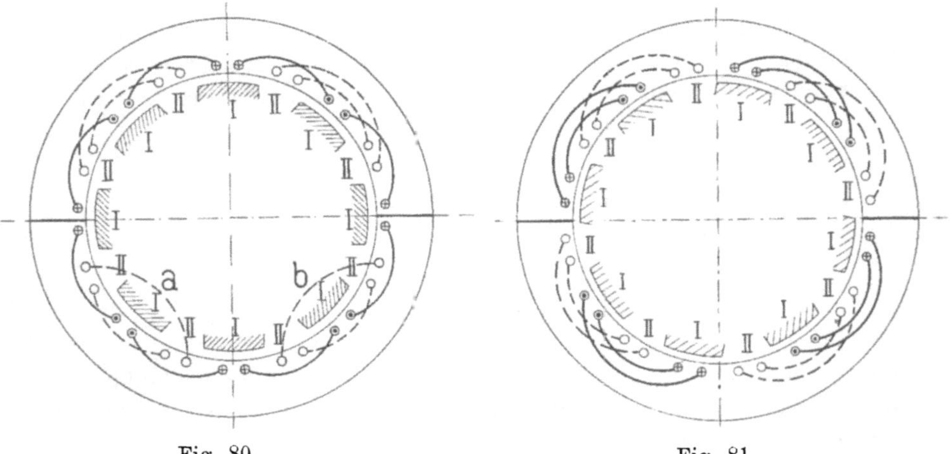

Fig. 80.   Fig. 81.

Fig. 80 und 81.   Achtpolige zweiphasige Zweilochwicklungen mit freien
Teilfugen.

Drei verschiedene Anordnungen der Spulenköpfe für eine
achtpolige Zweilochwicklung mit freien Trennfugen geben die
Fig. 80 und 81. In beiden Figuren sind die Verbindungen der
Spulen unter sich fortgelassen und in Fig. 80 ist für die untere
Armaturhälfte gezeigt, wie die Spulenköpfe a und b nach innen
gebogen werden können.

Zweiphasige Wicklungen mit ungekreuzten Spulen. Wie die
Fig. 82 und 83 zeigen, ist es möglich, zweiphasige Wicklungen mit
ungekreuzten Spulen herzustellen. Zwischen den Mitten zweier
Spulen liegen in Fig. 82 270 elektr. Grade. Da einem Polpaar,

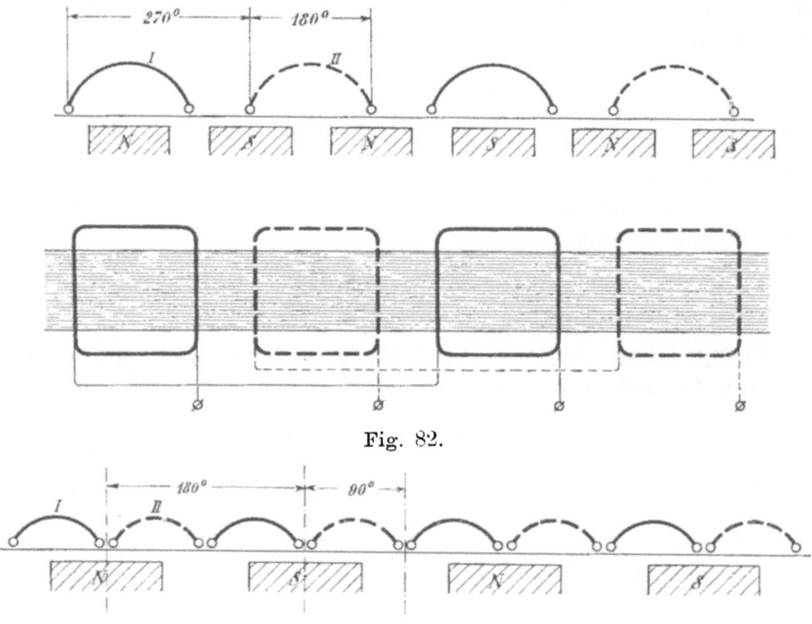

Fig. 82.

Fig. 83.

Fig. 82 und 83. Zweiphasige Wicklungen mit ungekreuzten Spulen.

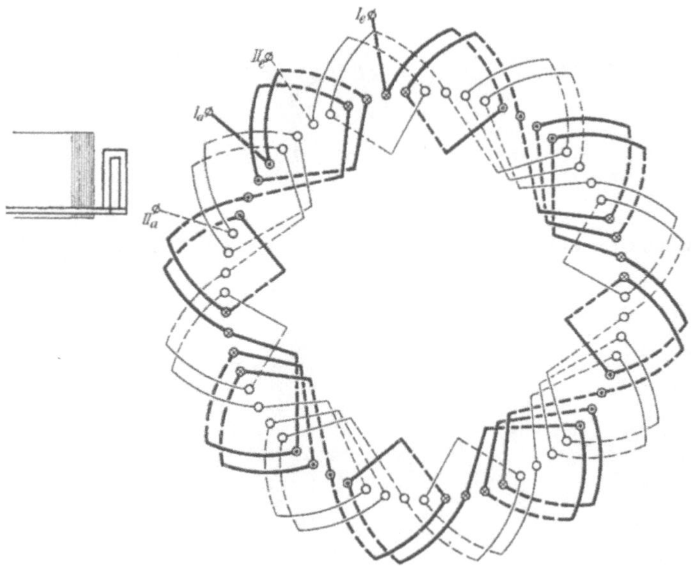

Fig. 84. Zweiphasige achtpolige Spulen-Stabwicklung mit 4 Löchern pro Pol
und Phase.

deren Zahl p sei, 360 elektr. Grad entsprechen, so muß, wenn X die Zahl der Spulen bezeichnet,

$$p \cdot 360 = X \cdot 270$$

oder $X = 2 \cdot \dfrac{2\,p}{3}$ und gerade sein, d. h. die Polpaarzahl p muß gleich 3 oder ein Vielfaches von 3 sein.

In Fig. 83 liegt zwischen den Mitten zweier Spulen ein Winkel von 90° und es folgt, daß

$$p \cdot 360 = X \cdot 90$$

oder $X = 4\,p$ sein muß.

Zweiphasige Spulen-Stabwicklungen. Die Stabwicklungen werden entweder aus geraden Stäben und Verbindungsgabeln bzw.

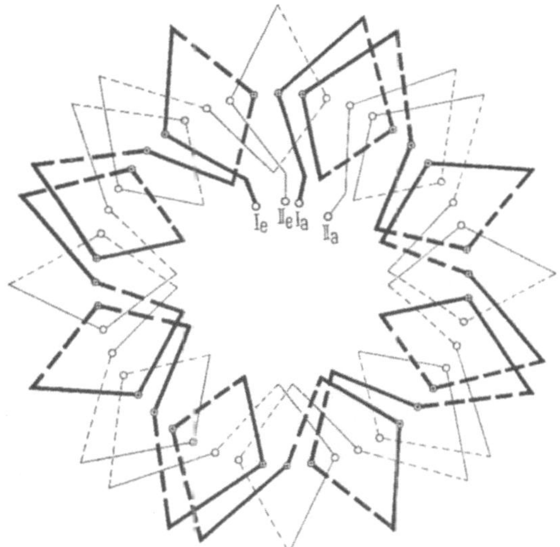

Fig. 85. Zweiphasige achtpolige Spulen-Stabwicklung mit 3 Löchern pro Pol und Phase.

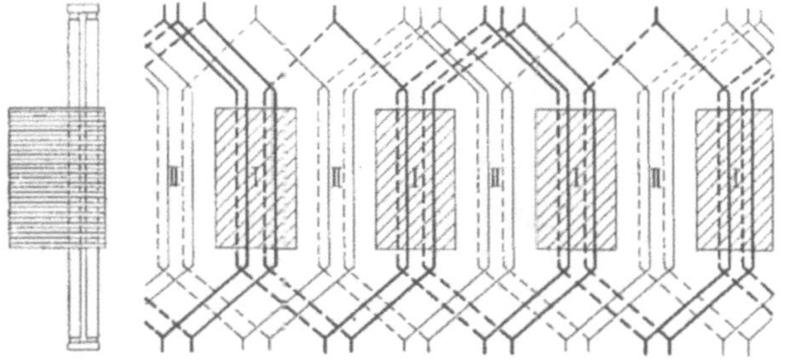

Fig. 86. Zweiphasige Zweiloch-Stabwicklung mit zwei übereinander liegenden Stäben.

Verbindungsbogen zusammengesetzt, oder es wird jede Windung einzeln in die erforderliche Form gebracht und in die Nuten eingelegt, oder nach dem Schema Fig. 75 mit geraden Schenkeln in die Nuten eingeschoben; in letzterem Falle erhält man nur auf einer Seite der Spule Verbindungsgabeln bzw. Verbindungsbogen.

Das vollständige Schema einer solchen Wicklung mit vier Löchern pro Pol und Phase gibt Fig. 84. Ist die Zahl der Löcher pro Pol und Phase ungerade, z. B. drei, wie in Fig. 85, so sind die Stirnverbindungen etwas ungleichmäßig verteilt.

Liegen die Stäbe in zwei Lagen übereinander, so erhält man das Schema Fig. 86.

10. Dreiphasige Wicklungen.

Eine dreiphasige Wicklung setzt sich aus drei gleichen einphasigen Wicklungen zusammen, die je um $^2/_3$ einer doppelten Polteilung gegeneinander verschoben sind. Die im Abschnitt 8 dargestellten Einphasenwicklungen gelten daher auch für je eine Phase einer Dreiphasenwicklung.

Anordnung der Wickelköpfe. Die gegenseitige Lage der drei Phasen und der Spulen- oder Wickelköpfe läßt sich am einfachsten mit Einlochwicklungen darstellen; wir wollen daher zunächst solche Wicklungen betrachten, obwohl in fast allen Fällen die Lochzahl pro Pol und Phase größer als 1 ist.

Einlochwicklungen mit verschiedener Anordnung der drei Phasen geben die Fig. 87, 88 und 89. In Fig. 87 sind die drei Einphasenwicklungen um $^2/_3$ der Polteilung gegeneinander verschoben. In Fig. 88 beträgt diese Verschiebung nur $^1/_3$ Polteilung, es muß daher die zwischen I und III liegende Phase II elektrisch um 180^0 gedreht, d. h. in verkehrtem Sinne

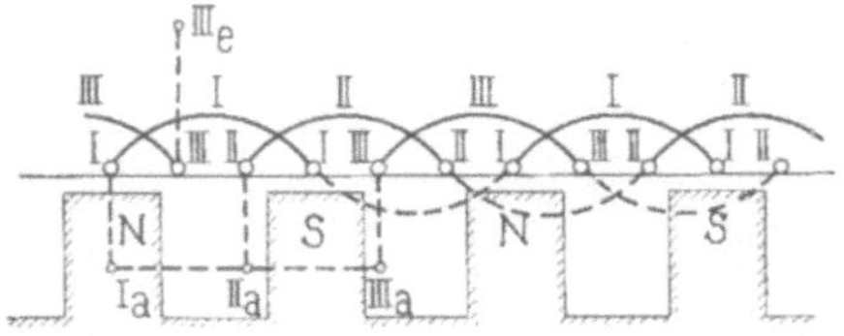

Fig. 87. Dreiphasenwicklung mit gekreuzten Spulen.

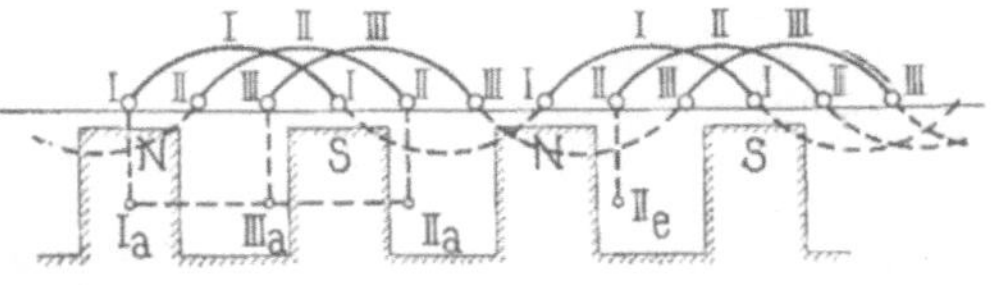

Fig. 88. Dreiphasenwicklung mit gekreuzten Spulen.

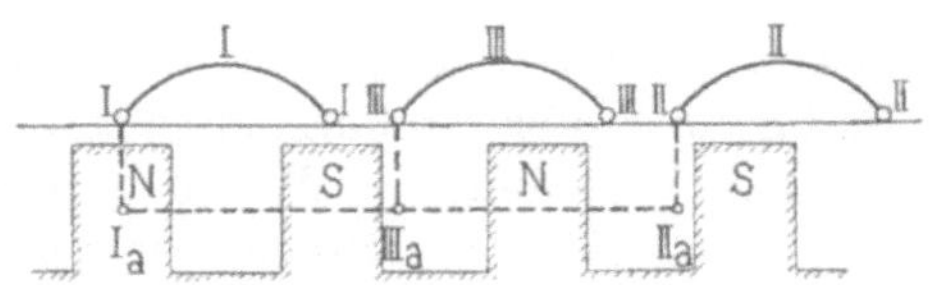

Fig. 89. Dreiphasenwicklung mit ungekreuzten Spulen.

an die Klemmen angeschlossen werden, damit die Anschlüsse I_a, II_a und III_a an den neutralen Punkt wieder $^2/_3$ Polteilung Abstand haben.

Das Schema Fig. 89 entsteht, indem man in Fig. 87 jede zweite Spule fortläßt; man erhält so eine Wicklung mit ungekreuzten Spulen.

Die Spulenweite ist gleich der Polteilung $(y = \tau)$ und je drei Spulenenden I, II, III, die um je $^2/_3$ einer Polteilung oder ein ganzes Vielfaches davon voneinander entfernt sind, ergeben die Klemmen oder den neutralen Punkt der Wicklung.

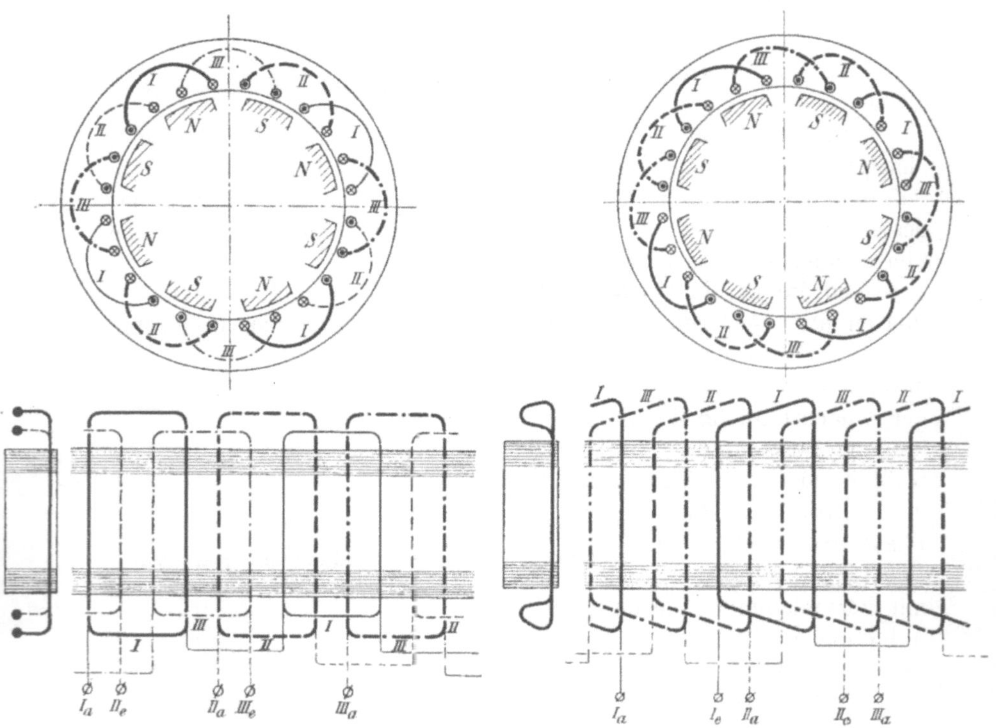

Fig. 90. Dreiphasige Einlochwicklung nach dem Schema Fig. 87 mit
ungleichen Spulen.

Fig. 91. Dreiphasige Einlochwicklung nach dem Schema Fig. 87 mit
gleichen Spulen.

Bei der Anordnung der Wickelköpfe kann entweder auf die Freihaltung der Trennfugen des Ankerkörpers oder auf eine gleichmäßige Verteilung der Wickelköpfe und eine möglichst bequeme Ausführung der Verbindungen der Spulen unter sich (der Querverbindungen) Rücksicht genommen werden.

Ist die halbe Polzahl gerade und werden die Spulen

wie in Fig. 88 angeordnet, so ist die Armatur auf dem Durchmesser teilbar, ohne daß eine Spule geschnitten wird.

Verteilt man die Spulenköpfe nach dem Schema Fig. 87, so entstehen die Wicklungen Fig. 90 und Fig. 91. In Fig. 90 hat man zwei Spulenformen mit kurzen oder langen Spulenseiten; in Fig. 91 haben alle Spulen die gleiche Form. Letztere Wicklungsart ist für Schablonenwicklungen gut geeignet, besonders auch dann, wenn zwei Spulenseiten in einer Nut über-einanderliegen.

Man kann auch auf die in Fig. 92 und 93 dargestellte Wick-lungsart für alle Spulen die glei-che Form erhalten. Der eine Spu-lenkopf (A_1, B_1, Fig. 93) ist nach der Stirnseite zu abgebogen, der andere (A_2, B_2) liegt auf einer zum Anker konzentrischen Zylinder-fläche. Diese Wicklungsart kann bei Ankern mit ganz oder fast ganz geschlossenen Nuten in Frage kommen. Die Spulen können

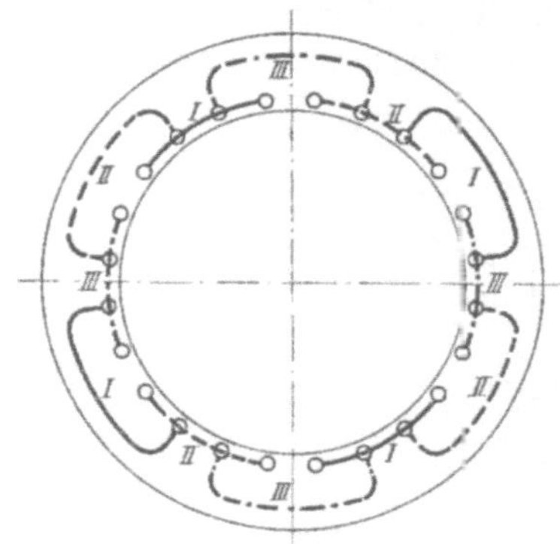

Fig. 92.

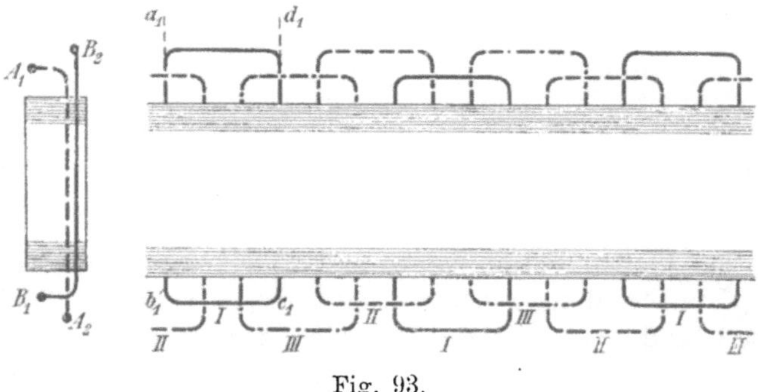

Fig. 93.

Fig. 92 und 93. Dreiphasige Einlochwicklung nach dem Schema Fig. 87 mit gleichen Spulen.

dann auf Schablonen in die Form a_1, b_1, c_1, d_1 gewickelt, mit den geraden, offenen Seiten in die Nuten eingeschoben werden, und zwar die halbe Spulenzahl von der einen Seite und die anderen von der anderen Seite. Nach dem Einschieben werden die geraden vor-stehenden Enden zusammengebogen und verlötet, bzw. mit der nächstfolgenden Spule der gleichen Phase verbunden.

Würde man die Spulen der Wicklung Fig. 93 auf Schablonen in die endgültige Form wickeln, so könnten sie auch bei offenen

Nuten nicht zu der Wicklung zusammengesetzt werden, weil sie
kettenartig ineinandergreifen.

Es kann auch die Hälfte der Spulenköpfe nach einer Sehne
oder einem zentrischen Bogen gewickelt oder nach innen abgebogen
werden, wir erhalten dann die Wicklungen Fig. 94a und 94b. In
Fig. 94a liegen alle Spulenköpfe in einer Ebene; jede Kreuzung
der Spulen ist vermieden, und in axialer Richtung erhält die Wicklung die geringste Länge. Um das Magnetrad in die Armatur einbringen zu können, muß letztere in der Horizontalen geteilt sein.

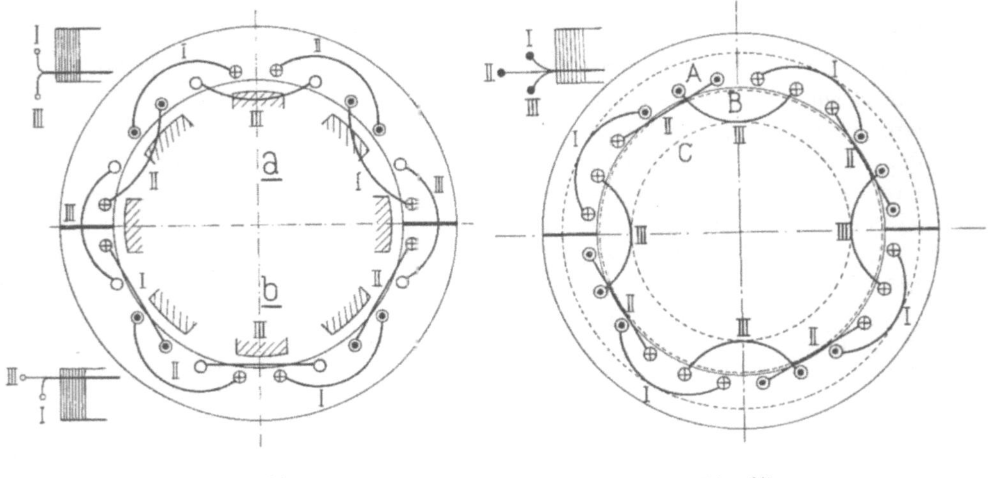

Fig. 94.   Fig. 95.

Fig. 94 und 95. Dreiphasige Einlochwicklungen mit verschieden abgebogenen
Spulenköpfen.

Bei sehr hohen Spannungen kann es zweckmäßig sein, die
Spulenköpfe nach dem Schema (Fig. 95) zu wickeln. Diejenigen
der Phase I sind nach außen, diejenigen der Phase III nach innen
abgebogen und die der Phase II längs einer Sehne geführt; man
erreicht dadurch einen großen Abstand zwischen den Spulenköpfen,
aber außerdem noch eine sehr zweckmäßige Lage der Querverbindungen der Spulen. Diese liegen für jede Phase getrennt auf
drei punktiert gezeichneten Kreisen, A, B, C, in großer Entfernung
voneinander und von den Spulen der anderen Phasen. Von Brown,
Boveri & Co. ausgeführte Drehstromgeneratoren mit 15000 Volt
verketteter Spannung haben solche Wicklungen.

Bei den bis jetzt beschriebenen Anordnungen der Spulenköpfe
wird jede Trennfuge eines zweiteiligen Ankers durch eine Spule
überbrückt.

Wie die Fig. 96 und 97 zeigen, ist die Armatur auf dem

Durchmesser teilbar, ohne daß eine Spule geschnitten wird, wenn die Spulen wie in Fig. 88 angeordnet werden und die halbe Polzahl gerade ist. Die Spulenköpfe können, wie in Fig. 96, alle in

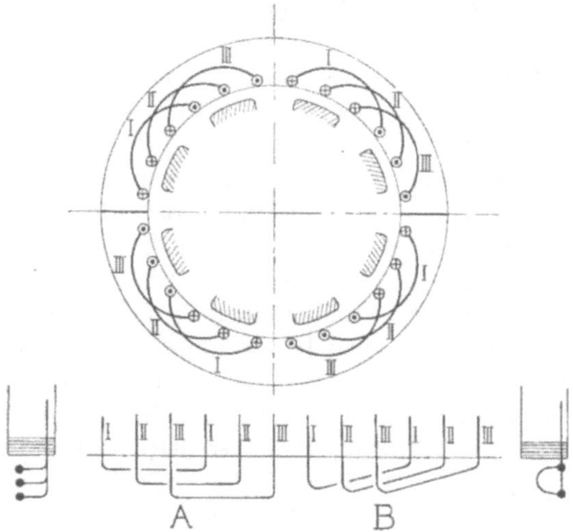

Fig. 96. Dreiphasenwicklung nach dem Schema Fig. 88 mit freien Teilfugen.

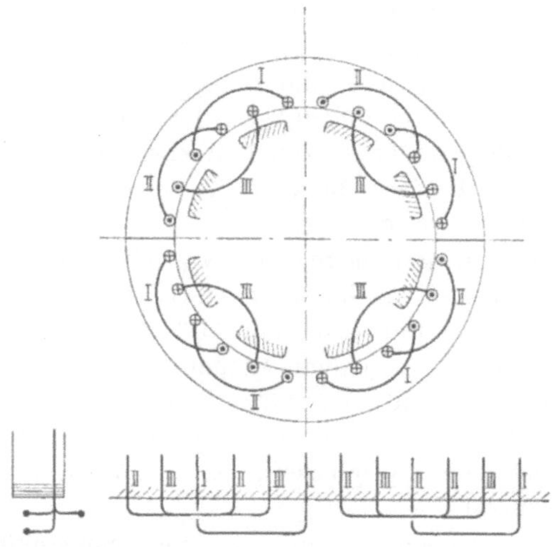

Fig. 97. Dreiphasenwicklung mit verschieden gebogenen Spulenköpfen und freien Teilfugen.

gleicher Form nach außen abgebogen werden; sie kommen dann entweder in drei Ebenen zu liegen (Fig. 96, *A*), oder man macht die eine Seite jeder Spule länger als die andere und läßt die Spulenköpfe in schrägem Bogen verlaufen (Fig. 96, *B*).

Bei letzterer Anordnung erhalten alle Spulen vollständig gleiche Form.

Die von der Wicklung beanspruchte Länge wird kleiner, wenn man den mittleren Spulenkopf längs einer Sehne oder, wie in Fig. 97, längs einem nach innen gekrümmten Bogen wickelt; die Spulenköpfe liegen dann in zwei oder drei Ebenen.

Bei der Anordnung der Spulenköpfe ist noch auf folgende zwei Punkte zu achten:

1. auf das von den Spulenköpfen erzeugte magnetische Feld;
2. auf die Möglichkeit einer guten Befestigung der Wicklung.

Anordnung der Wickelköpfe mit Rücksicht auf das von ihnen erzeugte magnetische Feld. Denken wir uns, wie in Fig. 98 dargestellt, drei Leiter eines Drehstromsystems, I, II, III, so werden sie, wenn die drei Leiter ganz nahe beisammen liegen, kein magnetisches Feld erzeugen. Entfernen wir die Leiter voneinander und bringen in die Nähe der beiden äußeren massive

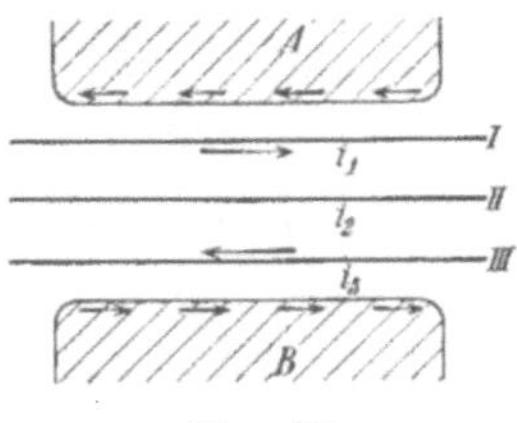
Fig. 98.

Metallteile, so wird das pulsierende magnetische Feld eines äußeren Leiters von dem Felde der beiden übrigen Leiter nicht mehr ganz kompensiert sein, und zwar um so weniger, je weiter die Leiter voneinander entfernt sind, je größer die magnetische Leitfähigkeit der massiven Metallteile A und B ist und je näher diese sich an den äußeren Leitern befinden. Es werden daher in den Metallteilen A und B Wirbelströme induziert, die in der äußeren, dem Leiter zugekehrten Schicht, den Strömen i_1 und i_3 entgegengesetzt gerichtet sind.

Wesentlich ungünstiger liegen die Verhältnisse, wenn wir in einem der Leiter, z. B. im mittleren Leiter II, den Strom umkehren, so daß die drei Ströme statt 120° nur 60° Phasendifferenz haben. Es ist dann nicht mehr in jedem Momente $i_1 + i_2 + i_3 = 0$, und wir erhalten eine bedeutende Verstärkung der Wirbelströme.

Das gleiche gilt, wenn einer oder zwei der Leiter I, II, III fortfallen, was bei dem Zweiphasen-, bzw. dem Einphasensystem zutrifft.

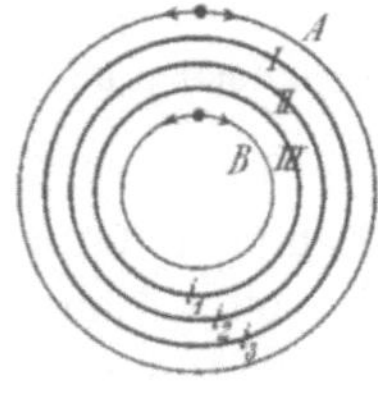
Fig. 99.

Gehen wir nun zu den Spulenköpfen über, so fließt in allen Spulenköpfen einer Phase der Strom zu gleicher Zeit immer in gleicher Richtung. Wir können daher die Spulenköpfe jeder Phase durch einen kreisförmigen Leiter ersetzen und erhalten so als Ersatzbild die Fig. 99. Die Kreise A und B sollen Wirbelstromkreise vorstellen, B

z. B. die seitlichen Preßplatten des Ankerkörpers und *A* die Schutz-
kappen oder Schutzschilder der Wicklung. Aus dem so erhaltenen
Bild ergibt sich nun ohne weiteres folgendes:

Um die von dem magnetischen Felde der Spulenköpfe erzeugten Wirbelströme möglichst klein zu machen, ist es notwendig,
die Spulenköpfe so anzuordnen, daß sich ihre magnetisierende Wirkung möglichst kompensiert. Am günstigsten sind die Anordnungen
Fig. 90 und Fig. 91 und am ungünstigsten ist die Anordnung Fig. 96,
denn in letzterem Falle liegen die Spulenköpfe II umgekehrt, so daß
die Ströme von je drei Spulenköpfen sich wie drei Ströme von
60^0 Phasendifferenz verhalten. — Ferner ist es günstig, die Spulenköpfe in möglichst große Entfernung von den massiven Metallteilen
des Ankers und möglichst nahe aneinander zu bringen.

Wie die vorhergehenden Betrachtungen zeigen, verlaufen die
Wirbelströme als Kreisströme rings um den Anker. Wenn bei
geteiltem Anker die beiden Ankerteile voneinander isoliert werden,
so kann man bei ungünstigen Anordnungen an den Trennfugen
Spannungen bis zu einigen Volt messen. Die Wirbelstromverluste
können somit ganz erheblich werden.

Die Wirbelströme lassen sich erfolgreich dämpfen. Zu dem
Zwecke werden, nach einer Konstruktion von Brown, Boveri & Co.,
ein oder zwei Kupferringe (*A* und *B* Fig. 99) auf beiden Stirnseiten
des Ankers eingelegt. Bei Maschinen mit freien Teilfugen, also mit
einer Wicklung nach Fig. 96, sowie bei Ein- und Zweiphasenwicklungen vermindert eine derartige Dämpfung die Verluste erheblich. Geschlossene Ankerpreßplatten aus Kupfer ergeben die
gleiche Wirkung.

Anordnung der Wickelköpfe mit Rücksicht auf ihre
Befestigung. Wie im Band IV, Kapitel XVIII gezeigt wird, treten
bei Kurzschluß einer synchronen Maschine im ersten Momente des
Kurzschlusses infolge des großen Kurzschlußstromes sehr bedeutende
mechanische Kräfte an den Spulenköpfen auf. Diese Kräfte sind
bei Maschinen mit kleiner Reaktanz (niedriger Periodenzahl) oder
Wicklungen mit langen Spulenköpfen (Turbogeneratoren) so groß,
daß nur eine vorzügliche Befestigung der Spulenköpfe ein Zerstören
der Wicklung bei Kurzschluß zu hindern vermag.

Bei der Anordnung der Spulenköpfe ist daher darauf zu achten,
daß eine gute Befestigung derselben in möglichst einfacher Weise
möglich ist. Dieser Punkt ist um so wichtiger, je öfter eine Maschine
voraussichtlich Kurzschlüssen ausgesetzt ist. Das Abbiegen der
Spulenköpfe nach verschiedenen Richtungen, wie z. B. in den Fig. 94,
95 und 97, erschwert die Befestigung erheblich. Diese Anordnung

ist daher nur gestattet, wo eine besondere Befestigung der Wickelköpfe nicht erforderlich ist

Dreiphasige umlaufende Wicklungen. Das Schema einer achtpoligen Zweiloch-Dreiphasenwicklung und die Lage der Verbindungsbogen im Grundriß sind in Fig. 100 und 101 gezeichnet. Wie aus
dem Grundriß ersichtlich ist, haben die Stäbe ungleiche Längen.

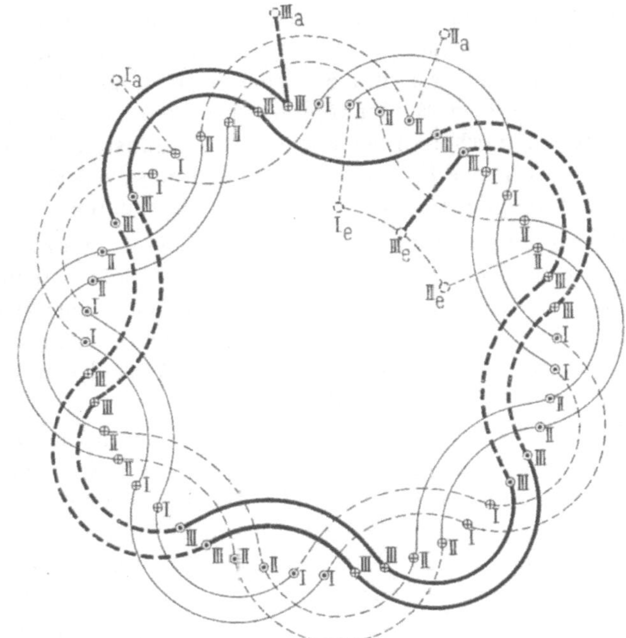

Fig. 100.

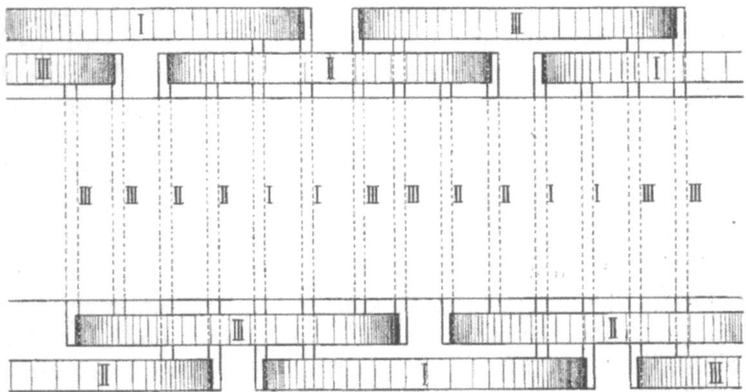

Fig. 101.

Fig. 100 und 101. Achtpolige umlaufende Zweiloch-Dreiphasenwicklung mit
Verbindungsbogen.

Dieselbe Wicklung ist in Fig. 102 und 103 mit Verbindungsgabeln dargestellt; hier können alle Stäbe die gleiche Länge bekommen.

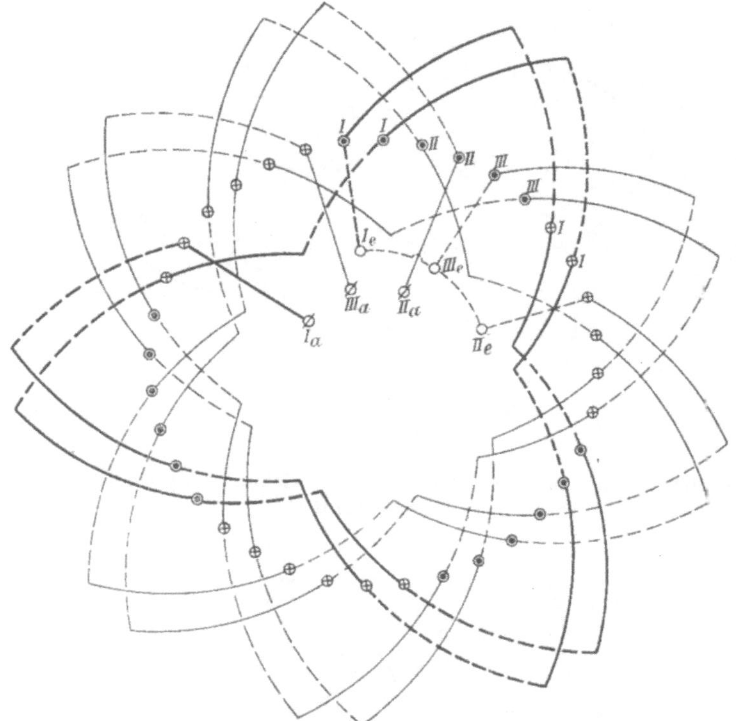

Fig. 102.

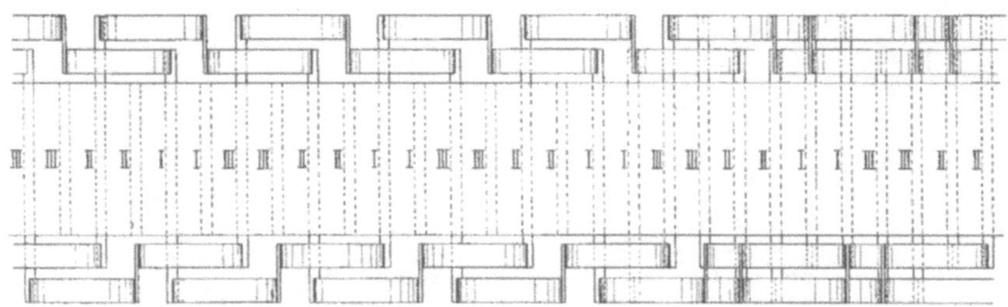

Fig. 103.

Fig. 102 und 103. Umlaufende Zweiloch-Dreiphasenwicklung mit Verbindungsgabeln.

Eine vollkommen gleichmäßige Verteilung der Verbindungsgabeln wird erhalten, wenn wir, wie im Schema Fig. 104, jede Phase zum Teil rechtsgängig und zum Teil linksgängig ausführen.

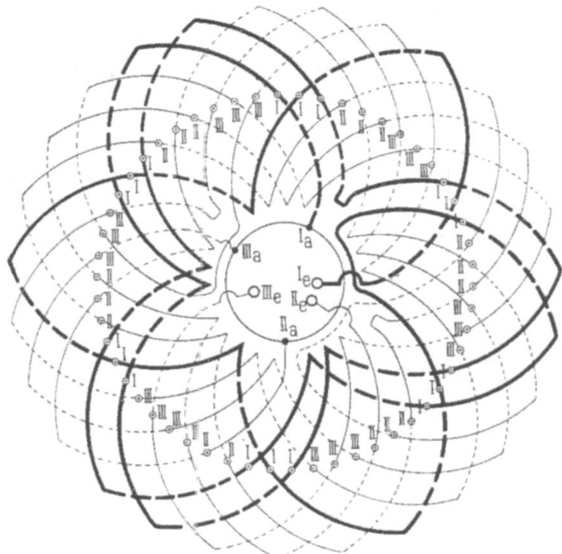

Fig. 104. Umlaufende Dreiloch-Dreiphasenwicklung mit Umkehrung des
Wicklungslaufes.

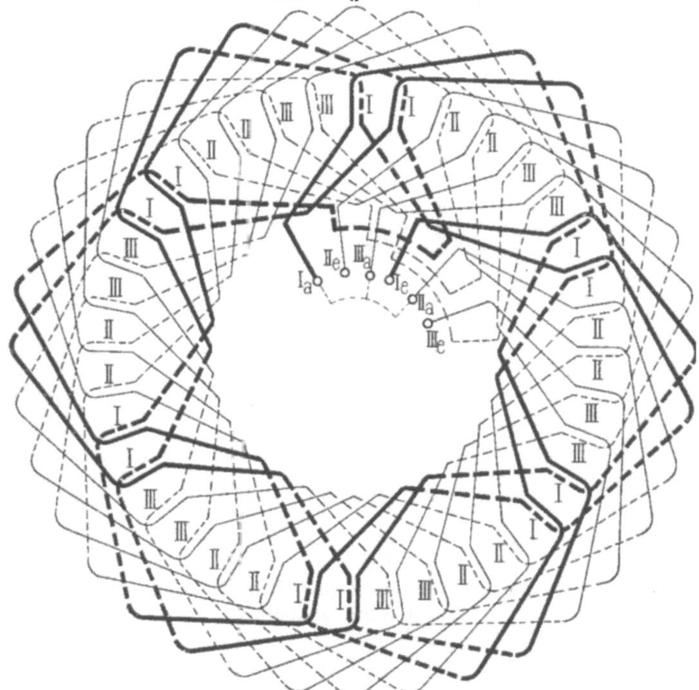

Fig. 105. Umlaufende Zweiloch-Dreiphasenwicklung mit zwei Stäben pro Nut
und Umkehr des Wicklungslaufes.

Fig. 106. Sechspolige dreiphasige Zweiloch-Spulenwicklung.

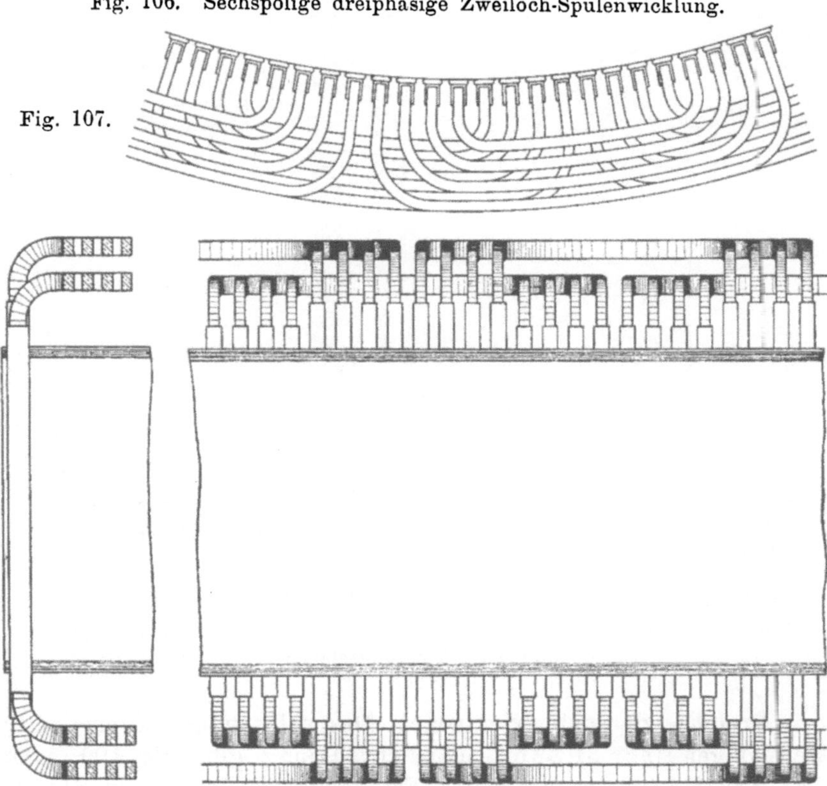

Fig. 107.

Fig. 108.

Fig. 109.

Fig. 107 bis 109. Dreiphasige Vierlochwicklung mit ungleichen Spulen und zwei Wicklungsebenen.

Haben wir zwei übereinander liegende Stäbe pro Nut,
so läßt sich die Wicklung ebenfalls mit ganz gleichmäßig verteilten
Verbindungsgabeln in zwei Ebenen ausführen, indem wir alle Stäbe
einer Lage nach rechts und die anderen nach links abbiegen.
Fig. 105 stellt ein solches Schema dar; die ausgezogenen Stäbe bilden
die eine und die punktierten Stäbe die andere Lage. Die Umkehr im Laufe der Wicklung erfolgt, z. B. von I_a ausgehend, nach
zwei Umgängen.

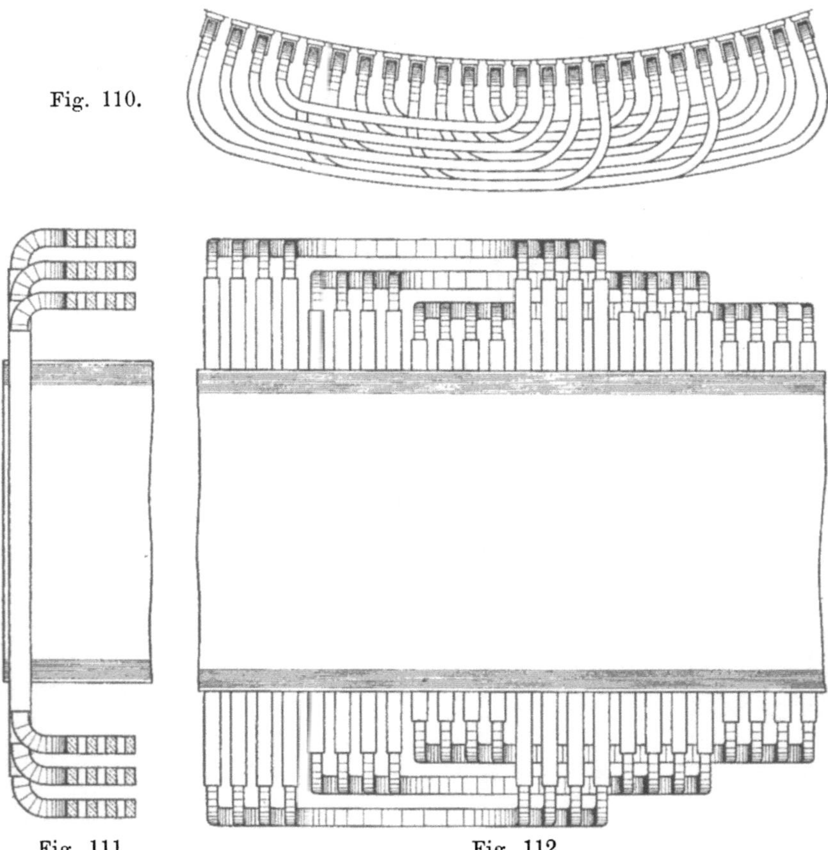

Fig. 110.

Fig. 111.   Fig. 112.

Fig. 110 bis 112. Dreiphasige Vierlochwicklung mit ungleichen Spulen
und drei Wicklungsebenen.

Dreiphasige Spulenwicklungen. Das vollständige Schema einer
sechspoligen $(p = 3)$ Zweiloch-Spulenwicklung gibt Fig. 106. Die
drei Phasen sind nach Schema Fig. 90 gewickelt und in Sternschaltung verbunden. Ist p ungerade, so liegt die eine Hälfte

des Kopfes einer Spule in der vorderen und die andere in der hinteren Ebene; man nennt die betreffende Spule die **krumme Spule**. In Fig. 106 ist es die Spule *A*. Eine krumme Spule kommt also bei dieser Wicklungsart dann vor, wenn die halbe Polzahl ungerade ist.

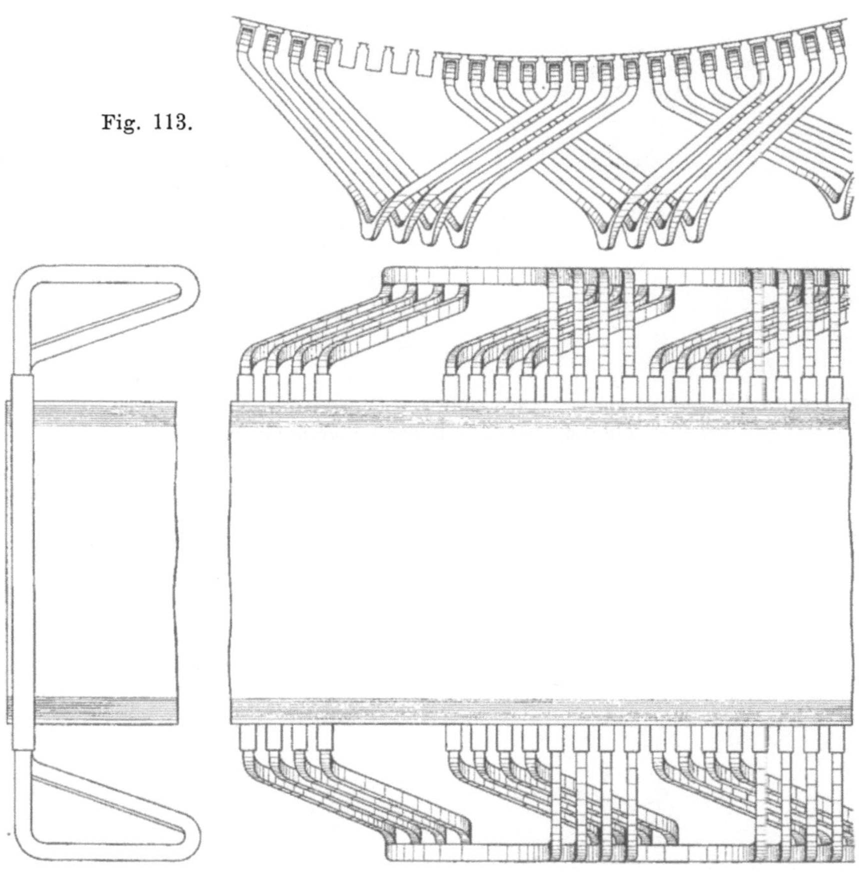

Fig. 113.

Fig. 114.

Fig. 115.

Fig. 113 bis 115. Dreiphasige Vierlochwicklung mit gleichen Spulen.

Um **Dreieckschaltung** zu erhalten, müßte I_e mit II_a, II_e mit III_a und III_e mit I_a verbunden werden.

In den Fig. 107 bis 115 sind vier verschiedene Wicklungsarten mit je vier Nuten pro Pol und Phase dargestellt. Sie entsprechen den früheren Schemas Fig. 90 und 96 mit Einlochspulen.

Dreiphasige Spulen-Stabwicklungen stellen die Fig. 116 und 117 dar. An Fig. 116 ist bemerkenswert, daß die Stäbe auf der

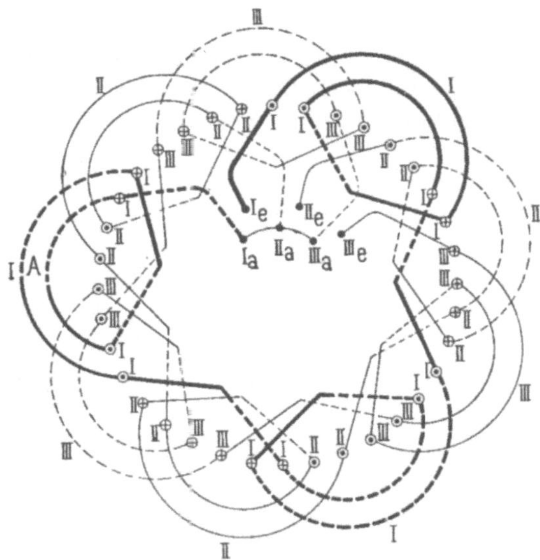

Fig. 116. Sechspolige Spulenstabwicklung mit Verbindungsbogen auf der einen
und Verbindungsgabeln auf der anderen Stirnseite.

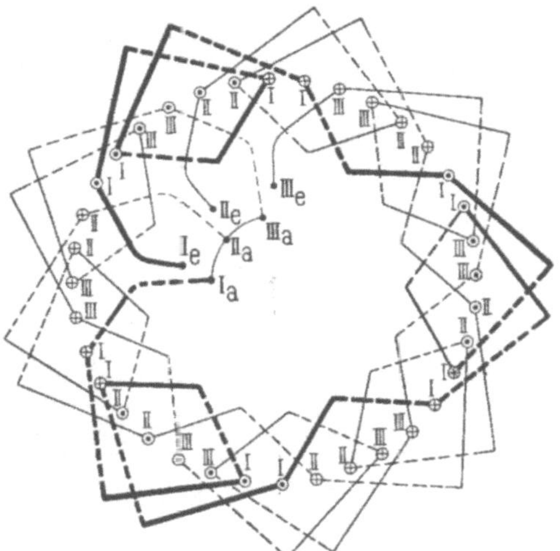

Fig. 117. Sechspolige Zweiloch-Spulenstabwicklung mit Verbindungsgabeln.

einen Seite (außen) durch Bogen und auf der anderen Seite (innen)
durch Gabeln verbunden sind. Die Bogen A sind abgekröpft und
liegen zur Hälfte in der einen, zur Hälfte in der andern Ebene.

    Fig. 117 gibt eine Spulenwicklung, bei der die Querverbindungen
der Stäbe auf beiden Seiten (bzw. innen und außen im Schema)
aus Gabeln bestehen.

Bei großer Stabzahl pro Pol kann man, um kürzere Verbindungsbogen oder Verbindungsgabeln zu erhalten, die Hälfte der Stäbe einer Phase pro Pol mit Stäben des vorhergehenden und die anderen mit Stäben des nachfolgenden Poles verbinden; es liegen dann, wie die Fig. 118 und 119 zeigen, die Verbindungsbogen auf jeder Stirnseite in drei Ebenen. Die Schenkel der Verbindungsgabeln würden in sechs verschiedenen Ebenen liegen.

Fig. 118.

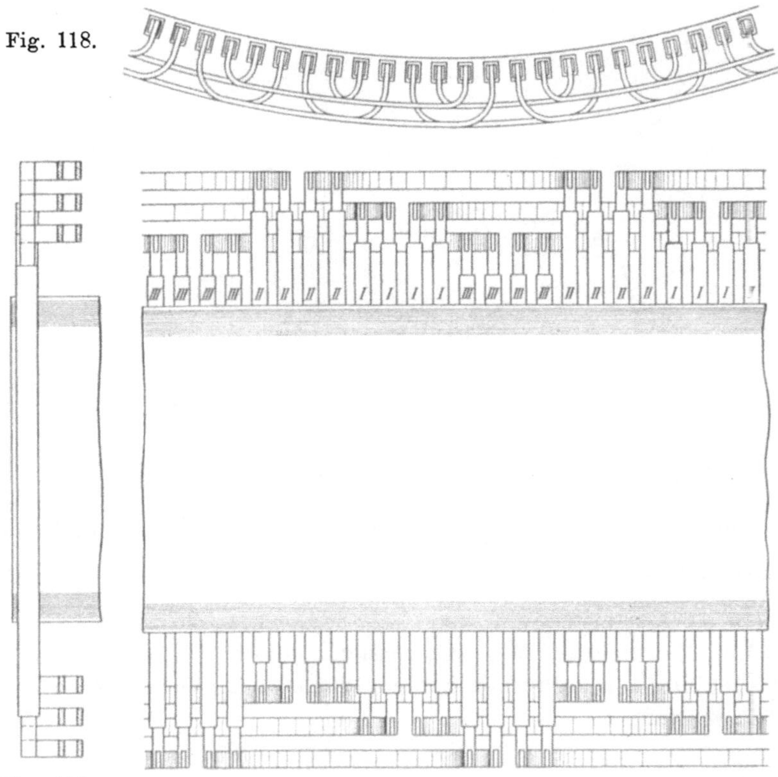

Fig. 119a.

Fig. 119b.

Fig. 118 und 119. Dreiphasige Vierloch-Stabwicklung mit zwei Spulenköpfen pro Pol und Phase und drei Wicklungsebenen.

Dreiphasige Wicklung mit verkürzter Spulenweite. In gewissen Fällen, z. B. bei sehr großer Polteilung, wie sie bei großen Maschinen mit geringer Polzahl vorkommt, kann es zweckmäßig sein, die Spulenweite zu verkürzen. Man spart damit Kupfer für die Spulenköpfe und erhält mit kürzeren Spulenköpfen eine Wicklung von größerer Festigkeit.

In Fig. 120 ist eine solche Wicklung mit einem Loch pro Pol

und Phase aufgezeichnet. Die Spulenweite beträgt $^2/_3$ einer Po-
teilung und es liegen in jeder Nut Drähte verschiedener Phase.

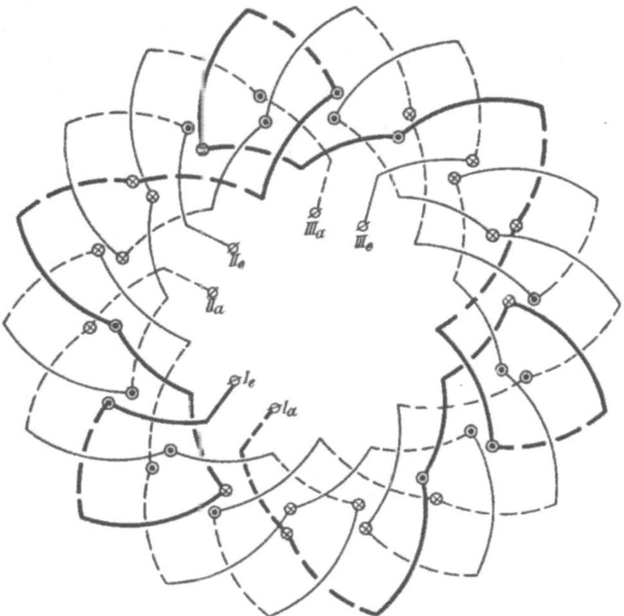

Fig. 120. Dreiphasenwicklung mit verkürzter Spulenweite.

Die Wicklungsfaktoren einer Wicklung mit unverkürztem Schritt
$(y = \tau)$ und einer sonst gleichen Wicklung mit $y = \dfrac{2}{3}\tau$ verhalten sich
für ein sinusförmiges Feld wie $1 : \cos 30^\circ = 1 : 0{,}866$.

Um die gleiche EMK zu erhalten, müßte also der Kraftfluß
der Wicklung mit verkürzter Spulenweite in dem gleichen Verhältnis
erhöht werden.

Drittes Kapitel.

Gewöhnliche Wechselstromwicklungen für besondere Fälle.

11. Die Teillochwicklungen.

Bis jetzt haben wir immer angenommen, daß die Lochzahl pro Pol und Phase ($Z:2pm$) eine ganze Zahl sei. Aus verschiedenen Gründen kann es zweckmäßig sein, von dem ganzzahligen Verhältnis abzuweichen.

Es kann z. B. vorkommen, daß für eine günstige Bemessung der Maschine zwei Nuten pro Pol und Phase zu wenig und drei zu viel sind, oder daß man durch Verwendung vorhandener Blechstanzen auf eine Lösung mit einer Bruchzahl von Nuten pro Pol und Phase geführt wird. Dasselbe kann eintreten, wenn eine dreiphasige Maschine in eine zweiphasige oder umgekehrt umgewickelt werden soll, oder wenn ein vorhandener Stator für eine andere Polzahl umgewickelt wird.

In gewissen Fällen haben Teillochwicklungen vor den Volllochwicklungen außerdem noch den Vorzug, daß die in ihnen induzierte EMK sich unter sonst gleichen Verhältnissen mehr der Sinusform anschmiegt, so daß z. B. eine Teillochwicklung mit Einlochspulen in dieser Hinsicht einer Mehrlochwicklung gleichwertig ist, aber den Vorzug besitzt, daß bei der viel kleineren Lochzahl mehr Raum für die Wicklung gewonnen und weniger Isoliermaterial verbraucht wird.

Teillochwicklungen werden schon seit vielen Jahren gebaut. Die Firma Ganz & Co. hatte z. B. einen Generator von 1250 KVA mit 2,5 Nuten pro Pol und Phase auf der Pariser Weltausstellung im Jahre 1900 ausgestellt. In der ersten Auflage dieses Buches wurden schon Beispiele von solchen Wicklungen gegeben.

Einer eingehenden Betrachtung wurden sie von F. Punga[1]) und namentlich von Dr.-Ing. M. Seidner[2]) unterzogen. Die nachfolgende Darstellung stützt sich auf diese Veröffentlichungen.

Bei Anwendung von Teillochwicklungen ist darauf Rücksicht zu nehmen, daß die Spannungen der einzelnen Phasen und die Winkel zwischen denselben unter sich gleich sind. Wie wir sehen werden, trifft das nur in ganz bestimmten Fällen zu.

Sind die Phasenwinkel oder die Spannungen der einzelnen Phasen nicht alle gleich, so werden beim Parallelarbeiten einer solchen unsymmetrischen Maschine mit einer symmetrischen Ausgleichströme auftreten, und zwar Wattströme oder wattlose Ströme, je nachdem eine Unsymmetrie in den Phasenwinkeln oder in den Phasenspannungen vorhanden ist (Kap. XIII Bd. IV).

Die Folge der Ausgleichströme ist eine ungleichmäßige Belastung der einzelnen Phasen, was zu einer unzulässig hohen Erwärmung der überlasteten Phase führen kann. Soll der Belastungsunterschied zwischen den einzelnen Phasen $10\,^0/_0$ nicht überschreiten, so ergibt sich für Maschinen, deren Kurzschlußstrom gleich dem vierfachen Normalstrome ist, als maximale Differenz zwischen den Phasenspannungen $5\,^0/_0$ und zwischen den Phasenwinkeln $3\,^0$. Die Unsymmetrie muß um so kleiner sein, je größer der Kurzschlußstrom im Verhältnis zum Normalstrome ist. Bei Beleuchtungsanlagen mit Glühlampen darf der Spannungsunterschied zwischen den Phasen mit Rücksicht auf die Empfindlichkeit von Glühlampen gegenüber Spannungsschwankungen $2\,^0/_0$ nicht überschreiten.

Zur Behandlung der Teillochwicklungen ist es am zweckmäßigsten, mit einer sinusförmigen Feldkurve zu rechnen. Ist die Feldkurve nicht sinusförmig, so denkt man sich diese in die einzelnen Harmonischen zerlegt. Die pro Nut von der Grundharmonischen induzierte EMK ist dann sinusförmig und die EMKe der einzelnen Nuten dürfen als Vektoren behandelt werden. Trägt man die Amplituden der EMKe der einzelnen Nuten in einem Zeitdiagramm auf, so liegen die Endpunkte aller Vektoren auf einem Kreis, und zwar ist die gegenseitige Lage der Endpunkte dieselbe, wie die Lage der zugehörigen Nuten im Felde. Bei der gewöhnlichen Volllochwicklung, wo die Lage der Nuten im Felde unter einem Polpaar dieselbe ist wie unter jedem anderen, genügt zur Bestimmung

---

[1]) F. Punga, Eine Wicklung für Mehrphasengeneratoren. ETZ 1908, Heft 6.

[2]) M. Seidner, Theorie und Konstruktion der Teillochwicklungen für Mehrphasengeneratoren. E. und M. 1910.

der Verhältnisse die Aufzeichnung eines solchen Kreises mit so
vielen Teilungen, als Löcher pro Polpaar vorhanden sind.

Als Beispiel möge eine Dreiphasen-Zweilochwicklung betrachtet
werden. Wir zeichnen einen Kreis auf (Fig. 121) und teilen diesen
in 12 Teile.

Es sollen zu der Phase I die Nuten 1, 2, 7 und 8, zu der
Phase II die Nuten 3, 4, 9 und 10 usw. gehören. Wir deuten die
Nuten der Phase I durch leere, diejenigen der Phase II durch
halbausgefüllte und der Phase III durch vollausgefüllte Kreise an.
Die resultierende maximale EMK der
Phase I setzt sich somit aus den vier
Vektoren $1M$, $2M$, $M7$ und $M8$ zusammen; diejenige der Phase II aus den
Vektoren $9M$, $10M$, $M3$ und $M4$ usw.
Die geometrische Zusammensetzung der
zu jeder Phase gehörigen Vektoren ist
so vorzunehmen, daß man ein anschau-
liches Bild über die Größe der einzelnen
Spannungen und über die Winkel zwischen diesen erhält. So ist es in unserem Beispiele zweckmäßig, die geometrische Summe aus $1M$ und $M8$

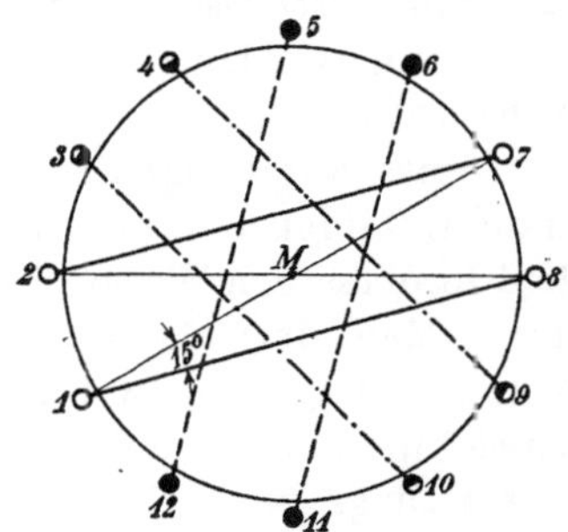

Fig. 121. Spannungsdiagramm
einer Dreiphasen-Zweilochwicklung.

bzw. aus $2M$ und $M7$ zu bilden. Die resultierende maximale EMK
der Phase I ist dann gleich der Summe der Vektoren 2—7 und
1—8 und hat dieselbe Richtung wie diese. Bildet man dasselbe
für die anderen Phasen, so ersieht man ohne weiteres, daß die Spannungen um 120^0 gegeneinander verschoben und einander gleich sind.

Aus dem Spannungsdiagramm (Fig. 121) läßt sich auch der
Wicklungsfaktor bestimmen. Setzen wir den Radius des Kreises
gleich 1, so ist

$$f_{w1} = \frac{2 \cos 15^0}{2} = 0{,}966.$$

Die Bestimmung der Spannungen und Winkel kann auch auf
rechnerischem Wege erfolgen, indem man die Projektionen der
einzelnen Vektoren auf zwei senkrechte Achsen bildet.

Bei den Teillochwicklungen ist die Lage der Nuten im
Felde nicht unter allen Polpaaren dieselbe. Um eine solche Wicklung zu untersuchen, wären somit so viele Kreise aufzuzeichnen,
als in bezug auf die Verteilung der Nuten im Felde verschiedene
Polpaare vorhanden sind. Es ist jedoch einfacher, alle diese Kreise
zu superponieren. Dadurch werden sämtliche Nuten, die sich unter
den Polpaaren befinden, die in bezug auf die Verteilung der Nuten

im Felde verschieden sind, unter ein Polpaar verlegt, und zwar derart, daß sie ihre richtige Lage im Felde beibehalten.

Eine Wiederholung der gleichen Lage der Drähte im Felde und der unter den Polen liegenden Nuten tritt jetzt nicht nach jeder doppelten Polteilung, sondern erst nach einer Polpaarzahl p' ein, bei der $2\,qmp' = $ kleinste ganze Zahl $= k$ wird. Das zweipolige Vektordiagramm wird somit $p' = \dfrac{k}{2\,qm}$ Polpaare darstellen und wird $k = 2p'qm$ Nuten enthalten. Der Kreis des Vektordiagramms ist also in k Teile zu teilen. Pro Pol und Phase dieses zweipoligen Spannungsdiagramms sind $p'q$ Nuten vorhanden.

Dieses zweipolige Spannungsdiagramm, das tatsächlich $2p'$ Pole darstellt, bildet bei der Teillochwicklung ein sich wiederholendes Glied in derselben Weise, wie irgendein Polpaar bei der Vollochwicklung. Man darf daher dieses p' Polpaare enthaltende zweipolige Spannungsdiagramm wie ein solches irgendeines Polpaares der Vollochwicklung behandeln (Fig. 121), also wie ein wirkliches zweipoliges Diagramm. Es ergeben sich daraus folgende zwei Fälle:

1. Die Anzahl der Löcher pro Pol und Phase des zweipoligen Ersatz-Spannungsdiagramms $p'q$ ist eine ganze Zahl. Die Verhältnisse sind also dieselben wie bei einer Vollochwicklung. Sowohl die Spannungen wie die Phasenwinkel werden untereinander gleich sein. Die Maschine kann mit der Minimal-Polpaarzahl p' ohne weiteres ausgeführt werden.

2. Die Anzahl der Löcher pro Pol und Phase des zweipoligen Ersatz-Spannungsdiagramms $p'q$ ist keine ganze Zahl. In diesem Falle kann die Wicklung für die Minimal-Polpaarzahl p' nur dann ausgeführt werden, wenn die einzelnen Phasen nicht die gleiche Anzahl von Nuten erhalten, oder wenn einzelne Nuten leer gelassen werden. Sollen die Nutenzahlen der einzelnen Phasen gleich und alle Nuten bewickelt sein, so muß die Wicklung für eine minimale Polpaarzahl $k'p'$ ausgeführt werden, wobei k' ein Faktor ist, der $k'p'q$ gleich der kleinsten ganzen Zahl macht. Man wird somit k' zweipolige Ersatz-Spannungsdiagramme haben. Man kann aber auch diese superponieren; es werden dabei jedem Teilungspunkte k' Nuten entsprechen. Das auf diese Weise entstandene Spannungsdiagramm muß analysiert werden. Wie wir aus den im weiteren angegebenen Beispielen sehen werden, ist es zweckmäßig, die Nuten sämtlicher k' Kreise auf die einzelnen Phasen so zu verteilen, daß sie von Kreis zu Kreis dem Prinzip der zyklischen Vertauschung folgen.

Erstes Beispiel. Dreiphasige 2,4-Lochwicklung. Es ist $2qm = 2 \cdot 2{,}4 \cdot 3 = 14{,}4$. Die kleinste ganze Zahl, die 14,4 ganzzahlig macht, ist $p' = 5$. Da weiter $p'q = 5 \cdot 2{,}4$ eine ganze Zahl ist, so kann die Wicklung bei der Minimal-Polpaarzahl $p' = 5$ ausgeführt werden. Die gesamte Nutenzahl beträgt $k = 14{,}4 \cdot 5 = 72$ Nuten. Wir teilen nun unseren Kreis in $k = 72$ gleiche Teile ein (Fig. 122). Die Anzahl der Löcher pro Pol und Phase unseres zweipoligen Ersatzdiagramms ist $p'q = 12$. Zu der Phase I gehören somit die Vektoren $M1$, $M2$ bis $M12$ bzw. die Vektoren $37M$, $38M$ bis $48M$; zu der Phase II gehören $M49$ bis $M60$ bzw. $13M$ bis $24M$ usw. Bilden wir die geometrische Summe der zu einer Phase gehörigen Vektorpaare, wie in Fig.

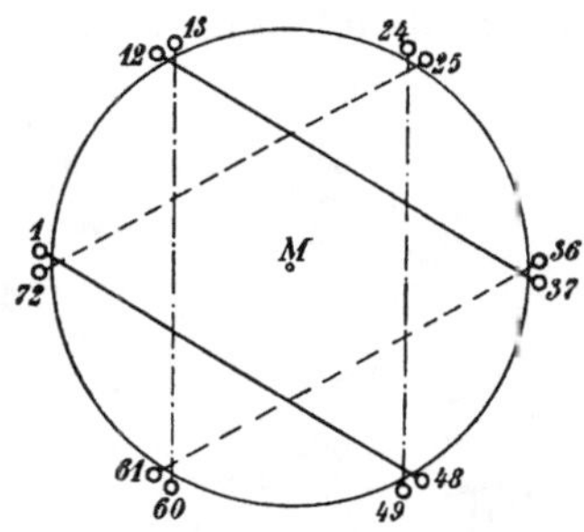

Fig. 122. Spannungsdiagramm einer zehnpoligen Dreiphasen-2,4-Lochwicklung.

122 gezeigt, so sieht man ohne weiteres, daß sowohl die Spannungen wie die Phasenwinkel einander gleich sind.

Wie aus dem Spannungsdiagramm Fig. 122 ersichtlich, wird sich bei dieser Wicklung mit $q = 2{,}4$ die EMK-Kurve mehr der Sinusform nähern, als bei einer Vollochwicklung unter sonst gleichen Verhältnissen, da die Wicklung auf 12 Nuten pro Pol und Phase verteilt erscheint. Um die Verteilung der Nutenzahl pro Phase auf die einzelnen Pole zu bestimmen, hat man zu berücksichtigen, daß im Spannungsdiagramm zwischen den Nuten eines Polpaares die Nuten aller anderen Polpaare hineingeschoben sind. In unserem Beispiele befinden sich zwischen zwei Nuten derselben Polteilung vier fremde Nuten. Geht man somit von irgendeinem Punkte des Spannungsdiagramms aus, so wird jede fünfte Nut zu demselben Polpaar gehören, und nach dem fünften Pol wiederholt sich das Bild der Nutenverteilung. Geht man von der Nut 1 aus, so ergibt sich die Verteilung der Nuten wie folgt:

Pol	1	2	3	4	5	6	7	8	9	10	Zusammen
Phase I ..	3	2	2	2	3	3	2	2	2	3	24 Nuten
Phase II ..	2	2	3	3	2	2	2	3	3	2	24 ,,
Phase III ..	3	3	2	2	2	3	3	2	2	2	24 ,,
Zusammen	8	7	7	7	7	8	7	7	7	7	72 Nuten

Zweites Beispiel. Dreiphasen-$2\tfrac{2}{3}$-Lochwicklung. Dieser Fall kommt vor, wenn man eine Zweiphasenmaschine mit 4-Lochwicklung bei gleicher Polzahl in eine Dreiphasenmaschine umwickeln muß.

Es ist $2\,q\,m = 2 \cdot 2^2/_3 \cdot 3 = 16$, somit $p' = 1$. In bezug auf die Verteilung der Nuten im Felde sind alle Polpaare symmetrisch. Da jedoch $p'\,q = 2^2/_3$ ein Bruch ist, so ist $p = k'\,p' = 3$ zu nehmen, damit die Wicklung ohne leere Nuten und bei gleicher Nutenzahl pro Phase ausgeführt werden kann.

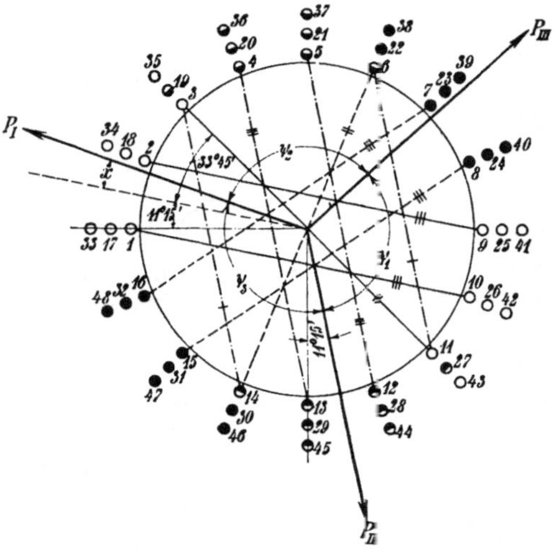

Wir teilen nun den Kreis (Fig. 123) in $k = 16$ Teile, und jeder Teilungspunkt wird $k' = 3$ Nuten entsprechen. Wir deuten die Nuten durch Kreise an und bezeichnen sie der Reihe nach, wie es der wirklichen Anordnung entspricht. Es gehören somit zum ersten Polpaar die Nuten 1 bis 16, zum zweiten Polpaar 17 bis 32 usw. Jede Phase erhält 16 Nuten, die wir auf die einzelnen Polpaare nach dem Prinzip der zyklischen Vertauschung, wie folgt, verteilen:

Fig. 123. Spannungsdiagramm einer sechspoligen Dreiphasen-$2^2/_3$-Lochwicklung.

	Pol	1	2	3	4	5	6
Phase I		3	3	2	2	3	3
Phase II		3	3	3	3	2	2
Phase III		2	2	3	3	3	3

Diese Verteilung übertragen wir in das Spannungsdiagramm. Es gehören somit zur:

	Polpaar 1		Polpaar 2		Polpaar 3	
Phase I .	1, 2, 3	9, 10, 11	17, 18	25, 26	33, 34, 35	41, 42, 43
Phase II .	4, 5, 6	12, 13, 14	19, 20, 21	27, 28, 29	36, 37	44, 45
Phase III .	7, 8	15, 16	22, 23, 24	30, 31, 32	38, 39, 40	46, 47, 48

Wie aus dem Spannungsdiagramm (Fig. 123) ersichtlich, können in ein und demselben Felde Nuten verschiedener Phase liegen, z. B. Nut 3 und 19, was bei der Vollochwicklung nicht vorkommen kann.

Es bleibt nun noch übrig, aus den zu jeder Phase zugehörigen Vektoren den resultierenden Vektor zu bilden und diese Resultanten bezüglich der Größe und Lage miteinander zu vergleichen. Wir verbinden daher die einzelnen Teilungspunkte, wie im Spannungs-diagramm Fig. 123 gezeigt, und deuten durch Striche an jedem Vektor an, wievielmal er sich für die betreffende Phase wiederholt. Man sieht ohne weiteres, daß die Wicklung unsymmetrisch ist, sowohl in bezug auf die Größe der einzelnen Phasenspannungen, wie in bezug auf ihre gegenseitigen Lagen.

Die Resultante der Phase I bildet mit der Parallelen zu den Vektoren 1—10 und 2—9 einen Winkel x, der durch den Vektor 3—11 bedingt ist. Ein Maß für diese Resultante, ebenso wie für den Winkel x finden wir aus den Beziehungen

$$P_I \sin x = 2 \sin 33^{\,0} 45' = 1{,}111$$

und

$$P_I \cos x = 6 \cos 11^{\,0} 15' + 2 \cos 33^{\,0} 45' = 7{,}548,$$

woraus folgt

$$P_I = \sqrt{7{,}548^2 + 1{,}111^2} = 7{,}629$$

und

$$\mathrm{tg}\, x = \frac{1{,}111}{7{,}548} = 0{,}147,$$

also

$$x = 8^{\,0} 22{,}5'.$$

Die Resultante der Phase II ist

$$P_{II} = 6 \cos 11^{\,0} 15' + 2 \cos 33^{\,0} 45' = 7{,}548$$

P_I und P_{II} bilden miteinander einen Winkel

$$\psi_3 = 5 \cdot 22{,}5^{\,0} + x = 120^{\,0} 52{,}5'.$$

Die Spannung der Phase III ist

$$P_{III} = P_I = 7{,}629$$

und P_{III} bildet mit P_{II} einen Winkel

$$\psi_1 = \psi_3 = 120^{\,0} 52{,}5'.$$

Der Winkel zwischen P_{III} und P_I ist somit

$$\psi_2 = 360 - (\psi_1 + \psi_3) = 118^{\,0} 15'.$$

Die Differenz zwischen den Winkeln ist also

$$120^{\,0} 52{,}5' - 118^{\,0} 15' = 2^{\,0} 37{,}5'$$

und die Differenz zwischen den Spannungen beträgt ca. $1\,^0/_0$. Wie wir oben gesehen haben, ist bei Maschinen mit großer Reaktanz eine solche Differenz zwischen den Winkeln zulässig.

Die Differenz zwischen den Winkeln kann bedeutend herab-gedrückt werden, wenn man die Wicklung 6 polig, aber mit einigen leeren Nuten ausführt. Wir wollen diesen Fall behandeln. Die leeren Nuten deuten wir durch schraffierte Kreise an.

In Fig. 124 ist die Nutenverteilung für ein Polpaar eingezeichnet. Bei vier leeren Nuten (3, 8, 11 und 16) könnte man die Wicklung auch 2 polig mit gleicher Nutenzahl pro Phase ausführen. Wie aber aus dem Spannungsdiagramm Fig. 124 ersichtlich, wird dabei die Differenz zwischen den Winkeln zu groß, und zwar

$$\beta_1 - \beta_3 = 6 \cdot 22{,}5^0 - 5 \cdot 22{,}5^0 = 22{,}5^0.$$

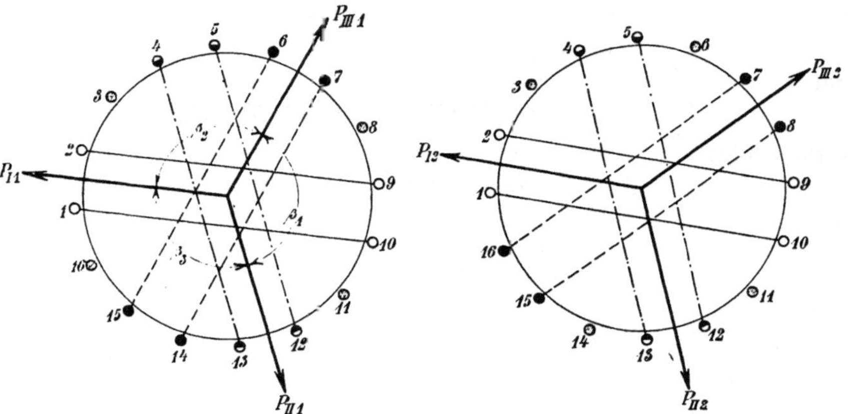

Fig. 124. Spannungsdiagramm für das erste Polpaar der 6 poligen Dreiphasen-$2^2/_3$-Lochwicklung.

Fig. 125. Spannungsdiagramm für das zweite Polpaar der 6 poligen Dreiphasen-$2^2/_3$-Lochwicklung.

Wir wollen nun diese Anordnung mit vier leeren Nuten auch für die zwei anderen Polpaare wiederholen, aber mit Anwendung der zyklischen Vertauschung. Bei der zweipoligen Anordnung mit vier leeren Nuten (Fig. 124) ist die Nutenverteilung folgende:

Phase I . . .	$2 + (1)$	$2 + (1)$
Phase II . . .	2	2
Phase III . . .	$2 + (1)$	$2 + (1)$

wobei (1) andeutet, daß nach den bewickelten Nuten der entsprechenden Phase eine leere Nut folgt.

Bei zyklischer Vertauschung erhält man für 6 Pole:

Pol	1	2	3	4	5	6
Phase I .	$2 + (1)$	$2 + (1)$	$2 + (1)$	$2 + (1)$	2	2
Phase II .	2	2	$2 + (1)$	$2 + (1)$	$2 + (1)$	$2 + (1)$
Phase III .	$2 + (1)$	$2 + (1)$	2	2	$2 + (1)$	$2 + (1)$

Die Spannungsdiagramme für das zweite und dritte Polpaar sind in Fig. 125 bzw. Fig. 126 angegeben. Wir bilden nun die resultierenden Vektoren für jedes Polpaar einzeln und stellen diese in einem gemeinsamen Diagramm (Fig. 127) zusammen.

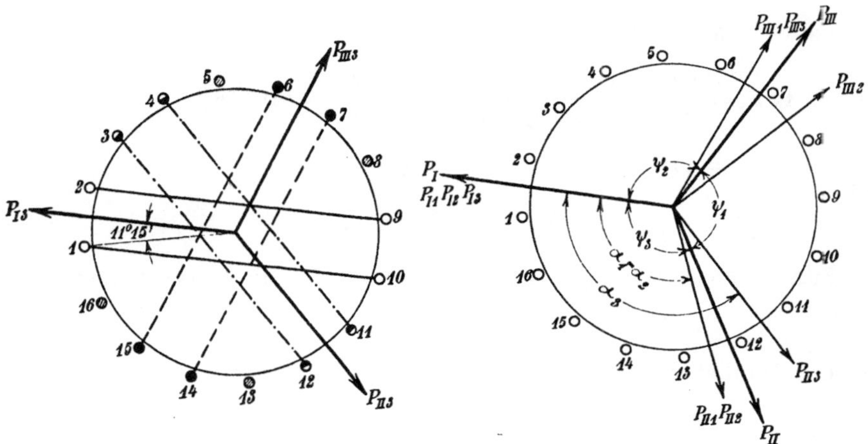

Fig. 126. Spannungsdiagramm für das dritte Polpaar der 6 poligen Dreiphasen-$2^2/_3$-Lochwicklung.

Fig. 127. Spannungsdiagramm der zyklisch vertauschten Phasen für eine 6 polige Dreiphasen-$2^2/_3$-Lochwicklung.

Die Resultanten der ersten Phase P_{I1}, P_{I2} und P_{I3} sind in allen drei Fällen gleich und haben dieselbe Richtung. Der resultierende Vektor P_I hat daher auch dieselbe Richtung und ist

$$P_I = 3 P_{I1} = 3 \cdot 2 \cos 11^0 15' = 5{,}885 \,.$$

Die drei Resultanten der Phase II bzw. der Phase III haben dieselbe Größe, aber verschiedene Richtung. Bezeichnen α_1, α_2, α_3 die Winkel zwischen P_{II1}, P_{II2}, P_{II3} und P_I und ebenso ψ_3 den Winkel zwischen P_{II} und P_I, so gilt:

$$P_{II1} \sin \alpha_1 + P_{II2} \sin \alpha_2 + P_{II3} \sin \alpha_3 = P_{II} \sin \psi_3$$

und

$$P_{II1} \cos \alpha_1 + P_{II2} \cos \alpha_2 + P_{II3} \cos \alpha_3 = P_{II} \cos \psi_3\,.$$

Daraus folgt

$$\operatorname{tg} \psi_3 = \frac{P_{II1} \sin \alpha_1 + P_{II2} \sin \alpha_2 + P_{II3} \sin \alpha_3}{P_{II1} \cos \alpha_1 + P_{II2} \cos \alpha_2 + P_{II3} \cos \alpha_3}$$

und

$$P_{II}^2 = (P_{II1} \sin \alpha_1 + P_{II2} \sin \alpha_2 + P_{II3} \sin \alpha_3)^2 + (P_{II1} \cos \alpha_1 + P_{II2} \cos \alpha_2 + P_{II3} \cos \alpha_3)^2\,.$$

Wie aus den Spannungsdiagrammen Fig. 124, 125 und 126 ersichtlich, ist

$$P_{II1} = P_{II2} = P_{II3} = 2 \cos 11^0\,15' = 1{,}962,$$

$$\alpha_1 = \alpha_2 = 5 \cdot 22{,}5 = 112{,}5^0$$

und

$$\alpha_3 = 6 \cdot 22{,}5 = 135^0.$$

Es wird also

$$\operatorname{tg} \psi_3 = \frac{\sin \alpha_1 + \sin \alpha_2 + \sin \alpha_3}{\cos \alpha_1 + \cos \alpha_2 + \cos \alpha_3} = \frac{1{,}472}{2{,}555} = 0{,}576,$$

$$\psi_3 = 119^0\,57{,}5'$$

und

$$P_{II} = P_{II1} \sqrt{1{,}472^2 + 2{,}555^2} = 5{,}785.$$

Für die Phase III ergibt sich dasselbe wie für die Phase II, also

$$P_{III} = 5{,}785$$

und der Winkel zwischen P_{III} und P_I

$$\psi_2 = 119^0\,57{,}5'.$$

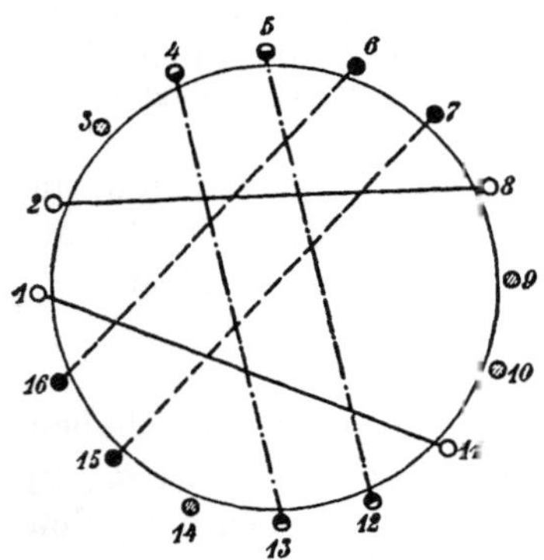

Fig. 128. Abgeändertes Spannungsdiagramm für das erste Polpaar der 6 poligen Dreiphasen-$2^2/_3$-Lochwicklung.

Es ist somit

$$\psi_1 = 360 - (\psi_2 + \psi_3) = 120^0\,5'.$$

Die Differenz zwischen den Winkeln beträgt somit bei dieser 6 poligen Wicklung mit 12 leeren Nuten nur noch 7,5′. Die Spannung der ersten Phase ist größer als diejenige der zweiten und dritten um ca. 1,5 %. Diese Differenz läßt sich verkleinern, wenn man unter dem ersten Polpaar (Fig. 124) für die Phase I die Nuten 2—8 und 1—11 statt 2—9 und 1—10 benutzt (Fig. 128). Die Richtung von P_I ändert sich dadurch nicht. Die Größe von P_I wird:

$$P_I = 2 \cos 22{,}5^0 \cos 11^0\,15' + 4 \cos 11^0\,15' = 5{,}735.$$

und die Differenz beträgt 0,87 %.

Ein großer Nachteil dieser Wicklung besteht darin, daß 25 % der vorhandenen Nuten nicht ausgenützt werden.

Führt man die Wicklung 18 polig aus, so kann man bei Bewicklung aller Nuten eine fast vollständige Symmetrie erhalten. Das Schema dieser Wicklungsanordnung ist:

Pol	1	2	3	4	5	6	7	8	9	10	11	12	13	14	15	16	17	18
Phase I . .	4	3	3	3	2	2	3	3	2	2	2	3	3	2	2	3	3	3
Phase II . .	3	3	2	2	3	3	2	2	3	3	3	3	3	3	3	3	2	2
Phase III . .	2	2	3	3	3	3	3	3	3	3	2	2	3	3	2	2	3	3

Eine oft vorkommende Teillochwicklung ist die dreiphasige 2,5-Lochwicklung. Diese Wicklung kann bei drei leeren Nuten auch 2polig ausgeführt werden. Sollen alle Nuten bewickelt werden, so muß man $4n$ Pole nehmen, wo n eine beliebige ganze Zahl ist. In allen diesen Fällen wird die Wicklung vollkommen symmetrisch sein.

Auch die dreiphasige 4,5-Lochwicklung wird für $4n$ Pole vollständig symmetrisch.

Eine zweiphasige 4,5-Lochwicklung läßt sich 2polig ausführen bei zwei leeren Nuten. Der Phasenwinkel ist dabei 90^0 und die Differenz zwischen den Spannungen beträgt $1,5^0/_0$. Auch bei 4poliger Ausführung mit vier leeren Nuten ist die Differenz zwischen den Spannungen $1,5^0/_0$. Bei einer 8poligen Ausführung können sämtliche Nuten bewickelt werden und die Wicklung ist praktisch vollkommen symmetrisch.

Drittes Beispiel. Dreiphasige $1^1/_8$-Lochwicklung. Es ist $2qm = 2 \cdot \frac{9}{8} \cdot 3 = \frac{27}{4}$, somit $p' = 4$. Eine Symmetrie in bezug auf die Verteilung der Nuten im Felde tritt nach vier Polpaaren ein. Da jedoch $p'q = 4 \cdot \frac{9}{8} = \frac{9}{2}$ eine gebrochene Zahl ist, so ist $k' = 2$ und es sind 2mal vier Polpaare zu nehmen, damit die Wicklung bei

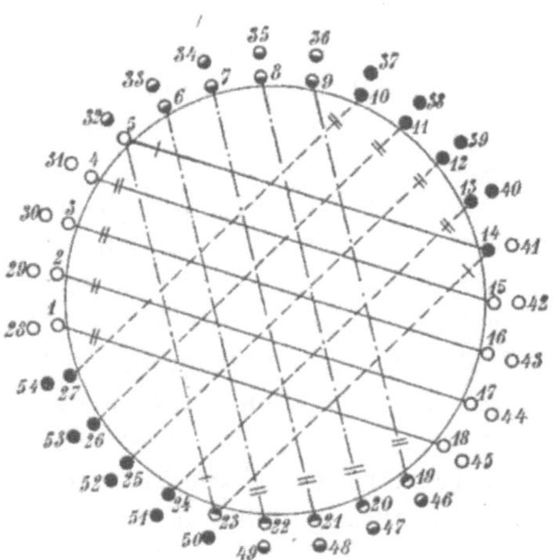

Fig. 129. Spannungsdiagramm einer 16poligen Dreiphasen-$1^1/_8$-Lochwicklung.

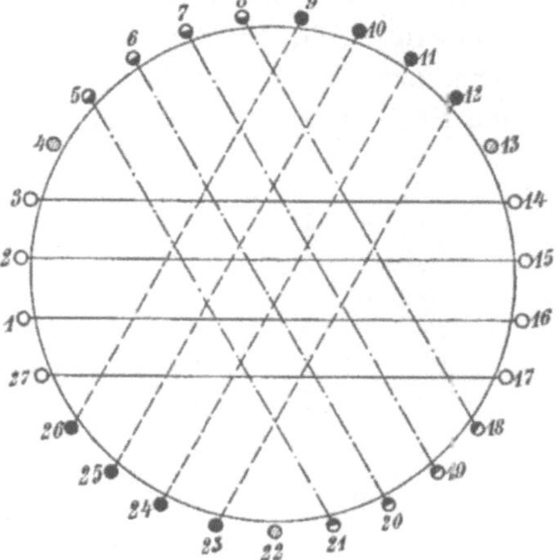

Fig. 130. Spannungsdiagramm einer 8poligen Dreiphasen-$1^1/_8$-Lochwicklung mit 3 leeren Nuten (n. Punga).

Bewicklung aller Nuten und gleicher Nutenzahl pro Phase ausgeführt werden kann. Da $k = 2\,q\,m\,p' = 27$ ist, so ist der Kreis in
27 Teile zu teilen und ein solcher Kreis wird vier Polpaare darstellen. Jeder Teilung des Kreises werden $k' = 2$ Nuten entsprechen.
In Fig. 129 ist das Spannungsdiagramm dieser Wicklung dargestellt.
Wie aus diesem ersichtlich, ist die 16polige $1^1/_8$-Lochwicklung sowohl in bezug auf die Größen der Spannungen wie in bezug auf
die Winkel zwischen diesen vollständig symmetrisch.

Punga (siehe oben zitierten Aufsatz) hat diese Wicklung für
acht Pole mit drei leeren Nuten angegeben. In Fig. 130 ist das Spannungsdiagramm für diese Anordnung dargestellt. Wie ersichtlich,
ist auch in diesem Falle die Wicklung vollkommen symmetrisch.
In bezug auf die Form der Kurve der induzierten EMK ist diese
$1^1/_8$-Lochwicklung einer Wicklung mit acht Löchern pro Pol und
Phase gleichwertig.

12. Wechselstromwicklungen für große Stromstärken.

Wechselstromwicklungen für große Stromstärken kommen bei
Niederspannungsmaschinen und Maschinen, deren Leistung im Verhältnis zur Spannung groß ist, in Frage. Ihre Ausführung bietet
bei sehr großen Stromstärken einige Schwierigkeiten, die elektrischer und mechanischer Natur sind.

Zunächst darf der Querschnitt eines massiven Ankerleiters mit
Rücksicht auf die Vergrößerung des Widerstandes durch den Skin-
effekt gewisse Grenzen nicht überschreiten. Dieser wird durch die
vom Nutenfeld in den massiven Stäben induzierten Wirbelströme
verursacht[1]). Man teilt daher bei größeren Querschnitten entweder
den Stab in zwei oder mehr parallele Drähte oder man verwendet
Drahtlitzen.

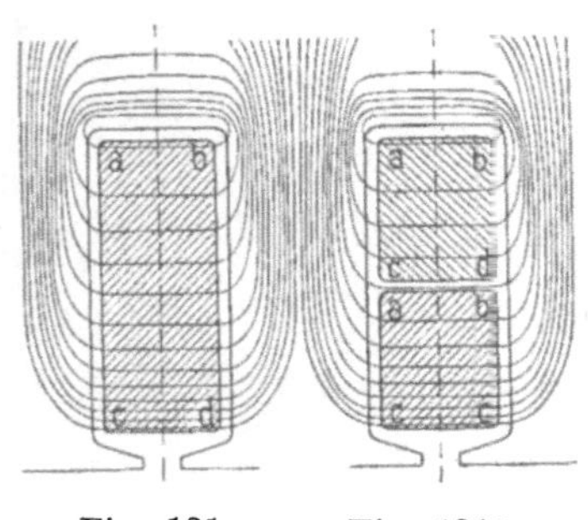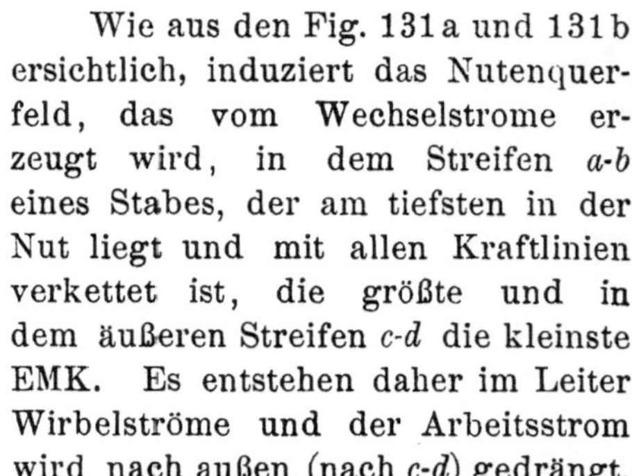

Wie aus den Fig. 131a und 131b
ersichtlich, induziert das Nutenquer-
feld, das vom Wechselstrome erzeugt wird, in dem Streifen a-b
eines Stabes, der am tiefsten in der
Nut liegt und mit allen Kraftlinien
verkettet ist, die größte und in
dem äußeren Streifen c-d die kleinste
EMK. Es entstehen daher im Leiter
Wirbelströme und der Arbeitsstrom
wird nach außen (nach c-d) gedrängt,

Fig. 131a.   Fig. 131b.

----

[1]) S. Bd. I, S. 564 u. ff.

so daß er sich ungleich über den Querschnitt verteilt, wodurch der effektive Widerstand des Leiters erhöht wird.

Es ist daher zweckmäßig, große Leiterquerschnitte quer zur Nut, wie Fig. 131b zeigt, zu trennen und die Wicklung mit zwei oder mehr parallelen Drähten pro Loch oder mit Drahtlitze auszuführen.

Liegen zwei Ankerleiter in der Nut, wie es häufig vorkommt, übereinander, so kommt die genannte Unterteilung des Querschnittes für den außen in der Nut liegenden Leiter zuerst in Frage.

Ein Verlöten der Stäbe einer Nut an beiden Enden würde den Nutzen der Trennung vernichten, da für die Wirbelströme der obere und untere Stab einen in sich geschlossenen Stromkreis bilden. Ein Spalten des Drahtes längs der Nut ist wenig wirksam.

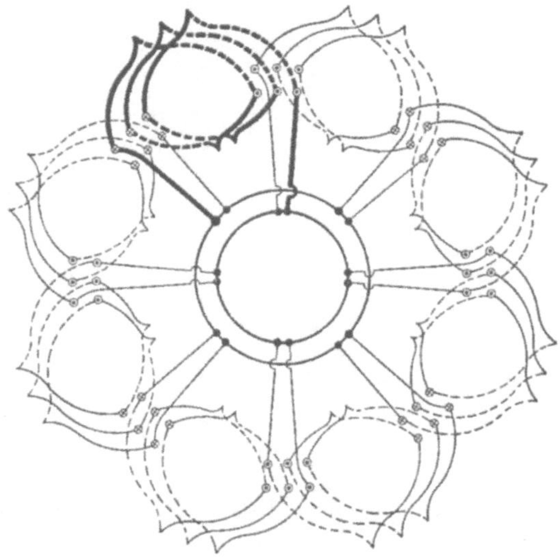

Fig. 132. 8 polige einphasige Dreilochspulenwicklung mit acht parallelen Zweigen.

Am wirksamsten ist die Verwendung der Drahtlitze, weil hier die Drähte verdrillt sind, sie hat aber den Nachteil einer geringeren Ausnützung des Nutenquerschnittes.

Mit großer Sorgfalt ist ferner darauf zu achten, daß die parallel geschalteten Windungen gleich große EMKe ergeben, die miteinander in Phase sind, so daß keine inneren Ströme entstehen. Es muß also jede Gruppe von Spulen mit allen übrigen mit ihr parallel geschalteten Gruppen vollkommen übereinstimmen, sowohl hinsichtlich der Lage der Stäbe im Felde und in den Nuten, als auch hinsichtlich der Zahl der Stäbe oder Windungen.

In Fig. 132 ist eine einphasige 8 polige Spulenwicklung dargestellt, die auch für jede Phase einer Mehrphasenwicklung

Gültigkeit hat. Acht Spulengruppen von je drei Windungen sind
parallel geschaltet und zu jeder Gruppe gehören drei Stäbe, die oben,
und drei Stäbe, die unten in der Nut liegen.

Liegt bei dieser Wicklung das Magnetrad exzentrisch zum
Anker, so wird sich die Belastung nicht gleichmäßig auf alle
Spulen verteilen, obwohl die Ankerrückwirkung, die bei den stark
belasteten Spulen am größten ist, auf eine gleiche Verteilung der
Belastung hinwirkt.

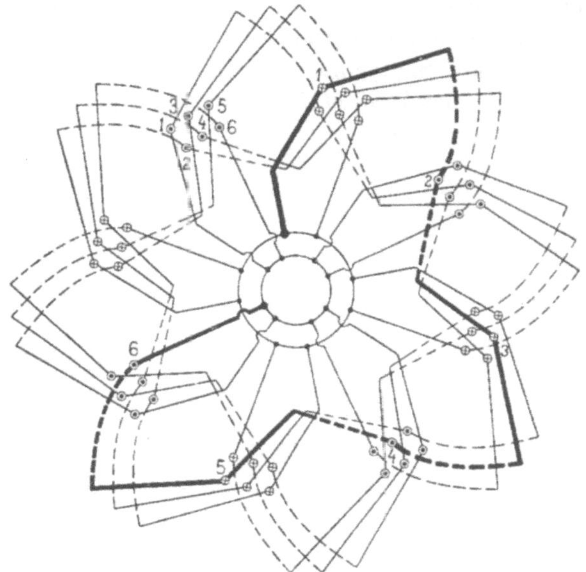

Fig. 133. 8polige einphasige umlaufende Dreilochwicklung mit acht parallelen
Zweigen.

Eine gegen magnetische Unsymmetrien weniger empfindliche
Wicklung entsteht, wenn wir die Stäbe zu einer umlaufenden Wicklung verbinden, wie Fig. 133 zeigt. Hierbei ist darauf zu achten,
daß jeder Wellenzug eine gleiche Anzahl im Felde gleich gelegener
Stäbe enthält. In der Figur besitzt jeder Wellenzug von den sechs
verschieden im Felde liegenden Stäben je einen.

Eine einfache umlaufende Wicklung mit zwei parallelen Zweigen
veranschaulicht Fig. 134. Um eine vollkommene Gleichwertigkeit
beider Stromzweige zu erreichen, ist in der Mitte beider durch
Verbindungsgabeln eine Vertauschung des inneren mit dem äußeren
Stromzweige vorgenommen.

Fig. 135 stellt eine Phase einer umlaufenden Dreilochwicklung dar, bei der die Stäbe in drei Gruppen parallel geschaltet

sind. Auf einer Seite der Wicklung sind Verbindungsbogen, auf der anderen Seite Verbindungsgabeln benutzt, wodurch die erforderliche Gleichwertigkeit der drei parallelen Stromzweige erreicht wird.

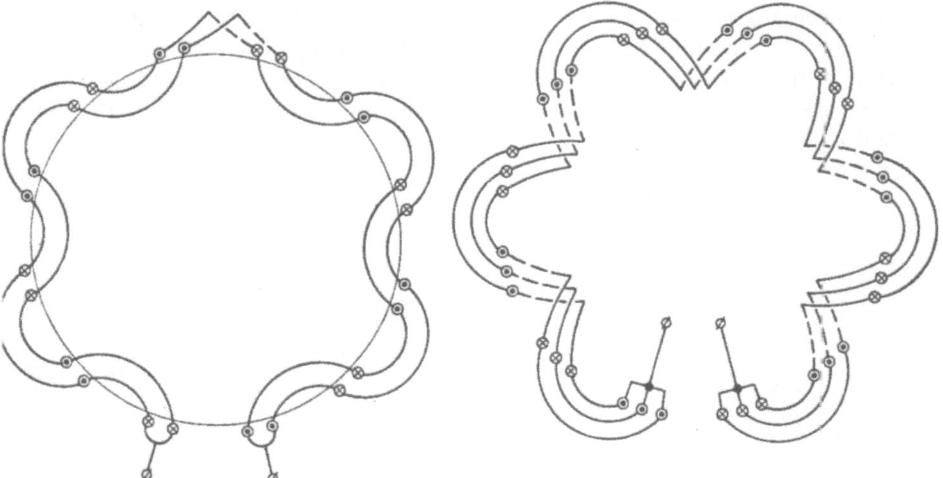

Fig. 134. 12polige umlaufende Wicklung mit zwei parallelen Zweigen.

Fig. 135. Umlaufende Wicklung mit drei parallelen Zweigen.

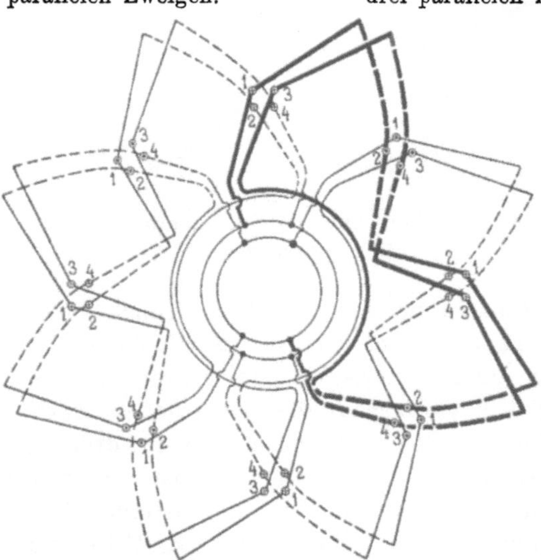

Fig. 136. Gemischte Wellen- und Schleifenwicklung mit vier Stäben pro Pol und vier parallelen Zweigen.

Eine 8polige Wicklung mit vier parallel geschalteten Gruppen stellt Fig. 136 dar. Jede Gruppe enthält je zwei von den Stäben 1, 2, 3 und 4.

Die Wicklung ist eine gemischte Wellen- und Schleifenwicklung, da wir nach vier durchlaufenen Stäben wieder zum
Ausgangspunkt zurückkehren. Die Wicklung läßt sich auch als
reine Wellenwicklung ausführen, wie Fig. 137 zeigt. Die Wicklungsschritte müssen so gewählt werden, daß jede Gruppe von den
Stäben 1, 2, 3 und 4 eine gleiche Anzahl enthält. Gehen wir z. B.
von A aus, so durchläuft man bis B die Stäbe $1-2-1-2$,
nun wird der Schritt geändert und man durchläuft bis C die vier
Stäbe $3-4-3-4$.

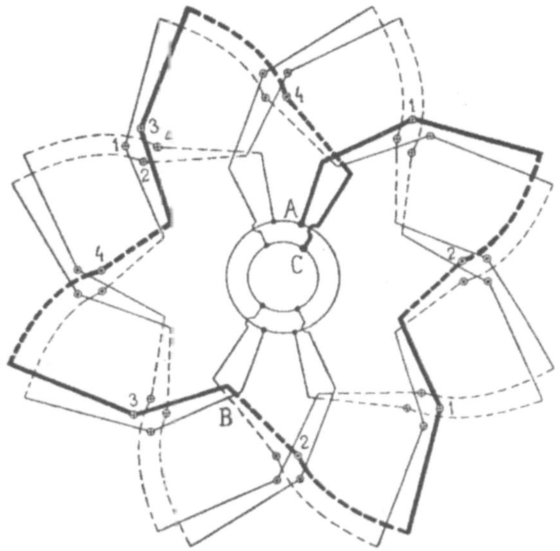

Fig. 137. Wellenwicklung mit vier Stäben pro Pol und vier parallelen
Zweigen.

Ist die Stabzahl pro Pol und Phase gleich jener der parallel zu
schaltenden Gruppen oder ein ganzes Vielfaches davon, so macht
die Wicklung jeder Gruppe im Schema eine ganze Zahl von Umgängen. Fig. 138 veranschaulicht ein solches Schema. Wir haben
$6 = 2 \cdot 3$ Stäbe pro Pol und Phase, die in drei Gruppen parallel
geschaltet sind. Da die Polzahl gleich 12 ist, haben wir $6 \times 12 = 72$
Stäbe pro Phase und 24 Stäbe in einer Gruppe. Damit jede Gruppe
von den Stäben 1 bis 6, deren Lage im Feld und in den Nuten
verschieden ist, eine gleiche Anzahl enthält, muß der Schritt nach
je $\frac{24}{3} = 8$ durchlaufenen Stäben geändert werden.

Für die Gruppe, die bei A und D endigt, findet die Änderung
des Schrittes bei B und C statt. Einer Gruppe entsprechen zwei
Umgänge.

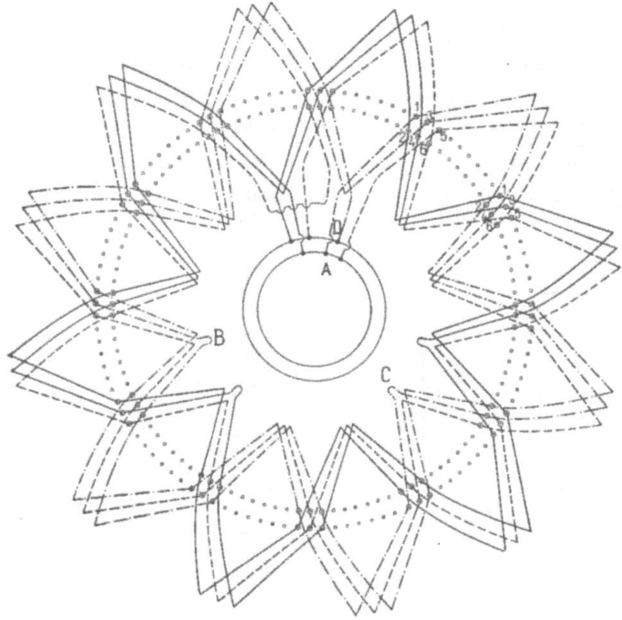

Fig. 138. Wellenwicklung mit sechs Stäben pro Pol und drei parallelen Zweigen.

Fig. 139. Umlaufende 12polige Wicklung mit acht parallelen Zweigen.

Mit vier Stäben pro Pol und acht parallelen Zweigen ergibt sich das in Fig. 139 dargestellte Schema. Auf einer Seite haben wir Verbindungsgabeln, auf der anderen Seite Verbindungsbogen.

Das vollständige Schema einer **Dreiphasenwicklung** für acht Pole und vier Stäbe pro Pol und Phase mit je zwei parallel geschalteten Gruppen gibt Fig. 140. Es bedarf keiner weiteren Erläuterung, die Gruppen sind unter sich vollkommen symmetrisch.

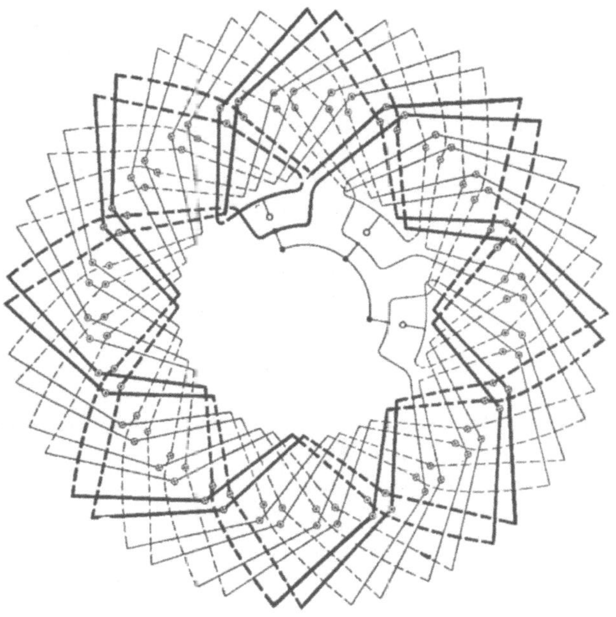

Fig. 140. 8polige Dreiphasenwicklung mit vier Stäben pro Pol und Phase. Wellenwicklung mit zwei parallelgeschalteten Zweigen.

Ist die Stabzahl pro Pol und Phase durch die Zahl der parallel zu schaltenden Gruppen nicht teilbar, so ist die Zahl der Umläufe einer Wicklungsgruppe keine ganze Zahl.

Fig. 141 stellt als Beispiel hierzu eine **12polige Dreiphasenwicklung** mit drei Stäben pro Pol und Phase, also mit 36 Stäben pro Phase dar, die in zwei Gruppen parallel geschaltet sind. Die Stäbe einer Gruppe machen $\frac{3}{2} = 1{,}5$ Umgänge. Die Wicklung ist so entworfen, daß jeder Gruppe eine gleiche Anzahl von den Stäben 1, 2 und 3 angehört und daß die Enden der Gruppen möglichst nahe zusammenfallen, so daß nur kurze Querverbindungen nötig werden. Die Enden 2_a, 2_e, 4_a, 4_e und 6_a, 6_e liegen auf der einen Seite und die Enden 1_c, 1_e, 3_a, 3_e und 5_a, 5_e auf der andern

Seite der Wicklung. Für den neutralen Punkt der Sternschaltung ist eine über oder quer durch die Armatur gehende Verbindung *A-B* erforderlich.

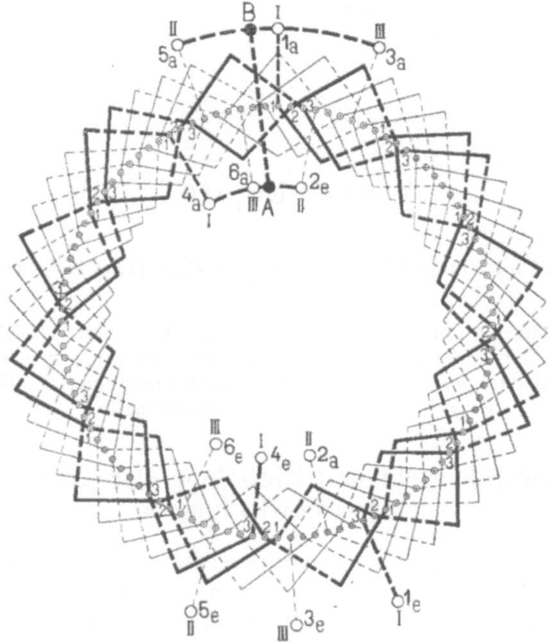

Fig. 141. 12 polige Dreiphasenwicklung mit drei Stäben pro Pol und Phase. Wellenwicklung mit zwei parallelen Zweigen.

Viertes Kapitel.

Die unveränderten Gleichstromwicklungen.

13. Schaltungsformeln und Einteilung der geschlossenen Gleichstromwicklungen. — 14. Der Nutenschritt. — 15. Symmetriebedingungen für den Anschluß von Schleifringen. — 16. Äquipotentialverbindungen. — 17. Schleifenwicklungen. — 18. Wellenwicklungen.

13. Schaltungsformeln und Einteilung der geschlossenen Gleichstromwicklungen.

Die geschlossenen und unveränderten Gleichstromwicklungen kommen bei den Wechselstromkommutatormaschinen und bei den Umformern, bei denen dieselbe Wicklung für die Erzeugung oder Aufnahme von Gleich- und Wechselstrom dient, zur Anwendung.

Die Gleichstromwicklungen werden eingeteilt in

    1. Spiralwicklungen (Ringwicklung),
    2. Schleifenwicklungen }
    3. Wellenwicklungen   } (Trommelwicklung).

Für Trommelanker kommen nur die beiden letzteren Wicklungen in Frage; wir werden unsere Betrachtungen daher auf diese beschränken.

Jede Gleichstromwicklung setzt sich aus gleichartigen Wicklungselementen zusammen. In den Fig. 142 und 143 sind Wicklungselemente einer Schleifenwicklung und einer Wellenwicklung dargestellt.

Um die Schaltungsformeln, die der Verfasser im Jahre 1891 veröffentlicht hat (1. Aufl. der Ankerwicklungen) und die im Bd. I der 2. Aufl. „Die Gleichstrommaschine" S. 67 ff. allgemein abgeleitet sind, aufstellen zu können, wollen wir folgende Bezeichnungen einführen.

Es bezeichne:

    p die halbe Polzahl,

a die halbe Anzahl der Ankerstromzweige bzw. die Anzahl der Stromzweige einer Phase der Wicklung,

s die Zahl der Spulenseiten oder die Stabzahl bei Stabwicklungen,

$K = \dfrac{s}{2}$ die Zahl der Knotenpunkte der Wicklung (bzw. die Zahl der Kommutatorlamellen a, b, c usw., Fig. 142),

y_1 und y_2 die Teilschritte der Wicklung, oder die Zahl der Knotenpunktsteilungen, die zwischen zwei zu verbindenden Spulenseiten liegen,

y_1 und y_2 müssen ungerade ganze Zahlen sein.

y der resultierende Wicklungsschritt,

y_k der Kommutatorschritt oder die Zahl der Kommutator- oder Knotenpunktsteilungen, die zwischen zwei im Schema aufeinander folgenden Lamellen oder Knotenpunkten liegen.

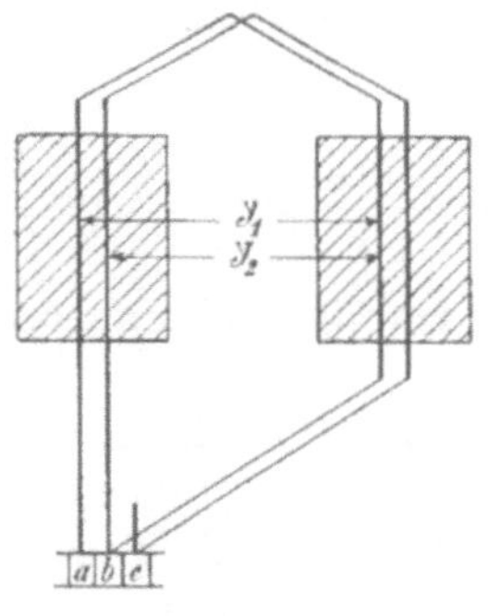

Fig. 142.

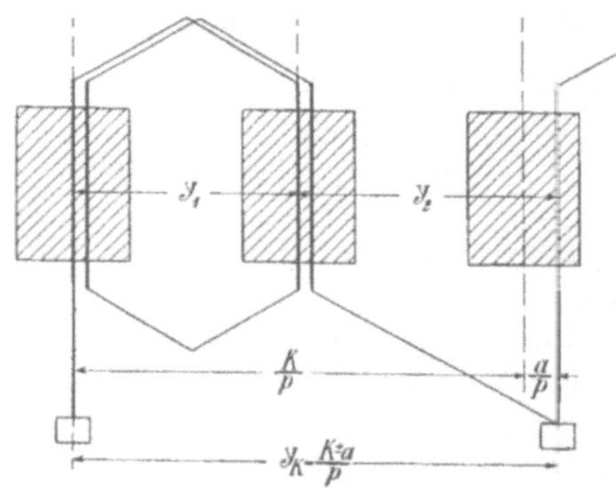

Fig. 143.

Die nachfolgend angegebenen Formeln für die Wicklungsschritte y_1 und y_2 setzen eine ganz bestimmte Numerierung der Spulenseiten voraus, denn, wenn mehrere Spulenseiten in einer

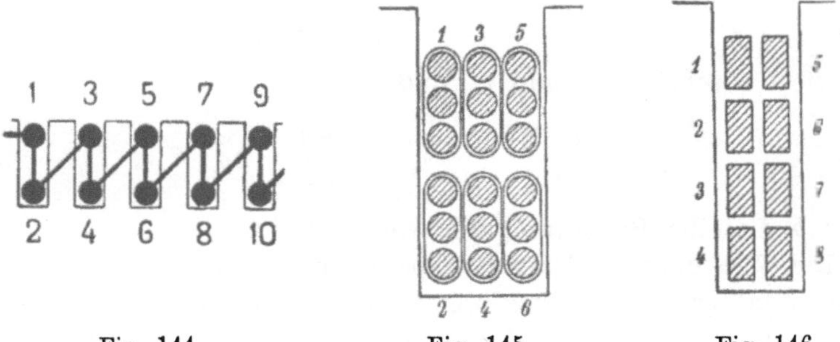

Fig. 144.　　　　　Fig. 145.　　　　　Fig. 146

Nut übereinander liegen, ist es nicht gleichgültig, ob mit der Numerierung außen oder innen begonnen wird. Wir beginnen mit der Numerierung oben in der Nut, wie Fig. 144 zeigt. Liegen mehr als zwei Spulenseiten in einer Nut in zwei oder vier Lagen übereinander, so ist die Numerierung entsprechend den Fig. 145 und 146 vorzunehmen.

Die verschiedenen Wicklungen lassen sich nun wie folgt charakterisieren.

A. Schleifenwicklungen.

1. **Parallelwicklung.** Für diese ist

$$a = p \qquad K = \frac{s}{2}$$

$$y = y_1 - y_2 = \pm 2 \qquad y_k = \frac{y_1 - y_2}{2} = \pm 1 \ . \ . \ (25)$$

Jeder Teilschritt y_1 und y_2 ist annähernd gleich der Polteilung $\frac{s}{2p}$, wir können daher schreiben

$$y_1 = \frac{s \pm b}{2p} \ \text{(Spulenweite)} \qquad y_2 = \frac{s \pm b}{2p} \mp 2 \ . \ . \ (26)$$

b bedeutet eine Zahl, die y_1 und y_2 ganzzahlig und ungerade macht.

Für $b = 0$ ist die Spulenweite y_1 gleich der Polteilung. Das positive Vorzeichen von b bedeutet eine Vergrößerung, das negative eine Verkürzung der Spulenweite. Gewöhnlich macht man die Spulenweite gleich oder kleiner als die Polteilung.

2. **Mehrfache Parallelwicklung.** Die Zahl der Ankerzweige $2a$ ist ein ganzes Vielfaches der Polzahl $2p$. Bezeichnet g eine ganze Zahl, so ist

$$a = gp \qquad K = \frac{s}{2}$$

$$y = y_1 - y_2 = \pm 2g \qquad y_k = \frac{y_1 - y_2}{2} = \pm g \ . \ . \ (27)$$

Die Teilschritte y_1 und y_2 sind nun

$$y_1 = \frac{s \pm b}{2p} \qquad y_2 = \frac{s \pm b}{2p} \mp 2g \ . \ . \ . \ . \ (28)$$

wobei b dieselbe Bedeutung hat wie oben.

Die Wicklungen dieser Gruppe können einfach und mehrfach geschlossen sein. Eine Wicklung ist dann einfach geschlossen, wenn man zu der Spulenseite, von der man ausgegangen ist, erst zurückkehrt, nachdem sämtliche Spulen durchlaufen sind. Das Zahlenverhältnis der Größen y_k und K ist hierfür allgemein entscheidend.

Die Zahl der Schließungen einer Wicklung ist gleich dem größten gemeinschaftlichen Teiler von y_k und K. Die Wicklung ist nur dann einfach geschlossen, wenn y_k und K teilerfremd sind.

Eine mehrfache Parallelwicklung mit $a = gp$ kann man aus mehreren, aber höchstens aus g einfach geschlossenen Parallelwicklungen zusammensetzen. Die Zahl der möglichen Schließungen ist daher $\leq g$.

B. Wellenwicklungen.

1. **Reihenwicklung.** Diese ist charakterisiert durch

$$a = 1 \qquad K = \frac{s}{2}$$

$$\left. \begin{aligned} y &= y_1 + y_2 = \frac{s \pm 2}{p} \\ y_k &= \frac{K \pm 1}{p} = \frac{y_1 + y_2}{2} \end{aligned} \right\} \quad \ldots \ldots \ldots \quad (29)$$

y_1 und y_2 müssen ungerade sein. Die Wicklung ist einfach geschlossen. y_k und K sollen daher teilerfremd sein.

2. **Reihenparallelwicklung.** Ebenso wie die mehrfache Parallelwicklung durch Vereinigung mehrerer einfacher Parallelwicklungen (mit $a = p$) erhalten werden kann, entsteht die Reihenparallelwicklung durch Vereinigung mehrerer einfacher Reihenwicklungen (mit $a = 1$). Die Zahl der Schließungen der Wicklung kann daher höchstens gleich a sein. Durch passende Wahl von y_k und K kann jedoch die Zahl der Schließungen kleiner als a gemacht werden. Die Wicklung ist einfach geschlossen, wenn y_k und K teilerfremd sind. Wir haben.

$$a > 1 \qquad K = \frac{s}{2}$$

$$\left. \begin{aligned} y &= y_1 + y_2 = \frac{s \pm 2a}{p} \\ y_k &= \frac{K \pm a}{p} = \frac{y_1 + y_2}{2} \end{aligned} \right\} \quad \ldots \ldots \ldots \quad (30)$$

Im Abschn. 18 werden einige Beispiele die gegebenen Formeln näher erläutern.

14. Der Nutenschritt.

Unter dem Nutenschritt y_n verstehen wir die Zahl der Nutenteilungen des Ankers, die die Spulenweite (Schritt y_1) umfaßt. In Fig. 151 ist z. B. $y_n = 4$.

Bezeichnet u_n die Zahl der Spulenseiten einer Nut (es ist $u_n = 2$, 4, 6, 8), so muß, wenn wir verlangen, daß diejenigen Spulenseiten, die oben oder unten in einer Nut beisammen sind, auch in der anderen Nut beisammen bleiben,

$$y_1 = u_n y_n + 1 \quad . \quad . \quad . \quad . \quad . \quad . \quad . \quad . \quad (31)$$

sein. Die Wicklung nach Fig. 151 ist z. B. in dieser Weise ausgeführt.

Für die Herstellung der Wicklung ist diese Anordnung die bequemste, denn erstens erhalten alle Spulen die gleiche Form und zweitens lassen sich diejenigen Spulen, deren Seiten in beiden Nuten beisammen liegen, gemeinsam isolieren und als ein Rahmen in die Nuten einlegen. In der Praxis macht man daher gewöhnlich $y_1 = u_n y_n + 1$.

15. Symmetriebedingungen für den Anschluß von Schleifringen.

Wird der Wechselstrom der Wicklung nicht über den Kommutator, sondern wie bei Umformern über Schleifringe und mit der Wicklung fest verbundene rotierende Anschlußpunkte zugeführt, so ist folgendes zu beachten.

Wollen wir einen m-phasigen Strom der Wicklung entnehmen oder in sie einführen, so müssen je zwei aufeinander folgende Ankerstromzweige in m gleiche Teile geteilt werden. Ein solcher Teilpunkt ist dann ein Anschlußpunkt für die m-phasige Wicklung und es bedeutet dann m zugleich die Zahl der Schleifringe oder die Zahl der Anschlußpunkte im zweipoligen Schema, d. h. es ist für Einphasenstrom $m = 2$, Dreiphasenstrom $m = 3$, Vierphasenstrom $m = 4$, Sechsphasenstrom $m = 6$.

Die Erzeugung eines Zweiphasenstromes ergibt nach Fig. 148 eine Vierphasenschaltung, und es ist daher auch in diesem Falle $m = 4$.

Die Drähte einer Phase bedecken $\dfrac{2}{m}$ des Ankerumfanges, es ist somit für eine unveränderte Gleichstromwicklung, als Wechselstromwicklung betrachtet, allgemein

$$\frac{\text{Spulenbreite}}{\text{Polteilung}} = \frac{2}{m}.$$

Aus zwei Ankerstromzweigen einer Gleichstromwicklung entsteht nur je ein Stromzweig für jede Phase der Wechselstromwicklung, so daß für Mehrphasenstrom a die Anzahl der Stromzweige pro Phase wird.

Damit die einzelnen zwischen den Schleifringen liegenden Stromzweige der Wicklung, deren Zahl gleich ma ist, für alle Phasen einander gleichwertig sind, ist nicht nur erforderlich, daß die Spulenseiten oder Stäbe aller Phasen in gleicher Weise am Umfange des Ankers verteilt sind, was bei Gleichstromwicklungen immer der Fall ist, sondern es müssen auch die Windungszahlen oder Stabzahlen aller Phasen unter sich gleich sein.

Bezeichnet z die Zahl der Spulenseiten oder Stäbe eines Wicklungszweiges, so muß

$$z = \frac{s}{m\,a} = \text{einer ganzen Zahl} \ \ \ \ \ (32)$$

sein.

Wenn möglich, soll $\frac{s}{m\,a}$ eine gerade Zahl oder $\frac{z}{2} = \frac{K}{m\,a} = \frac{s}{2\,m\,a}$ gleich einer ganzen Zahl sein, es liegen dann alle Verbindungen zu den Schleifringen auf derselben Seite des Ankers.

Aus Gl. 30 folgt für Wellenwicklungen

$$y_k = \frac{m\,a\,z \pm 2\,a}{2\,p} \ \ \ \ \ \ \ (33)$$

wo m, a und z solche ganze Zahlen sein müssen, daß y_k ganzzahlig und $m\,a\,z$ eine gerade Zahl wird, denn $K = \frac{s}{2} = \frac{m\,a\,z}{2}$ muß für eine Gleichstromwicklung ganzzahlig sein.

Da wir a Stromzweige pro Phase erhalten, so ist die Zahl der Knotenpunkte der Wicklung oder die Zahl der Lamellen, die mit einem Schleifring (bei Umformern) oder mit einer Klemme verbunden werden dürfen, ganz allgemein gleich a, d. h. a Knotenpunkte haben immer ein gleiches Potential und jeder Schleifring ist zugleich eine Äquipotentialverbindung.

Die Lage derjenigen Knotenpunkte, die miteinander verbunden werden dürfen, wird durch die Schaltungsformel der Äquipotentialverbindungen bestimmt (s. S. 97).

In den Fig. 147 bis 149 ist dargestellt, wie der Anker eines Umformers an das Wechselstromnetz angeschlossen wird.

Der einfacheren Darstellung wegen ist Ringwicklung gewählt, die Schleifringe und Kollektoren sind fortgelassen und die Ankerwicklung ist direkt mit dem Netz verbunden.

Da zwischen der geforderten Gleichstromspannung und der Wechselspannung des Umformers ein bestimmtes Verhältnis besteht, muß die Linienspannung mittels eines Transformators T mit Primärwicklung P und Sekundärwicklung S auf die gewünschte Spannung transformiert werden.

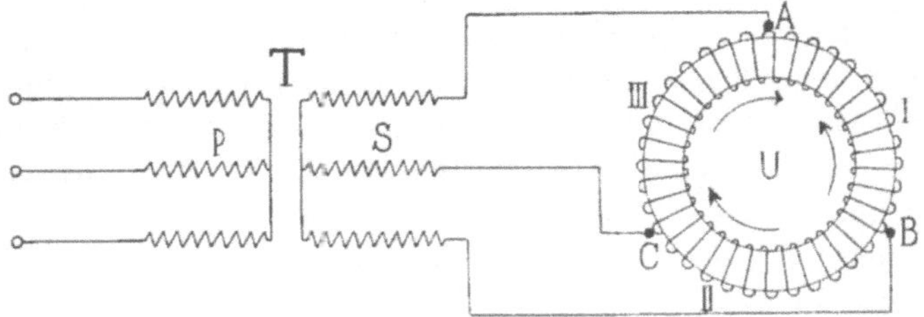

Fig. 147. Schaltung eines Dreiphasen-Umformers.

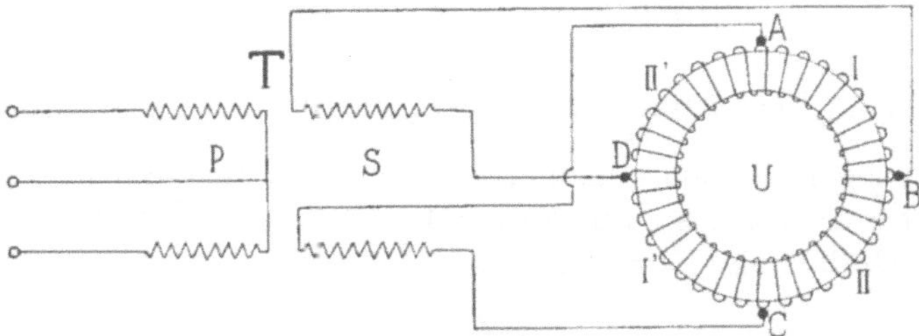

Fig. 148. Schaltung eines Vierphasen-Umformers.

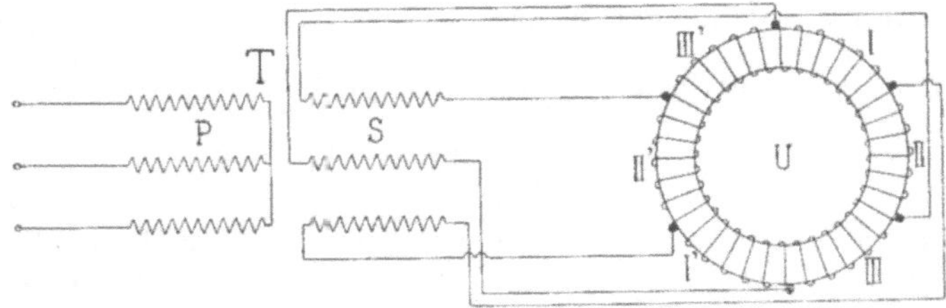

Fig. 149. Schaltung eines Sechsphasen-Umformers.

Fig. 147 veranschaulicht die Schaltung eines Dreiphasenumformers, der an einen Dreiphasentransformator angeschlossen ist.

Ist der Linienstrom ein Zweiphasen- oder Vierphasenstrom, so erhalten wir, wie Fig. 148 zeigt, einen Vierphasen-Umformer.

Das Schema eines Sechsphasen-Umformers mit einem Dreiphasen-Transformator gibt Fig. 149.

Die dargestellten Verbindungsarten mit den Transformatoren sind auch für die Schleifringe von Schleifen- und Wellenwicklungen gültig.

16. Äquipotentialverbindungen.

Die gesamte Zahl der Ankerzweige ist gleich $2a$. Haben wir eine Ringwicklung, so liegen a Ankerzweige z. B. unter den Nordpolen und a Ankerzweige unter den Südpolen. Ein gleiches Potential haben solche Punkte der Wicklung, die eine gleiche Lage in bezug auf gleichnamige Pole haben; ihre Anzahl ist gleich a. Ihr Potential ändert sich bei der Drehung der Wicklung in gleichem Sinne und in gleichem Maße. Da jede Trommelwicklung auf eine Ringwicklung reduziert werden kann, gilt das allgemein.

Die Zahl der Punkte einer Wicklung, die während der Drehung des Ankers ein gleiches Potential behalten, ist allgemein gleich der halben Anzahl (a) der Ankerzweige.

Die Punkte gleichen Potentials dürfen direkt miteinander leitend verbunden werden. Die Entfernung von zwei solchen Punkten, gemessen in Lamellenteilungen oder Knotenpunktsteilungen der Wicklung, heißt der Potentialschritt y_p.

Da Punkte gleichen Potentials in bezug auf gleichnamige Pole eine gleiche Lage haben, muß der Potentialschritt ein ganzes Vielfaches der doppelten Polteilung sein. Bezeichnet x eine ganze Zahl, so folgt

$$y_p = x\,\frac{K}{p} \quad \ldots \ldots \ldots \ldots \quad (34)$$

Da ferner die Anzahl der doppelten Polteilungen gleich p und die Zahl der Potentialschritte (y_{p1}, y_{p2} ... bis y_{pa}) zwischen den Punkten gleichen Potentials gleich a ist, so muß

$$x_1 + x_2 + \ldots x_a = p$$

und

$$y_{p1} + y_{p2} + \ldots y_{pa} = K$$

sein. Alle Werte von x müssen ganze Zahlen sein.

Für Wellenwicklungen ist nach Gl. 30

$$y_k = \frac{K+a}{p}.$$

Führen wir den Wert von $\dfrac{K}{p}$ aus dieser Gleichung in die Gl. 34 ein, so wird für Wellenwicklungen

$$y_p = x\,y_k \mp x\,\frac{a}{p} \quad \ldots \ldots \ldots \ldots \quad (35)$$

Symmetriebedingungen. Damit zwischen denjenigen Punkten der Wicklung, die durch Äquipotentialverbindungen direkt mit-

einander verbunden sind, keine beständige Potentialdifferenzen,
d. h. andauernde Wechselspannungen auftreten, müssen gewisse
Symmetriebedingungen erfüllt sein.

Ein Äquipotentialsystem mit a Verbindungen teilt die Wicklung
in a Teile. Diese müssen eine gleiche Zahl Wicklungselemente enthalten. Als erste Bedingung ergibt sich daher

$$\frac{K}{a} = \text{einer ganzen Zahl.}$$

Es ist dann bei Schleifenwicklungen $(a = p)$ auch $\dfrac{K}{p}$ gleich
einer ganzen Zahl.

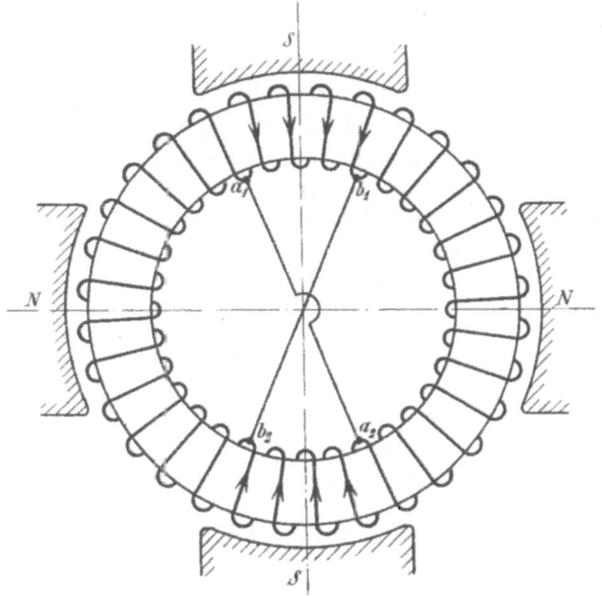

Fig. 150.

Ferner soll auf jedem $\dfrac{1}{a}$ Teile des Ankerumfanges eine gleiche
Zahl Ankerzähne liegen, dann liegt auch zwischen jedem Paar von
Verbindungen z. B. $a_1 - a_2$ und $b_1 - b_2$ in Fig. 150 eine gleiche
Zahl Ankerzähne; der zwischen $a_1 - b_1$ in den Anker eintretende
Kraftfluß ist dann gleich dem zwischen $a_2 - b_2$ eintretenden (ein
symmetrisches Magnetfeld vorausgesetzt) und es kann in der
Schleife $a_1 b_1 b_2 a_2 a_1$ keine EMK induziert werden.

Bezeichnet Z die Zähnezahl des Ankers, so ergibt sich als
zweite Bedingung

$$\frac{Z}{a} = \text{einer ganzen Zahl.}$$

Eine dritte Bedingung folgt daraus, daß der Potentialschritt y_p wennmöglich gleich einer ganzen Zahl sein soll, denn nur dann liegen alle Äquipotentialverbindungen auf der gleichen Seite des Ankers, entweder auf der Kommutatorseite oder auf der hinteren Seite, und lassen sich bequem ausführen. Wie aus Gl. 34 folgt, genügt bei Schleifenwicklungen die Erfüllung der ersten Symmetriebedingung $\frac{K}{a} =$ einer ganzen Zahl, damit auch y_p ganzzahlig wird. Für Wellenwicklungen genügt dies nicht. Aus Gl. 35 ergibt sich als Bedingung für $y_p =$ einer ganzen Zahl bei Wellenwicklungen außerdem

$$\frac{p}{a} = \text{einer ganzen Zahl.}$$

Man kann auch diese Bedingung als allgemein gültig auffassen, denn für Schleifenwicklungen trifft sie ohne weiteres zu.

Wenden wir nun die Gleichung für den Potentialschritt und die drei Symmetriebedingungen auf die verschiedenen Wicklungen an, so erhalten wir folgendes:

1. Parallelwicklung $a = p$. Es wird $x = 1$ und

$$y_p = \frac{K}{p} \qquad \frac{Z}{p} = \text{einer ganzen Zahl.}$$

2. Mehrfache Parallelwicklung $a = gp$. Bei einer g-fachen Parallelwicklung haben g benachbarte Punkte der Wicklung ein gleiches oder nahezu gleiches Potential. Liegen die betreffenden Leiter in der gleichen Nut, laufen also z. B. die Leiter einer g-fach geschlossenen Wicklung durch alle Nuten parallel nebeneinander, so dürfen die g benachbarten Leiter der Nut an einzelnen Stellen der Wicklung direkt miteinander verbunden werden.

Weitere g Punkte, die ein gleiches Potential haben, liegen um eine doppelte Polteilung entfernt. Der Potentialschritt ist daher wieder $y_p = \frac{K}{p}$, und es muß

$$\frac{K}{g\,p} = \text{einer ganzen Zahl,}$$

$$\frac{Z}{g\,p} = \text{einer ganzen Zahl sein.}$$

3. Reihenwicklung. Äquipotentialverbindungen sind nicht möglich, weil nur a Punkte ein gleiches Potential haben und hier $a = 1$ ist. Die Formeln ergeben $x = p$ und $y_p = K$.

4. **Reihenparallelwicklung** $a > 1$. Wie der Verfasser gezeigt hat[1]), lassen sich die Äquipotentialverbindungen auch auf die von ihm eingeführte Reihenparallelwicklung anwenden.

Der Potentialschritt ist

$$y_p = x y_k \mp x \frac{a}{p}.$$

Wir unterscheiden zwei Fälle.

1. **Fall.** $x = \dfrac{p}{a} = $ einer ganzen Zahl.

Es wird

$$\boldsymbol{y_p = x \, y_k \mp 1 = \frac{K}{a}} \qquad \ldots \ldots (36)$$

Die Bedingung, daß $\dfrac{K}{a}$ und $\dfrac{Z}{a}$ ganze Zahlen sein sollen, kann nur für gewisse Verhältnisse erfüllt werden. Führen wir in die Formel

$$y_k = \frac{K + a}{p}$$

für K den Wert $\dfrac{u_n}{2} Z$ und für $\dfrac{Z}{a} = g$ ($g = $ ganze Zahl) oder $Z = g a$ ein, so erhalten wir

$$y_k = \frac{a}{p} \left(\frac{u_n}{2} g \pm 1 \right),$$

wobei y_k eine ganze Zahl sein muß.

Vereinfachen wir den Bruch $\dfrac{a}{p}$ derart, daß $\dfrac{a}{p} = \dfrac{t}{r}$ ist, wo t und r teilerfremd sind, so wird

$$y_k = \frac{t}{r} \left(\frac{u_n}{2} g \pm 1 \right).$$

Zieht man für u_n die üblichen Werte 2, 4, 6 und 8 in Betracht, so ergeben sich für $\dfrac{Z}{a} = $ einer ganzen Zahl folgende Bedingungen:

a) wenn r durch 2 und nicht durch 3 teilbar

$$u_n = 2 \text{ oder } 6,$$

b) wenn r durch 3 und nicht durch 2 teilbar

$$u_2 = 2, \ 4 \text{ oder } 8,$$

c) wenn r durch 2 und 3 teilbar

$$u_n = 2,$$

---

[1]) ETZ 1902, D.R.P. 126872.

d) wenn r weder durch 2 noch durch 3 teilbar

$$u_n = 2,\ 4,\ 6\ \text{oder}\ 8.$$

Beispiel. Es sei gegeben

$$p = 8 \qquad a = 4$$

und es soll annähernd $s = 220$ sein.

Für vier Spulenseiten in einer Nut ($u_n = 4$) wird

$$y_k = \tfrac{1}{2}\left(\tfrac{4}{2}\,g \pm 1\right) = \tfrac{1}{2}\left(2\,g \pm 1\right).$$

Da $2\,g$ eine gerade Zahl ist, kann y_k keine ganze Zahl werden, und $u_n = 4$ ist daher nicht brauchbar.

Dagegen ist

$$u_n = 2 \qquad y_k = \tfrac{1}{2}\left(g \pm 1\right)$$

und

$$u_n = 6 \qquad y_k = \tfrac{1}{2}\left(3\,g + 1\right)$$

möglich.

Wir wählen $u_n = 6$ und erhalten

$$Z = \frac{s}{u_n} = \frac{220}{6} \approx 36$$

und somit $s = 216$

$$K = \frac{216}{2} = 108 \qquad g = \frac{Z}{a} = \frac{36}{4} = 9$$

$$y_k = \tfrac{1}{2}\left(3 \cdot 9 \pm 1\right) = 13$$

$$y_1 = y_2 = 13.$$

2. Fall. $\dfrac{p}{a}$ sei keine ganze Zahl.

Der aus der Formel 35 berechnete Wert von y_p ist jetzt keine ganze Zahl. Die a Punkte gleichen Potentials fallen aber nur dann mit Knotenpunkten der Wicklung zusammen, wenn y_p eine ganze Zahl oder eine ganze Zahl $+\tfrac{1}{2}$ ist. In letzterem Falle fällt ein Teil der äquipotentiellen Punkte mit vorderen und ein Teil mit hinteren Knotenpunkten zusammen, und zur Verbindung dieser Punkte untereinander müssen Verbindungsdrähte zwischen Ankereisen und Welle durchgezogen werden.

Wenn der Fehler nicht zu groß wird, macht man y_p auch dann ganzzahlig, wenn $\dfrac{p}{a}$ keine ganze Zahl ist. Die Werte von $x = \dfrac{p}{a}$ müssen so auf eine ganze Zahl abgerundet werden, daß zwei Werte von x höchstens um 1 verschieden sind und ihre Summe gleich p ist.

Die Abweichung des Schrittes y_p vom richtigen Wert ist dann

$$\alpha_x = 1 - x\,\frac{a}{p}. \qquad \ldots \ldots \ldots \quad (37)$$

Beispiel. Es sei $p = 7$, $a = 3$.

Wir machen

$$x_1 = 2 \qquad x_2 = 2 \qquad x_3 = 3.$$

Es wird dann

$$y_{p1} = 2\,y_k \mp 1$$
$$y_{p2} = 2\,y_k \mp 1$$
$$y_{p3} = 3\,y_k \mp 1.$$

Die richtigen Werte wären

$$y_{p1} = 2\,y_k \mp 2 \cdot \tfrac{3}{7}$$
$$y_{p2} = 2\,y_k \mp 2 \cdot \tfrac{3}{7}$$
$$y_{p3} = 3\,y_k \mp 3 \cdot \tfrac{3}{7}.$$

Die Schrittfehler sind somit

$$\alpha_{x1} = \alpha_{x2} = 1 - 2 \cdot \tfrac{3}{7} = + \tfrac{1}{7}$$
$$\alpha_{x3} = 1 - 3 \cdot \tfrac{3}{7} = - \tfrac{2}{7}.$$

Am besten ist es jeden Schrittfehler zu vermeiden, obwohl kleinere Fehler ohne Gefahr für eine Erwärmung der Wicklung durch innere Ströme zulässig sind[1]).

Die Zahl der Äquipotentialverbindungen. Die größte Wirkung der Äquipotentialverbindungen wird erreicht, wenn von den Leitern jeder Nut mindestens einer an eine Verbindung angeschlossen ist, man kann jedoch vielfach mit weniger Verbindungen auskommen, und z. B. nur $\frac{1}{8}$, $\frac{1}{9}$ und noch weniger Lamellen oder Knotenpunkte der Wicklung an Äquipotentialverbindungen anschließen.

Anwendung und Wirkung der Äquipotentialverbindungen. Die Äquipotentialverbindungen werden bei allen kommutierenden mehrphasigen Maschinen mit bestem Erfolge in umfangreicher Weise angewandt und sie haben sich außer bei Gleichstrommaschinen namentlich auch bei Umformern und Wechselstromkommutatormotoren durch Verbesserung der Kommutation bewährt. Größere Maschinen mit Parallelwicklung oder Reihenparallelwicklung werden heutzutage kaum mehr ohne diese Verbindungen ausgeführt.

Ihre Wirkung ist, kurz zusammengefaßt, folgende:

1. Im Falle ungleicher Übergangswiderstände unter den Bürsten kann ein Ausgleichstrom seinen Weg durch die induktionsfreien Ä.-V. nehmen.

2. Die zusätzlichen Ströme der kurzgeschlossenen Spulen verlaufen zum Teil durch die Ä.-V., wodurch die Bürsten entlastet werden.

---

[1]) Siehe Gleichstrommaschine, Bd. I, S. 191 ff.

3. Die Feldpulsationen, die durch die Kurzschlußströme und die Ankerzähne und durch andere Ursachen entstehen und die Kommutation stören, werden durch die Ä.-V. gedämpft.

4. Die infolge von Unsymmetrien des Feldes in den Ä.-V. entstehenden Ausgleichströme wirken ausgleichend auf diese Unsymmetrien zurück, wodurch einseitige magnetische Zugkräfte der Pole auf den Anker beseitigt werden.

5. Die Spannungen zwischen benachbarten Lamellen werden gleichmäßiger am Umfang des Kommutators verteilt.

17. Die Schleifenwicklungen.

I. Parallelwicklung. Erstes Beispiel. Als erstes Beispiel wählen wir eine sechspolige Wicklung ($p = a = 3$) mit vier Stäben oder Spulenseiten in einer Nut ($u_n = 4$), die für einen drei- oder sechsphasigen Umformer verwendbar sein und auch die Möglichkeit gewähren soll, sie mit Äquipotentialverbindungen zu versehen.

Die Zahl der Spulenseiten s muß somit nach Gl. 32 durch $m\,a = 6 \cdot 3 = 18$ und außerdem durch $u_n = 4$ teilbar sein. Dieser Bedingung genügt ein Vielfaches von 36. Wir wählen

$$s = 108 \qquad K = \frac{s}{2} = 54 \qquad \frac{K}{p} = 18$$

$$Z = \frac{108}{4} = 27 \qquad \frac{Z}{a} = \frac{27}{3} = 9$$

$$\frac{s}{m\,a} = \frac{108}{6 \cdot 3} = 6.$$

In Fig. 151 ist diese Wicklung mit Kommutator und im Inneren des Kommutators liegenden Äquipotentialverbindungen dargestellt. Es ist

$$y_1 = \frac{s \pm b}{2\,p} = \frac{108 - 6}{6} = 17$$

$$y_2 = y_1 \pm 2 = 17 + 2 = 19.$$

Die Spulenweite entspricht der Bedingung (Gl. 31)

$$y_1 = y_n\,u_n + 1 = 4 \cdot 4 + 1 = 17.$$

Wir haben somit z. B.

$$\text{Stab } 20 \text{ mit Stab } 20 + 17 = 37$$
$$\text{„ } 37 \text{ „ } \text{ „ } 37 - 19 = 18$$
$$\text{„ } 18 \text{ „ } \text{ „ } 18 + 17 = 35$$
$$\text{„ } 35 \text{ „ } \text{ „ } 35 - 19 = 16$$

usf. zu verbinden.

Der Potentialschritt ist

$$y_{p} = \frac{K}{p} = \frac{54}{3} = 18.$$

Es sind also z. B. die Lamellen

$$1, \qquad 1 + 18 = 19, \qquad 19 + 18 = 37$$

miteinander zu verbinden.

Damit wir für jede Nut einen Anschlußpunkt erhalten, sind $Z : a = 9$ Systeme mit je drei angeschlossenen Lamellen vorhanden.

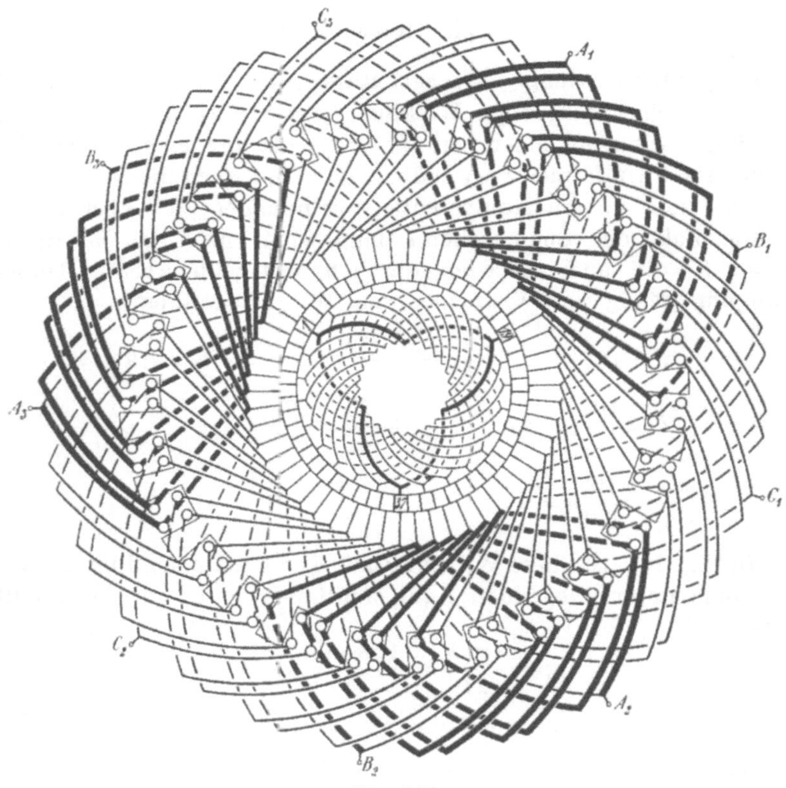

Fig. 151.

Wie aus den Fig. 151 und 152 ersichtlich, ist jeder Schleifring zugleich eine Äquipotentialverbindung. Die Punkte, die an einen Ring angeschlossen werden dürfen, liegen um den Potentialschritt y_p voneinander entfernt.

Zweites Beispiel. In Fig. 153 ist eine Schleifenwicklung für die Werte:

$$s = 54, \quad p = a = 3 \begin{cases} y_1 = \dfrac{54 - 0}{6} = 9 \\[2ex] y_2 = \dfrac{54 - 0}{6} - 2 = 7 \end{cases}$$

dargestellt[1]). Die Stäbe sind fortlaufend numeriert. Es ist

$$\begin{aligned}
\text{Stab 1 mit Stab } 1 + y_1 &= 1 + 9 = 10 \\
\text{„ 10 „ „ } 10 - y_2 &= 10 - 7 = 3 \\
\text{„ 3 „ „ } 3 + y_1 &= 3 + 9 = 12 \\
\text{„ 12 „ „ } 12 - y_2 &= 12 - 7 = 5 \text{ usf. verbunden.}
\end{aligned}$$

Wollen wir aus dieser Gleichstromwicklung, ohne an derselben etwas zu ändern, z. B. eine dreiphasige Wicklung machen, so erhält eine Phase der Drehstromwicklung je

$$\frac{s}{m\,a} = \frac{54}{3 \cdot 3} = 6$$

hintereinander geschaltete Stäbe.

Gehen wir also in Fig. 153 vom Stabe 1 aus und wählen wir für die Phasen die in der Nebenfigur angegebenen Bezeichnungen,

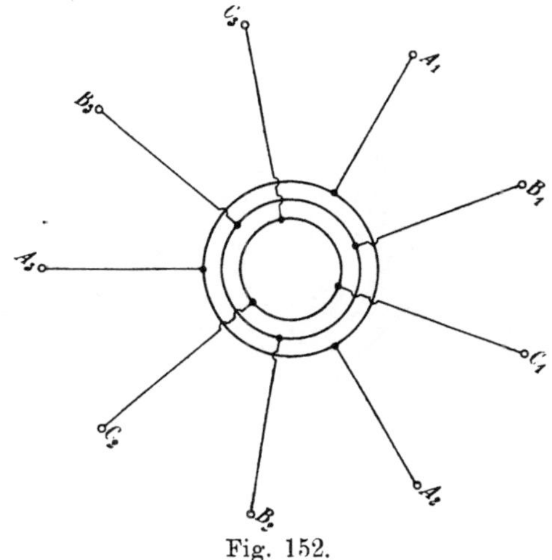

Fig. 152.

so durchlaufen wir von A_1 bis B_1 6 Stäbe der Phase I, dann von B_1 bis C_1 6 Stäbe der Phase II, und von C_1 bis A_2 6 Stäbe der Phase III. Bei A_2 beginnt wieder die Phase I usf. Wir erhalten im ganzen 3 oder allgemein a Anschlußpunkte für jede Phase, und a Spulen- oder Stabgruppen sind pro Phase parallel geschaltet.

Die Entfernung von zwei aufeinander folgenden Anschlußpunkten ist

$$\frac{K}{m\,p} = \frac{s}{2\,m\,p} = \frac{54}{18} = 3$$

Knotenpunktsteilungen, und zwei Anschlußpunkte eines Ringes liegen um

$$y_p = \frac{K}{p} = \frac{s}{2\,p} = \frac{54}{6} = 9$$

Knotenpunktsteilungen auseinander.

---

[1]) Bei dieser Figur, wie bei einigen folgenden, ist der Kommutator der Einfachheit halber weggelassen.

Die angenommene Stromrichtung entspricht den Pfeilen in der
Nebenfigur. Wir sehen, daß die Stäbe einer Phase nicht beisammen
liegen, sondern daß immer ein Draht einer anderen Phase dazwischen
liegt. Das ist bei unveränderten Gleichstromwicklungen immer der
Fall. Es sind daher bei geschlossenen Gleichstromwicklungen die Drähte einer Phase allgemein über $\dfrac{2}{m}$ tel des
Ankerumfanges verteilt.

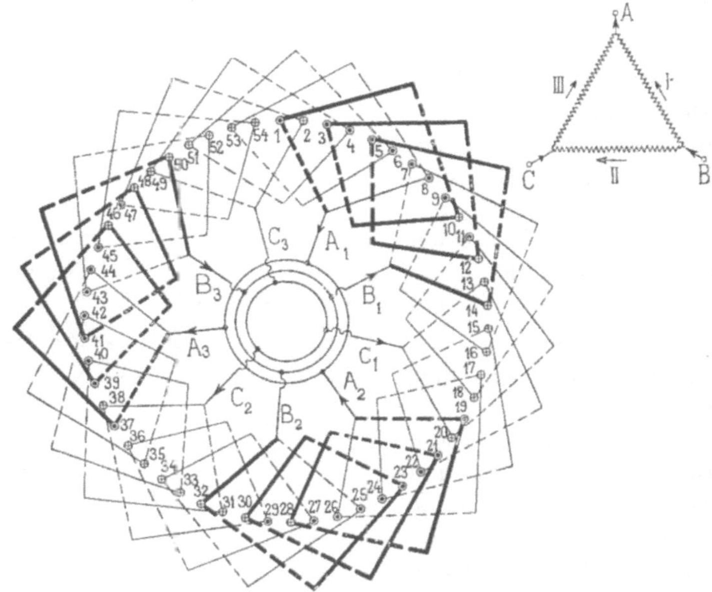

Fig. 153. Sechspolige, dreiphasige geschlossene Schleifenwicklung mit
$s = 54, \quad p = a = 3.$

Bezeichnet daher S den durchschnittlich pro Pol von einer
Phase bedeckten Bogen und τ die Polteilung, so ist

$$\frac{S}{\tau} = \frac{2}{3},$$

welches Verhältnis für die Größe des Wicklungsfaktors bestimmend ist.

Drittes Beispiel. Um mit einer zweiphasigen Wicklung, z. B.
der Statorwicklung eines Induktionsmotors, eine möglichst sinusförmige Feldkurve zu erzeugen, schlägt B. G. Lamme[1]) Gleichstromwicklungen mit verkürztem Wicklungsschritt vor. Eine derartige Wicklung ist in Fig. 154 dargestellt. Es ist eine zwei-

---

[1]) Engl. Patent 1893 Nr. 5064. U. S. P. 599940 1. März 1898.

polige zweiphasige Schleifenwicklung mit 32 Stäben. Setzt man in den Wicklungsformeln

$$y_1 = \frac{s-b}{2p}, \qquad y_2 = \frac{s-b}{2p} \pm 2$$

$b = 14$ ein, so erhält man die verkürzten Schritte

$$y_1 = \frac{32-14}{2} = 9 \quad \text{und} \quad y_2 = \frac{32-14}{2} + 2 = 11.$$

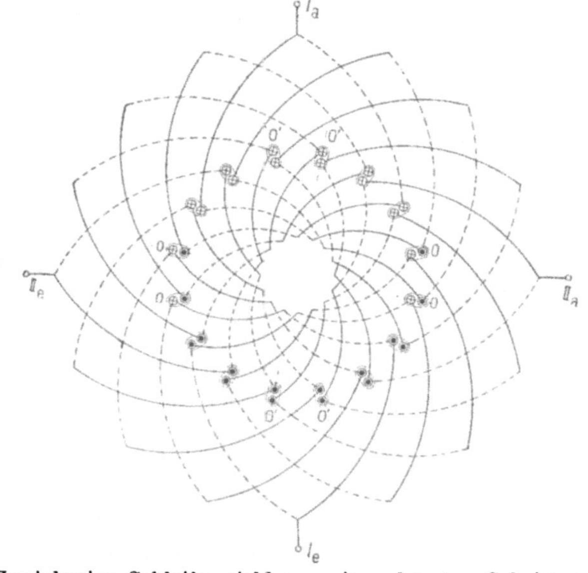

Fig. 154. Zweiphasige Schleifenwicklung mit verkürztem Schritt nach Lamme.

In der Figur sind die Stromrichtungen für den Augenblick eingezeichnet, wo der Strom in der Phase I ein Maximum hat, während der der anderen Phase gleich Null ist. Man sieht, daß an den Stellen des Umfangs, wo die Stromrichtung sich ändert und die magnetomotorische Kraft also am größten ist, je zwei mit Null bezeichnete Nuten liegen, in denen die Stromrichtungen der Stäbe einander entgegengesetzt sind, diese bleiben also magnetisch unwirksam. Eine halbe Periode später, wenn der Strom der zweiten Phase seinen Höchstwert hat, sind die um eine halbe Polteilung von den Nuten 0 entfernten Nuten 0′ magnetisch unwirksam. Die von einer solchen Wicklung erzeugte Feldform wird später (Kap. X Abschn. 40d) untersucht.

II. Parallelwicklung mit vermehrter Lamellenzahl. Um die zwischen zwei benachbarten Kommutatorlamellen auftretende Spannung, die für funkenfreien Lauf gewisse Grenzen nicht überschreiten darf, zu verkleinern bzw. in unserem Falle zu halbieren, kann die Lamellenzahl in der Weise verdoppelt werden, daß man die hinteren Knotenpunkte der Wicklung an Hilfslamellen anschließt, wie die Fig. 155 darstellt. Die Hilfslamellen 2, 4, 6, 8 usf. liegen zwischen den Lamellen des Kommutators mit einfacher Lamellenzahl.

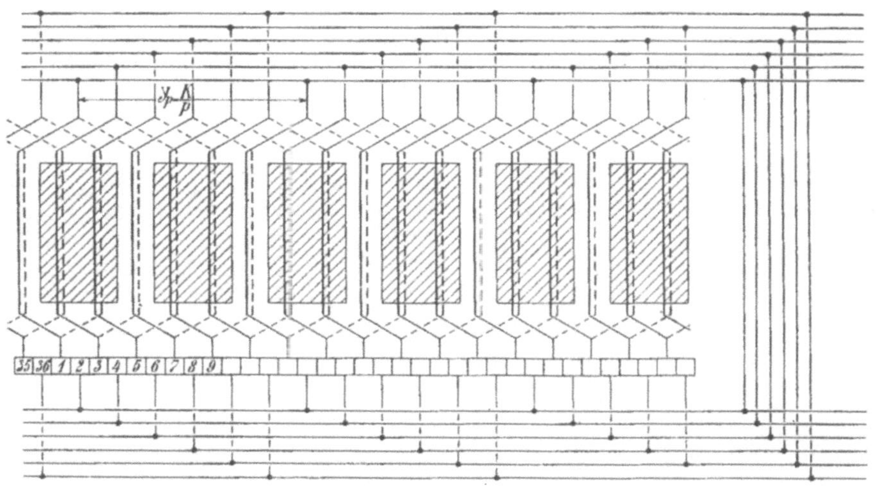

Fig. 155. Parallelwicklung mit vermehrter Lamellenzahl.

$$s = 36, \qquad K = 36, \qquad a = p = 3, \qquad y_p = 6.$$

Da je p Knotenpunkte und p Lamellen ein gleiches Potential haben, können je p Anschlüsse an einen Äquipotentialring gemacht werden. Die auf der hinteren Seite und der Kommutatorseite liegenden Ringe sind dann entsprechend zu verbinden. Man erhält auf diese Weise für je p Hilfslamellen nur eine Verbindung von einer zur anderen Stirnseite des Ankers.

III. Mehrfache Parallelwicklung. Die mehrfache Parallelwicklung besitzt eine periodisch auftretende Unsymmetrie bzw. Ungleichheit der parallel geschalteten Ankerzweige[1]), die sich nicht beseitigen läßt und zu Schwierigkeiten bei der Kommutation Veranlassung geben kann. Wenn möglich, sucht man daher diese Wicklung zu vermeiden.

F. Punga hat jedoch eine Zweifachparallelwicklung angegeben[2]), die einen guten Potentialausgleich besitzt, so daß eine immer gleichbleibende Verteilung der Spannung auf die zwischen einer $+$ und einer $-$ Bürste liegenden Lamellen gesichert ist.

---

[1]) s. Die Gleichstrommaschine, Bd. I, S. 111.
[2]) Zeitschr. f. El. u. M. 1911, S. 6.

Wir können die Wicklung von Punga aus der Wicklung
Fig. 155 ableiten. Bei der letzteren ist die Spannung zwischen
je zwei an die Wicklung direkt angeschlossenen Lamellen z. B. 1
und 3 gleich der Summe der Spannungen 1 — 2 und 2 — 3 gegen
die Hilfslamelle 2. Wenn wir an die Hilfslamellen eine zweite
Wicklung anschließen, deren Leiter zwischen denjenigen der ersten
liegen, so entspricht die Spannungsverteilung, die diese Wicklung
an den Hilfslamellen bedingt, genau der bereits vorhandenen, und
diese Spannungsverteilung wird durch die Äquipotentialverbindungen,
die die beiden parallelen Wicklungen an zahlreichen Punkten verbinden, aufrecht erhalten.

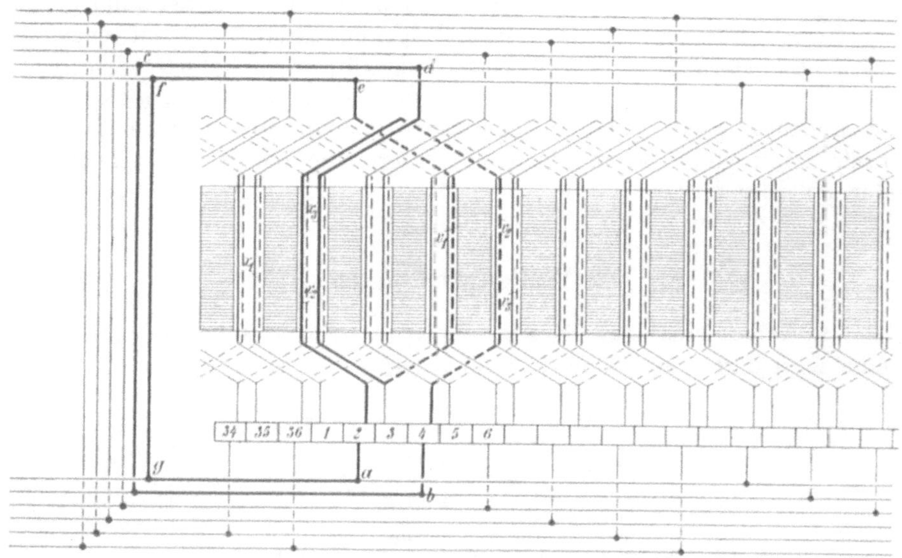

Fig. 156. Zweifache Parallelwicklung nach F. Punga.

$$p = 3, \qquad a = 6, \qquad s = 36, \qquad K = 36, \qquad y_p = 6.$$

In Fig. 156 ist die so entstandene Wicklung dargestellt. Die
Lamellen 1, 3, 5 usf. der ersten Wicklung können, wenigstens ein
Teil davon, ebenfalls an Äquipotentialverbindungen gelegt werden.

Wie F. Punga erwähnt, hat sich diese Wicklung bei mehreren
Ausführungen vorzüglich bewährt. Bei den ersten Versuchen mit
dieser Wicklung stellte sich jedoch ein übermäßig großer Leerlauf-
verlust heraus. Als Erklärung hierfür ergab sich folgendes.

Betrachtet man in Fig. 156 einen Stromkreis zwischen zwei
benachbarten Durchführungsleitungen, z. B.

$$a - 2 - x_2 - v_2 - 4 - b - c - d - x_3 - 3 - v_1 - e - f - g - a$$

und nehmen wir an, daß die Leiter x_2 und x_3 in derselben Nut
liegen, so werden bei einer normalen Gleichstromwicklung (bei der
nach Gl. 31 $y_1 = y_n u_n + 1$ ist), die Leiter v_1 und v_2 nicht in derselben Nut liegen, wie aus der Figur ersichtlich ist. Der pulsierende
Kraftfluß des zwischen v_1 und v_2 liegenden Zahnes wird in dem
oben angegebenen Kurzschlußkreis einen Strom erzeugen, der die
Ursache der erhöhten Leerlaufverluste ist.

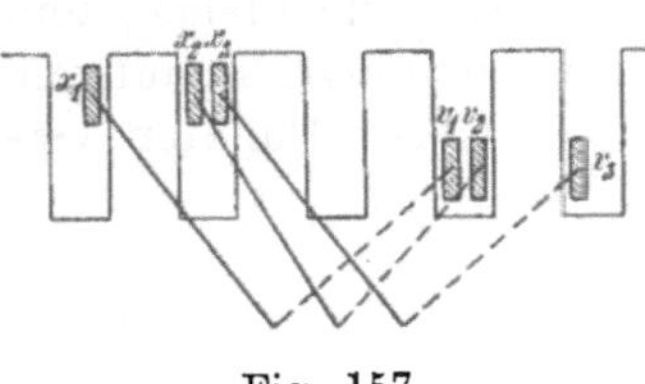

Fig. 157.

Diese zusätzlichen Verluste lassen
sich vermeiden, wenn man die Wicklung so ausführt, daß man die Seiten von zwei benachbarten Spulen
$(x_2 x_3)$ oben in einer Nut beisammen
läßt, dagegen unten $(v_2 v_3)$ auf zwei
Nuten verteilt, wie Fig. 157 zeigt.
Es liegen dann sowohl $x_2 x_3$ als $v_1 v_2$
in gleichen Nuten, und in dem oben angegebenen Kurzschlußkreis kann kein Strom entstehen, sofern die Spulenweite gleich
der Polteilung ist.

18. Wellenwicklungen.

I. Reihenwicklung. Erstes Beispiel (Fig. 158). Wir wählen
eine achtpolige dreiphasige Wicklung mit

$$s = m\,a\,z = 3 \cdot 1 \cdot 18 = 54, \quad p = 4$$

$$y_1 + y_2 = \frac{54 + 2}{4} = 14$$

$$y_1 = y_2 = 7 \qquad y_k = \frac{y_1 + y_2}{2} = 7.$$

Die Stäbe sind in Fig. 158 auf der inneren Seite im Schema
fortlaufend numeriert; es ist

$$\text{Stab 1 mit Stab } 1 + y_1 = \ 1 + 7 = 8$$
$$\text{„} \quad 8 \quad \text{„} \quad \text{„} \quad 8 + y_2 = \ 8 + 7 = 15$$
$$\text{„} \quad 15 \quad \text{„} \quad \text{„} \quad 15 + y_1 = 15 + 7 = 22 \text{ usf.}$$

zu verbinden.

Die Wicklung hat nun zwei $(= 2a)$ Ankerstromzweige. Wollen
wir ihr einen Drehstrom entnehmen oder zuführen, so finden wir
die Anschlußpunkte wie folgt. Es ist

$$\frac{s}{m\,a} = \frac{54}{3 \cdot 1} = 18.$$

Wir gehen von irgendeinem Punkte A der Wicklung aus, durchlaufen 18 Stäbe, die wir mit der Zahl I versehen, und gelangen bei B zum Anfang der Phase II, durchlaufen wieder 18 Stäbe, die wir mit der Zahl II versehen, und gelangen zum Punkte C, zwischen C und A liegt schließlich die Phase III. Wir sehen, daß die Drähte einer Phase nicht benachbart sind, es ist wieder

$$\frac{S}{\tau} = \frac{2}{m} = \frac{2}{3}.$$

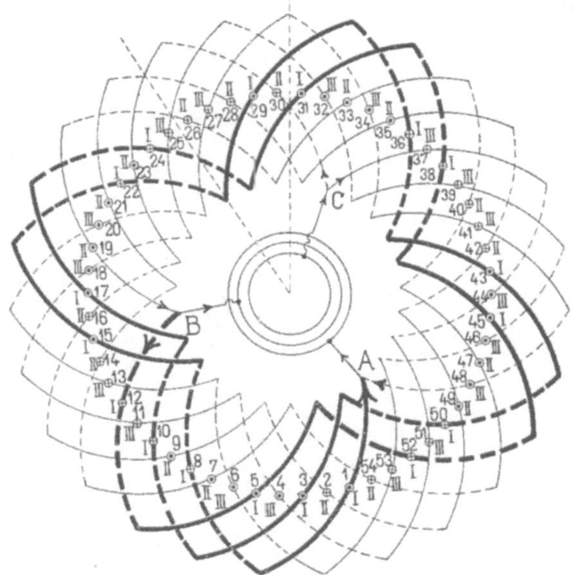

Fig. 158. Achtpolige dreiphasige Wicklung mit Reihenschaltung $a = 1$.

Die Abzweigungen A, B, C können wir noch einfacher finden. Die Zahl der Knotenpunkte ist

$$K = \frac{s}{2} = \frac{54}{2} = 27$$

und zwischen je zwei Abzweigungen liegen $\dfrac{K}{m} = 9$ Knotenpunktsteilungen.

Zweites Beispiel (Fig. 159). Bei zweiphasigem Linienstrom erhalten wir, wie erwähnt, eine vierphasige Wicklung. In Fig. 159 ist eine Reihenschaltung aufgezeichnet für

$$p = 3, \qquad a = 1, \qquad s = m\,a\,z = 4 \cdot 1 \cdot 11 = 44$$

$$y_1 + y_2 = \frac{s-2}{p} = \frac{44-2}{3} = 14$$

$$y_1 = y_2 = 7 \qquad y_k = \frac{y_1 + y_2}{2} = 7.$$

Wir durchlaufen, von irgendeinem Punkte A der Wicklung ausgehend, 11 Stäbe, die wir mit I bezeichnen, und kommen zum Abzweigpunkt B; nach je 11 weiteren Stäben II bzw. I′ erhalten wir die Abzweigungen C und D und kehren schließlich über die Stäbe II′ nach A zurück. Da die Stabzahl $z = \dfrac{s}{m\,a}$ ungerade ist, liegen die Abzweigungen B und D auf der anderen Seite des Ankers.

Fig. 159. Sechspolige vierphasige Wicklung mit Reihenschaltung.

Da m gerade ist, liegen die Stäbe der zusammengehörigen Phasen I, I′ und II, II′ nebeneinander.

II. Reihenparallelwicklung. Erstes Beispiel (Fig. 160). Es sei

$$p = 4, \qquad a = 2, \qquad s = 3 \cdot 2 \cdot 10 = 60$$

$$y_1 + y_2 = \frac{60 - 2 \cdot 2}{4} = 14, \qquad K = \frac{s}{2} = 30$$

$$y_1 = y_2 = 7, \qquad y_k = 7, \qquad z = 10.$$

Wir können nun, wie früher, von irgendeinem Punkte A_1 ausgehen und gelangen dann nach je 10 durchlaufenen Stäben der Reihe nach zu den Punkten B_1, C_1, A_2, B_2, C_2, die paarweise an die Schleifringe angeschlossen sind.

Die Zahl der Knotenpunktsteilungen, die zwischen zwei zu demselben Ringe führenden Anschlußpunkten liegen, ist gleich dem Potentialschritt

$$y_p = x\, y_k \mp 1.$$

In diesem Falle ist

$$x_1 = 2 \qquad x_2 = 2 \qquad x_1 + x_2 = p = 4$$

$$y_{p1} = y_{p2} = 2 \cdot 7 + 1 = 15 \qquad y_{p1} + y_{p2} = K = 30$$

und zwischen zwei aufeinander folgenden Anschlußpunkten verschiedener Phasen liegen $\dfrac{y_p}{m} = \dfrac{15}{3} = 5$ Knotenpunktsteilungen.

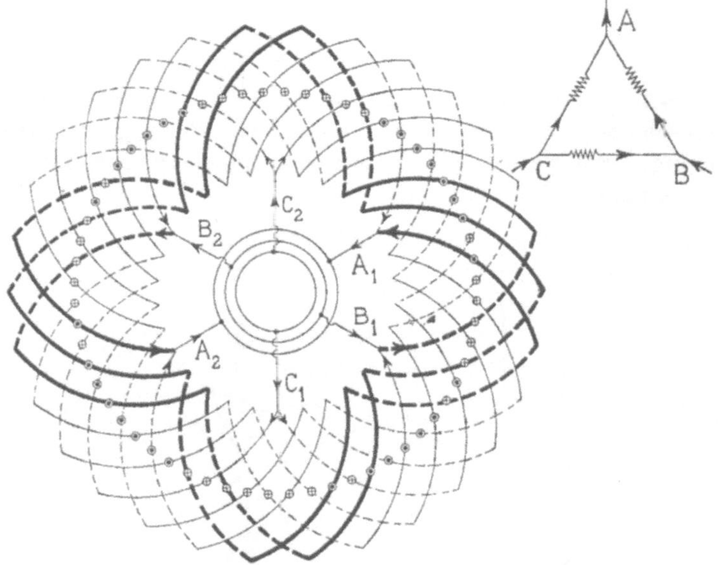

Fig. 160. Achtpolige dreiphasige Wicklung mit Reihenparallelschaltung $a = 2$.

Zweites Beispiel. Es ist eine Wicklung mit Äquipotentialverbindungen zu entwerfen für $p = 6$, $a = 2$ und es soll s annähernd gleich 210 sein.

Nach S. 100 ist

$$y_k = \frac{a}{p}\left(\frac{u_n}{2} g \pm 1\right)$$

und für $u_n = 4$

$$y_k = \tfrac{1}{3}(2\, g \pm 1),$$

was eine ganze Zahl ergibt. Die Nutenzahl wird

$$Z = \frac{210}{4} \cong 52.$$

Somit wird $s = 4 \cdot 52 = 208$

$$K = \frac{208}{2} = 104 \qquad g = \frac{Z}{a} = \frac{52}{2} = 26$$

$$y_k = \tfrac{1}{3}(2 \cdot 26 \pm 1) = 17$$

$$y_1 = y_2 = 17.$$

Da y_k und K keinen gemeinschaftlichen Teiler haben, ist die Wicklung **einfach geschlossen**.

Für den Potentialschritt ergibt sich

$$x_1 = 3 \qquad x_2 = 3$$

$$y_{p1} + y_{r2} = 3 \cdot 17 \mp 1 = 52 = \frac{K}{a}$$

$$y_{p1} + y_{p2} = K = 104.$$

Soll je ein Leiter einer Nut an eine Äquipotentialverbindung angeschlossen werden, so sind im ganzen 26 Ausgleichsysteme notwendig. Sie verbinden je zwei auf einem Durchmesser liegende Knotenpunkte der Wicklung.

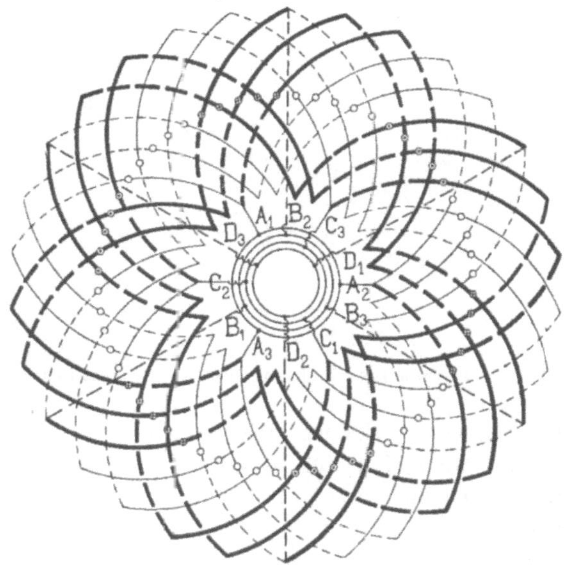

Fig. 161. Vierphasige dreifach geschlossene Wicklung mit Reihenparallelschaltung. $a = 3$.

Drittes Beispiel (Fig. 161). Für die Anwendung der Reihenparallelschaltung bei vierphasigen Wicklungen gibt Fig. 161 ein Beispiel. Hier ist

$$p = 3, \qquad a = 3, \qquad m = 4, \qquad z = 5$$

$$s = 3 \cdot 4 \cdot 5 = 60, \qquad K = 30$$

$$y_1 + y_2 = \frac{60 - 6}{3} = 18$$

$$y_1 = y_2 = 9, \qquad y_k = 9.$$

Da y_k und K den gemeinschaftlichen Teiler 3 haben, ist die Wicklung dreifach geschlossen. Jeder Schleifring ist mit jedem der drei Wicklungsteile zu verbinden; die Bestimmung der Anschlußpunkte wird wieder mit Hilfe der Gesetze für die Äquipotentialverbindungen vorgenommen. Wir erhalten:

$$y_k = 9, \qquad x_1 = 1, \qquad x_2 = 1, \qquad x_3 = 1$$

$$y_{p1} = 1 \cdot 9 + 1 = 10$$
$$y_{p2} = 1 \cdot 9 + 1 = 10$$
$$y_{p3} = 1 \cdot 9 + 1 = 10$$
$$\overline{y_{p1} + y_{p2} + y_{p3} = 30 = K}$$

Wir müssen also vom Anschlußpunkte A_1 der ersten Wicklung um 10 Teilungen am Umfang weiter gehen, um nach A_2, dem entsprechenden Punkte der zweiten Wicklung, zu gelangen, und ebenso um 10 Teilungen weiter, um A_3 zu finden. Zwischen zwei aufeinander folgenden Abzweigungen zu den Schleifringen liegen

$$\frac{K}{m\,p} = \frac{30}{4 \cdot 3} = 2\tfrac{1}{2} \text{ Knotenpunktsteilungen.}$$

Wenn eine m-phasige Wicklung m-fach geschlossen ist, können wir die Verbindungen zu den Schleifringen noch anders ausführen. Wir benutzen jeden einfach geschlossenen Teil der Wicklung als Einphasenwicklung und schalten die m in sich geschlossenen Wicklungen in Stern oder in Dreieck. Hierbei kann jeder geschlossene Teil der Wicklung eine Wellenwicklung mit $a = 1$ oder $a > 1$ sein. Es ergibt sich also eine große Zahl von Kombinationen, die leicht zu entwerfen sind, wenn man die Gleichstromwicklungen kennt.

Fünftes Kapitel.

Die aufgeschnittenen Gleichstromwicklungen.

19. Aufgeschnittene Spiralwicklungen.

Wenn eine Gleichstromwicklung nicht an einen Kollektor angeschlossen zu werden braucht, dürfen wir sie aufschneiden.

Folgen wir dem Schema irgendeiner Gleichstromwicklung, so wechselt der Strom $2\,a$-mal seine Richtung. Um daher z. B. eine Einphasenwicklung herzustellen, bei der alle Windungen in Serie geschaltet sind, müssen wir die Gleichstromwicklung an $2\,a$ Stellen aufschneiden und nach den Schema

wie Fig. 162 zeigt, verbinden, wenn 1_a, 2_a usf. die Anfänge und 1_e, 2_e usf. die Enden der Wicklungsteile bedeuten.

Soll die Wicklung m-phasig werden und $\left(\dfrac{1}{m}\right)$tel aller Windungen der Gleichstromwicklung in Serie geschaltet sein, so kann sie entweder in $a\,m$ Teile oder in $2\,a\,m$ Teile geteilt werden.

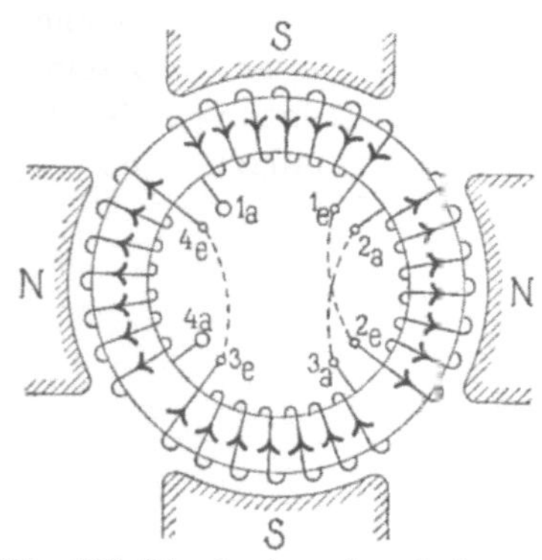

Fig. 162. Einphasig aufgeschnittene Gleichstromwicklung

Wird die Gleichstromwicklung nur in $a\,m$ Teile geteilt, so bedecken die Drähte einer Phase $\dfrac{2}{m}$tel einer Polteilung, und es liegen zwischen den Drähten einer Phase jeweils noch Drähte der anderen

Phasen. Teilen wir dagegen die Wicklung in $2\,am$ Teile, so werden alle Drähte einer Phase benachbart und dieselben bedecken nur $\frac{1}{m}$-tel des Umfanges. Die in der Wicklung induzierte EMK wird in letzterem Falle, wenn m ungerade ist, größer.

Das ist auch der Grund, weshalb es besser ist, die Wicklung aufzulösen.

Für die gewöhnlichen Spiral- und Schleifenwicklungen ist $a = p$ und für Wellenwicklungen kann a eine beliebige ganze Zahl sein.

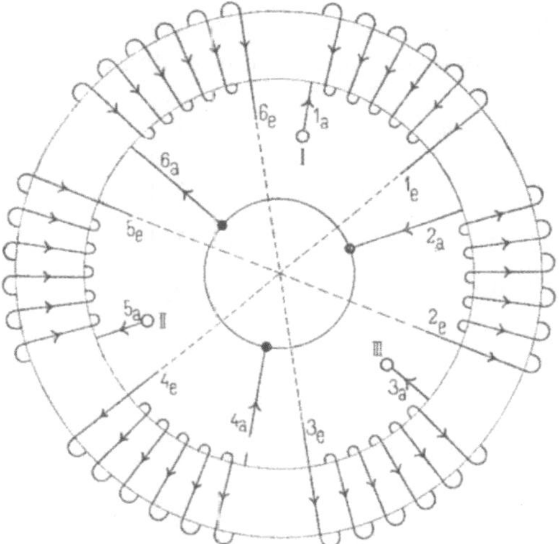

Fig. 163. Zweipolige dreiphasig aufgeschnittene Ringwicklung, nach Schema B verbunden.

Die Regeln, nach denen die Teile zu einer m-phasigen Wicklung zu verbinden sind, lassen sich am einfachsten mit Hilfe der Spiralwicklung feststellen.

Nehmen wir an, die in Fig. 163 dargestellte Wicklung gehöre zu einem zweipoligen Felde, so ist $2a = 2p = 2$. Wollen wir nun z. B. eine zweipolige dreiphasige Wicklung herstellen, so teilen wir die Windungen in $2\,am = 6$ gleiche Teile und bezeichnen die Enden derselben mit $1_a - 1_e$, $2_a - 2_e$, $3_a - 3_e$ usf. bis $6_a - 6_e$.

Wir erhalten dann das Verbindungsschema

$$\left.\begin{array}{l}\text{Phase I.} \quad \circ - 1_a - 1_e \frown 4_e - 4_a - \bullet \\ \text{Phase II.} \quad \bullet - 2_a - 2_e \frown 5_e - 5_a - \circ \\ \text{Phase III.} \quad \circ - 3_a - 3_e \frown 6_e - 6_a - \bullet \end{array}\right\} \text{Schema A.}$$

Für Sternschaltung erhalten wir das Schema

$$
\begin{array}{llll}
\text{I.} & \bigcirc-1_a-1_e & \overset{\frown}{} & 4_e-4_a-\bullet \\
\text{II.} & \bigcirc-5_a-5_e & \overset{\frown}{} & 2_e-2_a-\bullet \\
\text{III.} & \bigcirc-3_a-3_e & \overset{\frown}{} & 6_e-6_a-\bullet
\end{array}
\Bigg\}\ \text{Schema B.}
$$

Diese Verbindungen sind in Fig. 163 ausgeführt.

Wir sehen, daß wir in dem Schema A die mittlere Phase II umkehren müssen, um das Schema B zu erhalten, bei dem der räumliche Spulenwinkel gleich dem Phasenwinkel der Spannungen ist.

Anstatt die mittlere Phase umzukehren, können wir auch die beiden äußeren umkehren, und erhalten dann das Schema

$$
\begin{array}{llll}
\text{I.} & \bigcirc-4_a-4_e & \overset{\frown}{} & 1_e-1_a-\bullet \\
\text{II.} & \bigcirc-2_a-2_e & \overset{\frown}{} & 5_e-5_a-\bullet \\
\text{III.} & \bigcirc-6_a-6_e & \overset{\frown}{} & 3_e-3_a-\bullet
\end{array}
\Bigg\}\ \text{Schema C,}
$$

das der Umkehrung des Schemas B entspricht.

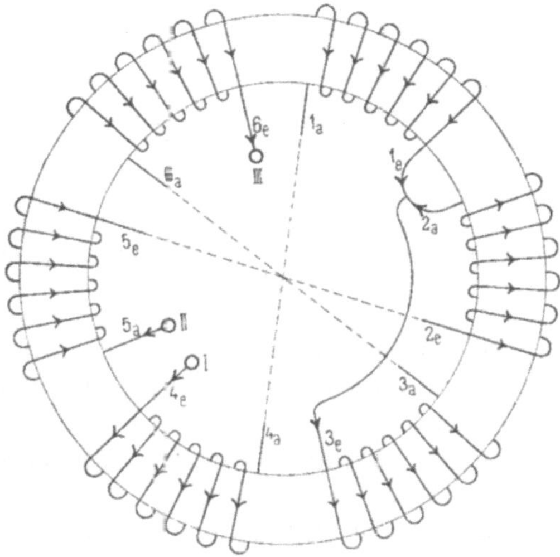

Fig. 164. Zweipolige dreiphasig aufgeschnittene Ringwicklung, nach Schema D verbunden.

Offenbar können wir für die Spulen einer Phase eine beliebige Reihenfolge wählen, wenn dabei nur der Wicklungssinn derselben nicht vertauscht wird. Wir können also z. B. das Schema B auch wie folgt schreiben:

$$
\begin{array}{lll}
\text{I.} & \bigcirc—4_e—4_a\ \overparen{\ \ }\ 1_a—1_e—\bullet \\
\text{II.} & \bigcirc—5_a—5_e\ \overparen{\ \ }\ 2_e—2_a—\bullet \\
\text{III.} & \bigcirc—6_e—6_a\ \overparen{\ \ }\ 3_a—3_e—\bullet
\end{array}\ \Bigg\}\ \text{Schema D.}
$$

Diese Verbindungen sind in Fig. 164 ausgeführt; da 1_e und 2_a benachbart sind, erhalten wir kürzere Querverbindungen.

Für die Dreieckschaltung sind die angegebenen Reihenfolgen der Spulen einer Phase ebenfalls gültig, es sind also nur die Verbindungen der Endklemmen entsprechend zu ändern. Im Schema B wäre z. B. 4_a mit 5_a, 2_a mit 3_a und 6_a mit 1_a zu verbinden.

Um eine Zweiphasenwicklung herzustellen, würden wir die Wicklung in $2am = 2\cdot2 = 4$ Teile teilen und nach dem Schema

$$
\begin{array}{ll}
\text{I.} & \bigcirc—1_a—1_e\ \overparen{\ \ }\ 3_e—3_a—\bullet\ \text{I}' \\
\text{II.} & \bigcirc—2_a—2_e\ \overparen{\ \ }\ 4_e—4_a—\bullet\ \text{II}'
\end{array}
$$

verbinden.

20. Die aufgeschnittenen Schleifenwicklungen.

Für die Schleifenwicklungen mit $a = p$, die hier allein in Betracht kommen, haben wir (s. S. 92) die Schaltungsformeln

$$
y_1 = \frac{s+b}{2p}
$$

$$
y_2 = \frac{s+b}{2p} \mp 2
$$

$$
y = y_1 - y_2 = \pm 2.
$$

Sollen alle Phasen der Mehrphasenwicklung eine gleiche Stabzahl erhalten, so muß

$$
\frac{s}{2am} = \frac{s}{2pm} = \text{einer ganzen Zahl}
$$

sein. Günstig ist es, wenn wir eine gerade Zahl erhalten, weil dann alle Enden der $2am$ Teile auf dieselbe Seite der Wicklung fallen, was für die Ausführung der Verbindungen bequem ist.

Erstes Beispiel. Eine aufgeschnittene vierpolige Schleifenwicklung stellt die Fig. 165 dar. Für dieselbe ist

$$
s = 36, \qquad p = 2, \qquad a = 2, \qquad m = 3
$$

$$y_1 = \frac{36 + 0}{4} = 9, \qquad y_2 = \frac{36 + 0}{4} - 2 = 7$$

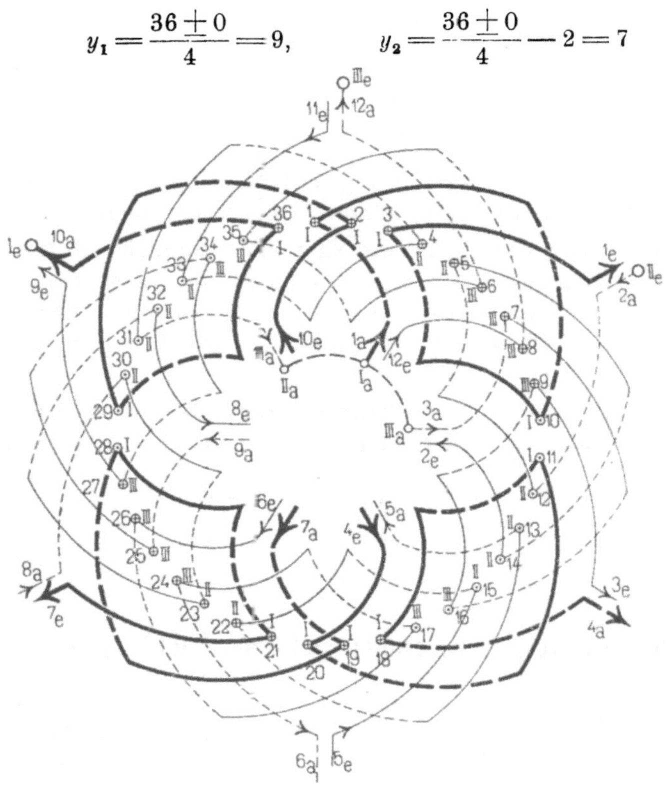

Fig. 165. Vierpolige dreiphasig aufgeschnittene Schleifenwicklung. $s = 36$.

$$\bullet - 1_a - 1_e \frown 4_e - 4_a \frown 7_a - 7_e \frown 10_e - 10_a - \bigcirc \; \text{I}$$

$$\text{II} \quad \bigcirc - 2_a - 2_e \frown 5_e - 5_a \frown 8_a - 8_e \frown 11_e - 11_a - \bullet$$

$$\bullet - 3_a - 3_e \frown 6_e - 6_a \frown 9_a - 9_e \frown 12_e - 12_a - \bigcirc \; \text{III}$$

Es ist also Stab 1 mit Stab $1 + 9 = 10$

    „ 10   „   „ $10 - 7 = \;3$

    „   3   „   „ $3 + 9 = 12$

    „ 12   „   „ $12 - 7 = \;5$ usf.

zu verbinden.

Ferner wird

$$\frac{s}{2\,p\,m} = \frac{36}{12} = 3.$$

Gehen wir somit von einem Punkte der Wicklung aus und
durchlaufen sie, so ist die Wicklung nach je drei Stäben aufzulösen.
Für die gewünschte Dreiphasenwicklung wird dann das unterhalb
der Figur angegebene Schaltungsschema erhalten.

Da die Enden auf beiden Seiten der Wicklung liegen, sind in Fig. 165 die Verbindungen der Einfachheit halber nicht eingezeichnet. In dieser Figur, wie in den folgenden Figuren dieses Kapitels, sind die Drähte nach ihrer Zugehörigkeit zu den drei Phasen mit I, II, III numeriert und es ist eine bestimmte Stromrichtung angenommen.

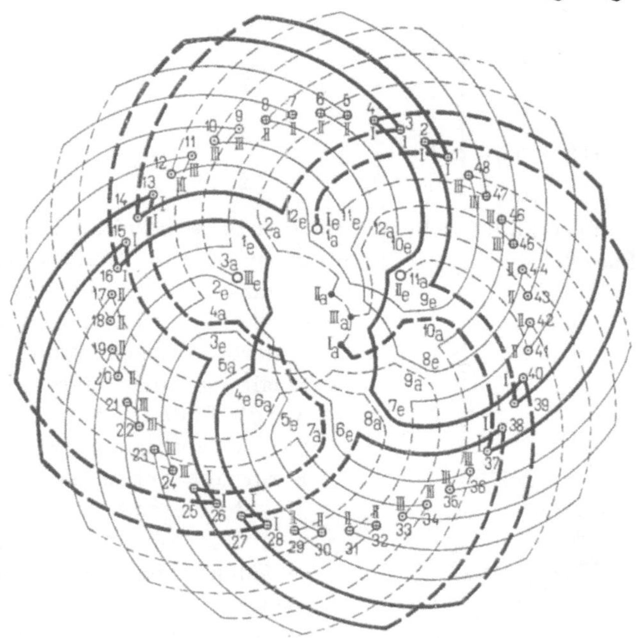

Fig. 166. Vierpolige dreiphasig aufgeschnittene Schleifenwicklung. $s = 48$.

$$\text{I} \ \bigcirc - 1_a - 1_e \ \overset{\frown}{} \ 4_e - 4_a \ \overset{\frown}{} \ 7_a - 7_e \ 10_e - 10_a \ -\bullet$$

$$\bullet - 2_a - 2_e \ \overset{\frown}{} \ 5_e - 5_a \ \overset{\frown}{} \ 8_a - 8_e \ 11_e - 11_a \ -\bigcirc \ \text{II}$$

$$\text{III} \ \bigcirc - 3_a - 3_e \ \overset{\frown}{} \ 6_e - 6_a \ \overset{\frown}{} \ 9_a - 9_e \ 12_e - 12_a \ -\bullet$$

Zweites Beispiel. Eine andere aufgeschnittene Schleifenwicklung für die Werte

$$s = 48, \qquad p = 2, \qquad a = 2, \qquad m = 3,$$

$$y_1 = 13, \qquad y_2 = 11, \qquad \frac{s}{2\,p\,m} = \frac{48}{12} = 4$$

ist in Fig. 166 wiedergegeben.

Da jeder Teil nun eine gerade Anzahl (4) Stäbe enthält, sind die Verbindungen einfacher auszuführen, als in Fig. 165. Das Verbindungsschema ist dasselbe wie bei dieser, nur sind Anschlußklemmen und neutraler Punkt vertauscht.

Wir können in jeder Phase auch eine Parallelschaltung vornehmen.

Schalten wir z. B. die Drähte in zwei Gruppen parallel, so ergibt sich das Verbindungsschema:

$$\text{I.} \quad \circ - \left\{ \begin{matrix} 1_a - 1_e \quad 4_e - \quad 4_a \\ 7_a - 7_e \quad 10_e - 10_a \end{matrix} \right\} - \bullet$$

$$\bullet - \left\{ \begin{matrix} 2_a - 2_e \quad 5_e - \quad 5_a \\ 8_a - 8_e \quad 11_e - 11_a \end{matrix} \right\} - \circ \quad \text{II.}$$

$$\text{III.} \quad \circ - \left\{ \begin{matrix} 3_a - 3_e \quad 6_e - \quad 6_a \\ 9_a - 9_e \quad 12_e - 12_a \end{matrix} \right\} - \bullet$$

Die im Verbindungsschema mit $\circ$ und $\bullet$ bezeichneten Enden der drei Phasen sind entweder in Stern oder in Dreieck zu verbinden. Es ist auch möglich, so wie Fig. 167 zeigt, eine kombinierte Dreieck- und Sternschaltung auszuführen, wenn wir die Enden der sechs Gruppen so verbinden, wie in der Figur angegeben ist.

Bei dieser Anordnung kann man der Wicklung zwei verschiedene Spannungen entnehmen, eine niedere an den Verkettungspunkten und eine höhere an den Endpunkten 7a, 9a, 11a. Die Verkettungspunkte sind hier in die Halbierungspunkte der einzelnen Phasen gelegt. Indem man als Verkettungspunkte irgend drei andere symmetrisch gelegene Punkte wählt, so daß immer eine gleiche Anzahl gleich gelegener Spulen im Dreieck geschaltet sind, kann man das Verhältnis der beiden Spannungen zueinander beliebig ändern.

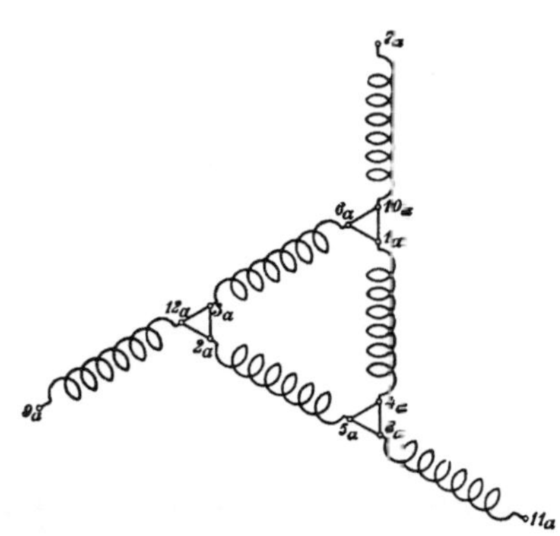

Fig. 167. Kombinierte Dreieck- und Sternschaltung.

21. Aufgeschnittene Wellenwicklungen.

Damit eine Wellenwicklung für eine mehrphasige Wicklung gleichwertige Wicklungszweige ergibt, ist nach S. 95 der Bedingung zu genügen

$$y_k = \frac{y_1 + y_2}{2} = \frac{m\,a\,z \pm 2\,a}{2\,p},$$

worin alle Größen ganze Zahlen sind. Wir sind somit in der Wahl dieser Größen nicht so frei wie bei den Schleifenwicklungen. Wie aus Gl. 32 folgt, bedeutet bei einer in $2am$ Teile geteilten Wicklung z die Stabzahl zweier Wicklungsteile.

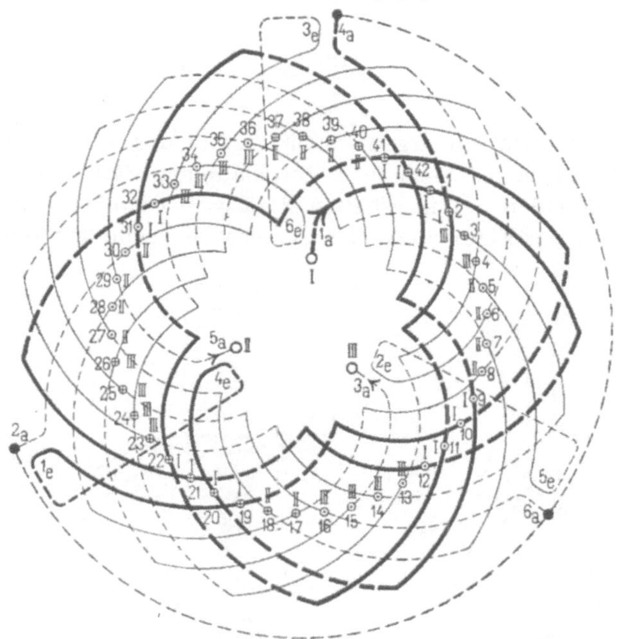

Fig. 168. Vierpolige dreiphasig aufgeschnittene Reihenwicklung. $s = 42$.

$$\text{I} \bigcirc - 1_a - 1_e \frown 4_e - 4_a - \bullet$$
$$\bullet - 2_a - 2_e \frown 5_e - 5_a - \bigcirc \text{II}$$
$$\text{III} \bigcirc - 3_a - 3_e \frown 6_e - 6_a - \bullet$$

Erstes Beispiel (Fig. 168). Bei der einfachen Reihenschaltung ist $a = 1$, wir haben daher die Wicklung in $2m$ Teile aufzulösen. Von den aufgelösten Gleichstromwicklungen ist die einfache Reihenschaltung die am meisten gebrauchte.

Wir wählen

$$p = 2 \qquad m = 3 \qquad z = 14 \qquad s = maz = 42$$

$$y_1 + y_2 = \frac{42 - 2}{2} = 20$$

$$y_1 = 11 \qquad y_2 = 9$$

Es ist also

$$\text{Stab} \quad 1 \ \text{mit Stab} \quad 1 + 11 = 12$$
$$\text{,,} \quad 12 \quad \text{,,} \quad \text{,,} \quad 12 + 9 = 21$$

$$\text{Stab } 21 \text{ mit Stab } 21 + 11 = 32$$
$$\text{„ } 32 \text{ „ „ } 32 + 9 = 41$$
$$\text{„ } 41 \text{ „ „ } 41 + 11 = 52 = 42 + 10$$

also mit Stab 10 zu verbinden usf.

Ferner ist

$$\frac{s}{2m} = \frac{42}{6} = 7 \,.$$

Gehen wir also von irgendeinem Punkte der Wicklung, z. B. dem Stabe 1 aus, so ist nach je 7 durchlaufenen Stäben die Wicklung aufzuschneiden. Wir erhalten $2ma = 6$ Gruppen, die nach dem unterhalb der Figur stehenden Schema zu verbinden sind.

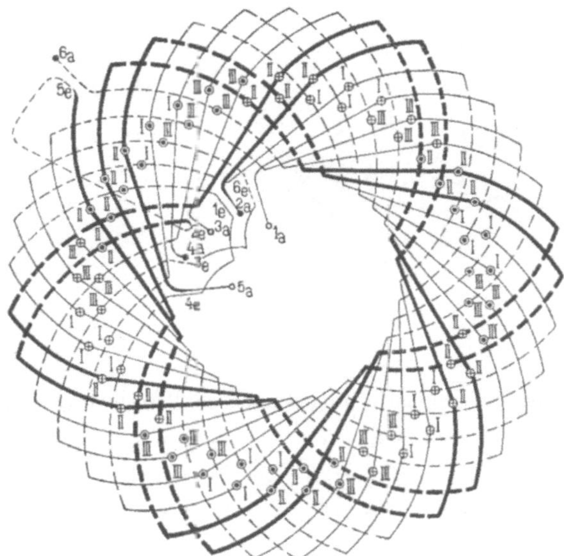

Fig. 169. Sechspolige dreiphasig unsymmetrisch aufgeschnittene Reihen-wicklung. $s = 74$.

Zweites Beispiel. Da bei einer Gleichstromwicklung die Stabzahl s als ganze und gerade Zahl der Wicklungsformel derart entsprechen muß, daß y_1 und y_2 ungerade werden, ist es nicht immer möglich auch noch die Bedingung $\dfrac{s}{2m}$ gleich einer ganzen Zahl zu erfüllen.

In diesem Falle kann man die Reihenwicklung unsymmetrisch aufschneiden, wie Fig. 169 veranschaulicht. Für dieselbe ist

$$s = 74 \qquad p = 3 \qquad a = 1 \qquad m = 3$$

$$y_1 + y_2 = \frac{74 - 2}{3} = 24$$

$$y_1 = 11, \qquad y_2 = 13$$

$$\frac{s}{2\,m} = \frac{74}{6} = \frac{4 \cdot 12 + 2 \cdot 13}{6}.$$

Wir haben nun die Wicklung in 6 Gruppen aufzulösen, von denen 4 je 12 Stäbe und 2 je 13 Stäbe enthalten. — Wenn wir in zwei Phasen je eine Gruppe mit 13 Stäben legen, so hat die dritte Phase einen Stab weniger als die übrigen; diese kleine Unsymmetrie ist jedoch bei Rotorwicklungen von Induktionsmotoren ohne Nachteil.

Die Fig. 169 bezieht sich auf einen Nutenanker mit zwei übereinander liegenden Stäben in einer Nut.

Bei Anwendung der später behandelten veränderten Gleichstromwicklungen ist es jedoch immer möglich, die Stabzahl s durch $2\,m$ teilbar zu machen.

Drittes Beispiel. Von dem unsymmetrischen Aufschneiden der Wicklung kann man auch Gebrauch machen, wenn $\dfrac{s}{2\,m}$ eine ganze, aber ungerade Zahl ist, indem man jeder Gruppe trotzdem eine gerade Anzahl Stäbe zuteilt, damit alle Querverbindungen der Gruppen auf dieselbe Seite der Wicklung fallen.

Die in Fig. 168 dargestellte Wicklung kann z. B. auch so, wie in Fig. 170 gezeigt ist, aufgeschnitten werden. Wir erhalten in 3 Gruppen 8 und in 3 Gruppen 6 Stäbe; die Stabzahlen aller Phasen sind dagegen gleich, indem jeder Phase eine Gruppe von 8 und eine von 6 Stäben zugeteilt wird.

Viertes Beispiel. Die aufgelöste Reihenwicklung kann zweckmäßig als Rotorwicklung eines Induktionsmotors Verwendung finden, um eine passende Rotornutenzahl zu erhalten. Ist z. B der Motor achtpolig $(2p = 8)$ und hat der Stator eine dreiphasige Spulenwicklung mit 4 Nuten pro Pol und Phase, so wird die Statornutenzahl $= 2pm \cdot 4 = 8 \cdot 3 \cdot 4 = 96$.

Die Rotor- und die Statornutenzahl sollen einen möglichst kleinen gemeinschaftlichen Teiler haben. Um das zu erreichen, wählen wir für den Rotor eine Reihenwicklung mit

$$a = 1 \qquad s = 282$$

$$y_k = \frac{s \mp 2a}{2p} = \frac{282 - 2}{8} = 35$$

$$y_1 = y_2 = y_k = 35$$

und legen in eine Nut 2 Stäbe, so daß

$$Z = \frac{282}{2} = 141 \qquad \frac{Z}{m} = 47$$

wird.

Der gemeinschaftliche Teiler der Statornutenzahl 96 und der Rotornutenzahl 141 ist 3, d. h. auf je 32 Statornuten fallen 47 Rotornuten, wobei 32 und 47 teilerfremd sind.

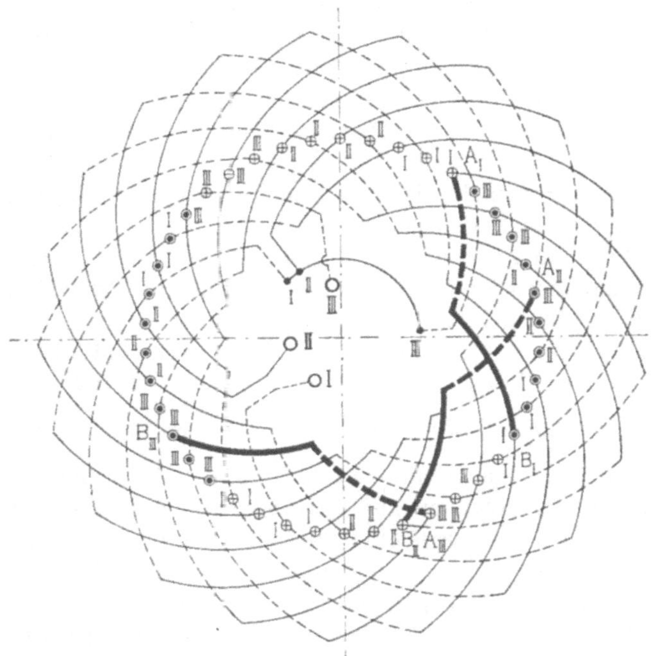

Fig. 170. Vierpolige dreiphasig unsymmetrisch aufgeschnittene Reihenwicklung ohne äußere Verbindungsstücke.

Jede Rotorphase erhält 282 : 3 = 94 Stäbe. Ihre Verteilung auf die Pole ergibt sich nach den oben angegebenen Regeln, indem wir die Wicklung in $2\,am = 6$ Teile auflösen.

Fünftes Beispiel. Als fünftes Beispiel wählen wir eine Reihenparallelwicklung mit

$$m = 3 \qquad a = 2 \qquad p = 4$$

und finden

$$y_k = \frac{6z + 4}{8} = \frac{3}{4}\,z \pm \frac{1}{2}.$$

Ganzzahlige Werte von y_k ergeben z. B. die Werte

$$z = 10 \qquad z = 14 \qquad z = 18$$

entsprechend $s = 60$ $s = 84$ $s = 108$.

Wählen wir

$$z = 14 \qquad s = 84$$

so wird

$$y_k = 11 \qquad y_1 = 11 \qquad y_2 = 11.$$

Die Wicklung ist in $2\,a\,m = 12$ Teile aufzulösen und auf jeden Teil entfallen $84 : 12 = 7$ Stäbe. Da diese Zahl ungerade ist, liegen die zu verbindenden Enden der einzelnen Wicklungsteile auf beiden Seiten des Ankers, während für $\dfrac{z}{2}$ gleich einer geraden Zahl alle Enden auf derselben Seite des Ankers verbleiben.

Die Schaltung der 12 Wicklungsteile ist nach dem folgenden Schema auszuführen:

$$\text{I} \quad \bigcirc - 1_a - 1_e \frown 4_e - 4_a \frown 7_a - 7_e \frown 10_e - 10_a - \bullet$$
$$\bullet - 2_a - 2_e \frown 5_e - 5_a \frown 8_a - 8_e \frown 11_e - 11_a - \bigcirc \quad \text{II}$$
$$\text{III} \quad \bigcirc - 3_a - 3_e \frown 6_e - 6_a \frown 9_a - 9_e \frown 12_e - 12_a - \bullet$$

Wird der Bedingung

$$z = \frac{s}{m\,a} = \text{einer ganzen Zahl}$$

nicht genügt, so muß die Wicklung unsymmetrisch aufgelöst werden. Die Leiterzahlen der einzelnen Wicklungszweige werden dann ungleich. Für die Rotorwicklungen von Induktionsmotoren können solche Unsymmetrien zugelassen werden.

Sechstes Kapitel.

Die abgeänderten Gleichstromwicklungen.

22. Die abgeänderte Reihenwicklung.

Die Stabzahl einer Gleichstromreihenwicklung muß der Gleichung

$$s = 2p\, y_k \mp 2$$

genügen. Diese Formel wird erhalten, indem man die Bedingung
aufstellt, daß man, dem Wicklungsschema folgend, nach einer gewissen Anzahl von Umgängen wieder zum Ausgangspunkte zurück-
gelangt.

Sieht man von dieser Bedingung ab, so kann man zu der
Stabzahl der Gleichstromwicklung, die mit dem resultierenden
Wicklungsschritt

$$y_k = \frac{y_1 + y_2}{2} = \frac{s \pm 2}{2p}$$

ausgeführt ist, eine gewisse Stabzahl hinzufügen oder von ihr weg-
nehmen, so daß eine andere gewünschte Stabzahl erhalten wird.
Die Wicklung schließt sich dann nicht, und man muß, wenn man
eine geschlossene Wicklung haben will, äußere Verbindungsstücke
anbringen. Eine derartige Wicklung mit zugefügten oder weg-
genommenen Stäben soll als abgeänderte Gleichstromwicklung bezeichnet werden.

Will man eine unveränderte Reihenwicklung für Mehrphasenstrom verwenden und dabei für alle Phasen nur gleiche Stabzahlen z
pro Phase zulassen, so erhält man als gesamte Stabzahl $m\,z$ und
für den resultierenden Wicklungschritt

$$y_k = \frac{m\,z \pm 2}{2p}\,.$$

Damit y_k eine ganze Zahl wird, dürfen m und z mit der Polpaarzahl p keinen gemeinschaftlichen Teiler haben. Die Wicklung ist also für Dreiphasenmaschinen, deren Polpaarzahl durch drei teilbar ist, und für Vierphasenarmaturen, bei denen p eine gerade Zahl ist, nicht anwendbar. Man kann jedoch die Bedingung, daß p und mz teilerfremd sein müssen, umgehen, indem man eine abgeänderte Gleichstromwicklung ausführt. Man legt statt der Stabzahl mz eine etwas niederere oder höhere Stabzahl s' zugrunde, für die eine Reihenschaltung möglich ist, und berechnet für diese den Wicklungsschritt. Zu dieser Gleichstromwicklung fügt man dann die fehlenden Stäbe hinzu oder nimmt die überzähligen weg.

Für Wicklungen mit Kommutator kommt die abgeänderte Gleichstromwicklung weniger in Frage, weil durch das Hinzufügen von Stäben für die Kommutation eine Unsymmetrie entsteht.

Zweckmäßig läßt sich diese Wicklungsart jedoch bei Induktionsmotoren verwenden. Bei diesen soll die Nutenzahl des Stators nicht gleich der Nutenzahl des Rotors sein und der gemeinschaftliche Teiler beider Nutenzahlen soll möglichst klein sein. Wählt man nun z. B. für den Rotor eine abgeänderte Gleichstromwicklung, so läßt sich dieser Bedingung leicht genügen.

Es ist auch möglich, eine solche Wicklung gleichzeitig als dreiphasige und vier- bzw. zweiphasige Wicklung zu bauen, denn bei der Festsetzung der Stabzahl mz ist man unbeschränkt und kann eine Zahl wählen, die sowohl durch drei als auch durch vier teilbar ist.

Die abgeänderte Gleichstromwicklung kann man als geschlossene Wicklung verwenden oder sie aufschneiden. Gewöhnlich wird die Wicklung aufgeschnitten, weil dann jede Phase nur $1/m$ der Polteilung bedeckt.

Bei dem Entwurf der Wicklung geht man so vor, daß man von den zuzufügenden Stäben je zwei einander zuordnet und sie um den Wicklungsschritt y_1 oder y_2 voneinander entfernt in die Nuten einlegt. Bei ungleichen Schritten y_1 und y_2 ist darauf zu achten, daß der Schritt mit dem Schritt der gleichen Armaturseite übereinstimmt. Am einfachsten vermeidet man einen Irrtum, indem man, wie in Fig. 171 gezeigt ist, die Wicklungsschritte zwischen den überzähligen Stäben vor Aufzeichnung der Wicklung durch Eintragen der entsprechenden Verbindungen markiert und die übrigen Verbindungen in Übereinstimmung mit diesen annimmt. Abgesehen davon, wird die Wicklung der übrigen Stäbe ohne Rücksicht auf die überzähligen, indem man diese hierbei als nicht vorhanden ansieht, als gewöhnliche Gleichstromwicklung ausgeführt. Zum Schlusse schneidet man diese an passender Stelle auf und fügt die überzähligen Stäbe ein. Hat man die Stäbe an beliebiger Stelle eingesetzt, so erhält man bei jedem Stabpaar zwei freie Enden der Wicklung. Dieser Fall wird später bei der abgeänderten Reihenparallelwicklung erläutert werden. Bei der einfachen Reihenschaltung setzt man jedoch die überzähligen Stäbe am besten unter aufeinanderfolgende Pole immer um einen Wicklungsschritt entfernt ein und verbindet alle miteinander. Dann wird zum Schließen der Wicklung nur ein äußeres Verbindungsstück notwendig.

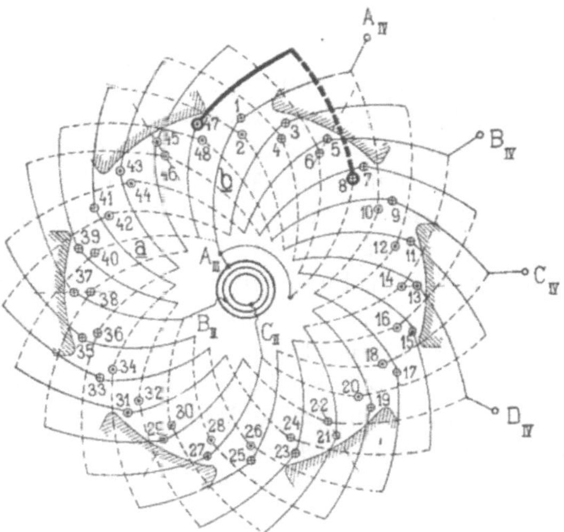

Fig. 171. Abgeänderte Gleichstromwicklung. $s = 48$, $p = 3$, $a = 1$, $m = 3$ und 4.

Eine besonders einfache Wicklung erhält man, wenn man zu einer Gleichstromwellenwicklung mit $s' = 2p\,y_k \mp 2$ Stäben zwei Stäbe zufügt oder zwei Stäbe von ihr wegnimmt, so daß die Stabzahl der Wicklung $s = mz = s' \pm 2$ wird. Als Wicklungsschritt der zugrunde gelegten Gleichstromwicklung ergibt sich dann

$$y_k = \frac{s' + 2}{2p} = \frac{(mz \mp 2) \pm 2}{2p} = \frac{mz}{2p} \quad \ldots \quad (38)$$

Hier muß also stets die Stabzahl pro Pol $\dfrac{mz}{2p}$ eine ganze Zahl sein.

Hat man zwei Stäbe pro Nut, so wird die Nutenzahl ein Vielfaches der Polpaarzahl, so daß die Nuten unter allen Polpaaren gleiche Lagen haben. Der resultierende Schritt ist gleich der doppelten Polteilung; die Feldverschiebung wird also Null.

Erstes Beispiel. In Fig. 171 ist eine derartige Wicklung für

$$p = 3, \qquad a = 1, \qquad m = 3, \qquad z = 16, \qquad s' = 46,$$

$$s = a\,m\,z = 48$$

dargestellt. Wir legen eine Gleichstromreihenwicklung mit 46 Stäben zugrunde und erhalten

$$y_k = \frac{46 + 2}{6} = 8$$

$$y_1 = 9, \qquad y_2 = 7.$$

Zur Aufstellung des Wicklungsschemas zeichnen wir eine Armatur mit 48 Stäben auf und wählen zwei um den Wicklungsschritt $y_1 = 9$ entfernte Stäbe aus, die wir als zugefügte Stäbe betrachten wollen. In Fig. 171 sind diese Stäbe durch besonders starke Kreise bezeichnet, und auch im folgenden sollen die überzähligen Stäbe stets ebenso bezeichnet werden. Da y_1 und y_2 ungleich sind, müssen wir darauf achten, daß der Schritt zwischen den zugefügten Stäben mit den übrigen Schritten übereinstimmt.

Wir verbinden die überzähligen Stäbe durch eine Gabel; diese ist im Schema durch besonders starke Striche hervorgehoben. Die Verbindungen auf der Seite, auf der diese Gabel liegt, werden dann alle einander gleich und können sofort aufgezeichnet werden. Auf der anderen Seite der Wicklung werden die zugefügten Stäbe ohne Verbindungen gelassen und sämtliche anderen Stäbe der Reihe nach miteinander verbunden. Die Verbindungen, die einen der zugefügten Stäbe einschließen, werden dann auf dieser Seite länger als die übrigen. Die Wicklung schließt sich mit Auslassung der zugefügten Stäbe.

· Hierauf wird die Verbindungsgabel ab, die Stab 1 mit Stab 40 verbindet, innen (an der punktierten Stelle) aufgeschnitten und Stab 40 mit 47, Stab 7 mit 1 verbunden, wozu die Schenkel a und b der aufgeschnittenen Gabel mitbenutzt werden. An der Stelle, wo die beiden Stäbe eingefügt sind, ist eine Schleife entstanden.

Will man die Aufzeichnung des Wicklungsschemas vermeiden, so kann man auf einfache Weise die abgeänderte Reihenschaltung durch eine Wicklungstabelle darstellen.

Man numeriert sämtliche Stäbe mit Einschluß der zugefügten fortlaufend und stellt eine Tabelle der auszuführenden Verbindungen auf, wie dies für die Wicklung (Fig. 171) im folgenden gezeigt ist.

Tabelle einer abgeänderten Reihenwicklung.

$$s = 48, \qquad p = 3, \qquad a = 1, \qquad m = 3.$$

A_{III} 1	$1 + y_1 = 10$	$10 + y_2 = 17$
3	12	19
5	14	21
7	16	23
9	18	25
11	20 C_{III}	27
13	22	29
15	24	31
$17 + y_1 = 26$	$26 + y_2 = 33$	$33 + y_1 = 42$
28	35	44
30 B_{III}	37	46
32	39	48
34	41	2
36	43	4
38	45	6
40	**47**	8 A_{III}

Die Zahlen werden dabei in $2\,p$ vertikalen Reihen angeordnet. Die Differenz zweier nebeneinander stehender Glieder ist jeweils gleich dem Wicklungsschritt y_1 bzw. y_2 und die Differenz zwischen zwei untereinander stehender Zahlen gleich 2. Wir brauchen also nur bei der ersten Zeile der Tabelle auf den Wicklungsschritt zu achten, die folgenden Zeilen ergeben sich dann einfach, indem man zu den vorhergehenden zwei hinzufügt oder abzieht. Die überzähligen Stäbe werden ohne weiteres eingefügt.

Die beiden zugefügten Stäbe 47 und 8 sind die letzten der Tabelle. Der erste (1) und der letzte Stab (8) der Tabelle sind diejenigen, die durch eine außerhalb der Wicklung gelegene Verbindung (8—1) (eine Schleife) die Wicklung schließen.

Diese Tabelle kann man auch bei der Aufzeichnung des Wicklungsschemas benutzen, indem man die Stäbe am Umfange durchlaufend numeriert, wie dies in Fig. 171 geschehen ist, und die in der Tabelle angegebenen Verbindungen einzeichnet. Auf die zugefügten Stäbe braucht man dabei keine Rücksicht zu nehmen.

Da die Stabzahl der gezeichneten Wicklung $s = 48$ sowohl durch drei als auch durch vier teilbar ist, kann man dieser sowohl Dreiphasen- als auch Vierphasenstrom entnehmen. Für Dreiphasenstrom erhält man $z = \dfrac{48}{3} = 16$ und für Vierphasenstrom $z = \dfrac{48}{4} = 12$. In Fig. 171 sind der Übersichtlichkeit halber die

Anschlußpunkte A_{III}, B_{III}, C_{III} für Dreiphasenstrom nach innen und die Anschlüsse A_{IV}, B_{IV}, C_{IV}, D_{IV} nach außen gezeichnet. Die Lage der Anschlußpunkte findet man am einfachsten aus der Wicklungstabelle, indem man von einem Punkt bis zum folgenden um z Nummern weiterzählt. Die Anschlußpunkte A_{III}, B_{III} und C_{III} für Dreiphasenstrom sind in die Tabelle eingeschrieben.

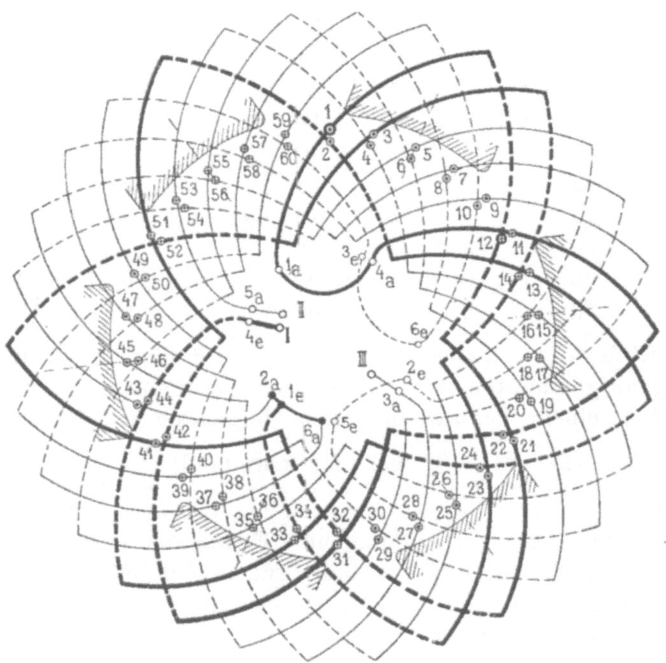

Fig. 172. Aufgeschnittene abgeänderte Reihenwicklung.

$$p = 3, \quad a = 1, \quad m = 3, \quad z = 20, \quad s = 60.$$

Tabelle der Verbindungen:

$$\text{I.} \quad \bigcirc - 4_e 4_a - 1_a 1_e - \bullet$$
$$\text{II.} \quad \bigcirc - 5_a 5_e - 2_e 2_a - \bullet$$
$$\text{III.} \quad \bigcirc - 3_a 3_e - 6_e 6_a - \bullet$$

Zweites Beispiel. Aufgeschnittene Wicklung. Wie bei den unveränderten Gleichstromwicklungen liegen auch bei den abgeänderten, wenn der Wicklung Dreiphasenstrom entnommen werden soll, die Stäbe jeder Phase nicht beieinander. Um dies zu vermeiden, kann man die Wicklung gerade so, wie für die gewöhnliche Gleichstromwicklung gezeigt wurde, aufschneiden. In Fig. 172 ist das Schema einer solchen Wicklung für

$$p = 3, \quad a = 1, \quad m = 3, \quad z = 20, \quad s = a\,m\,z = 60$$

aufgezeichnet. Es ist:

$$y_k = \frac{m\,a\,z}{2\,p} = \frac{60}{6} = 10$$

$$y_1 = 11, \qquad y_2 = 9.$$

Hiermit ergibt sich folgende Wicklungstabelle:

$$[1_a - 1 \qquad 12 \qquad 21 \qquad 32 \qquad\qquad 41 \qquad 52$$
$$3 \qquad 14 \qquad 23 \qquad 34 - 1_e] \; [2_a - 43 \qquad 54$$
$$5 \qquad 16 \qquad 25 \qquad 36 \qquad\qquad 45 \qquad 56$$
$$7 \qquad 18 - 2_e] \; [3_a - 27 \qquad 38 \qquad\qquad 47 \qquad 58$$
$$9 \qquad 20 \qquad 29 \qquad 40 \qquad\qquad 49 \qquad 60 - 3_e]$$
$$[4_a - 11 \qquad 22 \qquad 31 \qquad 42 \qquad\qquad 51 \qquad 2$$
$$13 \qquad 24 \qquad 33 \qquad 44 - 4_e] \; [5_a - 53 \qquad 4$$
$$15 \qquad 26 \qquad 35 \qquad 46 \qquad\qquad 55 \qquad 6$$
$$17 \qquad 28 - 5_e] \; [6_a - 37 \qquad 48 \qquad\qquad 57 \qquad 8$$
$$19 \qquad 30 \qquad 39 \qquad 50 \qquad\qquad 59 \qquad 10 - 6_e]$$

Mit Hilfe dieser Tabelle kann man die Stellen, an denen die Wicklung aufgeschnitten wird, sehr leicht bestimmen, indem man jeweils von einem Schrittpunkt zum folgenden (in horizontaler Richtung $1-12-21-32$ usf. fortschreitend) $\dfrac{s}{2\,m\,a} = 10$ Stäbe weiter zählt.

Wir bezeichnen die Anfänge und Enden der einzelnen Teile mit 1_a, 1_e, 2_a, 2_e usw. und verbinden sie in der Weise, wie oben bei den aufgeschnittenen Gleichstromwicklungen ausführlich angegeben ist. Die Schaltung der einzelnen Phasen ist so gewählt, daß die Verbindungsstücke möglichst kurz werden.

Das sonst bei der abgeänderten Reihenschaltung notwendige besondere Verbindungsstück fällt hier weg, da einer der Schnitte an die betreffende Stelle verlegt ist.

Drittes Beispiel. Bei den unveränderten und ebenso bei den gewöhnlichen aufgeschnittenen Gleichstromwicklungen darf, wie oben erklärt ist, die Stabzahl z pro Phase mit p keinen gemeinschaftlichen Teiler haben. Es ist daher nicht möglich, diese Wicklungen so auszuführen, daß alle Pole eine gleiche Stabzahl pro Phase besitzen. Für die abgeänderten Gleichstromwicklungen, bei denen man in der Wahl der Stabzahlen unbeschränkt ist, besteht dieses Hindernis nicht. In Fig. 173 ist z. B. eine vierpolige Wicklung mit sechs Stäben pro Pol und Phase aufgezeichnet. Es ist

$$m = 3, \qquad p = 2, \qquad a = 1, \qquad z = 2p \cdot 6 = 24, \qquad s = 72,$$

$$y_k = \frac{s}{2p} = \frac{72}{4} = 18$$

$$y_1 = 19, \quad y_2 = 17.$$

Die Stäbe sind auf der einen Hälfte der Wicklung wie bei den im vorhergehenden behandelten Wicklungen fortlaufend numeriert und auf der andern Hälfte wie bei den umlaufenden Wicklungen mit Zahlen, die die Zugehörigkeit zu den einzelnen Phasen angeben, versehen. Aus dem Vergleich mit Fig. 105 kann man erkennen, daß die vorliegende Wicklung vollständig einer umlaufenden Wicklung mit zwei Stäben pro Nut entspricht.

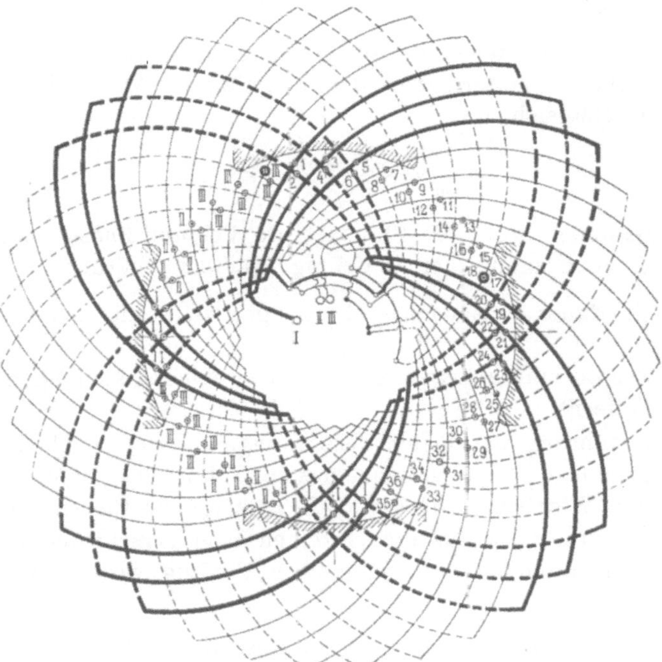

Fig. 173. Aufgeschnittene abgeänderte Reihenwicklung mit 6 Stäben pro Pol und Phase. $s = 72$, $p = 2$, $a = 1$, $m = 3$.

Tabelle für eine abgeänderte Reihenwicklung mit:

$$m = 3, \qquad p = 2, \qquad s = 72.$$

1_a—1	20	37	56
3	22	39	58
5	24	41	60—1_e
2_a—7	26	43	62
9	28	45	64
11	30	47	66—2_e

3_a —13	32	49	68
15	34	51	70
17	36	53	72 — 3_e
4_a —19	38	55	2
21	40	57	4
23	42	59	6 — 4_e
5_a — 25	44	61	8
27	46	63	10
29	48	65	12 — 5_e
6_a — 31	50	67	14
33	52	69	16
35	54	71	18 — 6_e

Die Stellen, an denen die Wicklung aufzuschneiden ist, findet man, wie oben erläutert, aus der beigefügten Wicklungstabelle. Jeder Teil setzt sich aus

$$\frac{s}{2m} = \frac{2prm}{2m} = pr$$

Stäben zusammen, wo r die Stabzahl pro Pol und Phase bedeutet. Da bei einem Umgang der Wicklung $2p$ Stäbe berührt werden, kommt man daher stets nach $\frac{r}{2}$ Umgängen zu einem Schnittpunkt und alle Schnittpunkte liegen um je $\frac{r}{2}$ Knotenpunktsteilungen voneinander entfernt.

Die Ausführung der vielen Verbindungen an der gleichen Stelle kann in manchen Fällen unbequem sein. Man wird dann zweckmäßiger eine Wicklung, wie sie Fig. 172 zeigt, ausführen, bei der die Stabzahl pro Phase für die einzelnen Pole verschieden ist, da dann die Verbindungen auf den ganzen Umfang verteilt sind.

23. Die abgeänderte Reihenparallelwicklung.

Auch bei der Reihenparallelwicklung ist es möglich, durch Hinzufügen oder Weglassen von Stäben irgendeine gewünschte Stabzahl maz zu erreichen. Die Bedingung einer ganzen Stabzahl pro Pol führt hier entsprechend der Wicklungsformel

$$y_k = \frac{s' + 2a}{2p}$$

dazu, daß man der zugrunde liegenden Gleichstromwicklung $\pm 2a$ oder $\mp(2p - 2a)$ Stäbe zufügen muß. In ersterem Falle erhält man auch hier den Wicklungsschritt

$$y_k = \frac{m\,az}{2p},$$

im anderen Fall wird der Wicklungsschritt etwas kürzer oder länger als die Polteilung

$$y_k = \frac{[m\,az \pm (2p - 2a)] \pm 2a}{2p} = \frac{m\,az}{2p} \pm 1 \quad \ldots \quad (39)$$

Das Hinzufügen von $2p - 2a$ Stäben kommt dann in Betracht, wenn $2p - 2a < 2a$ oder $2p < 4a$ ist.

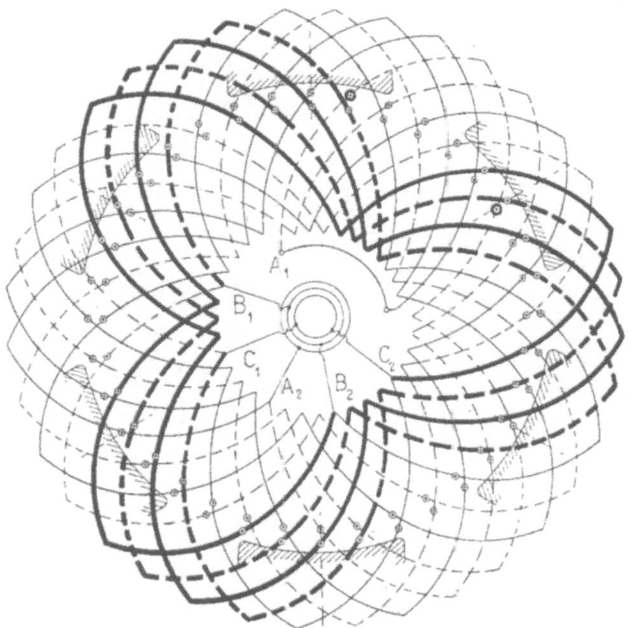

Fig. 174. Abgeänderte Reihenparallelwicklung mit zwei zugefügten Stäben.
$s = 72,\ p = 3,\ a = 2,\ m = 3.$

Ein Beispiel einer derartigen Wicklung gibt Fig. 174. Hier ist

$$m = 3, \qquad p = 3, \qquad a = 2, \qquad z = 12, \qquad s = m\,az = 72,$$

also $2p < 4a$. Wir legen eine Gleichstromwicklung mit der um $2p - 2a = 2$ geringeren Stabzahl $s' = 70$ zugrunde und erhalten

$$y_k = \frac{s' - 2a}{2p} = \frac{70 - 4}{6} = 11$$

$$y_1 = 11, \qquad y_2 = 11.$$

Die beiden zugefügten Stäbe sind wieder durch besonders starke Kreise bezeichnet.

Wenn die zugrunde liegende unveränderte Reihenparallelwicklung einfach geschlossen ist, kann man, wie Fig. 175 zeigt, die zuzufügenden Stäbe alle um einen Wicklungsschritt voneinander entfernt unter aufeinanderfolgenden Polen anordnen und unter sich verbinden. Man erhält dann nur eine äußere Verbindung. Man kann jedoch auch je zwei Stäbe an verschiedenen Punkten des Umfanges einsetzen und erhält dann entsprechend mehr äußere Verbindungsstücke. Hierdurch erreicht man, wie später gezeigt werden soll, eine größere Gleichheit der in den einzelnen Stromzweigen jeder Phase induzierten EMKe.

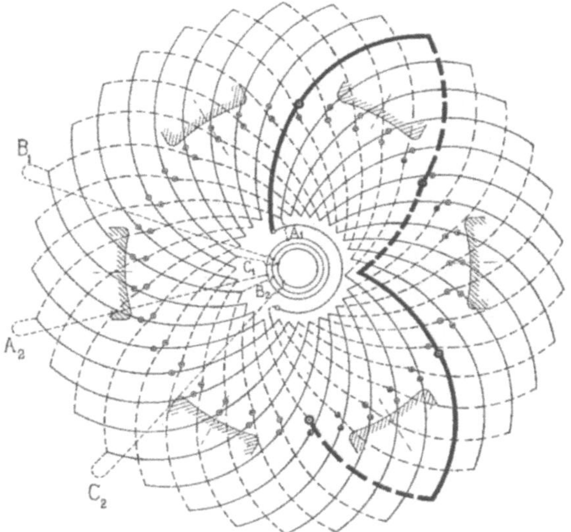

Fig. 175. Einfach geschlossene abgeänderte Reihenparallelwicklung mit vier zugefügten Stäben. $s = 66$, $p = 3$, $a = 2$, $m = 3$.

Bei der Aufstellung des Wicklungsschemas geht man wie bei der einfachen Reihenschaltung vor. Man zeichnet zuerst die Verbindungen der überzähligen Stäbe ein und verbindet dann die übrigen Stäbe, ohne die zugefügten weiter zu berücksichtigen, zu der zugrunde liegenden Gleichstromwicklung. Hierauf schneidet man diese auf und fügt die überzähligen Stäbe ein. In Fig. 175 ist die zuerst eingezeichnete Verbindung dieser Stäbe durch besonders starke Striche hervorgehoben.

Bei einer mehrfach geschlossenen Wicklung sind die überzähligen Stäbe gleichmäßig auf die Einzelwicklungen zu verteilen, oder man kann diese Wicklung auch zu einer einfach geschlossenen machen, indem man von zwei miteinander verbundenen überzähligen Stäben einen mit einer der Einzelwicklungen und den andern mit einer andern Einzelwicklung vereinigt.

Die Anschlußpunkte der einzelnen Phasen müssen, wie auf S. 95 bereits erläutert wurde, Punkte gleichen Potentials sein. Falls die Wicklung einfach geschlossen ist, kann man die Punkte finden, indem man, von irgendeinem Stabe ausgehend, jeweils nach z Stäben einen Anschluß legt und eine andere Phase beginnt. Bei mehrfach geschlossenen Wicklungen wählt man irgendeinen Stab einer Einzelwicklung als Anschlußpunkt der ersten Phase und geht von diesem um eine oder mehrere Polpaarteilungen weiter. Die dort gelegenen Stäbe der anderen Einzelwicklungen sind ebenfalls als Anschlußpunkte der ersten Phase zu nehmen. Die Anschlußpunkte der übrigen Phasen findet man, indem man von den erst erhaltenen Abzweigstellen aus jeweils z Stäbe in der Wicklung weiter zählt.

Wählt man a gleich der halben Stabzahl pro Nut $\frac{s_n}{2}$, so kommen die parallelen Zweige jeder Phase in die gleichen Nuten zu liegen und die in ihnen induzierten EMKe werden gleich.

Siebentes Kapitel

Besondere Wicklungen für asynchrone Maschinen.

24. Wicklungen zur Erzielung verschiedener Polzahlen. — 25. Rotorwicklungen.

Die bisher behandelten Wicklungen sind alle auch für die Statoren und Rotoren der asynchronen Maschinen verwendbar. Die Statoren werden namentlich bei Hochspannungsmaschinen meist mit Spulenwicklung, die Rotoren oft mit aufgeschnittenen Gleichstromwicklungen versehen. Eine Reihe von Wicklungen kommen dagegen nur für asynchrone Maschinen in Betracht. Diese sollen im folgenden besonders behandelt werden.

24. Wicklungen zur Erzielung verschiedener Polzahlen.

Die synchrone Tourenzahl n eines Wechselstrommotors bei der Periodenzahl c ist durch die Gleichung

$$n = \frac{60\,c}{p}$$

gegeben. Für konstante Periodenzahl ist sie umgekehrt proportional der Polzahl. Man kann also durch Änderung der Polzahl eine entsprechende Tourenregulierung erreichen.

Die Änderung der Polzahl wird durch Umschalten eines Teiles der Statorwicklung bewirkt, die zu diesem Zwecke besonders anzuordnen ist. Im folgenden sind eine Reihe derartiger Wicklungen beschrieben.

a) Einphasenwicklungen für verschiedene Polzahlen. Am einfachsten ist eine Veränderung der Polzahl bei Einphasenwicklungen zu erreichen. Die Wicklung wird in zwei Teile geteilt und zur Veränderung der Polzahl die Stromrichtung in einem Teil umgekehrt. Die im folgenden hierfür gegebenen Wicklungsschemata sollen nur das Prinzip der verschiedenen Polumschaltungen erläutern. Die angegebenen Anordnungen lassen sich natürlich für verschiedene

Spulenzahlen anwenden und durch Aneinanderreihen mehrerer Schemata auf höhere Polzahlen ausdehnen.

Polumschaltung im Verhältnis 1:2. Eine Spulenwicklung für Polumschaltung im Verhältnis 1:2 von vier auf acht Pole ist in Fig. 176 dargestellt. Die Wicklung besteht aus lauter gleichen Spulengruppen. Von diesen werden die erste und dritte und die zweite

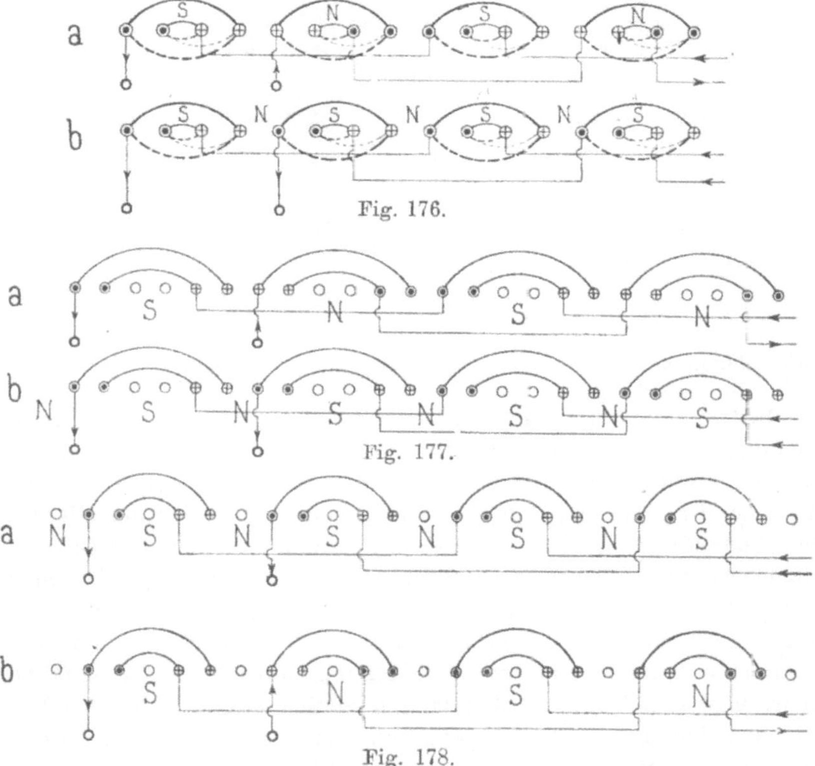

Fig. 176 bis 178. Einphasige Wicklungen für Umschaltung von vier auf acht Pole.

und vierte miteinander verbunden, so daß zwei Stromkreise entstehen. Zur Polumschaltung wird die Stromrichtung in der zweiten und vierten Gruppe umgekehrt.

Diese Wicklung ist für beide Polzahlen gleichwertig. Soll jedoch, wie dies bei Einphasenmotoren öfters geschieht, nur ein Teil, z. B. $^2/_3$, der Löcher pro Pol bewickelt werden, so kann die Wicklung nur für eine Polzahl normal[1] ausgeführt werden. Sie muß dann entweder, falls die Maschine hauptsächlich vierpolig laufen

---

[1] Der Ausdruck „normal" bezieht sich nur auf die Lage der Stäbe im Felde, nicht auf die Anordnung der Stirnverbindungen.

soll, nach Fig. 177 angeordnet werden, wo die unbewickelten Löcher an vier um die Polteilung der vierpoligen Wicklung entfernten Stellen verteilt sind, oder sie wird, wie in Fig. 178, als normal achtpolige Armatur gewickelt und es wird an acht Stellen des Umfanges je ein Loch freigelassen.

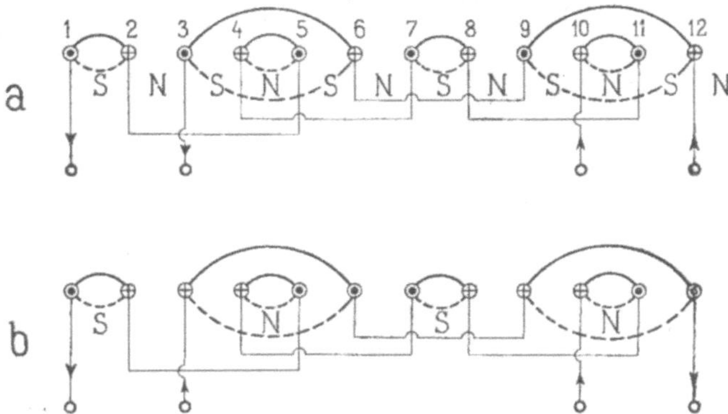

Fig. 179. Einphasige Wicklung für Umschaltung von zwölf auf vier Pole.

Polumschaltung im Verhältnis 3 : 1. Um eine Veränderung der Polzahl im Verhältnis 3 : 1 zu erreichen, muß man die Wicklung aus langen und kurzen Spulen zusammensetzen, wie dies in Fig. 179 für eine 12- und 4-polige Wicklung schematisch dargestellt ist. Hier bedeutet jeder Kreis die Spulenseiten unter einem der 12 Pole. Numeriert man die Kreise 1 bis 12, so ist so zu wickeln, daß man vier kurze Spulengruppen, 1—2, 4—5, 7—8, 10—11, und zwei lange, 3—6 und 9—12, erhält. Die kurzen Spulen werden miteinander verbunden und ebenso die langen hintereinander geschaltet. Kehrt man den Strom in den langen Spulen um, so wird die Polzahl auf den dritten Teil herabgesetzt und man erhält in unserm Falle eine vierpolige Wicklung.

Polumschaltung im Verhältnis 2 : 3. Auch eine Änderung der Polzahl im Verhältnis 2 : 3 läßt sich durch passende Anordnung und Verbindung der Spulen erreichen. Diese Schaltung ist in den Fig. 180 und 181 für vier bzw. sechs Pole dargestellt. Die Wicklung besteht aus gleichen gekreuzten Spulen, von denen wieder je eine Hälfte hintereinander geschaltet ist. Im Schema ist der eine Stromkreis stark, der andere schwach ausgezogen. Numeriert man die Spulenköpfe fortlaufend, so gehören die Spulen 1, 2, 3 zum einen und 4, 5, 6 zum andern Kreis. Durch Aneinanderreihen derartiger Schemata kann man Wicklungen für beliebige Vielfache von vier und sechs Polen erhalten. Hier werden dann die Spulen 1, 2, 3 — 7, 8, 9 — 13, 14, 15 usw. hintereinander geschaltet.

Sämtliche im Vorhergehenden beschriebenen Wicklungen waren Spulenwicklungen. Die gleichen Prinzipien lassen sich natürlich ohne weiteres auch auf umlaufende Wicklungen anwenden, indem man die Stäbe nach den für die Spulenwicklungen angegebenen Schemata verbindet. Der Schritt auf der einen Seite der Armatur wird gleich lang wie die Spulenköpfe der Spulenwicklungen, der auf der andern Seite gleich lang wie die Verbindungen der einzelnen Spulen.

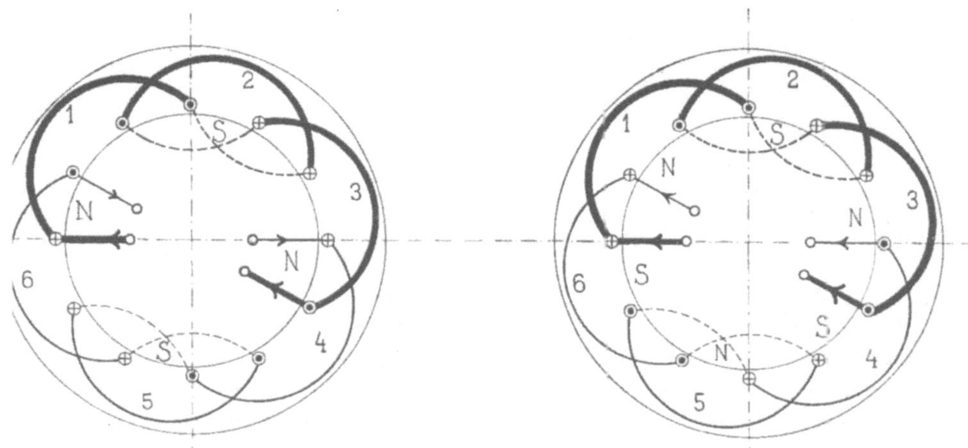

Fig. 180.   Fig. 181.

Einphasige Wicklung für Umschaltung von vier auf sechs Pole.

b) Dreiphasenwicklungen für verschiedene Polzahlen. Polumschaltung bei Ringwicklung. Eine beliebige Änderung der Polzahl läßt sich mit einer Dreiphasen-Ringwicklung erreichen. Am einfachsten wird die Umschaltung, wenn die Polzahlen im Verhältnis 1 : 2 stehen. Motoren mit einer derartigen Wicklung wurden zuerst im Jahre 1893 nach Angaben von Dr. Behn-Eschenburg von der Maschinenfabrik Örlikon ausgeführt.

Das Schema der Wicklung für zwei und vier Pole ist in Fig. 182a und b dargestellt. Die Wicklung ist in sechs Teile geteilt, so daß jeder Phase zwei Teile entsprechen. Diese sind an einem Ende fest miteinander verbunden und werden entweder parallel oder hintereinander geschaltet. Bei Parallelschaltung (Fig. 182a) ergeben sich zwei Pole, bei Serienschaltung (Fig. 182b) vier Pole. Bei zweipoliger Schaltung haben je zwei am Umfange aufeinanderfolgende Spulen eine Phasendifferenz von 60° und bei vierpoligem Feld eine solche von 120°.

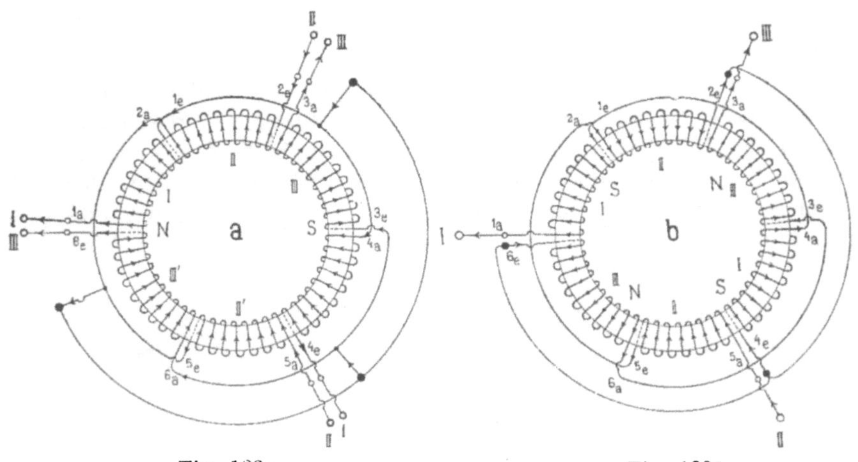

Fig. 182a. Fig. 182b.

Fig. 182a und b. Ringwicklung für Polumschaltung von zwei auf vier Pole.
Maschinenfabrik Örlikon.

Die beiden Schaltungen und der zugehörige Schalter sind in
den Fig. 183a und b und 184 schematisch aufgezeichnet. Wie man
sieht, bleibt bei der Polumschaltung die Stromrichtung in der einen
Hälfte der Spulen unverändert, in der andern Hälfte wird sie umgekehrt. Der Übergang von Schaltanordnung, Fig. 183a zu Fig. 183b,
wird bewirkt, indem der Schalter, Fig. 184 von a nach b, umge-
legt wird.

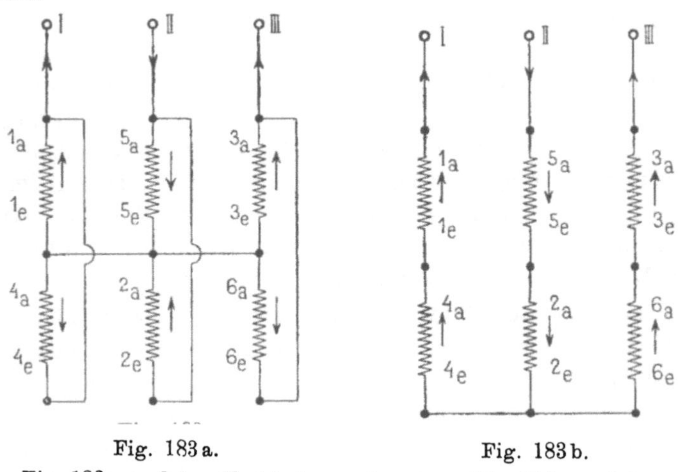

Fig. 183a. Fig. 183b.

Fig. 183a und b. Verbindungsschema zu Fig. 182a und b.

Polumschaltung bei Trommelwicklung nach Lindström.
Auch bei Trommelwicklungen kann durch besondere Anordnung und

Schaltung eine Veränderung der Polzahl erreicht werden. Eine
Wicklung zur Veränderung der Polzahl im Verhältnis 2:1 ist von
R. Dahlander und Lindström ETZ 1897 S. 257 angegeben
worden[1]). Die Wicklung wird, wie in Fig. 185 gezeigt ist, als
normale Spulenwicklung für die höhere Polzahl ausgeführt, deren
Spulen nach Schema Fig. 87 S. 55 gekreuzt sind. Die Hälfte der
Spulen jeder Phase wird hintereinander geschaltet, und zwar über-
springt man mit den Verbindungen, von einer Spule ausgehend,
jeweils die folgende der gleichen Phase und geht zur nächstfolgenden, so daß längs des Umfangs die Spulen einer Phase abwechselnd

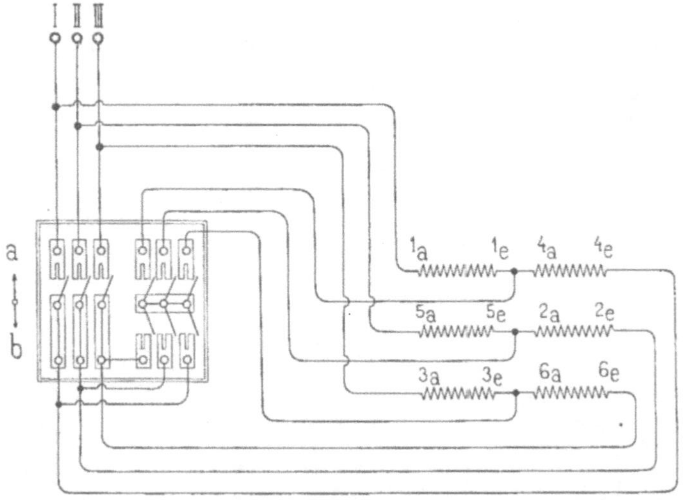

Fig. 184. Umschalter zur Wicklung Fig. 182a und b.

dem einen und dem andern Stromkreise angehören. Die beiden
Stromkreise jeder Phase werden, wie in Fig. 187 schematisch dargestellt ist, am einen Ende A_1, B_1, C_1 miteinander verbunden. Von
den beiden frei bleibenden Enden wird das eine mit den entsprechenden Enden der anderen Phasen fest zu einem neutralen
Punkte vereinigt. Das andere Ende, das in den Figuren mit A, B, C
bezeichnet ist, wird bei der achtpoligen Schaltung (Fig. 185) zu
einer der Stromzuführungsklemmen geführt; die beiden Stromkreise
sind dann wie bei der Ringschaltung für die höhere Polzahl hintereinander geschaltet. Um auf die halbe Polzahl zu gelangen, werden
die beiden Spulengruppen jeder Phase parallel geschaltet. Man erreicht dies nach Fig. 186 und 188 in einfacherer Weise, wie bei

---

[1]) D. R. P. 98417.

Arnold, Wechselstromtechnik. III. 2. Aufl.   10 der Schaltung Fig. 183, indem man auch die Klemmen A, B, C zu einem neutralen Punkte vereinigt und die Stromzuführung an die Verbindungsstellen beider Spulengruppen A_1, B_1, C_1 anschließt. Die Parallelschaltung der Spulengruppen allein würde zwar die halbe Polzahl ergeben, das Drehfeld würde sich jedoch in entgegengesetzter Richtung drehen, wie bei der achtpoligen Schaltung. Man muß daher außerdem die zweite und dritte Phase vertauschen, um den richtigen Drehsinn zu erhalten.

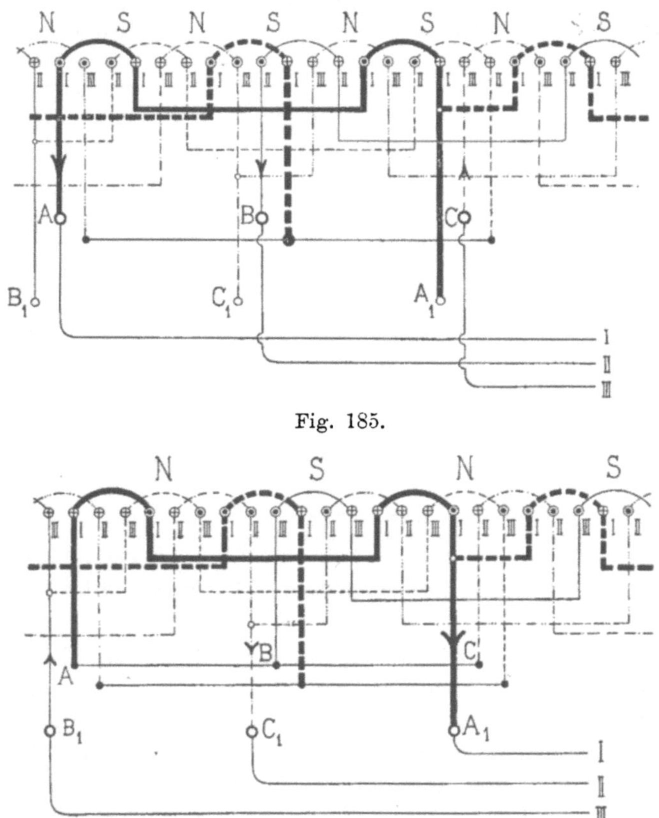

Fig. 185.

Fig. 186.

Fig. 185 und 186. Spulenwicklung von Lindström für Polumschaltung von
acht Polen auf vier Pole.

Daß man durch die angegebene Umschaltung tatsächlich die halbe Polzahl erhält, wird durch die Fig. 189 und 190 erläutert, in denen der Verlauf der Ströme in den einzelnen Drähten während einer halben Periode für beide Schaltungen dargestellt ist. Die sieben Zeilen entsprechen sieben aufeinander folgenden Zeitpunkten, die in den Stromkurven Fig. 191 mit 1 bis 7 bezeichnet sind.

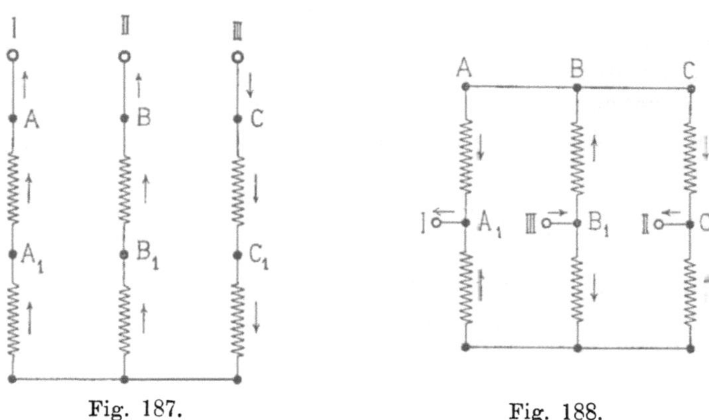

Fig. 187.   Fig. 188.

Fig. 187 und 188. Schema der Verbindungen in den Fig. 185 und 186.

Fig. 189 gilt für die achtpolige Schaltung Fig. 185, es ist jedoch nur eine Hälfte der Drähte eingezeichnet. In Zeitpunkt 1 ist der Strom in der dritten Phase ein Maximum, während er in Phase I abnimmt und in Phase II wächst. Dieser Moment ist auch in Fig. 185

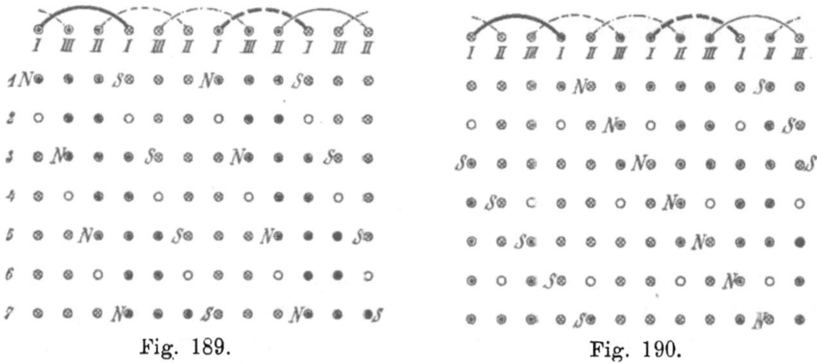

Fig. 189.   Fig. 190.

Fig. 189 und 190. Schema des Stromverlaufes in der Wicklung Fig. 185 und 186 während einer halben Periode.

dargestellt. In Zeitpunkt 2 ist der Strom von Phase I zu Null geworden; in Zeitpunkt 3 hat er seine Richtung umgekehrt, während die Stromrichtung von Phase II und III unverändert ist. In den folgenden Zeitpunkten werden auch die Ströme der Phasen III und II zu Null und kehren ihre Richtung um. Die Stellung der Pole ist jeweils durch die Buchstaben N und S bezeichnet. Man kann aus dieser Darstellung das Fortschreiten des Drehfeldes am Umfange erkennen.

Fig. 190 stellt den Stromverlauf der Schaltung Fig. 186 dar. Man erhält diesen wie in der vorhergehenden Figur, indem man den Strom der ersten Phase in Zeile 2, den der zweiten in Zeile 6 und den der dritten in Zeile 4 Null werden läßt und dann jeweils in der folgenden Zeile die Stromrichtung der betreffenden Phase umkehrt. Die Stellung der Pole ist hier ebenso bezeichnet, wie in Fig. 189.

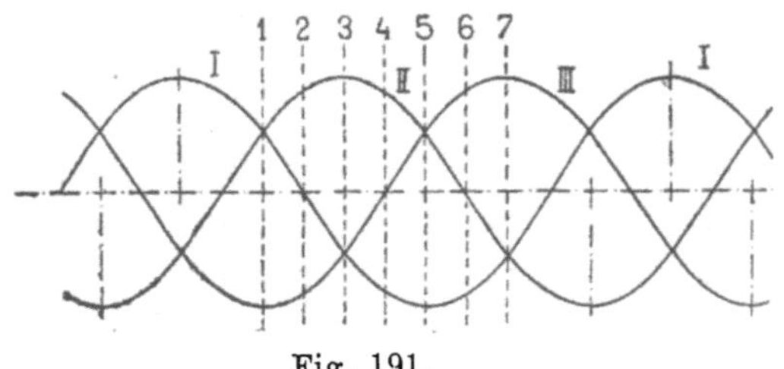

Fig. 191.

Wie man sieht, ist die Polzahl durch die Stromumkehr auf die Hälfte vermindert. Jedoch wirken hier nicht wie bei dem Drehfeld Fig. 189 sämtliche Drähte jedes Pols in gleichem Sinne, sondern an den Stellen, wo sich gerade die Polmitten befinden, wirken zwei Drähte einander entgegen und nur die übrigen kommen voll zur Wirksamkeit.

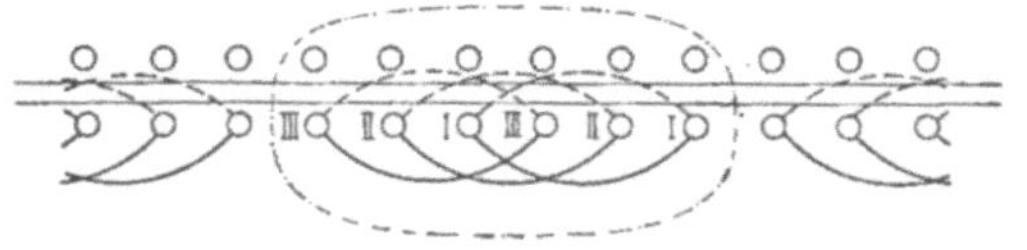

Fig. 192.

Um durch die Umschaltung die durch die Fig. 189 bis 190 erläuterte Wirkung zu erzielen, ist es notwendig, daß die Spulenköpfe in der in Fig. 185 gezeichneten Weise gekreuzt sind. Bei in gleicher Richtung am Umfange abgebogenen Köpfen (Fig. 192) ist die Veränderung der Polzahl durch keinerlei Umschaltung zu erreichen. Die Drehfelder der kleineren Polzahl verschwinden hier nämlich, wenn ihre Mittellinie, wie in Fig. 192, durch die strichpunktierte Linie angedeutet ist, zwischen zwei Spulengruppen zu liegen kommt, da der mittlere Kraftlinienweg außerhalb der Spulen verläuft.

Man kann die Wicklung von Lindström auch als Schleifenstabwicklung nach Fig. 193 ausführen. Die Stäbe in jeder Nut sind hier nach der gleichen Richtung abgebogen. Die Wicklung muß daher als Stirnwicklung ausgeführt werden. Man kann die Wicklung als Gleichstromschleifenwicklung ansehen, bei der die Hälfte aller Stäbe weggenommen ist.

Will man die vielen äußeren Verbindungen vermeiden, so kann man die Wicklung auch als umlaufende Wicklung ausführen. Hier muß dann der Schritt auf der einen Seite der Armatur gleich der Teilung τ für die höhere Polzahl und der auf der andern Seite gleich 3τ sein.

Da die Spulenweite ˙bei der Lindströmschen Wicklung der größeren Polzahl angepaßt ist, arbeitet die Wicklung zwar für diese Polzahl günstig, bei der kleineren Polzahl ergibt sie jedoch eine ungünstige Kurvenform.

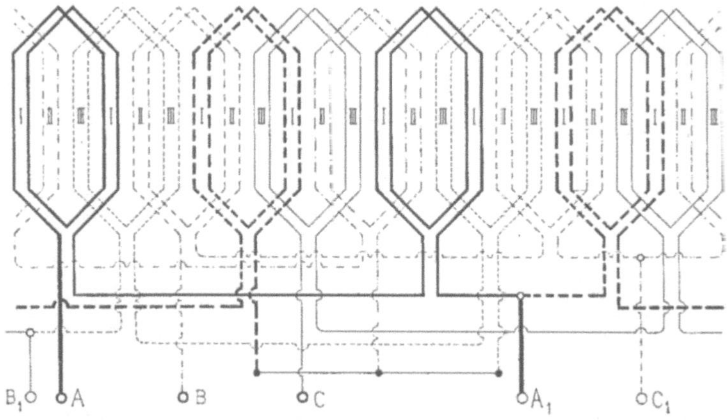

Fig. 193. Spulenstabwicklung für Polumschaltung von acht auf vier Pole nach Lindström.

In Fig. 194 ist eine Lindströmsche Spulenwicklung zur Umschaltung von vier auf acht Pole dargestellt. Die Bezeichnungen entsprechen denjenigen der Fig. 185 und 186.

Gleichstromwicklungen mit verkürztem Schritt für verschiedene Polzahlen. Eine Wicklung, bei der sich für beide Polzahlen annähernd gleich günstige Verhältnisse erzielen lassen, ist der Maschinenfabrik Örlikon patentiert worden[1]). Hier wird für die Spulenweite eine Länge, die zwischen der größeren und der kleineren Polteilung liegt, gewählt.

Die Wicklung wird zu diesem Zwecke als Gleichstromschleifenwicklung mit (für die größere Polzahl) verlängertem oder (für die kleinere Polzahl) verkürztem Schritte ausgeführt. Die Wicklungsformel lautet ähnlich der Formel Gl. 26. S. 92.

---

[1]) D. R. P. 138854.

$$y_1 = \frac{s \pm b}{k}; \qquad y_2 = \frac{s \pm b}{k} \mp 2 \quad \ldots \ldots \quad (40)$$

wobei unter k eine Zahl verstanden ist, die zwischen der größeren und kleineren Polzahl liegt. Die beiden Polzahlen können zueinander in beliebigem Verhältnis stehen.

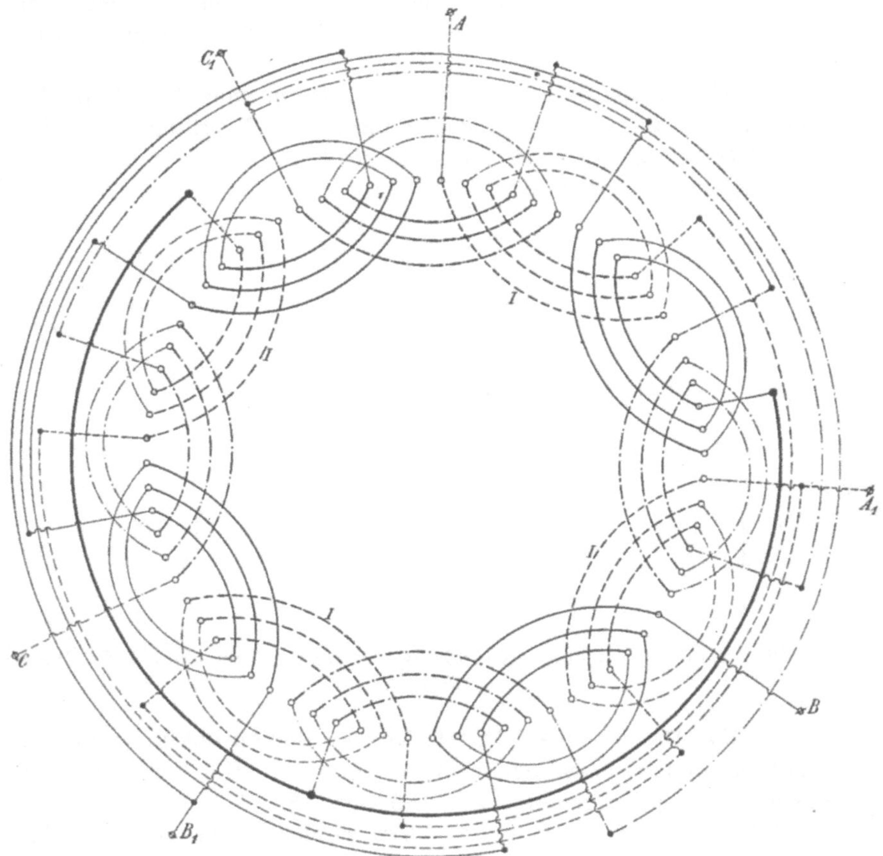

Fig. 194. Statorwicklung nach Lindström für Polumschaltung von acht auf vier Pole.

Soll die Wicklung für beide Polzahlen annähernd gleich geeignet sein, so wird für k das Mittel zwischen beiden Polzahlen gewählt, und die Schritte entsprechen dann bei Polumschaltung im Verhältnis $1:2$ ca. $^4/_3$ der kleineren Polteilung τ. Andernfalls kann die Wicklung mehr der einen oder der andern Polzahl angepaßt werden, je nachdem k näher bei der einen oder andern Polzahl angenommen wird.

In den Fig. 195 und 196 ist eine derartige Wicklung mit 96 Stäben für vier oder acht Pole aufgezeichnet. k ist gleich 6 gewählt; es wird also

$$y_1 = \frac{s+b}{k} = \frac{96-6}{6} = 15$$

$$y_2 = \frac{s+b}{k} + 2 = \frac{96-6}{6} + 2 = 17.$$

Die Wicklung ist eine unveränderte Parallelschaltung und es werden jeweils die unter den einzelnen Polpaaren liegenden Spulengruppen jeder Phase parallel geschaltet. Die Wicklung ist zu diesem Zwecke, wie auf S. 94, 95 für diese Schaltung angegeben ist, für jede Polzahl in $p\,m$ gleiche Teile zu teilen, von deren Endpunkten Abzweigungen zu den Stromzuführungsklemmen ausgehen. Stehen, wie im vorliegenden Falle, die beiden Polzahlen im Verhältnis $1:2$, so fallen die sich für die kleinere Polzahl ergebenden Ableitungen mit denjenigen für die größere Polzahl zusammen und man erhält allgemein $p_h m$ Ableitungen, wo p_h die höhere Polpaarzahl bedeutet.

Für die Wicklung Fig. 195 und 196 ergeben sich demnach $p_h m = 4 \cdot 3 = 12$ Abzweigungen.

Bei der vierpoligen Schaltung Fig. 195 wird der Strom bei den Klemmen A, B, C, die in der Figur durch starke Kreise angedeutet sind, eingeleitet und es führen pro Phase $p_n = 2$ um $\frac{s}{2p_n} = \frac{96}{4} = 24$ Knotenpunktsteilungen voneinander entfernte Ableitungen Strom (p_n = niedere Polpaarzahl). Bei der achtpoligen Schaltung (Fig. 196) sind die Ringe A_1, B_1, C_1, die hier durch starke Kreise hervorgehoben sind, an die Stromzuführung angeschlossen und es führen pro Phase $p_h = 4$ um $\frac{s}{2p_h} = \frac{96}{8} = 12$ Knotenpunktsteilungen entfernte Abzweigungen Strom. Die Reihenfolge der Phasen in den am Umfange aufeinanderfolgenden Abzweigstellen ist in beiden Fällen dieselbe.

Das D.R.P. 138854 der Maschinenfabrik Örlikon bezieht sich nur auf Schleifenwicklungen, man kann jedoch, wie Fig. 197 und 198 zeigt, die Wicklung für Polumschaltung auch als Wellenwicklung ausführen. Man macht in diesem Falle den resultierenden Schritt gleich der doppelten Polteilung ($= 2T$) der kleineren Polzahl. Die Schritte y_1 und y_2 werden ungleich; der Schritt y_1 wird verkürzt, y_2 wird verlängert. Je kleiner man y_1 wählt, desto mehr nähert man sich den für die höhere Polzahl günstigsten Verhältnissen. Bei einem Schritt

Fig. 195.

Fig. 196.

Fig. 195 und 196. Schleifenwicklung mit verkürztem Schritt für Polumschaltung von vier Polen auf acht Pole. (Maschinenfabrik Örlikon.)

$$y_1 = \frac{2}{3}\, T = \frac{4}{3}\, \tau = \frac{1}{3}\,(y_1 + y_2) \quad \ldots \ldots \quad (41)$$

arbeitet die Wicklung für beide Polzahlen annähernd gleich günstig (τ = Polteilung für die größere Polzahl).

Die Wicklung Fig. 197 und 198 hat wie die vorher behandelte Schleifenwicklung 96 Stäbe und ist von vier auf acht Pole umschaltbar. Da für 96 Stäbe eine unveränderte Reihenschaltung nicht ausführbar ist, ist die Wicklung als abgeänderte Reihenschaltung mit zwei zugefügten Stäben (s. S. 130) ausgeführt. Der resultierende Schritt berechnet sich nach Gl. 38 zu

$$y_1 + y_2 = \frac{s}{p_n} = \frac{96}{2} = 48.$$

Wir wählen

$$y_1 \approx \frac{1}{3}\,(y_1 + y_2) = 17$$

$$y_2 = 48 - 17 = 31.$$

Für die vierpolige Schaltung Fig. 197 wird die Wicklung, wie eine normale Reihenschaltung für drei Phasen, in $m\,a = 3 \cdot 1$ Teile geteilt, und man erhält drei Ableitungen A, B, C, die an die Stromzuführungsklemmen anzuschließen sind. Für acht Pole (Fig. 198) wird die Wicklung in $2\,a\,m = 6$ Teile geteilt, so daß jeder Teil $\frac{96}{6} = 16$ Stäbe enthält, und es werden je zwei Teile, deren Stäbe um die doppelte Polteilung der größeren Polzahl $2\,\tau$ voneinander entfernt sind, parallel geschaltet. Zu den Abzweigungen A, B, C kommen noch die Abzweigungen A_1, B_1, C_1 hinzu. Die Phasen folgen wieder am Umfange in gleicher Reihenfolge wie bei der vierpoligen Schaltung. Man erhält demnach bei der geschlossenen Reihenwicklung für zwei verschiedene Polzahlen stets $2\,m\,a$ Abzweigungen, von denen jedoch bei der niederen Polzahl nur die Hälfte an die Stromzuführung angeschlossen wird.

Bei der bisher beschriebenen Ausführung der Wicklungen für Polumschaltung als unaufgeschnittene Gleichstromwicklungen sind für die niedere Polzahl doppelt soviel Windungen pro Phase in Serie geschaltet, als bei der höheren. Die Windungszahlen verhalten sich also umgekehrt wie die Polzahlen. Nach Angaben der Maschinenfabrik Örlikon erhält man in diesem Falle die günstigsten Betriebsverhältnisse, wenn die Klemmenspannungen für die verschiedenen Polzahlen sich umgekehrt ver-

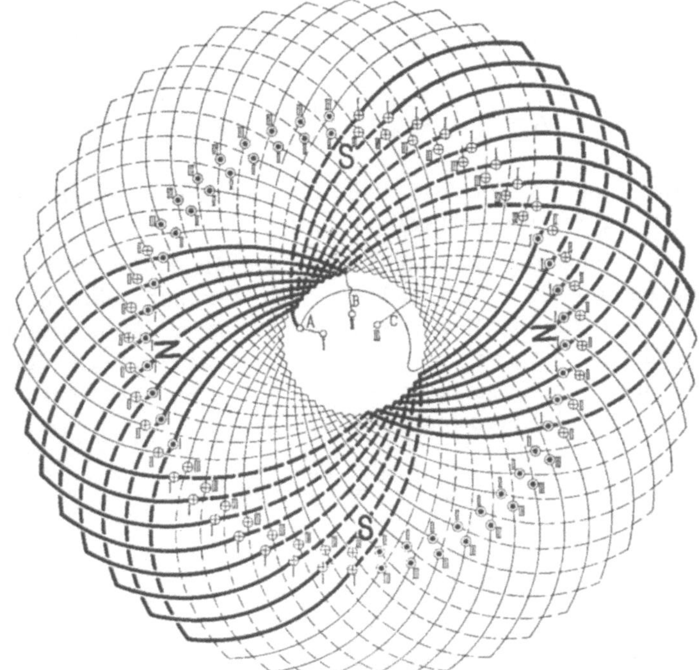

Fig. 197.

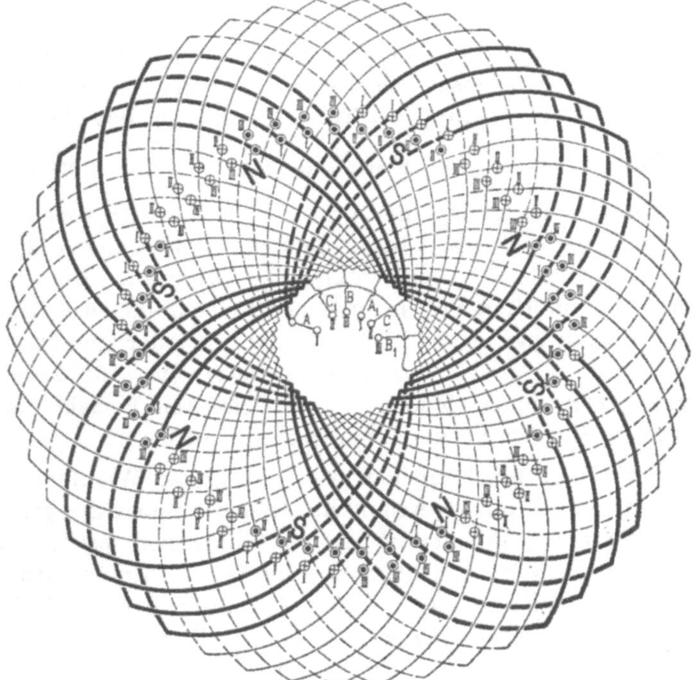

Fig. 198.
Fig. 197 und 198. Wellenwicklung mit verkürztem Schritt für Polumschaltung
von vier Polen (Fig. 197) auf acht Pole (Fig. 198).

halten, wie diese Polzahlen. Die Maschinenfabrik Örlikon verändert daher in einem Transformator die Spannung für die eine Polzahl in dem angegebenen Verhältnis.

Schneidet man die Wicklung auf, so kann man durch passende Verbindung der einzelnen Teile erreichen, daß man für beide Polzahlen gleichviel hintereinander geschaltete Windungen erhält. In Fig. 199a und b sind die sechs Teile der Wicklung Fig. 197 und 198 und ihre Verbindung schematisch aufgezeichnet.

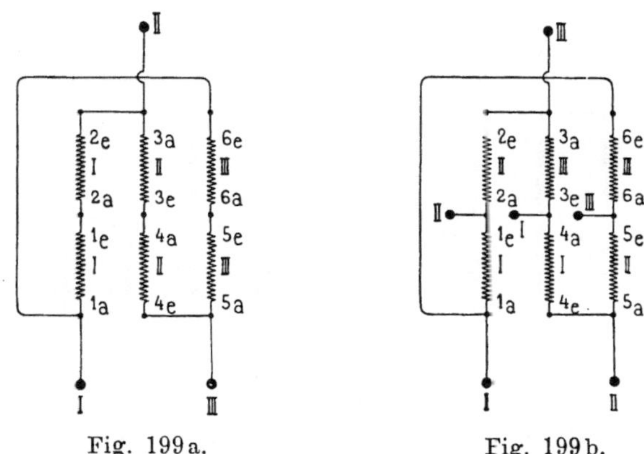

Fig. 199a.　　　　　　Fig. 199b.

Fig. 199a und b. Schema der Verbindungen und Phasen für die Wicklung Fig. 197 und 198. Fig. 199a vier Pole. Fig. 199b acht Pole.

Die Anfänge und Enden der einzelnen Teile sind mit $1_a - 1_e$, $2_a - 2_e$ usw. bezeichnet. Für die niedere Polzahl wird der Strom an drei, für die höhere an sechs Stellen zugeführt und es ergeben sich in den einzelnen Spulengruppen die in der Figur eingeschriebenen Phasen. Schneidet man die Wicklung auf und verbindet sie in der in Fig. 200a und b angegebenen Weise, so kann man, wie die Figur zeigt, allein durch Verlegung der drei Stromzuleitungen von den Punkten A, B, C nach A_1, B_1, C_1 dieselbe Phasenvertauschung in den sechs Spulengruppen erzielen. Die Zahl der in Serie geschalteten Windungen pro Phase bleibt dabei für beide Polzahlen die gleiche.

Eine Wellenwicklung für sechs und zwölf Pole, die auf diese Art geschaltet ist, ist in den Fig. 201 und 202 aufgezeichnet. Die Wicklung enthält wie die im vorhergehenden beschriebenen Wicklungsbeispiele für vier und acht Pole 96 Stäbe in 48 Nuten. Sie kann also in den gleichen Nuten untergebracht werden wie diese. Indem man die Armatur mit zwei Wicklungen für vier und acht und für sechs und zwölf Pole versieht, erhält man einen Motor, dessen

Tourenzahl in sehr weiten Grenzen reguliert werden kann. Die Wicklung ist als abgeänderte Reihenschaltung ausgeführt, da eine sechspolige unveränderte Reihenschaltung nicht mit 96 Stäben ausgeführt werden kann. Man erhält die Wicklungsschritte

$$y_1 + y_2 = \frac{s}{p_n} = \frac{96}{3} = 32$$

$$y_1 \simeq \frac{1}{3}(y_1 + y_2) = 11, \qquad y_2 = 32 - 11 = 21.$$

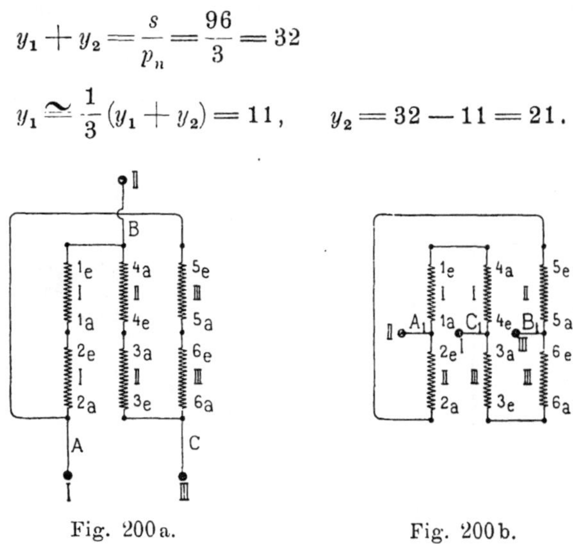

Fig. 200 a.   Fig. 200 b.

Fig. 200 a und b.   Polumschaltung bei einer aufgeschnittenen Wicklung
durch Verlegung der Zuführungsklemmen.

Die Wicklung ist in sechs Teile geteilt und an den Teilpunkten aufgeschnitten. Die Anfänge und Enden der Teile sind mit $1_a — 1_e$, $2_a — 2_e$ usf. bezeichnet und nach dem Schema Fig. 200 miteinander verbunden. Da die Stabzahl pro Pol und Phase keine ganze Zahl ist, liegen die Schnittpunkte rings am Umfange zerstreut. Bei Einleitung des Stromes in A, B, C (Fig. 201) ergeben sich sechs Pole, bei Zuleitung zu A_1, B_1, C_1 zwölf Pole (Fig. 202).

Will man diese Schaltung mit je drei Anschlußpunkten und gleicher Windungszahl für beide Polzahlen bei den oben beschriebenen Schleifenwicklungen anwenden, so ist die Wicklung in $6p_n$ Teile zu teilen und es sind je p_n von diesen zu einer Spulengruppe hintereinander zu schalten. Es bildet dann der erste, siebente, dreizehnte usw. Teil die erste Gruppe, der zweite, achte, vierzehnte usw. Teil die zweite Gruppe usf. Um die richtige Reihenfolge der Verbindungen der einzelnen Gruppen zu erhalten, geht man am besten so vor, daß man an irgendeinem Schnittpunkt, den man mit 1_a bezeichnet, beginnend die erste Spulengruppe durchläuft bis 1_e; das benachbarte Ende bezeichnet

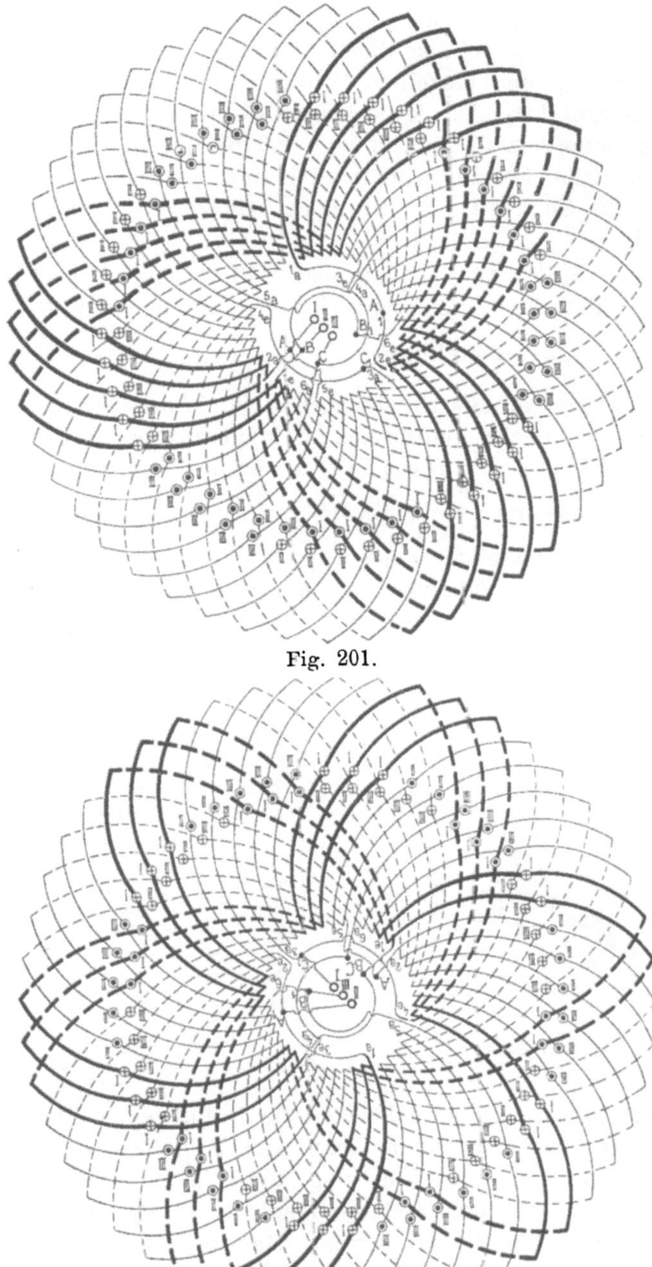

Fig. 201.

Fig. 202.

Fig. 201 und 202. Aufgeschnittene Wellenwicklung mit verkürztem Schritt für Polumschaltung von sechs Polen (Fig. 201) auf zwölf Pole (Fig. 202).

man mit 2_a und durchläuft die betreffende Gruppe bis 2_e. Dann beginnt man wieder bei dem danebenliegenden Teilpunkt mit 3_a usf. Die Verbindung der einzelnen Gruppen wird nach dem Schema Fig. 200 ausgeführt. Die Maschinenfabrik Örlikon, der diese Schaltung patentiert ist[1]), gibt an, daß bei ihr der Leerlaufstrom für die niedrige Polzahl bedeutend kleiner ist als für die höhere, und daß die Zugkraft für die höhere Polzahl größer ist als für die niedrige.

Bei den in Fig. 195 bis 202 behandelten Schaltungen bedecken bei beiden Polzahlen die Drähte jeder Phase in jeder Wicklungsebene $\dfrac{2}{m} = \dfrac{2}{3}$ einer Polteilung.

Bei verkürztem oder verlängertem Wicklungsschritt entstehen dabei unsymmetrische Feldformen, d. h. geradzahlige Harmonische (s. Kap. X Abschn. 40 f). Diese Unsymmetrien lassen sich vermeiden, wenn eine Phase nur $\dfrac{1}{m}$ der Polteilung bedeckt. Dies läßt sich jedoch nur für die kleinere Polzahl erreichen, und um auch für die große Polzahl die Unsymmetrien zu beseitigen, macht man den Schritt für diese Polzahl unverlängert, d. h. gleich oder angenähert gleich der Teilung der größeren Polzahl.

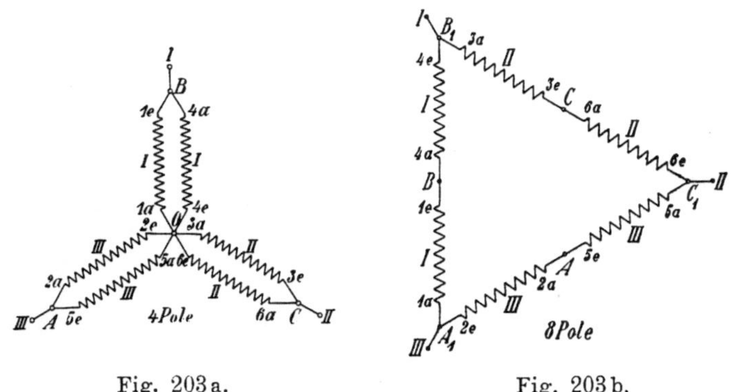

Fig. 203 a.   Fig. 203 b.

Damit für die kleinere Polzahl die Drähte einer Phase nur $\tfrac{1}{3}$ der Polteilung bedecken, kann man nach Angabe der Maschinenfabrik Örlikon bei der Schaltung für die niedere Polzahl in Fig. 200a bzw. 201 die Verbindungspunkte $1_a 2_e$, $3_a 4_e$, $5_a 6_e$ zu einem neutralen Punkte vereinigen. Man erhält dann eine Sternschaltung mit der halben Windungszahl pro Phase, während für

---

[1]) D.R.P. 147427.

die höhere Polzahl die Dreieckschaltung unverändert bleibt, wie es
Fig. 203a und b zeigt.

Beim Übergang von der achtpoligen zu der vierpoligen Schaltung
werden die Zuführungspunkte A_1, B_1, C_1 der achtpoligen Schaltung
kurzgeschlossen und der Strom den Punkten A, B, C zugeführt. Es
ergeben sich hier für beide Polzahlen dieselben Wicklungsteile in
gleichen Phasen. Die Stäbe jeder Phase bedecken in jeder Wicklungsebene bei der großen Polzahl $\dfrac{2}{m}$, bei der kleinen Polzahl
dagegen nur $\dfrac{1}{m}$. Will man für beide Polzahlen eine Sternschaltung
erreichen, so wird die Schaltung abgeändert, wie es Fig. 204a
und b zeigt.

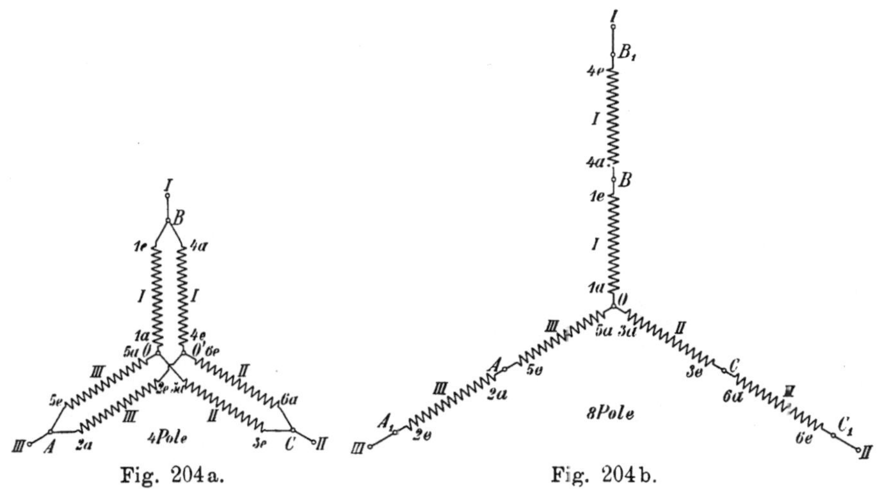

Fig. 204a.   Fig. 204b.

Für die kleine Polzahl ist das Schema dem der Fig. 203a vollständig gleich, da man die beiden Sternpunkte, ohne etwas zu
ändern, auch miteinander verbinden kann.

Der Übergang zur doppelten Polzahl wird hier durch Öffnung des Sternpunktes O' und Verlegung der Stromzuführungen
erreicht.

Eine Wellenwicklung für Polumschaltung von sechs auf zwölf
Pole, bei der diese Schaltung angewandt ist, ist in Fig. 205a und b
dargestellt. Die Stabzahl und der Wicklungsschritt sind dieselben
wie in Fig. 201 und 202.

Da der Wicklungsschritt zwischen der größeren und der
kleineren Polteilung liegt, und die Stabzahl pro Pol und Phase
keine ganze Zahl ist, ist die Wicklung nicht ganz regelmäßig.

Fig. 205 a.

Fig. 205 b.

Fig. 205. Aufgeschnittene Wellenwicklung mit verkürztem Schritt für Polumschaltung von sechs Polen (Fig. 205 a) auf zwölf Pole (Fig. 205 b).

Die letztbehandelten Schaltungen können auch für Schleifenwicklungen angewandt werden. Die Polzahlen müssen jedoch im Verhältnis 1:2 stehen. Die Wicklung ist in $2\,p_h\,m$ (p_h höhere Polpaarzahl) Abschnitte zu teilen, von denen je $2\,p_n$ (p_n niedrige Polpaarzahl), die um eine doppelte Polteilung der niederen Polzahl voneinander entfernt sind, direkt miteinander verbunden werden können.

Soll ein Motor mit vier Geschwindigkeiten laufen, so bringt man zwei unabhängige Wicklungen auf dem Stator an, die in dieselben Nuten verlegt werden können. Fig. 206 zeigt schematisch die Anordnung der Schaltung der Maschinenfabrik Oerlikon für einen Motor mit vier Polzahlen, 12, 8, 6 und 4. Die Wicklung besteht aus zwei getrennten Schleifenwicklungen, von denen die für zwölf und sechs Pole je drei Spulengruppen, die für acht und vier Pole je zwei Spulengruppen in einem Element des Schemas umfaßt.

Rotorwicklungen für verschiedene Polzahlen. Als Rotorwicklung benutzt man für die Motoren, die mit

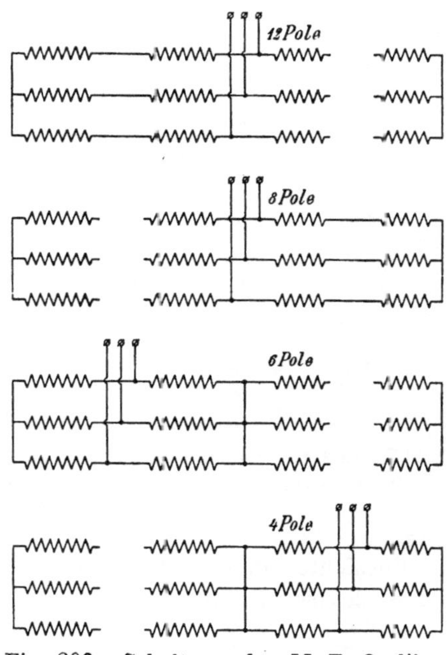

Fig. 206. Schaltung der M. F. Oerlikon für einen Motor mit vier Polzahlen.

verschiedenen Polzahlen arbeiten, meist eine Käfigwicklung, da diese von der Polzahl unabhängig ist. Man kann jedoch, um ein größeres Anlaufmoment zu erhalten, die Rotoren auch mit Phasenwicklung versehen und beim Anlassen Widerstände in den Rotorkreis einschalten. Man versieht dann entweder den Rotor mit zwei Wicklungen, von denen jede einer Polzahl entspricht, oder man kann auch irgendeine von den im vorhergehenden beschriebenen Dreiphasenwicklungen für Polumschaltung als Rotorwicklung anwenden.

Bei der Wicklung von Lindström werden die Punkte der Wicklung A, B, C und A_1, B_1, C_1, die bei der Statorwicklung mit den Stromzuführungsklemmen verbunden waren, zu Schleifringen geführt und zwischen diese die Anlaßwiderstände geschaltet. Die Schaltung ist in Fig. 207a und b schematisch dargestellt. Die Motoren werden mit der größten Polzahl (Fig. 207a und 185) angelassen, da dieser die kleinste Tourenzahl entspricht. Die in den beiden Spulengruppen jeder Rotorphase induzierten EMKe addieren sich; die Gruppen sind hier hintereinander geschaltet und die Anlaßwiderstände sind zwischen die Punkte A, B, C der Wicklung gelegt. Beim Übergang zu der niederen Polzahl werden die Widerstände nach Fig. 207 b zwischen die Punkte A_1, B_1, C_1 gelegt.

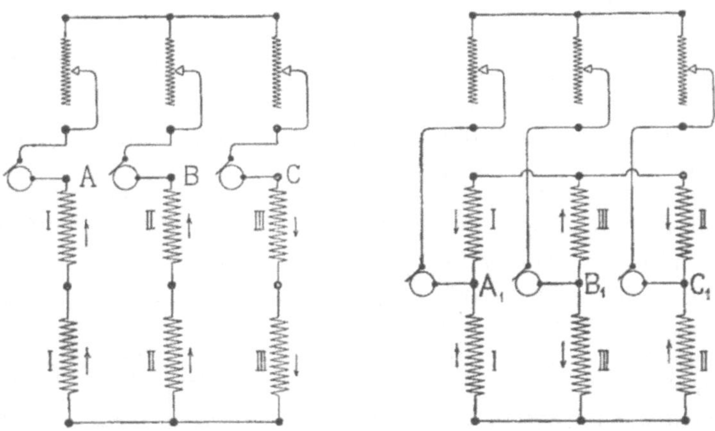

Fig. 207 a und b. Verbindungsschema einer Rotorwicklung nach Lindström für Polumschaltung bei Anwendung von sechs Schleifringen. Fig. 207 a Höhere Polzahl. Fig. 207 b Niedere Polzahl.

Verzichtet man darauf, bei der Polumschaltung Widerstände in den Rotorkreis einzubringen, so kann man die Schaltung auch

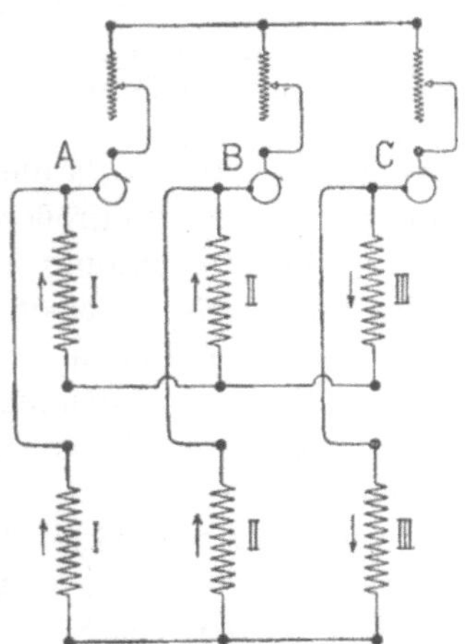

nach Fig. 208 a und b vornehmen, für die drei Schleifringe genügen. Die beiden Spulengruppen jeder Wicklung sind hier bei beiden Polzahlen parallel geschaltet. Das eine Ende der beiden Gruppen jeder Phase ist zu einem Schleifringe geführt, die anderen

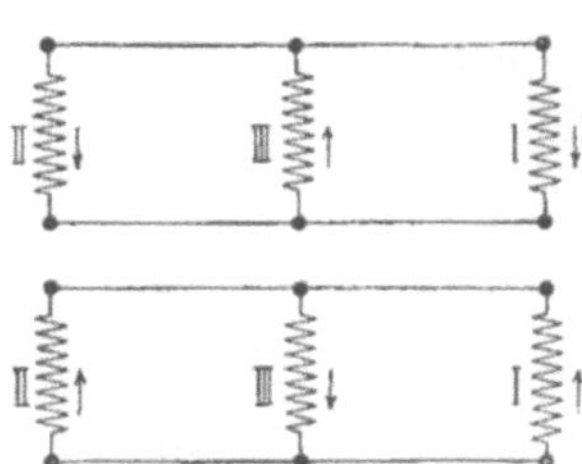

Fig. 208 a und b. Verbindungsschema einer Rotorwicklung nach Lindström für Polumschaltung bei Anwendung von drei Schleifringen. Fig. 208 a höhere Polzahl. Fig. 208 b niedere Polzahl.

Enden bilden den neutralen Punkt. Es ist dabei darauf zu achten, daß, wie in Fig. 208a gezeigt ist, die induzierten EMKe in beiden Stromkreisen jeder Phase vom neutralen Punkte aus in gleicher Richtung wirken, so daß der Strom im Anlaßwiderstand gleich der Summe der Ströme in beiden Wicklungshälften wird. Wenn die der höheren Polzahl entsprechende Tourenzahl erreicht ist, werden die drei Schleifringe kurzgeschlossen. Die Veränderung der Polzahl wird bei derselben Schaltung vorgenommen. Hierbei ändert sich der Stromverlauf im Rotor nach Fig. 208b entsprechend der kleineren Polzahl.

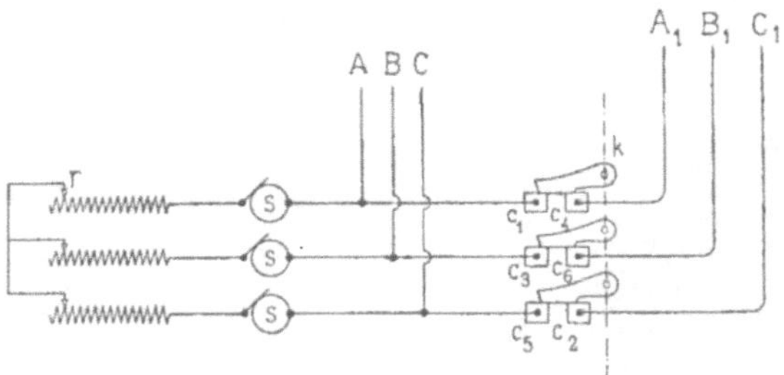

Fig. 209. Verbindungsschema einer Rotorwicklung der Maschinenfabrik Örlikon für Polumschaltung.

In gleicher Weise wie die Dahlandersche Wicklung kann auch die Gleichstromwicklung mit verkürztem Schritt als Rotorwicklung benutzt werden. Für die Wicklung Fig. 197 und 198 ergibt sich die in Fig. 209 aufgezeichnete Schaltung. k stellt hier eine Kurzschlußvorrichtung dar, die aus drei voneinander isolierten Schlußstücken besteht. Für die achtpolige Schaltung verbinden diese die Kontakte c_4, c_6, c_2, an die die Ableitungen A_1, B_1, C_1 der Wicklung Fig. 198 angeschlossen sind, mit den Kontakten c_1, c_3, c_5, die den Abzweigpunkten A, B, C entsprechen und mit den Schleifringen s verbunden sind. Für die vierpolige Schaltung wird der Kurzschließer geöffnet, so daß nur die Abzweigpunkte A, B, C (s. Fig. 197) an die Schleifringe angeschlossen sind.

Zweckmäßiger schneidet man die Rotorwicklung analog den Fig. 203 und 204 auf. Die einzelnen Teile werden dann wie bei der Dahlanderschen Wicklung mit den Schleifringen verbunden, nach den Fig. 207a und b oder 208a und b. In Fig. 210 ist eine derartige Rotorwicklung für vier und acht Pole, eine aufgeschnittene Schleifenwicklung, dargestellt, die nach Fig. 208a und 208b zu schalten ist.

Kombinierte Rotorwicklung. Nach dem D.R.P. Nr. 148073 der S. S. W. lassen sich bei einem Motor drei verschiedene Tourenzahlen erreichen, wenn der Stator und der Rotor je zwei Wicklungen

von verschiedener Polzahl erhält, z. B. eine vierpolige und eine achtpolige. Der Motor läuft bei der vierpoligen und der achtpoligen
Schaltung mit zwei verschiedenen Tourenzahlen. Eine dritte ge-
ringere Tourenzahl läßt sich dadurch erreichen, daß man die eine
Statorwicklung an das Netz legt, die entsprechende Rotorwicklung
in Serie mit der andern Rotorwicklung schaltet und die zu dieser
gehörige Statorwicklung kurzschließt oder mit dem Anlaß- und

Fig. 210. Aufgeschnittene Schleifenwicklung für vier und acht Pole.
Schaltung nach Fig. 208a und b.

Regulierwiderstand verbindet. Die Maschine ist so „auf sich selbst
in Kaskade“ geschaltet. Ist die Bewegungsrichtung der Drehfelder
beider Rotorwicklungen entgegengesetzt gerichtet, so entspricht die
Tourenzahl der Summe beider Polzahlen, in dem angenommenen
Falle 12[1]).

Die beiden Stator- und auch die beiden Rotorwicklungen
müssen voneinander magnetisch unabhängig sein. Um dies und

---

[1]) s. WT, V. 1, S. 488.

eine symmetrische Verteilung der Felder am Ankerumfang zu erhalten, müssen die beiden Polzahlen so gewählt werden, daß bei ihrer Teilung durch ihr größtes gemeinschaftliches Maß die eine Teilzahl ungerade, die andere gerade ist, während das Maß selbst größer als zwei sein muß.

Benützt man diese Maschine nur für eine Tourenzahl, die Kaskadentourenzahl, so hat sie den Vorteil, keine Schleifringe und einen Statoranlasser zu besitzen.

Um bei diesem Motor die Nachteile der Kaskadenschaltung, den großen Kupferverlust und die vermehrte Streuung zu beseitigen, hat L. J. Hunt die beiden Stator- und Rotorwicklungen in

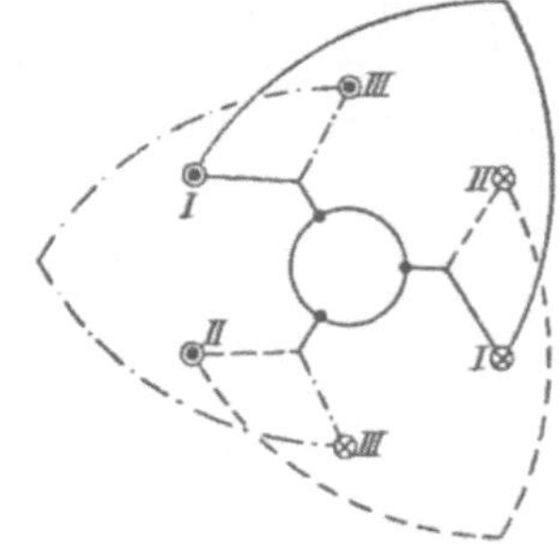

Fig. 211 a. Zweipolige dreiphasige Rotorwicklung.

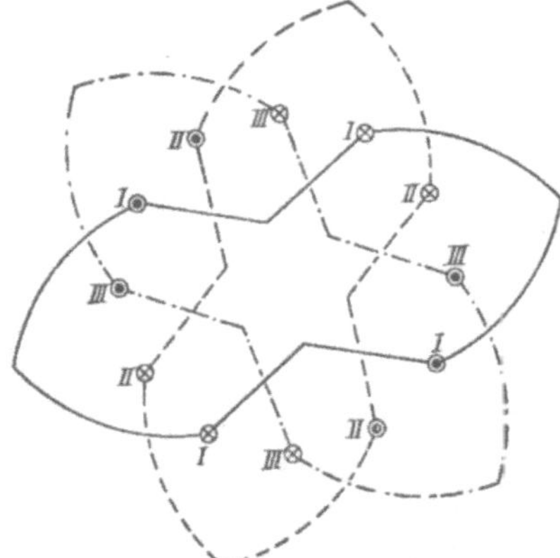

Fig. 211 b. Vierpolige dreiphasige Rotorwicklung.

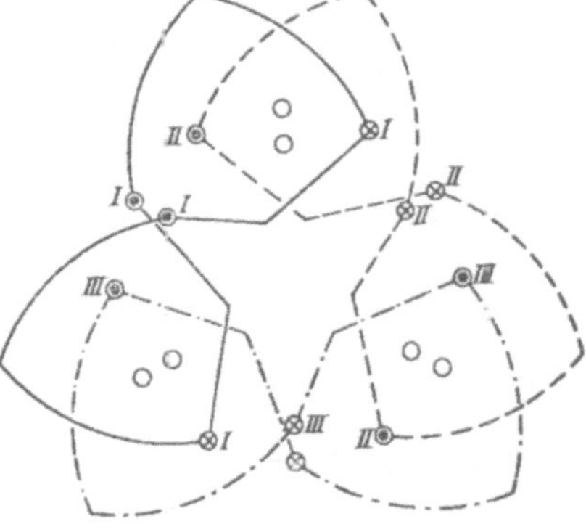

Fig. 211 c. Kombinierte Rotorwicklung durch Superposition von Fig. 211 a und b entstanden.

eine vereinigt[1]). Das Prinzip der Rotorwicklung stellen die Fig. 211 a bis c dar.

Fig. 211 a zeigt eine zweipolige dreiphasige Wicklung mit einem Stab pro Pol und Phase, die in Dreieck geschaltet und kurzgeschlossen ist. Fig. 211 b zeigt eine vierpolige Wicklung ebenfalls mit einem Stab pro Pol und Phase, bei der jede Phase für sich kurzgeschlossen ist. Durch die Superposition dieser beiden erhalten wir die Wicklung Fig. 211 c. Wo in einer Nut zwei Stäbe entgegengesetzter Stromrichtung zusammentreffen, werden sie fort-

---

[1]) s. Journal of the J. of E. E. vol. 39, 1907, S. 655 ff.
D.R.P. 206533 v. Februar 1909.

gelassen. Es sind daher in Fig. 211c drei Nuten vollständig und sechs Nuten halbleer, was eine Verbesserung der Ventilation bedingt.

Soll ein Motor mit einer solchen kombinierten Rotorwicklung mit allen drei Geschwindigkeiten laufen, so kann man[1]) in den freigelassenen Nuten eine Zusatzwicklung anordnen und die Wicklung an sechs Schleifringe anschließen, so daß die Felder beider Polzahlen getrennt für sich erzeugt werden können.

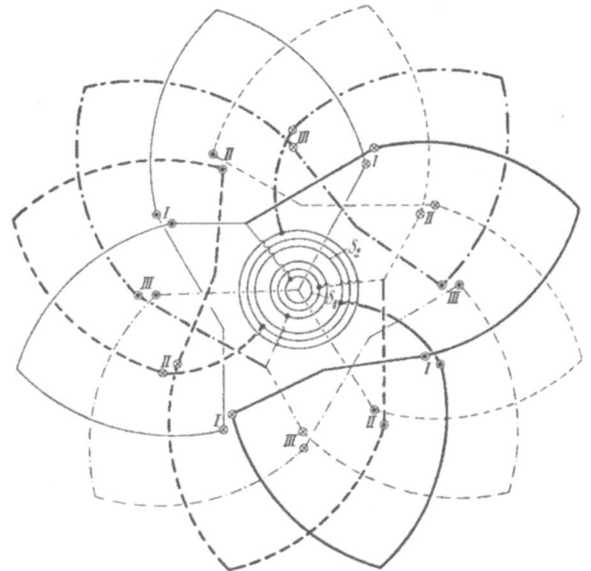

Fig. 212. Kombinierte Rotorwicklung mit Zusatzwicklung für drei Geschwindigkeiten.

Das Schema einer solchen Wicklung ist in Fig. 212 dargestellt, das auf diese Weise aus der Fig. 211c entsteht. Die Zusatzwicklung ist stärker gezeichnet.

Die Schaltung für die drei Tourenzahlen stellt Fig. 213 dar. S_1 bedeuten die Schleifringe an den Enden der kombinierten Wicklung, die in Stern geschaltet ist. S_2 sind die Schleifringe an den Enden der Zusatzwicklung, die mit der ersten in Serie geschaltet ist.

In Fig. 213a ist die Zusatzwicklung stromlos, der Motor läuft mit der geringsten Tourenzahl, entsprechend Fig. 211c. In Fig. 213b ist die Verbindung der Schleifringe S_1 aufgehoben, während die Schleifringe S_2 verbunden sind. Der Stromverlauf ist, wie aus Fig. 212 ersichtlich, derart, daß ein vierpoliges Feld entsteht. In

---

[1]) s. D. R. P. 220490 v. L. J. Hunt und Sandycroft Foundry Co. v. März 1910.

Fig. 213 c sind beide Schleifringe durch Widerstände verbunden, der Stromverlauf in der Zusatzwicklung kehrt sich um und es entsteht ein zweipoliges Feld.

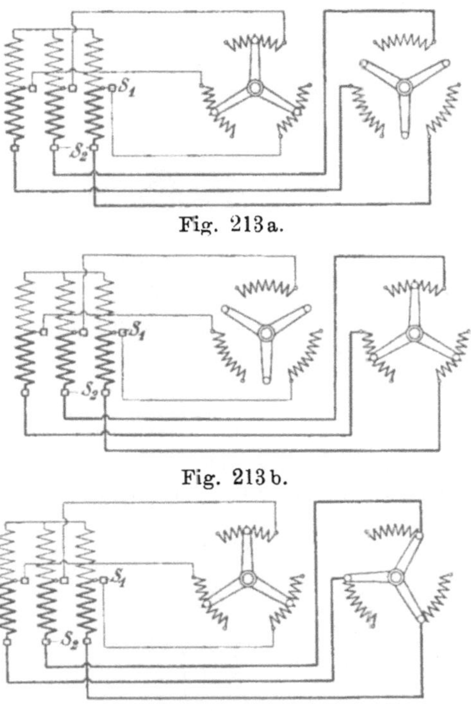

Fig. 213 a.

Fig. 213 b.

Fig. 213 c.

Fig. 213 a bis c.   Schaltung der Rotorwicklung Fig. 212 für drei Geschwindigkeiten.

Die Statorwicklung muß natürlich auch entsprechend umschaltbar sein.

25. Rotorwicklungen.

a) Die vielphasigen Kurzschlußwicklungen. Die bis jetzt besprochenen Wicklungen waren entweder einphasig, zweiphasig oder dreiphasig. Primär sind alle diese Wicklungen verwendbar; die sekundäre Wicklung ist dagegen bei den asynchronen Wechselstrommotoren immer, also auch bei den Einphasenmotoren, mehrphasig.

Ist für die sekundäre Wicklung eine Widerstandsregulierung vorgesehen, so wird diese Wicklung entweder verkettet zweiphasig oder dreiphasig ausgeführt; man erhält dann in beiden Fällen nur drei Schleifringe.

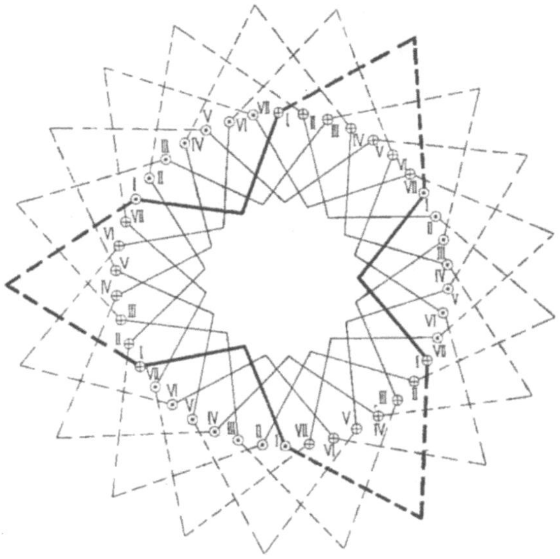

Fig. 214. Umlaufende vielphasige kurzgeschlossene Stabwicklung mit einem Stab pro Loch. $s = 42$, $p = 3$, $m = 7$, $y_1 = y_2 = 7$.

Fig. 215. Umlaufende vielphasige kurzgeschlossene Stabwicklung für $s = 48$, $p = 3$, $m = 4$, $y_1 = 9$, $y_2 = 7$.

Ist dagegen eine Widerstandsregulierung nicht erforderlich und daher ein dauerndes Kurzschließen der einzelnen Phasen zulässig, so kann die Phasenzahl beliebig groß gewählt werden.

Jede der genannten zwei- und dreiphasigen Wicklungen ist auch in diesem Falle brauchbar; es werden aber meistens vielphasige Wicklungen, die wir unter der Bezeichnung „vielphasige Kurzschlußwicklungen" zusammenfassen können, ausgeführt.

Jede Gleichstromwicklung, bei der wir alle Knotenpunkte (oder Kollektorlamellen) oder doch einen großen Teil derselben unter sich kurzschließen, würde eine vielphasige Kurzschlußwicklung sein. Gewöhnlich werden aber diese Wicklungen entweder als umlaufende Stabwicklungen oder als Käfigwicklungen ausgeführt.

In Fig. 214 ist eine sechspolige siebenphasige umlaufende Stabwicklung dargestellt mit einem Stab pro Loch. Die Stabzahl pro Pol muß bei dieser Wicklung stets eine ganze Zahl sein. Der resultierende Wicklungsschritt $y_1 + y_2$ wird gleich $\dfrac{s}{p}$. Um eine symmetrische Verteilung der Verbindungsgabeln zu erhalten, ist eine ungerade Phasenzahl notwendig.

Haben wir in einer Nut zwei Stäbe übereinander, so entsteht ein Schema wie Fig. 215. In diesem Falle erhalten wir bei beliebiger Phasenzahl eine symmetrische Verteilung der Stabverbindungen und die Wicklung kann als Mantelwicklung ausgeführt werden.

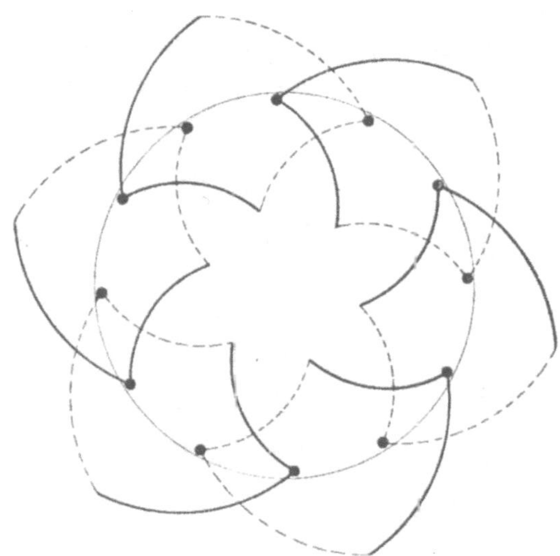

Fig. 216. Kurzschlußwicklung. $s = 12$, $p = 2$, $m = 3$.

Fig. 216 stellt eine Kurzschlußwicklung dar, bei der je zwei Stäbe, die um eine Polteilung voneinander entfernt liegen, zu einem Rahmen verbunden sind. Das Schema Fig. 217 kann man sich

durch Verdopplung der Querverbindungen in Fig. 216 entstanden
denken

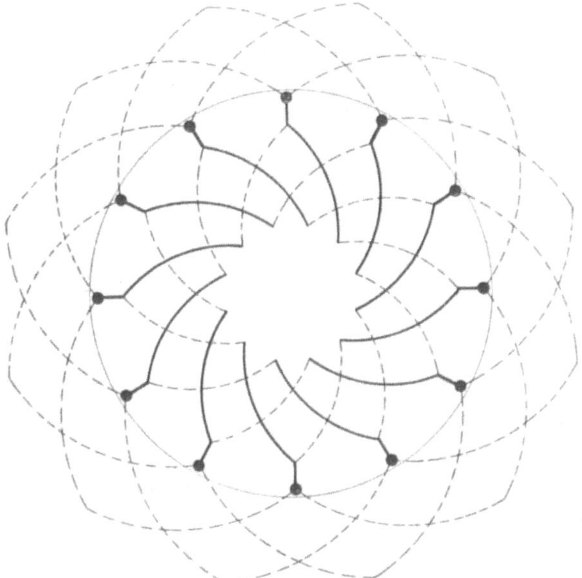

Fig. 217. Kurzschlußwicklung. $s = 12,\ p = 2,\ m = 3$.

b) Käfigwicklungen. Eine Kurzschlußwicklung einfachster Gestalt ist die sog. Käfigwicklung, die in Fig. 218 perspektivisch

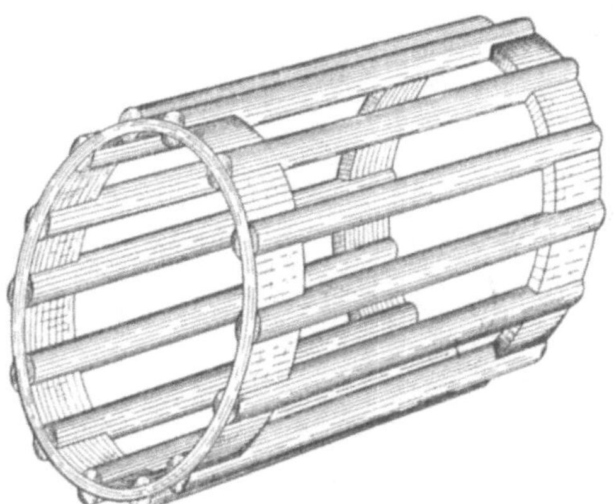

Fig. 218. Käfigwicklung.

ohne Eisenkern gezeichnet ist. Alle vorderen und alle hinteren
Enden der Stäbe werden je durch einen gemeinsamen Kupferring
kurzgeschlossen.

Fig. 219 zeigt einen Käfiganker mit runden Stäben, Fig. 220 einen solchen mit flachen, in offene schmale Nuten eingebetteten

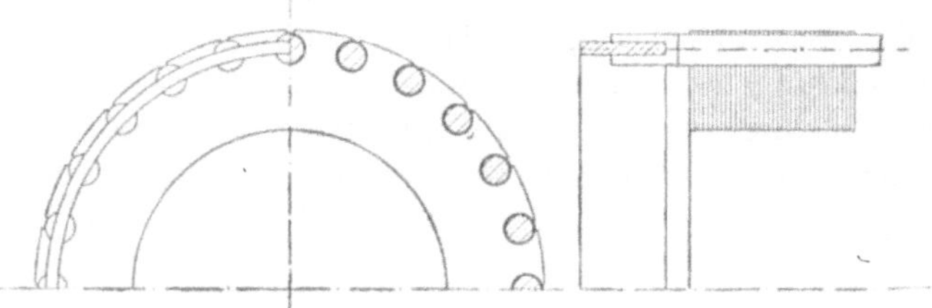

Fig. 219. Käfiganker mit runden Stäben.

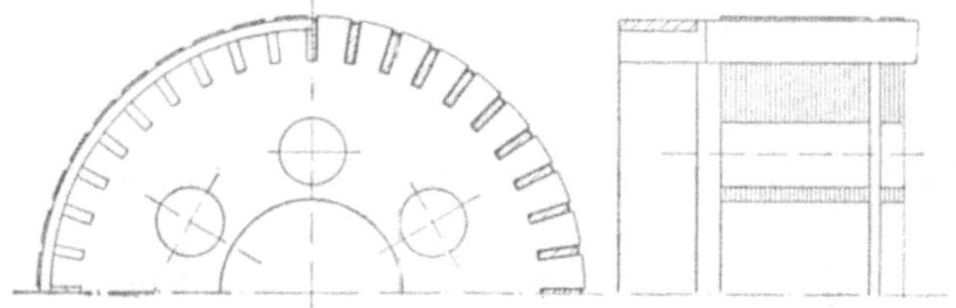

Fig. 220. Käfiganker mit rechteckigen Stäben.

Stäben und in Fig. 221 sind zwei Kurzschlußringe nebeneinander angeordnet, um eine größere Abkühlungsfläche zu erhalten. Der

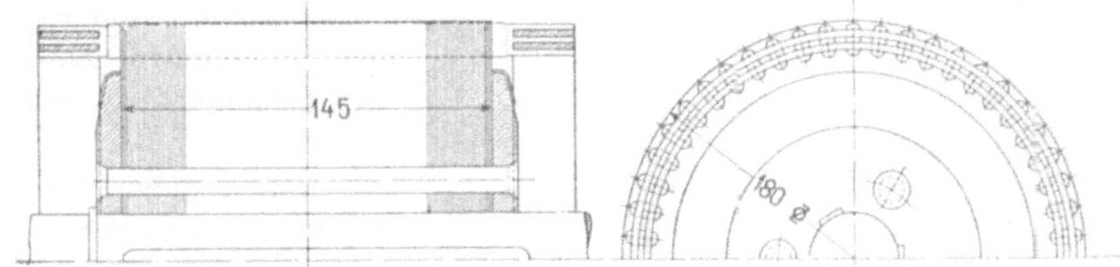

Fig. 221. Käfiganker mit zwei Kurzschlußringen auf jeder Seite.

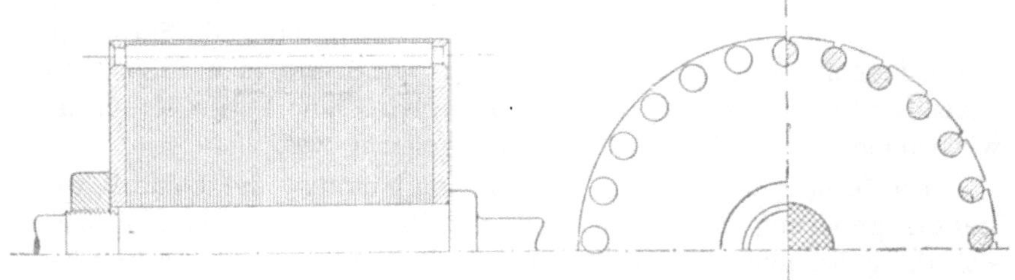

Fig. 222. Käfiganker, dessen Endscheiben als Kurzschlußringe dienen.

Rotor Fig. 220 ist mit axialen Ventilationskanälen und radialen Ventilationsschlitzen versehen. An Stelle der Ringe können, wie

Fig. 222 veranschaulicht, die Endscheiben als Kurzschlußringe benutzt werden, die Kühlung ist jedoch bei dieser Anordnung keine so günstige wie bei den freistehenden Ringen.

Bei Motoren, die sehr oft angelassen und abgestellt werden, wird die Käfigwicklung sehr heiß. In diesem Falle ist es daher besser, die Kurzschlußringe mit den Stäben nicht zu verlöten, sondern sie durch Nieten oder, wie in Fig. 223, durch Schrauben zu verbinden.

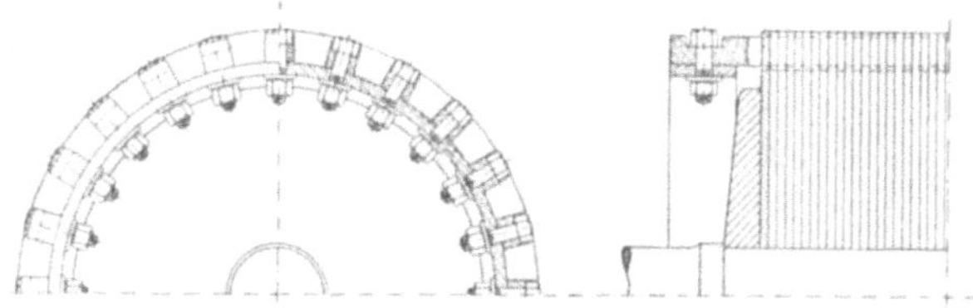

Fig. 223.   Käfiganker mit verschraubtem Kurzschlußring.

Damit ein Motor mit Kurzschlußanker die gewünschte Anzugskraft ausübt, muß die Kurzschlußwicklung einen bestimmten Widerstand haben, der um so größer sein muß, je größer die Anzugskraft gewählt wird. Bei den Phasenwicklungen kann man den Querschnitt der Querverbindungen und bei den Käfigankern Fig. 219 bis 221 den Querschnitt des Kurzschlußringes nötigenfalls nachträglich ändern, um das gewünschte Anzugsmoment zu erhalten.

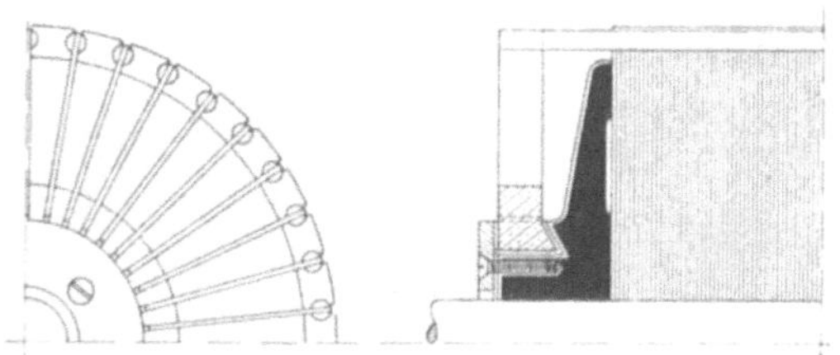

Fig. 224.   Käfiganker mit eingeschalteten Lamellen.

Eine bequeme Einregulierung des Widerstandes ermöglicht die in Fig. 224 dargestellte Bauart eines Käfigankers. Die Stäbe sind durch Lamellen aus Kupfer, Messing usw. mit einem auf der Achse sitzenden Ring verbunden, wodurch zugleich eine Vergrößerung der wirksamen Kühlfläche der Wicklung erreicht wird.

Die Käfigwicklung wird bei kleinen Motoren, die keine Widerstandsregulierung brauchen, und bei Motoren mit umschaltbarer Polzahl gebraucht. Liegen zwei Stäbe in einer Nut übereinander, so kann für jede Lage eine der angegebenen Käfigwicklungen ausgeführt werden.

Die Käfigwicklung läßt sich mit einer Phasenwicklung kombinieren, indem man alle Stäbe auf einer Seite mit

einem Kurzschlußring wie in Fig. 219 und auf der anderen Seite
z. B. nach dem Schema Fig. 216 verbindet.

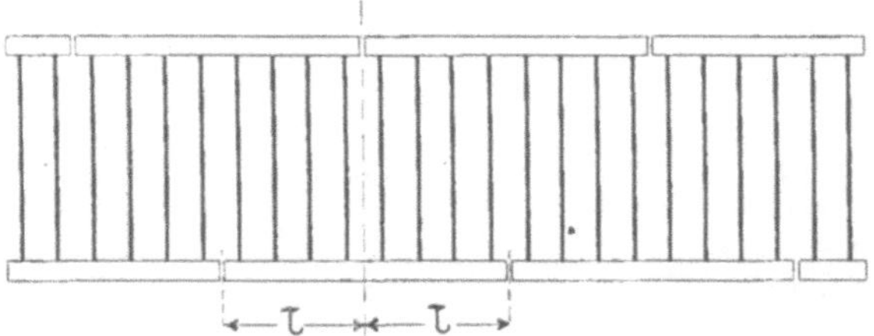

Fig. 225. Käfigwicklung mit aufgeschlitzten Ringen.

Schneidet man die Ringe einer Käfigwicklung derart auf, wie
Fig. 225 zeigt, die die Wicklung in abgerolltem Zustande darstellt, so entsteht eine kurzgeschlossene Phasenwicklung mit parallel
geschalteten Phasen. Das Aufschneiden des Ringes vergrößert den
Widerstand und daher auch das Anzugsmoment des Motors, aber
auch die Schlüpfung wächst.

Eine Phasenwicklung, die zum Teil als Kurzschlußwicklung
anzusehen ist, entsteht auch dann, wenn wir eine Phasenwicklung ohne Isolation ausführen, so daß die sich kreuzenden
Windungen unter sich und mit dem Eisenkörper des Rotors Schluß
haben. Wenn eine Widerstandsregulierung nicht verlangt wird,
ist eine derartige Ausführung der Wicklung vollkommen zulässig.
Kleine Anker werden mit blankem Draht und große Anker mit
nackten Kupferstäben bewickelt. Eine Isolation der Drahtbänder
ist dann ebenfalls nicht erforderlich.

c) Kombination von Phasen- und Käfigwicklung. Um sowohl
beim Anlauf hohe Anzugskraft, als bei voller Tourenzahl günstige
Arbeitsweise der Motoren zu erzielen,
haben verschiedene Firmen Rotoren
mit kombinierten Phasen- und Käfigwicklungen ausgeführt. Die Käfigwicklung dient zum Anlassen des Motors
und erhält deshalb einen hohen Widerstand. Die Phasenwicklung wird mit
kleinem Widerstande ausgeführt und
bleibt bei kleiner Tourenzahl offen.

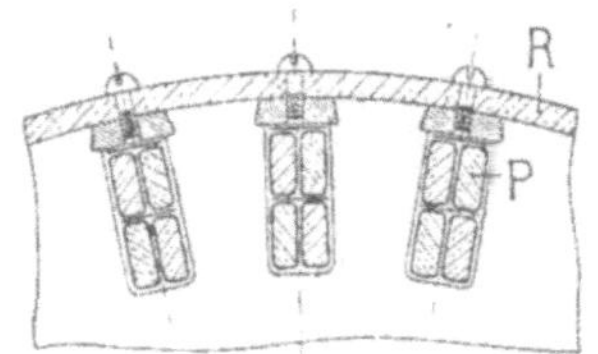

Fig. 226. Kombinierte Pha-
sen- und Käfigwicklung.

Ist eine höhere Geschwindigkeit erreicht, so wird sie kurzgeschlossen.

Eine günstige Anordnung für die Wicklung erhält man, wenn
man nach Fig. 226 zum Festhalten der Phasenwicklung P in den
Nuten Kupferkeile benutzt und diese an beiden Enden durch einen
Ring R von hohem Widerstande zu einer Käfigwicklung verbindet.

Die Maschinenfabrik Örlikon benutzt dieselben Stäbe für
die Phasenwicklung und für die Käfigwicklung. Wie Fig. 227

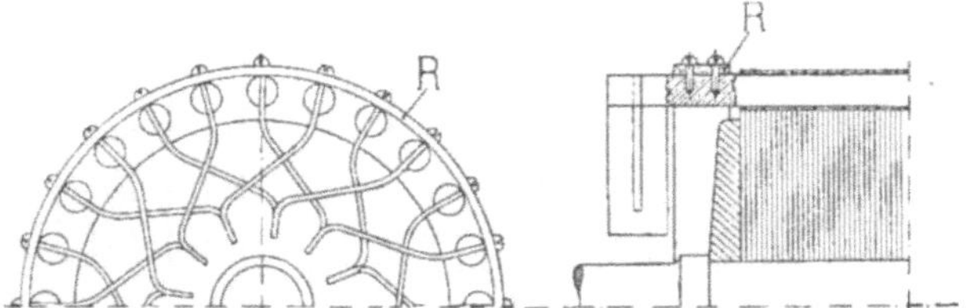

Fig. 227. Kombinierte Phasen- und Käfigwicklung.

zeigt, werden die Stäbe der Phasenwicklung durch einen auf-
geschraubten Ring R von hohem Widerstande, der gleichzeitig zum
Zusammenhalten der Wicklung dient, verbunden.

Achtes Kapitel.

Die Feldkurve einer synchronen Maschine.

26. Die Feldkurve und ihre Bestimmung aus dem Kraftröhrenbild. — 27. Der Formfaktor und der Füllfaktor der Feldkurve. — 28. Auflösung der Feldkurve in ihre Harmonischen. — 29. Verschiedene Polformen und ihre Faktoren. — 30. Entwurf der Polschuhform.

26. Die Feldkurve und ihre Bestimmung aus dem Kraftröhrenbild.

Die in einer Windung des Ankers einer Synchronmaschine induzierte EMK ist

$$e = -\frac{d\,\Phi}{d\,t}\,10^{-8}\ \text{Volt} \quad . \quad . \quad . \quad . \quad (42)$$

Der durch die Erregerwicklung erzeugte Kraftfluß ist zeitlich konstant und die EMK e wird dadurch erzeugt, daß sich Polrad und Anker relativ zueinander bewegen, so daß der Teil Φ des

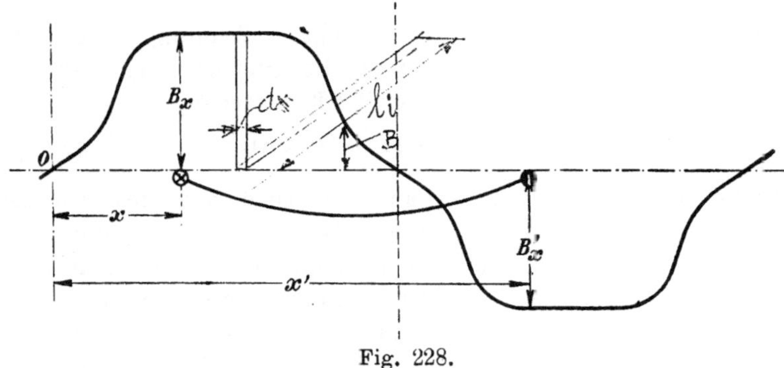

Fig. 228.

Kraftflusses, der die Fläche einer Windung durchsetzt, sich ändert. Dieser Kraftfluß Φ läßt sich nach Fig. 228 berechnen,

$$\Phi = \int_{x}^{x'} B\,l_i\,dx \quad . \quad . \quad . \quad . \quad . \quad (43)$$

wo B die Werte der Induktion zwischen den beiden Spulenseiten der Fig. 228 darstellt und l_i die **ideelle Eisenlänge des Ankers** bedeutet. Sie ist etwas größer als die wirkliche Eisenlänge und berücksichtigt den an den Seitenflächen des Ankereisens eintretenden Kraftfluß.

Denken wir uns das Polrad fest im Raume und den Anker rotierend, so ist B für einen bestimmten Punkt des Raumes eine Konstante und x und x' sind abhängig von der Zeit, da die Abstände der beiden Seiten einer Windung x und x' von dem festliegenden Koordinatenursprung O proportional der Zeit wachsen. Es ist daher

$$\frac{d\Phi}{dt} = \frac{d}{dt}\int_{x}^{x'} B\, l_i\, dx = l_i\left[B_{x}'\frac{dx'}{dt} - B_x\frac{dx}{dt} \right] = l_i\, v\, [B_{x}' - B_x] \quad (44)$$

da $\dfrac{dx'}{dt}$ und $\dfrac{dx}{dt}$ gleich der Ankergeschwindigkeit sind. Die in einer Windung induzierte EMK ist dann

$$e = -\frac{d\Phi}{dt}10^{-8} = l_i\, v\, [B_x - B_x']\, 10^{-8}\ \text{Volt}. \quad . \quad . \quad (45)$$

Wenn wir nun voraussetzen, daß die Spulenweite gleich einer Polteilung sei und daß die Maschine symmetrisch gebaut sei, so ist:

$$B_x = -\, B_x'$$

und die EMK einer Windung

$$e = 2\, l_i\, v\, B_x\, 10^{-8}\ \text{Volt} \quad . \quad . \quad . \quad . \quad (46\,\mathrm{a})$$

Haben wir eine **Einlochspule** mit w Windungen, so wird in jeder Windung in jedem Moment die gleiche EMK induziert und es wird der Momentanwert der EMK dieser Spule

$$e = 2\, w\, l_i\, v\, B_x\, 10^{-8}\ \text{Volt} \quad . \quad . \quad . \quad (46\,\mathrm{b})$$

wo B_x den Wert der Induktion an dem Orte bedeutet, wo sich die eine Spulenseite gerade befindet. Die **momentane** induzierte EMK einer Windung ist also proportional der **momentanen** Induktion an dem Orte, wo sich die Windung gerade befindet, d. h. die **Kurve der Induktionsverteilung am Ankerumfang ist, abgesehen vom Maßstabe, auch die Kurve der induzierten EMK einer Windung von der Weite** $y = \tau$.

Die EMK, die in der Ankerwicklung einer Synchronmaschine induziert wird, ist daher im allgemeinen nicht von Sinusform, sondern sie erhält eine von der Form des Feldes im Luftspalte abhängige Gestalt. Um die Kurvenform der

EMK bestimmen zu können, ist es deswegen notwendig, die Feld-kurve, d. h. die Kurve, die die Induktion im Luftspalte als Funk-tion des Ankerumfanges darstellt, zu berechnen. Dies soll hier in annähernder Weise geschehen.

Man zeichnet zu diesem Zwecke ein Bild von dem Verlauf der Kraftröhren im Luftraume zwischen den Oberflächen der Pole und der Armatur auf. Wie bekannt, stellt sich die Kraftflußverteilung eines magnetischen Feldes immer so ein, daß dessen magnetische Energie ein Maximum wird; zeichnet man deswegen mehrere Kraft-linienbilder auf, so liegt dasjenige Bild, das den größten Kraftfluß zwischen einem Pol und der Armaturoberfläche und den benach-barten Polen ergibt, der Wirklichkeit am näch-sten. Bei der Aufzeichnung des Bildes muß man darauf achten, daß die Kraftlinien die Eisenober-flächen unter beinahe rechten Winkeln durch-setzen; denn die Permeabilität μ_1 der Luft ist im Verhältnis zu derjenigen des Eisens μ_2 sehr klein. Es verhalten sich bekanntlich, wenn α_1 und α_2 die Winkel zwischen der Richtung des Kraftflusses und der Normalen auf der Eisenoberfläche bedeuten (Fig. 229),

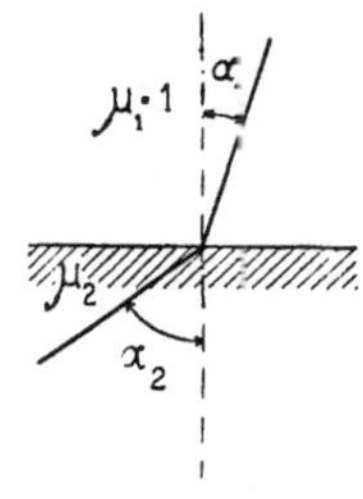

Fig. 229.

$$\operatorname{tg} \alpha_1 : \operatorname{tg} \alpha_2 = \mu_1 : \mu_2 = 1 : \mu_2$$

$$\operatorname{tg} \alpha_1 = \frac{\operatorname{tg} \alpha_2}{\mu_2} \cong 0,$$

da μ_2 sehr groß ist.

Man zeichnet nun einige Kraftlinienbilder nach bestem Er-messen auf und zerlegt dadurch den betrachteten Raum in Kraft-röhren, deren Leitfähigkeit man berechnet. Einen Nutenanker denkt man sich durch einen glatten Anker ersetzt. Das Bild mit der größten magnetischen Leitfähigkeit nimmt man als richtig an und setzt unter der Annahme einer konstanten magnetischen Potential-differenz zwischen Polschuh und Armaturoberfläche den Kraftfluß jedes Rohres proportional seiner Leitfähigkeit. Die Induktion B in einem Punkte x der Armaturoberfläche wird dann proportional der Leitfähigkeit des Rohres, in dem der Punkt liegt, geteilt durch die Schnittfläche des Rohres mit der Armaturoberfläche.

Hat man das Kraftlinienbild, das man als richtig ansehen will, gefunden, so kann man, wie Fig. 230 zeigt, mit b_x die mittlere Weite und mit δ_x die mittlere Länge des Kraftrohres bezeichnen; es wird dann die Leitfähigkeit des Rohres von 1 cm Tiefe mit großer Annäherung proportional $\dfrac{b_x \cdot 1}{\delta_x}$ und damit die Induktion im Punkte x proportional $\dfrac{b_x}{a_x\,\delta_x}$. Ist die Luftinduktion im Luftzwischenraum δ, wo $a_x = b_x$, gleich B_l, so ist sie an der Stelle x,

da
$$B_l : B_x = \frac{1}{\delta} : \frac{b_x}{a_x\,\delta_x},$$

$$B_x = B_l \frac{\delta}{\delta_x} \frac{b_x}{a_x} \qquad \ldots \quad \ldots \quad \ldots \quad (47)$$

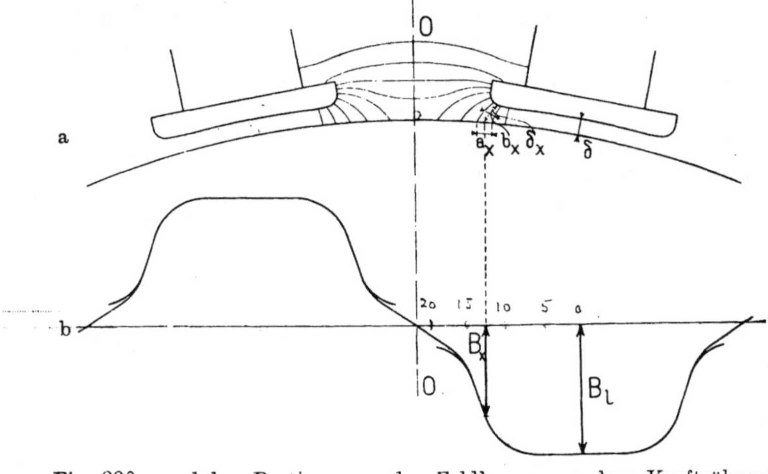

Fig. 230a und b. Bestimmung der Feldkurve aus dem Kraftröhrenbild.

Ist der Querschnitt einer Kraftröhre stark veränderlich, so daß der mittlere Querschnitt schwer einigermaßen genau geschätzt werden kann, so kann man die Röhre, wie Fig. 231 zeigt, in mehrere Teile zerlegen und die gesamte Leitfähigkeit durch Addition der Widerstände der einzelnen Teile ermitteln. In Formel 47 ist dann zu setzen

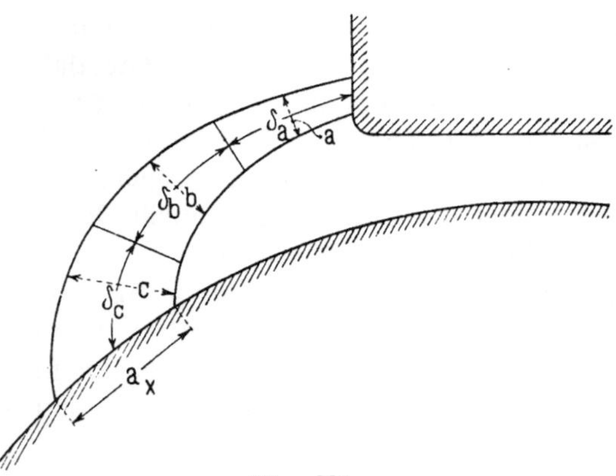

Fig. 231.

$$\frac{b_x}{\delta_x} = \frac{1}{\dfrac{\delta_a}{a} + \dfrac{\delta_b}{b} + \dfrac{\delta_c}{c}} \quad (48)$$

Wir können also, wenn wir von irgendeinem Werte B_l ausgehen, die Feldkurve durch Aufzeichnung der Kraftröhren und Berechnung von B_x bestimmen.

Aus dem Kraftröhrenbild Fig. 230a sind die Werte von b_x, a_x und δ_x entnommen und aus diesen wurden die Ordinaten der Feldkurve Fig. 230b berechnet. Man kann auch das Kraftlinienbild und die Feldkurve für jeden Pol einzeln berechnen und dann beide Feldkurven superponieren.

Es ist zu bemerken, daß die Werte, die man in der Nähe der neutralen Zone OO erhält, zu groß ausfallen; das rührt daher, daß man mit einem Bilde, das das Feld nur in eine kleine Anzahl von Röhren teilt, die feine Abschattierung des wirklichen Feldes nicht nachahmen kann. Man verfährt deswegen am besten so wie in Fig. 230 gezeigt und läßt die Röhren in der Nähe der neutralen Zone weg; man erhält dann keine Punkte an dieser Stelle und verbindet deswegen einfach den positiven und negativen Teil der Feldkurve durch eine gerade Strecke. Diese Annäherung stimmt mit den wirklichen Verhältnissen überein; denn die Feldkurve verläuft stets nach einer geraden Linie, wo sie durch Null geht. Dieses Verfahren liefert ziemlich genaue, jedenfalls für praktische Zwecke genügend genaue Werte. Hiervon kann man sich leicht durch Aufzeichnen mehrerer Kraftlinienbilder überzeugen; man wird finden, daß die auf diese Weise erhaltenen Feldkurven nicht stark voneinander abweichen.

27. Der Füllfaktor und der Formfaktor der Feldkurve.

Den Momentanwert der induzierten EMK einer Einlochwicklung mit w Windungen bestimmten wir auf S. 176 zu

$$e = 2\,w\,l_i\,v\,B_x\,10^{-8}\ \text{Volt} \quad \ldots \quad (49)$$

Der Mittelwert der induzierten EMK ist

$$E_{mitt} = \frac{2}{T}\int_0^{\frac{T}{2}} e\,dt = \frac{4}{T}\,w\,l_i\int_0^{\frac{T}{2}} v\,B_x\,dt\,10^{-8}\ \text{Volt},$$

wo $T = \dfrac{1}{c}$, die Zeit einer vollständigen Periode bedeutet. Es muß über eine halbe Periode integriert werden, denn das Integral über eine oder mehrere ganze Perioden erstreckt, würde den Mittelwert Null geben, wegen der symmetrischen Form der Feldkurve.

Da $v\,dt = dx$ ist, erhält man

$$E_{mitt} = 4\,c\,w\,l_i\int_0^{\tau} B_x\,dx\,10^{-8}\ \text{Volt} \quad \ldots \quad (50)$$

wo jetzt entsprechend über eine Polteilung zu integrieren ist (Fig. 232).

Der Wert des Integrals ist vom Anfangspunkt der Integration A abhängig. Der größte Mittelwert, der nur Interesse hat,

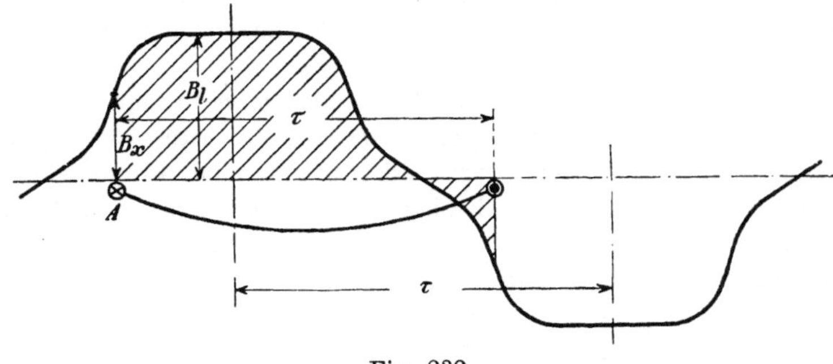

Fig. 232.

wird dann erhalten, wenn von einem Nullwert der Feldkurve bis zum nächsten, d. h. von einer neutralen Zone zwischen zwei Polen bis zur nächsten integriert wird. Es stellt dann das Integral

$$l_i \int_0^\tau B_x \, dx = \Phi$$

den maximalen Kraftfluß dar, der eine solche Spule durchsetzen kann, so daß wir erhalten

$$E_{mitt} = 4\, c\, w\, \Phi\, 10^{-8}\, \text{Volt} \quad . \quad . \quad . \quad . \quad (51)$$

Φ ist gleich der halben Kraftflußvariation während einer halben Periode oder ein Viertel der gesamten Kraftflußvariation während einer Periode. Φ ist auch gleich dem totalen Kraftflusse eines Poles.

Wir gehen jetzt zur Bestimmung von Φ über, unter der Voraussetzung, daß die maximale Induktion B_l unter dem Polschuhe bekannt ist. Es ist

$$\Phi = l_i \int_0^\tau B_x \, dx = B_{mitt}\, l_i\, \tau,$$

wo B_{mitt} den Mittelwert der Induktion innerhalb einer Polteilung bedeutet. Ersetzt man die Feldkurve durch ein Rechteck vom gleichen Flächeninhalt und von der Höhe B_l, so wird die Breite b_i dieses Rechteckes fast gleich dem Polbogen b; b_i heißt der ideelle Polbogen (Fig. 233). Es wird somit auch

$$\Phi = B_l\, l_i\, b_i \quad . \quad . \quad . \quad . \quad . \quad . \quad . \quad (52)$$

Wir setzen nun

$$\alpha_i = \frac{B_{mitt}}{B_l} = \frac{b_i}{\tau} \quad \cdots \cdots \cdots \quad (53)$$

und heißen dieses Verhältnis den **Füllfaktor**; denn
bei gegebener maximaler
Luftinduktion B_l ist es ein
Maß für den Teil der
Ankerfläche, den man sich
mit der Induktion B_l gefüllt denken muß, um den

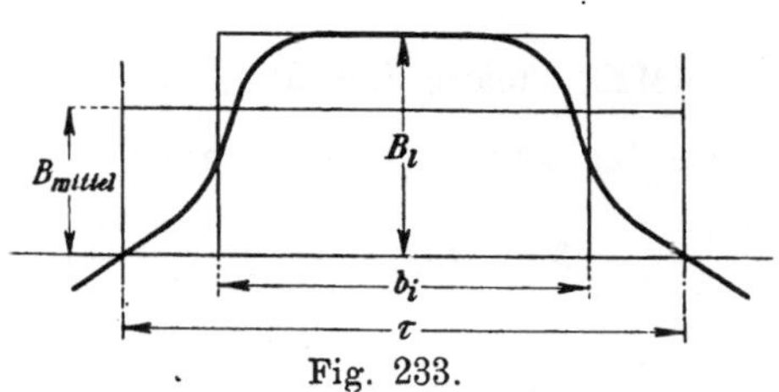

Fig. 233.

gesamten Kraftfluß aller Pole zu erhalten. Es ist nämlich

$$\Phi = \alpha_i \tau l_i B_l \quad \cdots \cdots \cdots \cdots \quad (54)$$

Es ist oft wünschenswert, den Füllfaktor α_i zu bestimmen,
ohne die Feldkurve zu konstruieren, und dies ist in einfacher
Weise mit großer Annäherung möglich, indem man, wie früher angegeben, zunächst das wahrscheinlichste Kraftlinienbild aufzeichnet.

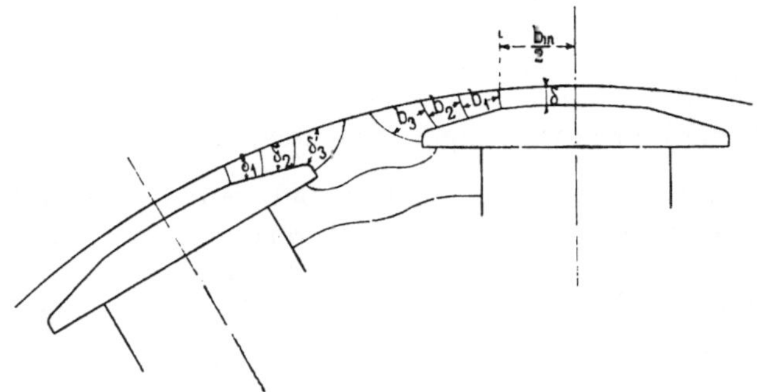

Fig. 234. Kraftröhrenbild.

Man erhält ungefähr das in Fig. 234 aufgezeichnete Kraftröhrenbild.

Es ist nun einerseits der Kraftfluß pro Pol

$$\Phi = \alpha_i \tau l_i B_l = b_i l_i B_l$$

und andererseits ist der Kraftfluß gleich der Summe der Flüsse
aller Kraftröhren. Durch ein cm² unter dem Polschuh geht der
Kraftfluß B_l. Ist an dieser Stelle die Länge des Luftspaltes δ, so
ist die nötige magnetomotorische Kraft um den Kraftfluß B_l
durch die Röhre von 1 cm² Querschnitt zu treiben

$$0{,}8\, k_1\, B_l\, \delta,$$

wo der Faktor k_1 die Vergrößerung des magnetischen Widerstandes der Röhre durch die Nutenöffnungen berücksichtigt. Diese MMK wirkt auch auf jede andere Röhre, z. B. auf die vom mittleren Querschnitte b_x und der Länge δ_x. Der Kraftfluß dieser Röhre ist deswegen

$$\text{MMK} \times \text{magn. Leitfähigkeit} = 0,8\, k_1\, B_l\, \delta\, \frac{b_x}{0,8\, \delta_x} = B_l\, k_1\, \delta\, \frac{b_x}{\delta_x},$$

also ist der totale Kraftfluß gleich

$$\Phi = B_l\, l_i \left[b_{in} + \Sigma\left(k_1\, \delta\, \frac{b_x}{\delta_x} \right) \right]$$

$$= B_l\, l_i \left[b_{in} + 2\,\delta\, k_1 \left(\frac{b_1}{\delta_1} + \frac{b_2}{\delta_2} + \frac{b_3}{\delta_3} + \ldots \right) \right] \quad . \quad . \quad (55)$$

also

$$\alpha_i = \frac{1}{\tau} \left[b_{in} + 2\,\delta\, k_1 \left(\frac{b_1}{\delta_1} + \frac{b_2}{\delta_2} + \ldots \right) \right] \quad . \quad . \quad . \quad . \quad (56)$$

Sind die Zähne, die unter dem Polschuhe liegen, stark gesättigt, so ist an den Polspitzen, sofern diese wie gewöhnlich nicht gesättigt sind, die auf eine Röhre wirkende magnetomotorische Kraft größer als $0,8\, k_1\, B_l\, \delta$, nämlich angenähert

$$0,8\, k_1\, B_l\, \delta + \frac{1}{2}\, A W_z,$$

wo $\frac{1}{2}\, A W_z$ die Amperewindungen bedeuten, die nötig sind, um den Kraftfluß durch die Zähne zu treiben und die in der neutralen Zone ebenfalls zur Magnetisierung der Luft verwendet werden. Es tritt deswegen in die Formel für α_i nicht $k_1 \delta$, sondern $k_1 k_z \delta$ ein, wo k_z das Verhältnis der wirksamen $A W$ bei gesättigten und ungesättigten Zähnen bedeutet, nämlich

$$k_z = 1 + \frac{A W_z}{1,6\, k_1\, B_l\, \delta} \quad . \quad . \quad . \quad . \quad . \quad . \quad (57)$$

Es wird also

$$\alpha_i = \frac{1}{\tau} \left[b_{in} + 2\, \delta\, k_1\, k_z \left(\frac{b_1}{\delta_1} + \frac{b_2}{\delta_2} + \ldots \right) \right] \quad . \quad . \quad (58)$$

und es ist der ideelle Polbogen

$$b_i = b_{in} + 2\, \delta\, k_1\, k_z \left(\frac{b_1}{\delta_1} + \frac{b_2}{\delta_2} + \ldots \right) \quad . \quad . \quad . \quad (59)$$

Will man den Wert von α_i nicht graphisch ermitteln, so kann man ihn für die in Fig. 230 dargestellte Polschuhform mit abgerundeten Ecken durch folgende Annäherung berechnen:

$$\alpha_i = \frac{1}{\tau} (b + \delta) \quad . \quad . \quad . \quad . \quad . \quad . \quad (60\,a)$$

und durch

$$\alpha_i = \frac{1}{\tau}(b + 2{,}5\,\delta) \quad \ldots \ldots \quad (60\,\mathrm{b})$$

für eine Polschuhform mit scharfen Ecken.

Die Berechnung von l_i geschieht am besten im Anschluß an die Berechnung des Faktors k_1. Diese ist in WT IV, Kap. III angegeben.

Wenn Φ bekannt ist, können E_{mitt} und der Effektivwert E berechnet werden.

Das Verhältnis zwischen dem Effektivwert E und dem Mittelwert der EMK wird Formfaktor f_E genannt; es ist also

$$\boldsymbol{E = f_E\,E_{mitt} = 4\,f_E\,c\,w\,\Phi\,10^{-8}\,\text{Volt}} \quad \ldots \quad (61)$$

f_E hängt von der Form der Kurve der erzeugten EMK ab, und da diese bei einer Einlochwicklung, d. h. bei einer Spulenseite pro Polteilung, gleich der Form der Feldkurve ist, wie wir auf S. 176 sahen, ist der Formfaktor f_E der EMK-Kurve einer Einlochwicklung mit der Spulenweite y gleich der Polteilung τ gleich dem Formfaktor f_B der Feldkurve.

Es erübrigt nun noch, den Formfaktor f_B der Feldkurve zu berechnen; dieser ist gleich

$$f_B = \frac{B_e}{B_{mitt}} = \frac{\sqrt{\dfrac{1}{\tau}\displaystyle\int_0^\tau B_x^2\,dx}}{\dfrac{1}{\tau}\displaystyle\int_0^\tau B_x\,dx}.$$

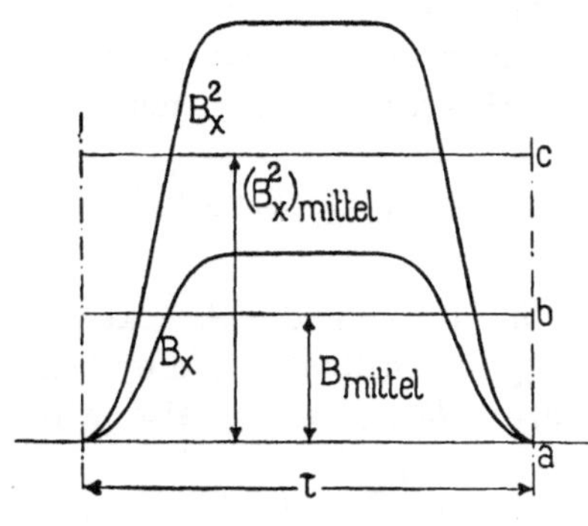

Fig. 235.

Seine Berechnung kann in der Weise geschehen, daß wir durch Quadrieren der Ordinaten der Feldkurve die B_x^2-Kurve aufzeichnen und durch Planimetrieren B_{mitt} und $(B_x^2)_{mitt}$ bestimmen (Fig. 235).

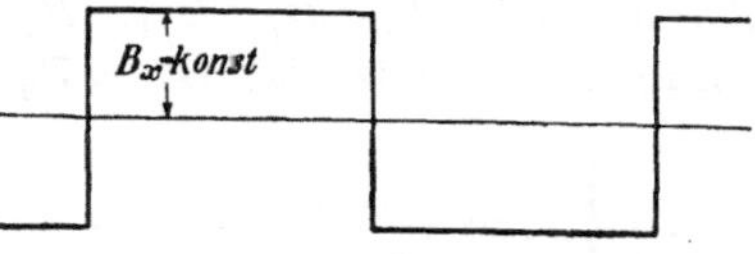

Fig. 236.

Es ist dann

$$f_B = \frac{\sqrt{(B_x^2)_{mitt}}}{B_{mitt}} = \frac{\sqrt{a\,c}}{a\,b}.$$

Als Beispiel sei der Formfaktor

1. einer rechteckigen Kurve $\ldots$ $f_B = 1$ (Fig. 236),

2. einer spitzen Kurve . . . . . . $f_B = \dfrac{2}{\sqrt{3}} = 1{,}15$ (Fig. 237),

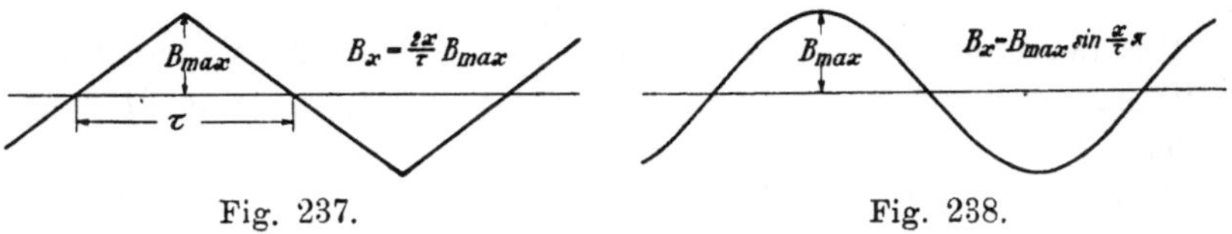

Fig. 237.   Fig. 238.

3. einer sinusförmigen Kurve . . $f_B = \dfrac{\pi}{2\sqrt{2}} = 1{,}11$ (Fig. 238)

angegeben.

28. Auflösung der Feldkurve in ihre Harmonischen.

Um die in einer verteilten Wicklung induzierte EMK zu berechnen, löst man am besten nach Fourier (Bd. I, S. 221) die Feldkurve in eine Summe von Sinuswellen auf. Da die Feldkurve in
bezug auf die Ordinatenachse symmetrisch ist, so fallen die Kosinus-
glieder weg und alle Sinuswellen sind von derselben Phase, d. h.
alle gehen in einer Halbperiode einmal gleichzeitig durch Null.
Es ist deswegen möglich, den Momentanwert B_x der Feldstärke
durch folgende Formel auszudrücken

$$B_x = B_1 \sin x + B_3 \sin 3x + B_5 \sin 5x + \ldots, \qquad (62)$$

wo x die in Fig. 228 eingeschriebene Abszisse der Ordinate B_x in
Graden bedeutet. Nach dem Satze der kleinsten Quadrate muß die
Amplitude der Grundwelle oder des Grundfeldes gleich

$$B_1 = \frac{2}{m}\left\{ B_I \sin\left(\frac{2\pi}{2m}\right) + B_{II} \sin\left(\frac{4\pi}{2m}\right) + \ldots + B_{m-I} \sin\frac{2(m-1)\pi}{2m} \right\}$$

sein. $2m$ bedeutet die Anzahl Teile, in die man die Strecke 2π
teilt, während B_0, B_I, B_{II}, $B_{III} \ldots B_m$ die Ordinaten dieser Teil-
punkte sind. Hier ist $B_I = B_{m-I}$; $B_{II} = B_{m-II}$ usw.; also wird

$$B_1 = \frac{4}{m}\left\{ B_I \sin\left(\frac{2\pi}{2m}\right) + B_{II} \sin\left(\frac{4\pi}{2m}\right) + \ldots + \frac{B_m}{2} \sin\left(\frac{m\pi}{2m}\right) \right\}. \quad (63)$$

Ähnlich wird die Amplitude der dritten Harmonischen oder,
wie wir sie auch nennen wollen, die Amplitude des dritten
Oberfeldes

$$B_3 = \frac{4}{m}\left\{ B_I \sin 3\left(\frac{2\pi}{2m}\right) + B_{II}\sin 3\left(\frac{4\pi}{2m}\right) + \ldots + \frac{B_{\frac{m}{2}}}{2}\sin 3\left(\frac{m\pi}{2m}\right)\right\}$$

die Amplitude des fünften Oberfeldes

$$B_5 = \frac{4}{m}\left\{ B_I \sin 5\left(\frac{2\pi}{2m}\right) + B_{II}\sin 5\left(\frac{4\pi}{2m}\right) + \ldots + \frac{B_{\frac{m}{2}}}{2}\sin 5\left(\frac{m\pi}{2m}\right)\right\} \quad (64)$$

und die Amplitude des siebenten Oberfeldes

$$B_7 = \frac{4}{m}\left\{ B_I \sin 7\left(\frac{2\pi}{2m}\right) + B_{II}\sin 7\left(\frac{4\pi}{2m}\right) + \ldots + \frac{B_{\frac{m}{2}}}{2}\sin 7\left(\frac{m\pi}{2m}\right)\right\}$$

Wählt man z. B. $m = 24$, so wird $\dfrac{2\pi}{2m} = 7{,}5^0$ und

$$B_1 = \frac{1}{6}\left\{ B_I \sin\ 7{,}5^0 + B_{II}\sin\ 15^0 + \ldots + \frac{1}{2}B_{XII}\sin\left(\frac{\pi}{2}\right)\right\}$$

$$B_3 = \frac{1}{6}\left\{ B_I \sin 22{,}5^0 + B_{II}\sin\ 45^0 + \ldots + \frac{1}{2}B_{XII}\sin\left(\frac{3\pi}{2}\right)\right\}$$

$$B_5 = \frac{1}{6}\left\{ B_I \sin 37{,}5^0 + B_{II}\sin\ 75^0 + \ldots + \frac{1}{2}B_{XII}\sin\left(\frac{5\pi}{2}\right)\right\} \quad (65)$$

und

$$B_7 = \frac{1}{6}\left\{ B_I \sin 52{,}5^0 + B_{II}\sin 105^0 + \ldots + \frac{1}{2}B_{XII}\sin\left(\frac{7\pi}{2}\right)\right\}$$

Man führt die Rechnung am besten wie folgt tabellarisch durch. In der ersten Kolonne schreibt man die aus der Feldkurve entnommenen Ordinaten, die um $7{,}5^0$ auseinander liegen, ein. In der zweiten Kolonne stehen die Sinuswerte, mit denen die Ordinaten B_I, B_{II} . . . multipliziert werden müssen, um B_1 zu erhalten; in der dritten, vierten und fünften Kolonne die Sinuswerte, mit denen die Ordinaten B_I, B_{II} . . . zu multiplizieren sind, um B_3, B_5 und B_7 zu erhalten. In den nächsten Kolonnen stehen dieselben Koeffizienten mit B_I, B_{II} . . . multipliziert. Summiert man nun die in den einzelnen Kolonnen $B_x \sin x$, $B_x \sin 3x$, $B_x \sin 5x$ und $B_x \sin 7x$ stehenden Werte, so erhält man direkt die Größen $6B_1$, $6B_3$, $6B_5$ und $6B_7$. Für das in der folgenden Tabelle benutzte Beispiel werden also die Amplituden der einzelnen Felder

B_x	$\sin x$	$\sin 3x$	$\sin 5x$	$\sin 7x$	$B_x \sin x$	$B_x \sin 3x$	$B_x \sin 5x$	$B_x \sin 7x$
$B_I = 1{,}84$	0,13	0,382	0,609	0,783	0,24	0,70	1,12	1,45
$B_{II} = 3{,}7$	0,259	0,707	0,966	0,966	0,97	2,64	-3,6	3,6
$B_{III} = 7{,}5$	0,382	0,924	0,924	0,382	2,85	6,9	6,9	2,85
$B_{IV} = 15{,}5$	0,500	1,00	0,5	— 0,50	7,85	15,5	7,85	— 7,85
$B_V = 38{,}5$	0,609	0,924	— 0,13	— 0,991	23,5	35,6	— 5	— 38,3
$B_{VI} = 88{,}3$	0,707	0,707	— 0,707	— 0,707	62,4	62,4	— 62,4	— 62,4
$B_{VII} = 99{,}3$	0,793	0,382	— 0,991	+ 0,13	78,8	38,0	— 98,3	+ 12,9
$B_{VIII} = 99{,}5$	0,866	0	— 0,866	+ 0,866	86,3	0	— 86,3	+ 86,3
$B_{IX} = 99{,}6$	0,924	— 0,382	— 0,382	+ 0,924	92,0	— 38,1	— 38,1	+ 92,0
$B_X = 99{,}7$	0,966	— 0,707	+ 0,259	+ 0,259	96,4	— 70,6	+ 26,9	+ 26,9
$B_{XI} = 99{,}75$	0,991	— 0,924	+ 0,793	— 0,609	98,8	— 92,2	+ 79,1	— 60,8
$B_{XII} = 99{,}8$	0,50	— 0,50	+ 0,50	— 0,50	49,9	— 49,9	+ 49,9	— 49,9
					600	— 83,6	— 116	+ 6,0

$$B_1 = \frac{600}{6} = 100$$

$$B_3 = \frac{-83{,}6}{6} = -13{,}9$$

$$B_5 = \frac{-116}{6} = -19{,}3$$

und

$$B_7 = \frac{6}{6} = 1$$

und man erhält

$$B_x = B_1 \sin x + B_3 \sin 3x + B_5 \sin 5x + B_7 \sin 7x$$
$$= 100 \sin x - 13{,}9 \sin 3x - 19{,}3 \sin 5x + 1 \sin 7x.$$

Es kann nun der Mittelwert, der Effektivwert und der Maximalwert der Feldkurve aus der Formel für B_x in einfacher Weise ermittelt werden. Es ist nämlich

$$B_{mitt} = \frac{1}{\pi} \int_0^{x=\pi} B_x \, dx = \frac{2}{\pi} \left(B_1 + \frac{1}{3} B_3 + \frac{1}{5} B_5 + \frac{1}{7} B_7 \right) \quad . \quad . \quad (66)$$

$$B_{eff} = \sqrt{\frac{1}{\pi} \int_0^{x=\pi} B_x^2 \, dx} = \sqrt{\frac{1}{2} \left(B_1^2 + B_3^2 + B_5^2 + B_7^2 \right)} \quad . \quad (67)$$

und

$$B_{max} = (B_x)_{x=\frac{\pi}{2}} = B_1 - B_3 + B_5 - B_7 \quad . \quad . \quad . \quad . \quad . \quad (68)$$

In Fig. 239 ist die Feldkurve, die im vorhergehenden als Beispiel benutzt worden ist, und ihre Harmonischen aufgezeichnet.

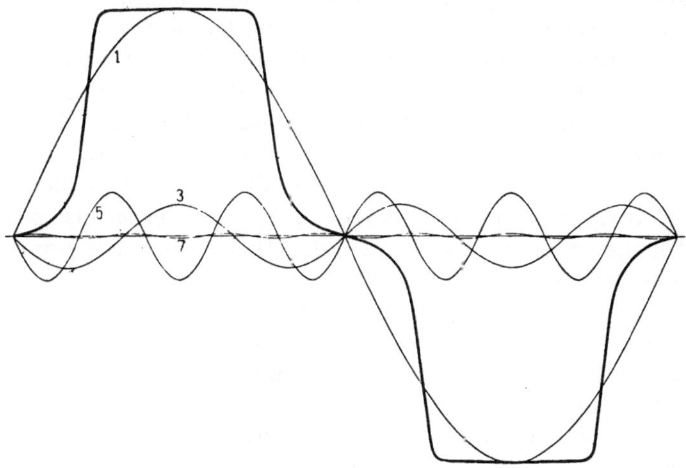

Fig. 239. Zerlegung einer Feldkurve in ihre Harmonischen.

Durch Planimetrieren der Feldkurve ergab sich als Mittelwert der Feldstärke $B_{mitt} = 58{,}65$, während man nach der Formel

$$B_{mitt} = \frac{2}{\pi}\left(100 - \frac{1}{3}\,13{,}9 - \frac{1}{5}\,19{,}3 + \frac{1}{7}\,1\right) = 58{,}5$$

erhält. Da ferner

$$B_{eff} = \sqrt{\frac{1}{2}\,(100^2 + 13{,}9^2 + 19{,}3^2 + 1^2)} = 72{,}5$$

und $$B_{max} = B_{XII} = 99{,}8$$

ist, so wird der Formfaktor f_B der Feldkurve

$$f_B = \frac{B_{eff}}{B_{mitt}} = \frac{72{,}5}{58{,}65} = 1{,}235$$

und der Füllfaktor

$$\alpha_i = \frac{B_{mitt}}{B_{max}} = \frac{58{,}65}{99{,}8} = 0{,}587.$$

Wir sind hier nur bis zur siebenten Oberwelle gegangen. Hätten wir noch weitere Oberfelder berücksichtigt, so würde die Darstellung der Feldkurve durch die Formel für B_x eine noch genauere gewesen sein. Die gute Übereinstimmung zwischen dem berechneten Werte von B_{mitt} und dem planimetrierten zeigt aber, daß die Genauigkeit, die man mit den obigen vier Gliedern erreicht, eine für praktische Zwecke vollständig genügende ist.

29. Verschiedene Polformen und ihre Faktoren.

Nachdem nun die Berechnungsweise der Feldkurve, ihrer Faktoren und Harmonischen bekannt ist, werden wir diese Werte für die am häufigsten vorkommenden Polkonstruktionen berechnen.

Auf die Form der Feldkurve hat das Verhältnis zwischen Polbogen b und Polteilung τ den größten Einfluß; dieses Verhältnis bezeichnen wir mit α und wir werden finden, daß es kleiner ist als α_i. Ferner ist noch das Verhältnis zwischen dem Luftzwischenraume δ und dem Polbogen b, das Verhältnis zwischen Polschuhhöhe und Polbogen und die Größe der Abrundung der Polschuhecken von Einfluß. Für die im folgenden betrachteten Polanordnungen ist das Verhältnis zwischen der Polschuhhöhe und dem Polbogen überall gleich $^1/_5$ und das Verhältnis zwischen dem Krümmungsradius der Polschuhecken und der Polschuhhöhe gleich 0,3 gesetzt. Der Armaturdurchmesser wurde gleich unendlich und die Länge der Polschuhe doppelt so groß wie die Polbogen angenommen.

Für das Verhältnis $\dfrac{\delta}{b} = \dfrac{1}{25}$, entsprechend 8 mm Luftzwischenraum bei 20 cm Polbogen, sind die Feldkurven nach einer genaueren Berechnungsmethode für die verschiedenen Werte $\alpha = 0,75$, $0,65$, $0,55$, $0,45$ und $0,35$ berechnet und aufgezeichnet worden; außerdem ist noch, um den Einfluß von δ bei konstantem Verhältnis $\alpha = 0,55$ zu zeigen, für $\dfrac{\delta}{b} = \dfrac{1}{16,6}$, $\dfrac{1}{25}$ und $\dfrac{1}{50}$ die Feldkurve berechnet worden.

Die so erhaltenen Feldkurven sind dann in ihre Harmonischen zerlegt worden.

Feldkurven und ihre Faktoren.

$\dfrac{\delta}{b}$	$\dfrac{1}{25}$	$\dfrac{1}{25}$	$\dfrac{1}{16,6}$	$\dfrac{1}{25}$	$\dfrac{1}{50}$	$\dfrac{1}{25}$	$\dfrac{1}{25}$
α	0,75	0,65	0,55	0,55	0,55	0,45	0,35
α_i	0,773	0,682	0,604	0,587	0,552	0,486	0,382
f_B	1,097	1,158	1,215	1,235	1,280	1,358	1,530
$f_B \alpha_i$	0,85	0,79	0,73	0,72	0,71	0,66	0,58
$f = \dfrac{B_{max}}{B_{mitt}}$	1,18	1,26	1,36	1,37	1,42	1,52	1,71
B_1	100	100	100	100	100	100	100
B_3	$+\,15,8$	$+\,2,3$	$-\,11,7$	$-\,13,9$	$-\,22,5$	$-\,34,2$	$-\,56,0$
B_5	$-\,3,4$	$-\,14,5$	$-\,17,3$	$-\,19,3$	$-\,19,8$	$-\,12,8$	$+\,7,7$
B_7	$-\,8,5$	$-\,8,7$	$-\,0,25$	$+\,1,0$	$+\,5,7$	$+\,14,0$	$+\,15,5$

In der vorstehenden Tabelle sind die ermittelten Werte eingetragen. Da die in Einlochwicklungen mit $y = \tau$ induzierte EMK dieselbe Kurvenform hat wie die Feldstärke, so gilt die Tabelle auch für EMK-Kurven der Einlochwicklungen. f_B ist gleichzeitig der Formfaktor der Feldkurve und der EMK-Kurve einer Phase der Einlochwicklung. α_i ist der Füllfaktor.

Mit Hilfe dieser Tabelle kann folgende Aufgabe gelöst werden: Es sei eine Armatur mit Einlochwicklung vorhanden und es ist diejenige Polform zu bestimmen, deren Feld die größtmögliche EMK in der vorhandenen Wicklung induziert. Wir setzen voraus, daß auch B_l gegeben sei, weil man mit der Zahnsättigung nicht beliebig hoch gehen kann. Man kann also zur Beantwortung der Frage die beiden Formeln

$$E = f_B\, E_{mitt} = 4\, f_B\, c\, w\, \Phi\, 10^{-8}\ \text{Volt}$$

und

$$\Phi = B_l\, \tau\, l_i\, \alpha_i$$

benützen. Es folgt hieraus

$$E = 4\, f_B\, \alpha_i\, c\, w\, B_l\, \tau\, l_i\, 10^{-8}\ \text{Volt}$$

$$= \text{Konst.}\, f_B\, \alpha_i.$$

Da die effektive induzierte EMK ihr Maximum besitzt, wenn $f_B \alpha_i$ am größten ist, so ist das Produkt $f_B \alpha_i$ für die verschiedenen Polanordnungen in der obigen Tabelle zusammengestellt.

Aus dieser sieht man, daß breite Polschuhe in dieser Hinsicht am günstigsten sind. Ein großer Füllfaktor α_i bewirkt einen großen Kraftfluß Φ und dadurch eine gedrungene Maschine mit viel Eisen und wenig Kupfer. Hier kommt aber noch eine Sache in Frage, nämlich die Feldstreuung, und bei gleichem Polbogen wird diese um so größer sein, je größer α_i gewählt wird; deswegen geht man mit α nicht über eine gewisse Grenze hinaus. Ferner ist zu bemerken, daß ein großes ebenso wie ein kleines α_i große Oberfelder zur Folge hat, die bei verteilten Wicklungen, wie es später gezeigt werden soll, fast keine EMKe induzieren, so daß der gesamte Kraftfluß nicht nützlich wirken kann. Bei verteilten Wicklungen bewirkt eine Vergrößerung des Füllfaktors somit nicht eine entsprechende Erhöhung der induzierten EMK; aber trotzdem werden die Eisenverluste durch den größeren Kraftfluß erhöht.

Da man heutzutage fast allgemein verteilte Wicklungen, entweder Mehrlochwicklungen oder aufgeschnittene Gleichstromwicklungen, anwendet, so ist beim Entwurf der Polschuhe darauf zu achten, daß alle Oberfelder, die nur einen mehr oder weniger schädlichen Kraftfluß darstellen, möglichst klein ausfallen; gleichzeitig soll der Kraftfluß Φ bei gegebener maximaler Luftinduktion B_l möglichst groß werden. Diese beiden Forderungen widersprechen sich zum Teil; man muß deswegen einen Mittelweg einschlagen und gelangt zu dem folgenden Schluß: Den Polschuhen ist eine solche Form zu geben, daß die Feldkurve sich der Sinuskurve möglichst anschmiegt, ohne daß dadurch ihr oberer Teil zu sehr abgerundet wird.

30. Entwurf der Polschuhform.

Um einen Polschuh zu konstruieren, der die obigen Forderungen, großen Füllfaktor und kleine Oberfelder, erfüllt, zeichnet man zuerst eine Sinuskurve auf. Alsdann entwirft man eine Feldkurve, wie die in Fig. 240 dargestellte, die sich der Sinuskurve möglichst anschmiegt, ohne jedoch einen so großen Maximalwert wie diese zu besitzen.

Von dieser gewünschten Feldkurve gelangt man zu der Polschuhform, indem man sich erinnert, daß die MMK für Luft und Zähne überall dieselbe ist. Unter der Mitte des Polschuhes hat man die MMK

$$0,8\, k_1\, \delta\, B_l + \tfrac{1}{2}\, AW_z = 0,8\, k_1\, k_z\, \delta\, B_l,$$

wo k_z das auf S. 182 (Gl. 57) erwähnte Verhältnis

$$k_z = 1 + \frac{AW_z}{1,6\, k_1\, \delta\, B_l}$$

bedeutet. Unter den Polecken, wo die Zahnsättigung klein ist und k_1 fast gleich 1 gesetzt werden kann, ist die MMK gleich $0,8\, \delta_a B_a$. Da nun diese beiden MMKe gleich sein müssen, so wird

$$0,8\, \delta_a\, B_a = 0,8\, k_1\, k_z\, \delta\, B_l$$

oder

$$\delta_a = k_1\, k_z\, \delta\, \frac{B_l}{B_a} \qquad . \qquad . \qquad . \qquad . \qquad (69)$$

Aus der Feldkurve und den vorläufigen Dimensionen des Luftspaltes und der Zähne sind B_l, B_a, δ und AW_z bekannt, so daß δ_a berechnet werden kann. Nehmen wir vorläufig hier einen glatten Anker, bei welchem $k_1 = 1$ und $k_z = 1$ ist, an, so erhält man die in Fig. 240 gezeichnete Polschuhform. Bei dieser sind die Punkte A und B durch eine geradlinige Strecke miteinander verbunden. Mittels dieser Polschuhform berechnet man nun die Feldkurve und gelangt zu der in Fig. 241 aufgezeichneten Kurve, die fast mit der in Fig. 240 angenommenen übereinstimmt.

Die in dieser Weise erhaltene Feldkurve löst man in ihre

Harmonischen auf, wodurch sich die in der Fig. 241 eingezeichneten Felder ergeben. Diese haben die Amplituden:

$$B_1 = + 100$$
$$B_3 = - 1{,}64$$
$$B_5 = - 5{,}86$$
$$B_7 = - 1{,}07$$

und besitzen den Formfaktor

$$f_B = 1{,}135$$

und den Füllfaktor

$$\alpha_i = 0{,}65$$

also

$$f_B \, \alpha_i = 0{,}738,$$

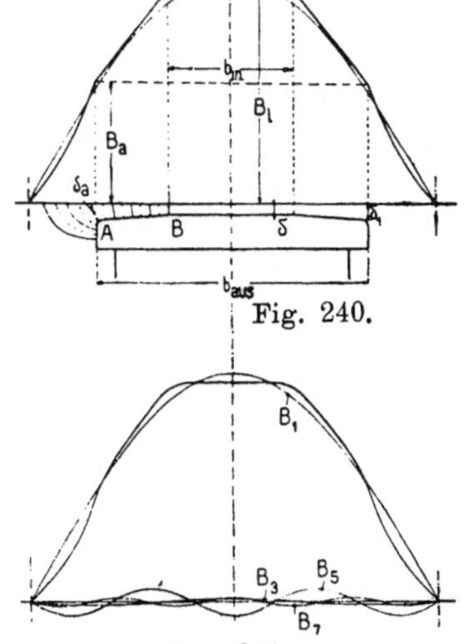

Fig. 240.

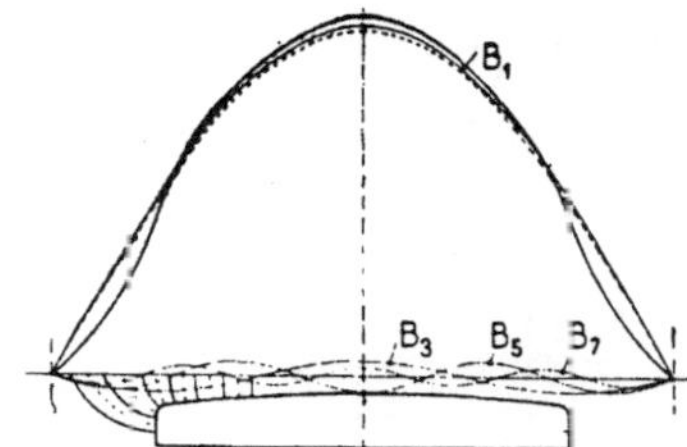

Fig. 242.

Fig. 241.

welcher Wert als sehr günstig zu betrachten ist. Wie aus der Fig. 240 zu ersehen ist, wird er erreicht, wenn $\delta_1 = 1{,}5\,\delta$, $b_{aus} = 0{,}667\,\tau$ und $b_{in} = 0{,}31\,\tau$ gewählt wird. Dies gilt nur für glatte Anker oder Anker mit geringen Zahnsättigungen.

Hat man dagegen eine Armatur mit stark gesättigten Zähnen, so kann allgemein gesetzt werden:

$$\delta_1 = 1{,}5\,k_1\,k_z\,\delta; \qquad b_{aus} = 0{,}667\,\tau; \qquad b_{in} = 0{,}31\,\tau \qquad (70)$$

Man kann natürlich auch mit anderen Polschuhformen ganz günstige Resultate erreichen; z. B. erhält man mit der in Fig. 242 dargestellten, exzentrisch abgedrehten Polschuhform eine Feldkurve, die der Sinuskurve gleich nahe liegt, wie die Feldkurve Fig. 241. Für diese abgerundete Feldkurve erhält man folgende Felder:

$$B_1 = + 100$$
$$B_3 = - 5{,}17$$

$$B_5 = -\,4{,}7$$
$$B_7 = -\,2{,}7$$

den Formfaktor

$$f_B = 1{,}13$$

den Füllfaktor

$$\alpha_i = 0{,}61$$

und

$$f_B\,\alpha_i = 0{,}689\,.$$

Wie zu erwarten war, ist $f_B\,\alpha_i$ hier kleiner als bei dem Polschuh Fig. 240; die Oberfelder sind aber fast gleich groß, so daß die erste Polschuhform der letzteren vorzuziehen ist.

Um die Oberfelder noch mehr zu verkleinern, was bei Einlochwicklungen von Vorteil sein kann, werden z. B. von der Maschinenfabrik Örlikon schräg gestellte Polschuhe (Fig. 243) angewandt, auf die wir im nächsten Kapitel zurückkommen werden.

Die Kanten dieser Polschuhe können nach einer geraden Linie verlaufen oder die

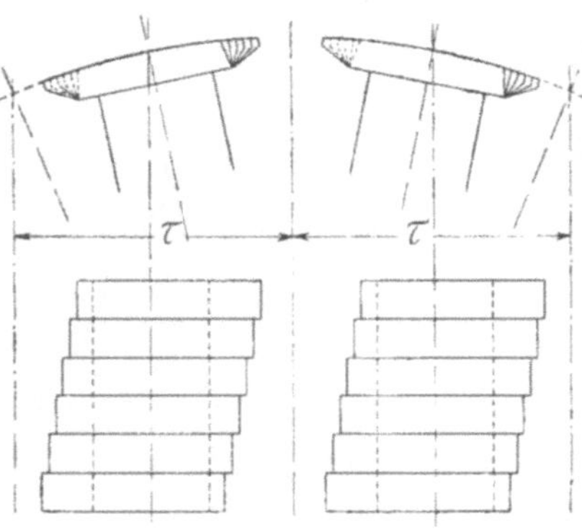

Fig. 243.

Polschuhe sind abgestuft. Für die praktische Rechnung kann man sowohl für die Polschuhform Fig. 240 wie für die Polschuhform Fig. 242 mit genügender Genauigkeit setzen

$$\alpha_i = \frac{2}{\pi} \quad \text{und} \quad f_B = 1{,}11\,.$$

Neuntes Kapitel

Die in der Wicklung einer Synchronmaschine induzierte EMK.

31. Die in einer Einlochwicklung induzierte EMK. — 32. Die in einer Mehrlochwicklung induzierte EMK. — 33. Die Harmonischen der EMK-Kurve und
ihre Wicklungsfaktoren. — 34. Schräge Polschuhe und der Polschuhfaktor. —
35. Berechnung der induzierten EMK einer Einphasenmaschine oder einer
Phase einer Mehrphasenmaschine. — 36. Die verkettete Spannung von Mehrphasenmaschinen. — 37. Einfluß der Nuten auf die Kurvenform der EMKe. —
38. Anordnungen zur Verhütung der Schwingungen des Kraftflusses infolge
der Nutenwirkung.

31. Die in einer Einlochwicklung induzierte EMK.

Den Momentanwert der in einer Einlochwicklung induzierten
EMK bestimmten wir auf S. 7 Gl. 10 und S. 176 Gl. 45 zu

$$e = w\,(B_x - B_x')\, l_i\, v\, 10^{-8}\ \text{Volt} \quad . \quad . \quad . \quad . \quad (71)$$

wo B_x und B_x' die momentanen Werte der Induktion an den beiden
Spulenseiten bedeuteten. Ist die Spulenweite y gleich einer Polteilung,
dann ist

$$B_x = - B_x'$$

und

$$e = 2\,w l_i\, B_x\, v\, 10^{-8}. \quad . \quad . \quad . \quad . \quad (72)$$

und die Kurve der EMK gleicht der Feldkurve. Es ist dann

$$E_{mitt} = 4\,c w\, \Phi\, 10^{-8}\ \text{Volt} \quad . \quad . \quad . \quad . \quad (73)$$

und der Effektivwert

$$E = 4\,f_E\, c w\, \Phi\, 10^{-8}\ \text{Volt} \quad . \quad . \quad . \quad . \quad (74)$$

wo der Formfaktor f_E der induzierten EMK gleich dem Formfaktor f_B
der Feldkurve ist. Setzen wir noch nach S. 180 Gl. 52

$$\Phi = B_l\, l_i\, b_i = B_l\, l_i\, \alpha_i\, \tau,$$

so erhalten wir

$$E = 4\,f_E\, c w\, B_l\, l_i\, b_i\, 10^{-8}\ \text{Volt} \quad . \quad . \quad . \quad (75)$$

Will man die Kurve der induzierten EMK in ihre Harmonischen zerlegen, so ergeben sich die Harmonischen dieser Kurve direkt aus den Harmonischen der Feldkurve. Da nach Gl. 72 der Maximalwert der induzierten EMK

$$E_{max} = 2\,B_l\,w\,l_i\,v\,10^{-8}\ \text{Volt} \quad \ldots \quad (76)$$

ist, ergeben sich entsprechend die Amplitude der Grundwelle

$$E_{1\,m} = 2\,w\,B_1\,l_i\,v\,10^{-8}\ \text{Volt,}$$

die der dritten Oberwelle

$$E_{3\,m} = 2\,w\,B_3\,l_i\,v\,10^{-8}\ \text{Volt,} \qquad \left.\right\} \quad \ldots \quad (77)$$

die der fünften Oberwelle

$$E_{5\,m} = 2\,w\,B_5\,l_i\,v\,10^{-8}\ \text{Volt usf.}$$

Die hier gegebenen Formeln haben nur für Einlochwicklungen mit $y = \tau$ Gültigkeit, denn nur bei diesen liegen sämtliche Spulenseiten derselben Phase in demselben Felde.

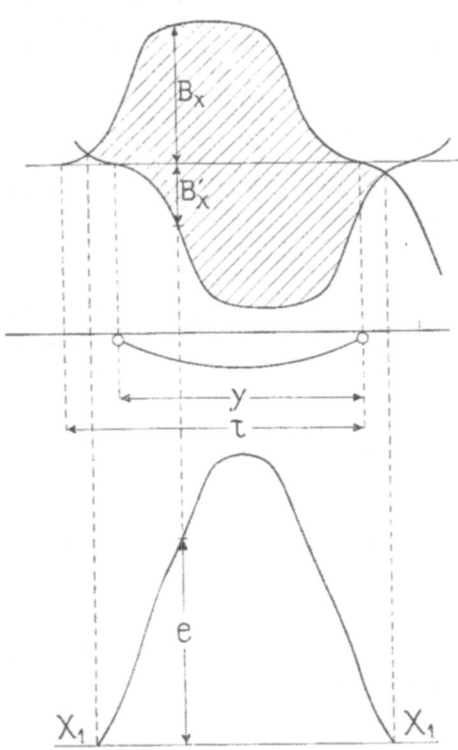

Fig. 244. Ermittlung der EMK-Kurve einer Einlochwicklung mit der Spulenweite $y < \tau$.

Betrachtet man eine Einlochwicklung, deren Spulenweite y kleiner oder größer als die Polteilung ist, so wird in dieser eine EMK induziert, deren Momentanwert nach Gl. 71 proportional $(B_x - B_x')$ ist. Um die in einer solchen Wicklung induzierte EMK zu bestimmen, muß man, da B_x von $-B_x'$ verschieden ist, die beiden Feldkurven superponieren, was am einfachsten geschieht, indem man den Wert $(B_x - B_x')$ graphisch ermittelt. Man zeichnet zwei Feldkurven (Fig. 244) von derselben Form, die um die Spulenweite y gegeneinander verschoben sind, auf. Die Ordinatenabschnitte der schraffierten Fläche zwischen den beiden Kurven geben uns dann ein Maß für $(B_x - B_x')$. Tragen wir diese Ordinatenwerte von der Achse $X_1 X_1$ ab, so erhalten wir die EMK-Kurve e, woraus die effektive EMK berechnet werden kann. Für eine Einlochwicklung mit einer von der Polteilung verschiedenen Spulenweite gilt daher die Formel (74) nicht mehr. Wir wollen deswegen hier die allgemeine Formel, die im Abschnitt 32 für die Mehrlochwicklung abgeleitet werden soll,

$$E = 4 f_B f_w c w \Phi 10^{-8} = 4 k c w \Phi 10^{-8} \text{ Volt} \quad . \quad . \quad (78)$$

anwenden. Hierin ist Φ gleich dem Flächeninhalt, den die Feldkurve $a\,c\,d\,b$ (Fig. 245) mit der Abszissenachse XX einschließt, und stellt den maximalen Kraftfluß dar, der in eine Windung mit der Weite $y = \tau$ eintritt.

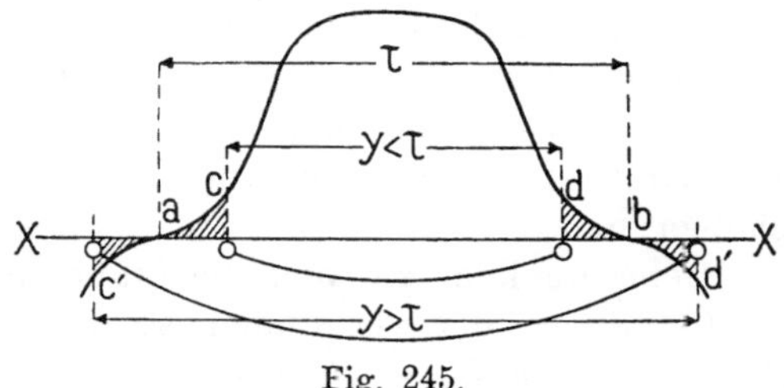

Fig. 245.

Machen wir $y < \tau$, so wird der maximale Kraftfluß, der in die Fläche der Windung eintritt, kleiner als Φ, und machen wir $y > \tau$, so tritt gleichzeitig mit Φ noch Kraftfluß entgegengesetzter Polarität in die Fläche der Windung ein, so daß der wirksame Kraftfluß ebenfalls kleiner als Φ wird. Es ist somit gleichgültig, ob y um einen gewissen Betrag größer oder kleiner als τ ist, wir erhalten in beiden Fällen eine Verminderung des wirksamen Kraftflusses und dieselbe Kurvenform der EMK.

Für $y = \tau$ nennen wir die in einer Windung induzierte EMK E_w. Setzen wir

$$\frac{E}{E_w} = f_w \quad . \quad . \quad . \quad . \quad . \quad (79)$$

wo E die in einer Windung mit der Spulenweite $y \gtrless \tau$ induzierte effektive EMK bedeutet, so ist $E < E_w$ und $f_w < 1$.

Wir nennen f_w den Wicklungsfaktor der Einlochwicklung; dieser wird durch Ermittlung des Effektivwertes E der EMK-Kurve und des Effektivwertes E_w bestimmt.

Zu den Wicklungen mit $y \gtrless \tau$ gehören die dreiphasigen Wicklungen mit ungekreuzten kurzen Spulen.

32. Induzierte EMK einer Mehrlochwicklung.

Bei den Mehrlochwicklungen und verteilten Wicklungen liegen die Spulenseiten derselben Phase in verschiedenen Feldern. In den einzelnen Teilspulen oder den einzelnen Windungen werden EMKe induziert, die nicht mehr in Phase und auch nicht mehr gleich groß zu sein brauchen. Die Formel

$$E = f_B\, E_{mitt} = 4\, f_B\, c\, w\, \Phi\, 10^{-8} \quad . \quad . \quad . \quad . \quad (80)$$

gilt jetzt nicht mehr ohne weiteres, wenn w die gesamte Windungszahl bedeutet; denn entweder ist das Maximum des Kraftflusses für die einzelnen Windungen verschieden oder es tritt nicht für alle Windungen gleichzeitig auf (s. Fig. 9, B und A). Eine Wicklung der ersten Art, bei der die einzelnen Windungen oder Spulen verschiedene Spulenweiten haben, ist jedoch immer äquivalent einer Wicklung der zweiten Art, die man sich aus einzelnen Spulen von der Weite $y = \tau$ zusammengesetzt denken kann, die aber alle räumlich um einen bestimmten Winkel gegeneinander verschoben sind.

Denn denken wir uns die Stäbe über zwei Polen ganz beliebig miteinander verbunden, so wird z. B. in der Schleife 1 eine EMK $e_1 = w\, l_i\, v\, (B_{x1} - B_{x1}')\, 10^{-8}$ Volt induziert, wo B_{x1} die Induktion am Orte der linken Spulenseite und B_{x1}' die Induktion am Orte der rechten Spulenseite bedeutet. Für die zweite Spule gilt analog

$$e_2 = w\, l_i\, v\, (B_{x2} - B_{x2}')\, 10^{-8}$$

usf. Schließlich für die letzte $q$te Spule gilt

$$e_q = w\, l_i\, v\, (B_{xq} - B_{xq}')\, 10^{-8}.$$

Addieren wir nun die Momentanwerte, so erhalten wir die resultierende Spannung an den Klemmen des Spulensystems

$$e = e_1 + e_2 + e_3 + \ldots + e_q = w\, l_i\, v\left(\sum_{\nu=1}^{q} B_{x\nu} - \sum_{\nu=1}^{q} B_{x\nu}' \right) 10^{-8} \quad (81)$$

e ist also proportional der ΣB_x für alle Stäbe links minus der ΣB_x für alle Stäbe rechts. Da wir gar keine Annahme über die Art der Wicklung gemacht haben und ΣB_x unabhängig von der Art der Verbindung der einzelnen Stäbe ist, folgt, daß die resultierende Spannung des Systems vollständig unabhängig davon ist, wie die einzelnen Stäbe miteinander verbunden werden. Wir denken uns in Zukunft eine solche Wicklung bestehend aus lauter Windungen von der Weite $y = \tau$, die jeweils um gewisse Winkel gegeneinander verschoben sind, nach Fig. 9 A. Die EMK einer solchen Windung wollen wir mit E_w bezeichnen.

Der obige Beweis, der nur für zweipolige Maschinen gilt, läßt sich auf vielpolige Maschinen erweitern, wenn man die Summation über alle Stäbe der Maschine erstreckt und beachtet, daß jeweils ein Stab über einem Nordpol mit einem andern über einem Südpol verbunden wird, man erhält dann ebenfalls eine Summe, die vollständig unabhängig von der Art der Verbindung ist.

Der Effektivwert der in einer einzelnen Windung induzierten EMK ist wie früher

$$E_w = 4\,f_B\,c\,\Phi\,10^{-8}\ \text{Volt}, \quad \ldots \ldots \quad (82)$$

da jedoch die induzierten EMKe der einzelnen Windungen bei einer Mehrlochwicklung nicht in Phase sind, d. h. die maximale EMK nicht in allen Windungen gleichzeitig auftritt, ist die resultierende EMK E kleiner als die EMK, die man erhielte, wenn man die in einer Windung induzierte EMK E_w mit der Zahl der in Serie geschalteten Windungen multiplizierte. Das Verhältnis

$$\frac{E}{w\,E_w} = f_w \quad . \quad \ldots \ldots \quad (83)$$

ist in erster Linie abhängig von der Art der Wicklung und in zweiter Linie ganz wenig abhängig von der Feldkurve. Wir bezeichnen es deswegen als Wicklungsfaktor der Mehrlochwicklung. Es wird stets kleiner als Eins.

Der Wicklungsfaktor berücksichtigt die Tatsache, daß die Kraftflußverkettung der gesamten Wicklung $\Sigma(w_x\,\Phi_x)$ nicht das w-fache der Kraftflußverkettung einer Windung von der Weite $y = \tau$ ist. Seine Definition ist allgemein

$$f_w = \frac{\Sigma(w_x\,\Phi_x)}{w\,\Phi},$$

wo w die Windungszahl der Wicklung und Φ den mit einer Windung von der Weite $y = \tau$ verketteten Kraftfluß bedeutet.

Da $(f_w\,w)\,E_w = E$ ist, gibt $(f_w\,w)$ die eigentlich voll ausgenützte Windungszahl, und f_w den voll ausgenützten Teil der Wicklung an.

Würden wir $(f_w\,w)$ Windungen in einem Loche vereinigen, so würde an den Klemmen dieses Systems genau die gleiche effektive Spannung herrschen, wie an den Klemmen des wirklichen Systems, das aus w Windungen besteht. Bei einer gleichmäßig verteilten Einphasenwicklung in einem Sinusfeld ist $f_w = 0{,}636$ (s. S. 204), d. h. nur $63{,}6\,^0/_0$ der Wicklung werden infolge der Verteilung voll ausgenützt.

Wir erhalten nun $E = f_w\,w\,E_w$ oder

$$E = 4\,f_B\,f_w\,c\,w\,\Phi\,10^{-8} = 4\,k\,c\,w\,\Phi\,10^{-8}\ \text{Volt} \quad . \quad (84)$$

und diese Formel gilt ganz allgemein für jede Wicklung.

$$k = f_B\,f_w \quad \ldots \ldots \ldots \quad (85)$$

heißt man den EMK-Faktor der Maschine, weil bei gegebenem Kraftfluß Φ, Windungszahl w und Periodenzahl c die Größe der effektiven EMK allein von diesem Faktor abhängt.[1]

Um die EMK-Kurve einer Phase zu erhalten, kann man die Momentanwerte der in den einzelnen Spulen induzierten EMKe addieren. Als Beispiel kann eine Vierloch-Einphasenwicklung dienen, deren Bleche sechs Löcher pro Pol besitzen. Diese Wicklung ist in vier Löchern pro Pol untergebracht und in allen Löchern befinden sich gleich viele Drähte. Wie die Spulen ausgeführt sind, ist ganz gleichgültig, da die resultierende EMK unabhängig von der Reihenfolge ist, in der die einzelnen Spulenseiten miteinander verbunden werden.

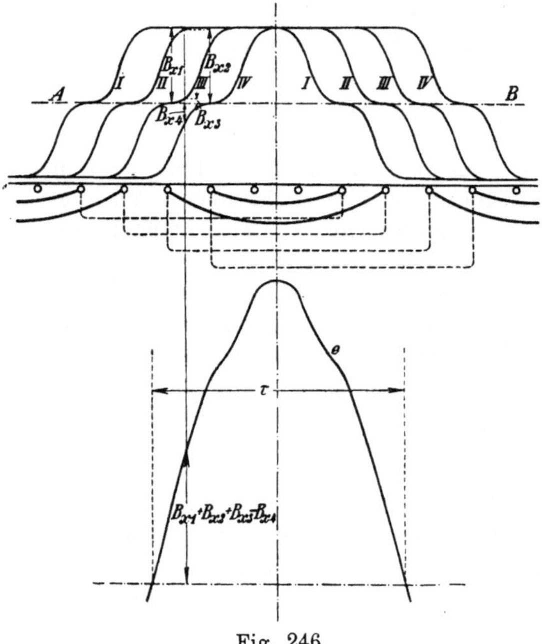

Fig. 246.

Gewöhnlich führt man die Spulen aus, wie Fig. 246 zeigt. Diese Spulen lassen sich aber durch die gestrichelt eingezeichneten ersetzen, die alle eine Spulenweite gleich der Polteilung besitzen. In jeder der Ersatzspulen wird eine EMK von der Form der Feldkurve induziert; die Phasen dieser EMKe sind gegeneinander verschoben, und zwar um die Zeit, die das Magnetsystem nötig hat, sich um eine Lochdistanz gegenüber dem Anker zu verschieben. — Man braucht also nur vier Feldkurven, deren Abszissenachse AB ist und die um eine Lochdistanz gegeneinander verschoben sind, zu superponieren, um die resultierende EMK-Kurve e (Fig. 246) zu erhalten. Der Effektivwert E dieser EMK-Kurve läßt sich, wie auf S. 183 Fig. 235 gezeigt, in gewöhnlicher Weise durch Quadrieren ermitteln.

---

[1] Der Faktor k wurde von G. Kapp in die Rechnung eingeführt, er wird deshalb auch als Kappscher Faktor bezeichnet. Der Verfasser zerlegt den Faktor k in den Formfaktor und den Wicklungsfaktor, wodurch seine Abhängigkeit von den Abmessungen der Pole, der Art der Wicklung usf. deutlicher wird.

Die in einer der gedachten Windungen induzierte effektive EMK E_w läßt sich auf dieselbe Weise finden, indem man eine der Feldkurven (I — I oder II — II) als EMK-Kurve benützt. Der Wicklungsfaktor wird dann

$$f_w = \frac{\text{resultierende eff. EMK}}{\text{Summe der eff. EMKe der einzelnen Windungen}} = \frac{E}{4\,E_w}$$

33. Die Harmonischen der EMK-Kurve und ihre Wicklungsfaktoren.

Wir haben gesehen, daß in jeder Windung mit der Weite $y = \tau$ eine EMK induziert wird, deren Kurvenform mit derjenigen des Feldes übereinstimmt. Die in einer solchen Windung induzierte EMK enthält also dieselben Harmonischen wie die Feldkurve. — Ist die Wicklung eine Mehrlochwicklung oder eine verteilte Wicklung, so sind nicht alle Grund-EMKe in Phase, sondern sie sind zeitlich verschoben, so daß ihre Effektivwerte nicht algebraisch, sondern geometrisch addiert werden müssen. Das Verhältnis zwischen der geometrischen Summe und der algebraischen Summe der Grund-EMKe ist eine Zahl, die kleiner als 1 ist. Es ist nur abhängig von der Art der Wicklung, weil diese Grund-EMKe von dem sinusförmigen Grundfelde induziert werden. Das Verhältnis der beiden EMKe ist somit nichts anderes als der Wicklungsfaktor des Grundfeldes, den wir mit f_{w1} bezeichnen wollen. Das für die Grundwelle Gesagte gilt auch für die Oberwellen, nur erhalten wir für diese andere Wicklungsfaktoren, die wir mit f_{w3}, f_{w5}, f_{w7} usw. bezeichnen.

Betrachten wir zuerst eine Einphasen-Zweilochwicklung, bei der die Löcher um α Grad auseinander liegen[1]), so wird in der einen Windung die EMK

$$e_x = \sqrt{2}\,E_{w,1} \sin \omega t + \sqrt{2}\,E_{w,3} \sin 3\,\omega t + \sqrt{2}\,E_{w,5} \sin 5\,\omega t + \ldots$$

und in der um α Grad verschobenen Spule die EMK

$$e_{x+\alpha} = \sqrt{2}\,E_{w,1} \sin (\omega t - \alpha) + \sqrt{2}\,E_{w,3} \sin 3\,(\omega t - \alpha)$$
$$+ \sqrt{2}\,E_{w,5} \sin 5\,(\omega t - \alpha) + \ldots$$

induziert. Weil die Feldkurve bei Leerlauf in bezug auf die maximale Ordinate symmetrisch ist, sind nur ungerade Oberfelder vorhanden. Die Grundwellen der beiden EMKe sind um den Win-

---

[1]) Der Winkel α ist in elektrischen Graden gemessen, d. h. auf die Polteilung $\tau = \pi$ bezogen.

kel α gegeneinander verschoben, die dritten Harmonischen dagegen um 3α, die fünften um 5α usw.

Die resultierende EMK e wird somit gleich

$$e = e_x + e_{x+a} = \sqrt{2}\, E_{w,1}\, 2\cos\frac{\alpha}{2}\sin\left(\omega t - \frac{\alpha}{2}\right) +$$
$$+ \sqrt{2}\, E_{w,3}\, 2\cos\frac{3\alpha}{2}\sin 3\left(\omega t - \frac{\alpha}{2}\right)$$
$$+ \sqrt{2}\, E_{w,5}\, 2\cos\frac{5\alpha}{2}\sin 5\left(\omega t - \frac{\alpha}{2}\right) \qquad (86)$$

Wählen wir den Zeitmoment $t = 0$ so, daß

$$\omega t' = \omega t - \frac{\alpha}{2}$$

ist, so können wir schreiben

$$e = \sqrt{2}\, E_1 \sin \omega t' + \sqrt{2}\, E_3 \sin 3\,\omega t' + \sqrt{2}\, E_5 \sin 5\,\omega t' + \ldots \quad (87)$$

es folgt somit aus den Gl. 86 und 87

$$E_1 = 2\, E_{w,1}\cos\frac{\alpha}{2}, \qquad E_3 = 2\, E_{w,3}\cos\frac{3\alpha}{2}$$

$$E_5 = 2\, E_{w,5}\cos\frac{5\alpha}{2} \qquad \text{und} \qquad E_7 = 2\, E_{w,7}\cos\frac{7\alpha}{2}.$$

$$f_{w,1} = \frac{E_1}{2\,E_{w,1}} = \cos\frac{\alpha}{2}, \qquad f_{w,3} = \frac{E_3}{2\,E_{w,3}} = \cos\frac{3\alpha}{2},$$

$$f_{w,5} = \frac{E_5}{2\,E_{w,5}} = \cos\frac{5\alpha}{2} \qquad \text{und} \qquad f_{w,7} = \frac{E_7}{2\,E_{w,7}} = \cos\frac{7\alpha}{2}$$

sind die **Wicklungsfaktoren** der einzelnen Harmonischen einer Zweilochwicklung.

Hat man eine Wicklung mit q Löchern pro Pol und Phase, so kann man allgemein schreiben

$$e = q\sqrt{2}\,(E_{w,1}f_{w,1}\sin\omega t' + E_{w,3}f_{w,3}\sin 3\,\omega t' + E_{w,5}f_{w,5}\sin 5\,\omega t' + \cdots)$$
$$(88)$$

indem man die Wicklungsfaktoren $f_{w,1}$, $f_{w,3}$, $f_{w,5}$ usw. entsprechend berechnet, wie im folgenden gezeigt ist.

Da alle Sinusgrößen durch Vektoren dargestellt und als solche addiert werden können, kann man die Wicklungsfaktoren graphisch ermitteln. Für Zweilochwicklungen z. B. setzt man (vgl. Fig. 247) die zwei Vektoren $E_{w,1}$ unter dem Winkel α zusammen und erhält

$$f_{w,1} = \frac{\overline{AC}}{\overline{AB} + \overline{BC}} = \cos\frac{\alpha}{2}$$

und für die dritte Harmonische nach Fig. 248

$$f_{w,3} = \frac{\overline{DF}}{\overline{DE} + \overline{EF}} = \cos\frac{3\alpha}{2}.$$

In ähnlicher Weise erhält man für eine Vierlochwicklung (siehe Fig. 249 und 250)

$$f_{w1} = \frac{\overline{AE}}{\overline{AB} + \overline{BC} + \overline{CD} + \overline{DE}}$$

$$f_{w3} = \frac{\overline{FK}}{\overline{FG} + \overline{GH} + \overline{HJ} + \overline{JK}}$$

usw.

Ganz allgemein können wir die Wicklungsfaktoren der EMKe durch die im folgenden entwickelten Formeln ausdrücken.

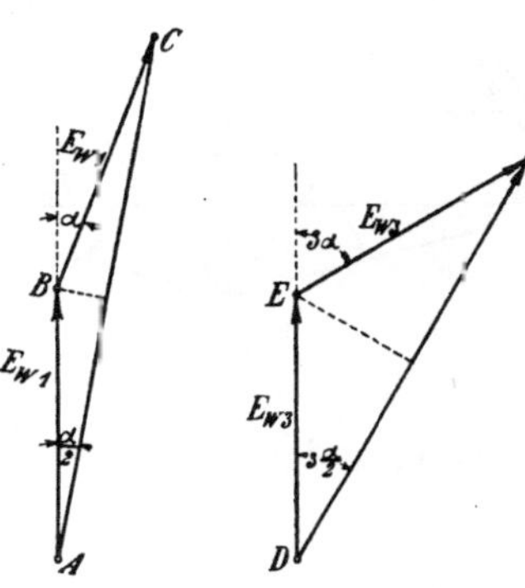

Fig. 247.   Fig. 248.

Haben wir eine Einphasenwicklung mit Q Löchern pro Pol, von denen nur q bewickelt sind, so ist der Lochabstand in elektrischen Graden gemessen

$$\alpha = \frac{\pi}{Q}.$$

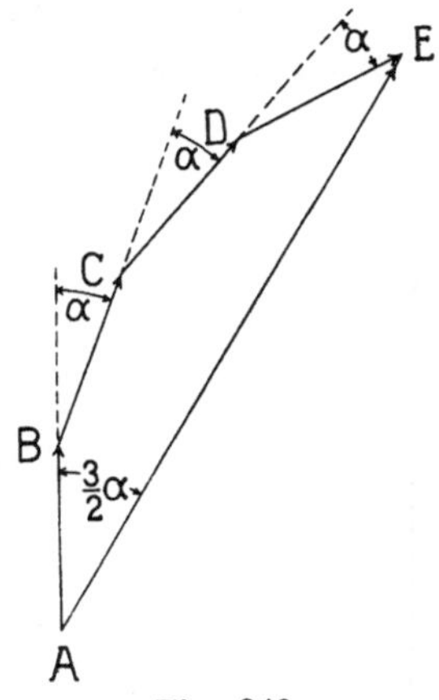

Fig. 249.

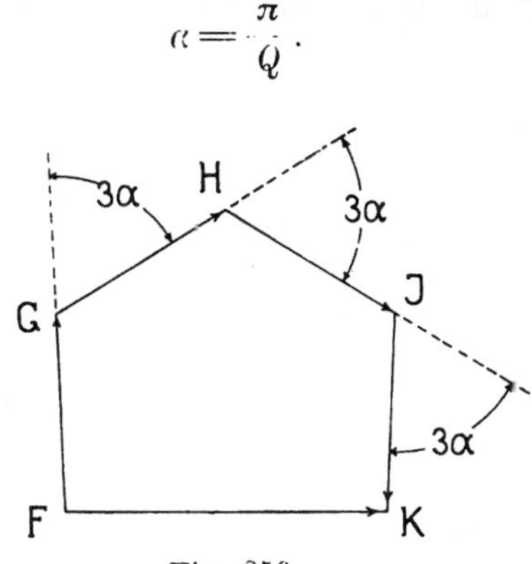

Fig. 250.

Die EMKe E_w der einzelnen Windungen bilden die Sehnen eines Kreises, dessen Radius für die νte Harmonische der EMK-Kurve

$$R = \frac{E_{w\nu}}{2\sin\dfrac{\nu\alpha}{2}}$$

ist.

Schlagen wir mit diesem Radius einen Kreis und tragen die EMKe der νten Harmonischen $(E_{w\nu})$ als Sehnen ein, so entsteht für eine Vierlochwicklung $(q=4)$ die in Fig. 251 dargestellte Figur. E_ν ist die resultierende effektive EMK. Der Wicklungsfaktor der νten Harmonischen wird nun

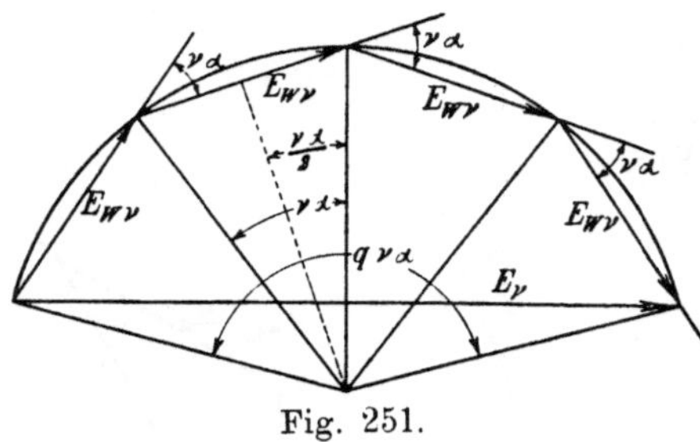

Fig. 251.

$$f_{w,\nu} = \frac{E_\nu}{q\,E_{w,\nu}} = \frac{\sin q\,\dfrac{\nu\alpha}{2}}{q\sin\dfrac{\nu\alpha}{2}}.$$

Oder indem wir $\alpha = \dfrac{\pi}{Q}$ einsetzen

$$f_{w,\nu} = \frac{\sin \nu\,\dfrac{q}{Q}\,\dfrac{\pi}{2}}{q\sin\dfrac{\nu}{Q}\,\dfrac{\pi}{2}} \qquad \ldots \ldots \quad (89)$$

Setzen wir $\nu=1$, $\nu=3$, $\nu=5$ usf., so erhalten wir die Wicklungsfaktoren der einzelnen Harmonischen für eine Einphasenwicklung mit Q Löchern pro Pol, von denen q bewickelt sind:

$$\left.\begin{array}{l}
f_{w1} = \dfrac{\sin\dfrac{q}{Q}\,\dfrac{\pi}{2}}{q\sin\dfrac{1}{Q}\,\dfrac{\pi}{2}} \\[4ex]
f_{w3} = \dfrac{\sin 3\,\dfrac{q}{Q}\,\dfrac{\pi}{2}}{q\sin\dfrac{3}{Q}\,\dfrac{\pi}{2}} \\[4ex]
f_{w5} = \dfrac{\sin 5\,\dfrac{q}{Q}\,\dfrac{\pi}{2}}{q\sin\dfrac{5}{Q}\,\dfrac{\pi}{2}}
\end{array}\right\} \qquad \ldots \ldots \quad (90)$$

usw.

Bei verteilten Wicklungen geht der Linienzug des Vektorpolygons, Fig. 251, in einen Kreisbogen mit dem Radius R über, dessen Zentriwinkel

$$\nu\beta = \nu\,\frac{S}{\tau}\,\pi$$

ist. S ist gleich der Breite einer Spulenseite und τ gleich der Polteilung.　Man erhält für diesen Fall aus Fig. 252 die algebraische Summe aller Vektoren der ν ten Harmonischen gleich dem Bogen

$$\overparen{AB} = R\nu\beta$$

und die geometrische Summe aller Vektoren gleich der Sehne

$$\overline{AB} = 2R\sin\nu\frac{\beta}{2},$$

also ist der Wicklungsfaktor

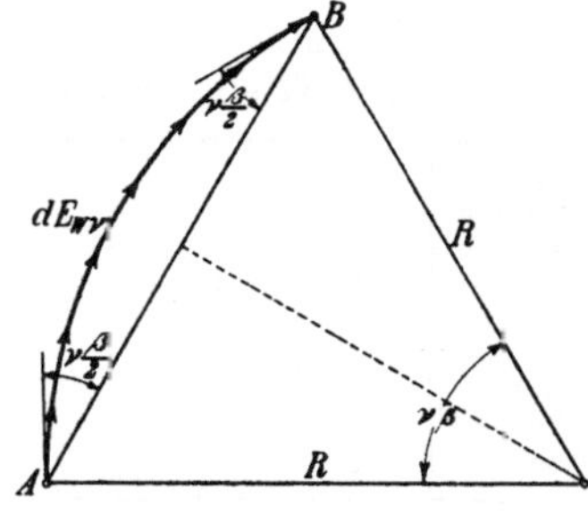

Fig. 252.

$$f_{w,\nu} = \frac{E_\nu}{\Sigma E_{w,\nu}} = \frac{\text{Sehne } AB}{\text{Bogen } AB} = \frac{2R\sin\nu\dfrac{\beta}{2}}{R\nu\beta}$$

oder

$$f_{w,\nu} = \frac{\sin\nu\dfrac{\beta}{2}}{\dfrac{\nu\beta}{2}} = \frac{\sin\nu\dfrac{S}{\tau}\dfrac{\pi}{2}}{\nu\dfrac{S}{\tau}\dfrac{\pi}{2}} \qquad \ldots \ldots \ldots \quad (91)$$

Die Wicklungsfaktoren der einzelnen Harmonischen einer verteilten Einphasenwicklung werden also

$$\left.
\begin{aligned}
f_{w1} &= \frac{\sin\dfrac{\beta}{2}}{\dfrac{\beta}{2}} = \frac{\sin\dfrac{S}{\tau}\dfrac{\pi}{2}}{\dfrac{S}{\tau}\dfrac{\pi}{2}} \\[3em]
f_{w3} &= \frac{\sin 3\dfrac{\beta}{2}}{3\dfrac{\beta}{2}} = \frac{\sin 3\dfrac{S}{\tau}\dfrac{\pi}{2}}{3\dfrac{S}{\tau}\dfrac{\pi}{2}} \\[3em]
f_{w5} &= \frac{\sin 5\dfrac{\beta}{2}}{5\dfrac{\beta}{2}} = \frac{\sin 5\dfrac{S}{\tau}\dfrac{\pi}{2}}{5\dfrac{S}{\tau}\dfrac{\pi}{2}}
\end{aligned}
\right\} \qquad \ldots \ldots \ldots \quad (92)$$

$$\ldots \ldots \ldots \ldots \ldots$$

In den folgenden Tabellen sind nun die Wicklungsfaktoren für die wichtigsten Einphasenwicklungen zusammengestellt.　Die erste Tabelle enthält die Wicklungsfaktoren für Lochwicklungen, während die zweite dieselben für verteilte Wicklungen enthält.

Tabelle I.

Wicklungsfaktoren der einphasigen Lochwicklungen.

Anzahl Löcher pro Pol Q	3	4	4	5	5	5	6	6	6
Anzahl der bewickelten Löcher pro Pol q	2	2	3	2	3	4	2	3	4
$f_{w\,1}$	0,866	0,925	0,804	0,953	0,872	0,766	0,966	0,910	0,833
$f_{w\,3}$	0,000	0,385	−0,118	0,589	0,125	−0,182	0,707	0,333	0,000
$f_{w\,5}$	−0,866	−0,385	−0,138	0,000	−0,333	0,000	0,259	−0,244	−0,224
$f_{w\,7}$	−0,866	−0,924	0,805	−0,589	0,127	0,182	−0,259	−0,244	0,224

Anzahl Löcher pro Pol Q	6	7	7	7	7	8	8	8	8	8
Anzahl der bewickelten Löcher pro Pol q	5	2	3	4	5	2	3	4	5	6
$f_{w\,1}$	0,744	0,977	0,935	0,873	0,810	0,985	0,952	0,906	0,856	0,794
$f_{w\,3}$	−0,200	0,783	0,364	0,175	−0,071	0,833	0,590	0,319	0,069	−0,115
$f_{w\,5}$	0,0536	0,433	−0,083	−0,270	−0,139	0,556	0,076	−0,212	−0,187	−0,077
$f_{w\,7}$	0,0536	0,000	−0,333	0,000	0,200	0,195	−0,282	−0,180	0,114	0,157

Tabelle II.

Wicklungsfaktoren der einphasigen verteilten Wicklungen.

$\dfrac{S}{\tau}$	0,1	0,2	0,3	0,4	0,5	0,6	0,7	0,8	0,9	1
$f_{w\,1}$	0,997	0,986	0,962	0,937	0,901	0,857	0,810	0,756	0,699	0,636
$f_{w\,3}$	0,963	0,860	0,699	0,504	0,300	0,109	−0,047	−0,156	−0,213	−0,222
$f_{w\,5}$	0,899	0,636	0,126	0,000	−0,180	−0,222	−0,128	0,000	0,099	0,127
$f_{w\,7}$	0,812	0,368	−0,047	−0,216	−0,123	0,047	0,128	0,067	−0,046	−0,091

Bei den Mehrphasen-Mehrlochwicklungen ist die Lochzahl q pro Pol und Phase gewöhnlich gleich

$$q = \frac{Q}{m},$$

wenn Q die gesamte Lochzahl pro Pol und m die Phasenzahl bedeutet.

Man erhält daher, indem man diesen Wert in die Gl. 90 ein-
führt, folgende Wicklungsfaktoren

$$\left.\begin{aligned}
f_{w1} &= \frac{\sin \dfrac{\pi}{2\,m}}{q \sin \dfrac{\pi}{2\,q\,m}} \\[2em]
f_{w3} &= \frac{\sin \dfrac{3\,\pi}{2\,m}}{q \sin \dfrac{3\,\pi}{2\,q\,m}} \\[2em]
f_{w5} &= \frac{\sin \dfrac{5\,\pi}{2\,m}}{q \sin \dfrac{5\,\pi}{2\,q\,m}}
\end{aligned}\right\} \quad \ldots \ldots \ldots (93)$$

Bei verteilten Mehrphasenwicklungen ist im allgemeinen $\dfrac{S}{\tau} = \dfrac{1}{m}$
wie bei den aufgeschnittenen Gleichstromwicklungen, bei denen die
Wicklungen der einzelnen Phasen sich nicht überdecken. Dagegen
ist bei den gewöhnlichen Gleichstromwicklungen, bei denen die
Wicklungen der einzelnen Phasen sich überdecken $\dfrac{S}{\tau} = \dfrac{2}{m}$. Diese
Werte sind in Gl. 92 einzuführen.

In den folgenden zwei Tabellen sind die Wicklungsfaktoren
der wichtigsten Zwei- und Dreiphasenwicklungen für die Grundwelle und für die dritte, fünfte und siebente Oberwelle zusammengestellt.

Wicklungsfaktoren der Zweiphasenwicklungen.

Anzahl Löcher pro Pol u. Phase $q =$	Lochwicklungen					Verteilte Wicklungen $\dfrac{S}{\tau} = \dfrac{1}{2}$
	2	3	4	5	6	
f_{w1}	0,924	0,91	0,906	0,904	0,903	0,901
f_{w3}	0,383	0,333	0,318	0,312	0,309	0,300
f_{w5}	$-0,383$	$-0,244$	$-0,213$	$-0,200$	$-0,194$	$-0,180$
f_{w7}	$-0,924$	$-0,244$	$-0,180$	$-0,159$	$-0,149$	$-0,129$

Wicklungsfaktoren der Dreiphasenwicklungen.

Anzahl Löcher pro Pol u. Phase $q =$	Lochwicklungen					Verteilte Wicklungen	
	2	3	4	5	6	$\dfrac{S}{\tau} = \dfrac{1}{3}$	$\dfrac{S}{\tau} = \dfrac{2}{3}$
$f_{w\,1}$	0,966	0,960	0,958	0,957	0,957	0,956	0,830
$f_{w\,3}$	0,707	0,670	0,654	0,646	0,644	0,636	0,000
$f_{w\,5}$	0,259	0,217	0,205	0,200	0,198	0,191	$-0,165$
$f_{w\,7}$	$-0,259$	$-0,177$	$-0,158$	$-0,152$	$-0,145$	$-0,137$	0,119

Wir bekommen nun das folgende Resultat: Induziert ein Magnetsystem in einer Einlochwicklung mit einer Spulenweite gleich der Polteilung eine EMK mit den Harmonischen E_{w1}, E_{w3}, E_{w5} usw., so hat die induzierte EMK einer aus w Windungen bestehenden Wicklung, die entweder auf q Löcher oder gleichmäßig auf der Ankeroberfläche verteilt sein kann, die Harmonischen

$$E_1 = f_{w\,1}\, w\, E_{w\,1}$$
$$E_3 = f_{w\,3}\, w\, E_{w\,3}$$
$$E_5 = f_{w\,5}\, w\, E_{w\,5}$$
usw.

Wie aus den Tabellen ersichtlich ist, sind die Wicklungsfaktoren der Oberwellen bei breiten Spulen im allgemeinen viel kleiner als die der Grundwellen, so daß die Mehrlochwicklungen und die verteilten Wicklungen die Oberwellen stark verkleinern. Bei Mehrphasenmaschinen sind Wicklungen, deren Spulenbreite gleich $\dfrac{1}{m}$ der Polteilung ist, denjenigen mit einer Spulenbreite gleich $\dfrac{2}{m}$ der Polteilung vorzuziehen, weil für jene f_{w1} größer ist. Bei Einphasenmaschinen wählt man die Spulenbreite S zu zirka $^2/_3$ der Polteilung.

Bei Polschuhen, wie die in Fig. 240 und 242 dargestellten, die eine fast sinusförmige Feldkurve liefern, erhält man bei verteilten Wicklungen sehr kleine Oberwellen. Ein Magnetsystem mit der Polform Fig. 240 würde z. B. in einer Dreiphasen-Dreilochwicklung eine EMK mit den Harmonischen

$$E_1 = 100; \qquad E_3 = -1,15; \qquad E_5 = -1,32; \qquad E_7 = -0,198$$

induzieren. Die größte Oberwelle macht also hier nur wenige Prozent der Grundwelle aus. In fast allen praktischen Fällen braucht man deswegen bei diesen Polschuhen nur mit der Grundwelle zu rechnen.

34. Schräge Polschuhe und der Polschuhfaktor.

In gewissen Fällen, z. B. bei Hochspannungsmaschinen, zieht man mit Rücksicht auf die Isolation eine Wicklung mit wenigen Löchern einer solchen mit vielen vor. In diesem Falle ist dann eine allmählich ansteigende Feldkurve erwünscht, und diese kann teils durch **Abschrägen der Polkanten** (Fig. 240) und teils durch **Schrägstellung** (Fig. 243) der **Polschuhe** erreicht werden.

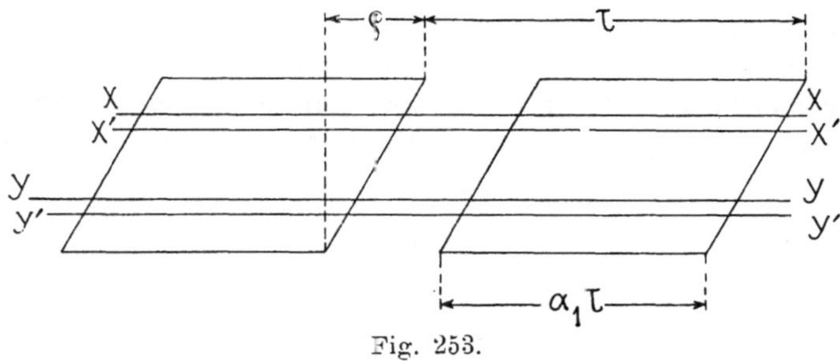

Fig. 253.

Bei schräggestellten Polschuhen läßt die EMK-Kurve sich am leichtesten berechnen, wenn man zuerst den Verlauf der Feldstärke in einer Ebene senkrecht zur Achse ermittelt und die so erhaltene Feldkurve in ihre Harmonischen auflöst. Der Kraftfluß $\varDelta\,\varPhi$, der zwischen den beiden benachbarten radialen Ebenen $X-X'$ (Fig. 253) in den Anker eintritt, ist nicht in Phase mit dem Kraftfluß, der zwischen den Ebenen $Y-Y'$ eintritt. Die von den einzelnen Kraftflüssen $\varDelta\,\varPhi$ in der Ankerwicklung induzierten EMKe sind somit auch in der Phase gegeneinander verschoben. Bezeichnet man mit ϱ die gegenseitige Verschiebung der beiden Polspitzen am Ankerumfange, so wird das Feld eines derartig trapezförmigen Polschuhes in einer Einlochwicklung dieselbe EMK induzieren, die das Feld eines rechteckförmigen Polschuhes mit derselben Feldkurve in einer gleichmäßig verteilten Wicklung induziert, deren Spulenbreite S gleich ϱ ist. Man kann deswegen den ideellen Polbogen b_i und den Füllfaktor α_i eines trapezförmigen Polschuhes in derselben Weise wie die eines rechteckförmigen Polschuhes berechnen. Hierauf ermittelt man die Feldkurve in einer radialen Ebene und zerlegt sie in ihre Harmonischen. Um nun die einzelnen Harmonischen der in einer Einlochwicklung induzierten EMK zu erhalten, braucht man nur die Harmonischen der Feldkurve mit den zugehörigen Polschuhfaktoren

$$f_{p,1} = \frac{\sin \dfrac{\varrho}{\tau}\dfrac{\pi}{2}}{\dfrac{\varrho}{\tau}\dfrac{\pi}{2}}, \quad f_{p,3} = \frac{\sin \dfrac{3\varrho}{\tau}\dfrac{\pi}{2}}{\dfrac{3\varrho}{\tau}\dfrac{\pi}{2}}$$

$$f_{p,5} = \frac{\sin \dfrac{5\varrho}{\tau}\dfrac{\pi}{2}}{\dfrac{5\varrho}{\tau}\dfrac{\pi}{2}}, \quad f_{p,7} = \frac{\sin \dfrac{7\varrho}{\tau}\dfrac{\pi}{2}}{\dfrac{7\varrho}{\tau}\dfrac{\pi}{2}} \qquad (94)$$

usw. zu multiplizieren. Ist die Wicklung keine Einlochwicklung, sondern eine verteilte Wicklung oder eine Mehrlochwicklung, so sind die einzelnen Harmonischen noch mit den Wicklungsfaktoren der betreffenden Wicklung zu multiplizieren. Es werden somit

$$\begin{aligned}
E_1 &= f_{w1} f_{p1}\, w\, E_{w1} \\
E_3 &= f_{w3} f_{p3}\, w\, E_{w3} \\
E_5 &= f_{w5} f_{p5}\, w\, E_{w5}
\end{aligned} \qquad (95)$$

usw.

Statt die Polschuhe schräg zu stellen, kann man auch die Nuten im Ankerblech schräg zu den Polkanten anordnen, wodurch dieselbe Wirkung erzielt wird. In der folgenden Tabelle sind einige Werte der Polschuhfaktoren für verschiedene Verhältnisse $\dfrac{\varrho}{\tau}$ zusammengestellt.

Tabelle der Polschuhfaktoren.

$\dfrac{\varrho}{\tau}$	0,1	0,2	0,3	0,4
f_{p1}	0,996	0,984	0,963	0,937
f_{p3}	0,964	0,858	0,698	0,5055
f_{p5}	0,9	0,638	0,3	0
f_{p7}	0,811	0,368	$-0,0473$	$-0,217$

35. Berechnung der induzierten EMK einer Einphasenmaschine oder einer Phase einer Mehrphasenmaschine.

Besitzt eine Maschine eine Wicklung, die pro Phase aus w Windungen besteht und pro Pol auf q Löcher verteilt ist, so daß sich in einer Nut $s_n = \dfrac{w}{q}$ Drähte, die hintereinander geschaltet sind, befinden, so berechnen wir nach dem Vorhergegangenen den Effektivwert der induzierten EMK einer solchen Wicklung, gleichgültig, wie die Verbindungen der einzelnen Stäbe sind, nach der Formel

$$E = 4\,k\,c\,w\,\Phi\,10^{-8}\ \text{Volt} \quad \ldots \ldots \quad (96)$$

wo Φ den maximalen Kraftfluß bedeutet, den eine Windung von der Weite $y = \tau$ umfaßt. Es ist der EMK-Faktor

$$k = f_B f_w \quad \ldots \ldots \ldots \quad (97)$$

und es bedeutet f_B den Formfaktor der Feldkurve, wie er S. 183 abgeleitet wurde, und f_w den Wicklungsfaktor, der auf S. 197 definiert ist. Der Effektivwert E hängt mit den Effektivwerten der einzelnen Harmonischen nach WT Bd. I, S. 237 durch die Beziehung

$$E = \sqrt{E_1{}^2 + E_3{}^2 + E_5{}^2 + \cdots} \quad \ldots \ldots \quad (98)$$

zusammen, und es ergibt sich hieraus der resultierende Wicklungsfaktor

$$f_w = \frac{E}{w\,E_w} = \frac{\sqrt{E_1{}^2 + E_3{}^2 + E_5{}^2 + \cdots}}{w\,\sqrt{E_{w1}^2 + E_{w3}^2 + E_{w5}^2 + \cdots}} \quad \ldots \quad (99)$$

E_{w1}, E_{w3}, E_{w5} usf. sind die Harmonischen der induzierten EMK-Kurve einer Windung mit der Weite $y = \tau$ und diese hängen mit E_1, E_3, E_5 usw. nach S. 206 durch die Gleichungen

$$\left. \begin{aligned} E_1 &= f_{w1}\,w\,E_{w1} \\ E_3 &= f_{w3}\,w\,E_{w3} \\ E_5 &= f_{w5}\,w\,E_{w5} \end{aligned} \right\} \quad \ldots \ldots \ldots \quad (100)$$

zusammen. Da diese letzteren aber, wie wir auf S. 194 sahen, direkt die Feldharmonischen selbst sind, läßt sich der Wicklungsfaktor auch schreiben

$$f_w = \sqrt{\frac{(f_{w1} E_{w1})^2 + (f_{w3} E_{w3})^2 + (f_{w5} E_{w5})^2 + \cdots}{E_{w1}^2 + E_{w3}^2 + E_{w5}^2 + \cdots}}$$

$$= \sqrt{\frac{(f_{w1} B_1)^2 + (f_{w3} B_3)^2 + (f_{w5} B_5)^2 + \cdots}{B_1{}^2 + B_3{}^2 + B_5{}^2 + \cdots}} \quad . \quad (101)$$

wo B_1, B_3, B_5 usw. die Amplituden der einzelnen Harmonischen der Feldkurve bedeuten.

Will man also für einen bestimmten Fall den Effektivwert der induzierten EMK einer solchen Wicklung genau bestimmen, so zeichnet man die Feldkurve nach dem Kraftröhrenbild und bestimmt durch Analysieren die Werte B_1, B_3, $B_5 \ldots$ und f_B. Aus der Anordnung der Wicklung ergeben sich f_{w1}, f_{w3}, f_{w5} usw., und mit Hilfe dieser Größen läßt sich f_w, das, wie man sieht, auch von der

Form der Feldkurve abhängig ist, bestimmen. Hat man auch noch Φ bestimmt, so ist E bekannt. Dieses Verfahren ist aber mühselig und zeitraubend und hat ferner deswegen keinen praktischen Wert, weil sich mit der Belastung die Form der Feldkurve doch vollständig ändert und weil bei Mehrphasenmaschinen die Klemmenspannung eine andere Form und daher einen anderen Effektivwert hat, als die Phasenspannung, wie wir im folgenden Abschnitt sehen werden. Praktisch verfährt man wie folgt.

1. In den meisten Fällen, in denen man mit sinusförmiger Feldkurve rechnen darf (s. S. 190, Entwurf der Polschuhform), wird man mit genügender Genauigkeit

$$k = 1{,}11\, f_{w1} \quad \ldots \ldots \ldots \quad (102)$$

setzen können, indem man nur die Grundwelle des Feldes berücksichtigt, und man erhält dann die Spannung

$$E = 4{,}44\, f_{w1}\, c\, w\, \Phi\, 10^{-8}\ \text{Volt} \quad \ldots \ldots \quad (103)$$

Nähert sich die Feldkurve der rechteckigen Gestalt, so kann man als Mittelwerte die Werte der Fig. 254 für den dargestellten Polschuh annehmen. Es ist in der Figur das Verhältnis von Polbogen zu Polteilung zu 0,55 angenommen. Es wurde die Feldkurve für verschiedene Polbreiten, aber immer für die gleiche Polschuhform, nach einem exakten Verfahren be-

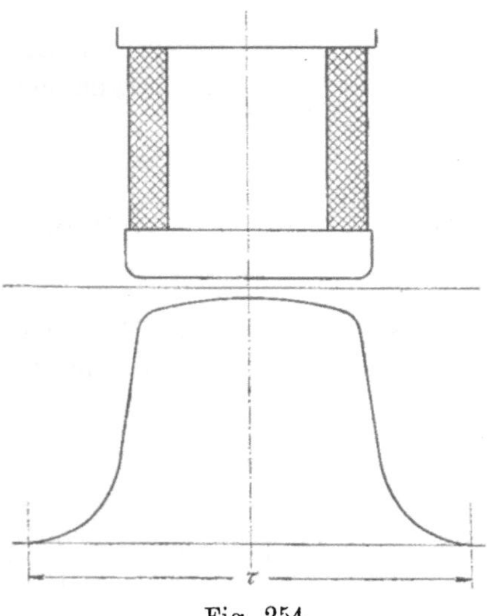

Fig. 254.

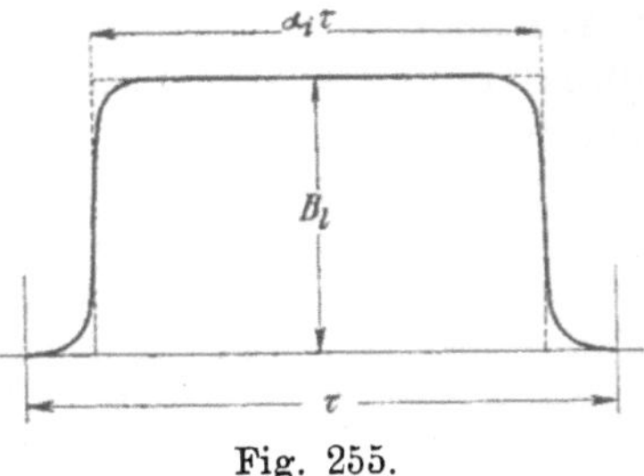

Fig. 255.

stimmt. Diese Feldkurve wurde analysiert und dann die in den Tabellen S. 216 bis S. 218 angegebenen Werte berechnet.

2. Ist der Polschuh so geformt, daß die Feldkurve sich schon sehr stark einer rechteckigen Kurve nähert, wie es Fig. 255 zeigt, so rechnet man am bequemsten und genauesten, wenn man den Faktor α_i aus dem Kraftlinienbild berechnet und die Kurve durch eine rechteckige von der Höhe B_l und der Breite $\alpha_i\,\tau$ ersetzt.

Diese rechteckige Kurve läßt sich in Sinusharmonische auflösen, deren Amplituden sich als

$$a_n = \pm \frac{4}{n\pi} B_l \sin n \frac{\pi \alpha_i}{2} \quad . \quad . \quad . \quad . \quad (104)$$

ergeben.

Zur Berechnung verwendet man nur die Grundharmonische dieser Kurve

$$a_1 = \frac{4}{\pi} B_l \sin \frac{\pi \alpha_i}{2} \quad . \quad . \quad . \quad . \quad (105)$$

so daß

$$f_w = f_{w1}$$

und

$$f_B = 1,11$$

zu setzen ist.

Es ist aber zu beachten, daß der maximale wirksame Kraftfluß, der eine Windung von der Weite $y = \tau$ durchsetzt, nicht mehr

$$\Phi = \alpha_i \tau B_l l_i$$

ist, sondern da wir nur die Grundwelle a_1 berücksichtigen, gleich

$$\Phi' = \int_0^\pi a_1 \sin \frac{x}{\tau} \pi \, dx = \frac{2\tau}{\pi} a_1 = \frac{8}{\pi^2} \tau B_l \sin \frac{\pi \alpha_i}{2} \quad . \quad (106)$$

ist. Wollen wir nun in unserer Formel Φ als den **gesamten** von einem Pol ausgehenden Kraftfluß beibehalten, so haben wir

$$E = 4 \cdot 1,11 \, f_{w1} \, c \, w \, \Phi \left(\frac{\Phi'}{\Phi} \right) 10^{-8} \quad . \quad . \quad . \quad (107)$$

zu setzen, wo der Faktor $\dfrac{\Phi'}{\Phi}$ einen Korrektionsfaktor bedeutet, der sich zu

$$\frac{\Phi'}{\Phi} = \frac{8}{\pi^2} \frac{\sin \frac{\pi \alpha_i}{2}}{\alpha_i} = 0,81 \frac{\sin \frac{\pi \alpha_i}{2}}{\alpha_i} \quad . \quad . \quad . \quad (108)$$

ergibt. Nehmen wir diesen Faktor für diesen Fall auch noch in den EMK-Faktor k hinein, setzen also

$$k = 1,11 \, f_{w1} \, 0,81 \frac{\sin \frac{\pi \alpha_i}{2}}{\alpha_i} = 0,891 \, f_{w1} \frac{\sin \frac{\pi \alpha_i}{2}}{\alpha_i} \quad . \quad (109)$$

so gilt auch jetzt unsere Formel

$$\boldsymbol{E = 4\,k\,c\,w\,\Phi\,10^{-8}\ \textbf{Volt}} \quad . \quad . \quad . \quad . \quad (110)$$

Die Formel liefert besonders für Dreiphasenmaschinen, wo die dritte Harmonische nicht vorkommt, genaue Resultate.

In der folgenden Tabelle sind für verschiedene Werte von α_i die Werte von $\dfrac{k}{f_{w1}}$ angegeben:

α_i	0,6	0,65	0,7	0,75	0,8
$0,891 - \dfrac{\sin \dfrac{\pi \alpha_i}{2}}{\alpha_i}$	1,2	1,167	1,133	1,096	1,06

Will man noch die anderen charakteristischen Größen der induzierten EMK bestimmen, so ergeben sich nun

$$\frac{\text{Effektivwert}}{\text{Mittelwert}} = \frac{E}{E_{mitt}} = f_E = \text{Formfaktor der EMK-Kurve},$$

$$\frac{\text{Maximalwert}}{\text{Mittelwert}} = f_s = \text{Scheitelfaktor}$$

und

$$\frac{E}{E_1} = \sigma_E = \sqrt{1 + \left(\frac{E_3}{E_1}\right)^2 + \left(\frac{E_5}{E_1}\right)^2 + \ldots} = \text{Kurvenfaktor}.$$

Diese Verhältnisse kann man leicht berechnen; denn bei den **symmetrischen Kurven** ist

$$\left.\begin{aligned} E_{mitt} &= \frac{2}{\pi}\left(E_1 + \frac{1}{3}E_3 + \frac{1}{5}E_5 + \ldots\right) \\ E_{max} &= E_1 - E_3 + E_5 - E_7 + \ldots \end{aligned}\right\} \quad . \quad . \quad (111)$$

und

36. Die verkettete Spannung von Mehrphasenmaschinen.

Bisher haben wir nur die EMKe einer Phase, die sogenannte Phasenspannung, berechnet; von größerem Interesse sind aber die **verketteten Spannungen** bei den Mehrphasensystemen. Diese ergeben sich einfach durch graphische Zusammensetzung der Harmonischen gleicher Ordnung zweier Phasen unter den richtigen Winkeln. Um die Vorzeichen der Harmonischen in einfacher Weise richtig zu erhalten, berechnen wir die Harmonischen der verketteten Spannungen oder Linienspannungen, wie man sie auch heißt, analytisch.

Als Beispiel nehmen wir das symmetrische Dreiphasensystem. In den Wicklungen eines Dreiphasengenerators werden bei Leerlauf in den drei Phasen die folgenden symmetrischen EMKe induziert:

$$e_I = \sqrt{2}\,E_{p1}\sin \omega t + \sqrt{2}\,E_{p3}\sin 3\,\omega t + \sqrt{2}\,E_{p5}\sin 5\,\omega t + \ldots$$

$$e_{II} = \sqrt{2}\, E_{p1} \sin(\omega t - 120^\circ) + \sqrt{2}\, E_{p3} \sin 3(\omega t - 120^\circ)$$
$$+ \sqrt{2}\, E_{p5} \sin 5(\omega t - 120^\circ) + \ldots$$
$$e_{III} = \sqrt{2}\, E_{p1} \sin(\omega t - 240^\circ) + \sqrt{2}\, E_{p3} \sin 3(\omega t - 240^\circ)$$
$$+ \sqrt{2}\, E_{p5} \sin 5(\omega t - 240^\circ) + \ldots$$

und ausgerechnet

$$\left.\begin{aligned}
e_I &= \sqrt{2}\, E_{p1} \sin \omega t + \sqrt{2}\, E_{p3} \sin 3\omega t + \sqrt{2}\, E_{p5} \sin 5\omega t + \ldots\\
e_{II} &= \sqrt{2}\, E_{p1} \sin(\omega t - 120^\circ) + \sqrt{2}\, E_{p3} \sin 3\omega t\\
&\quad + \sqrt{2}\, E_{p5} \sin(5\omega t - 240^\circ) + \ldots\\
e_{III} &= \sqrt{2}\, E_{p1} \sin(\omega t - 240^\circ) - \sqrt{2}\, E_{p3} \sin 3\omega t\\
&\quad + \sqrt{2}\, E_{p5} \sin(5\omega t - 120^\circ) + \ldots
\end{aligned}\right\} \quad (112)$$

Man ersieht daraus, daß alle Oberwellen, deren Periodenzahl ein Vielfaches der dreifachen Periodenzahl ist, in allen drei Phasen einander gleich sind, d. h. sie sind alle in demselben Moment gleich groß und vom neutralen Punkte aus gleich gerichtet, während alle anderen Oberwellen der drei Phasen um 120° gegeneinander verschoben sind und somit als gewöhnliche symmetrische Dreiphasenströme behandelt werden können. Es ist dabei jedoch zu beachten, daß die zeitliche Reihenfolge, in der die Phasen aufeinander folgen, nicht immer dieselbe ist, wie diejenige der Grundwelle; z. B. ist für die fünfte Oberwelle die zeitliche Reihenfolge $1 - 3 - 2$ statt $1 - 2 - 3$ wie bei der Grundwelle.

Aus den Momentanwerten e_I, e_{II} und e_{III} der in den drei Phasen induzierten EMKe ergeben sich die Momentanwerte e_a, e_b und e_c der verketteten Spannungen bei Sternschaltung wie folgt. Es ist

$$e_c = e_I - e_{II} = \sqrt{3}\,\sqrt{2}\, E_{p1} \sin(\omega t + 30^\circ)$$
$$+ \sqrt{3}\,\sqrt{2}\, E_{p5} \sin(5\omega t - 30^\circ) + \ldots$$
$$e_a = e_{II} - e_{III} = \sqrt{3}\,\sqrt{2}\, E_{p1} \sin(\omega t - 90^\circ)$$
$$+ \sqrt{3}\,\sqrt{2}\, E_{p5} \sin(5\omega t + 90^\circ) + \ldots$$

und

$$e_b = e_{III} - e_I = \sqrt{3}\,\sqrt{2}\, E_{p1} \sin(\omega t - 210^\circ)$$
$$+ \sqrt{3}\,\sqrt{2}\, E_{p5} \sin(5\omega t + 210^\circ) + \ldots$$

Wird die Zeit t von einem anderen Zeitpunkte aus gerechnet, indem man $\omega t + 30^\circ = \omega t'$ setzt, so werden

$$
\begin{aligned}
e_c &= \sqrt{3}\,\sqrt{2}\,E_{p1}\sin\omega t' - \sqrt{3}\,\sqrt{2}\,E_{p5}\sin 5\,\omega t' \\
&\quad - \sqrt{3}\,\sqrt{2}\,E_{p7}\sin 7\,\omega t' + \ldots \\
e_a &= \sqrt{3}\,\sqrt{2}\,E_{p1}\sin(\omega t' - 120^0) - \sqrt{3}\,\sqrt{2}\,E_{p5}\sin(5\,\omega t' - 240^0) \\
&\quad - \sqrt{3}\,\sqrt{2}\,E_{p7}\sin(7\,\omega t' - 120^0) + \ldots
\end{aligned}
$$

und
$$
\begin{aligned}
e_b &= \sqrt{3}\,\sqrt{2}\,E_{p1}\sin(\omega t' - 240^0) - \sqrt{3}\,\sqrt{2}\,E_{p5}\sin(5\,\omega t' - 120^0) \\
&\quad - \sqrt{3}\,\sqrt{2}\,E_{p7}\sin(7\,\omega t' - 240^0) + \ldots
\end{aligned}
\tag{113}
$$

Diese Form der Momentanwerte der verketteten Spannungen
stimmt mit derjenigen der Phasenspannungen überein, nur ist an
Stelle von E_{p1} überall $\sqrt{3}\,E_{p1}$, an Stelle von E_{p3} 0 und an Stelle
von E_{p5} und E_{p7}, $-\sqrt{3}\,E_{p5}$ bzw. $-\sqrt{3}\,E_{p7}$ getreten. Wird also
in bezug auf die verketteten Spannungen eines Dreiphasensystems
mit der Zeit t' gerechnet, wobei

$$
\omega t' = \omega t + 30^0
$$

ist, so erhält man die **Effektivwerte der verketteten Spannungen eines Sternsystems** durch folgende Formeln ausgedrückt:

$$
\begin{aligned}
E_{l1} &= \sqrt{3}\,E_{p1}; & E_{l3} &= 0; & E_{l5} &= -\sqrt{3}\,E_{p5} \\
E_{l7} &= -\sqrt{3}\,E_{l7}; & E_{l9} &= 0; & E_{l11} &= \sqrt{3}\,E_{p11}
\end{aligned}
\tag{114}
$$

Einer Dreieckschaltung mit den Phasenspannungen E_{l1},
E_{l3}, E_{l5} usw. ist eine Sternschaltung mit den Phasenspannungen
E_{p1}, E_{p3}, E_{p5} usw. äquivalent, wobei das Sternsystem dem Drei-
ecksystem um 30^0 nacheilt.

Auf die Klemmenspannung haben die dritten, neunten usw.
Oberwellen keinen Einfluß; diese sind in den einzelnen Phasen
gleichsinnig gerichtet und heben sich deshalb in bezug auf die
äußeren Klemmen auf. Die dritten, neunten usw. Oberwellen liefern somit keine Ströme in die äußeren Lei-
tungen und keine Spannungen zwischen den äußeren
Klemmen. Dasselbe gilt bei einem symmetrischen m-Phasensystem
für diejenigen Oberwellen, deren Periodenzahlen ein Vielfaches von
m sind. Aus diesem Grunde ist die effektive Klemmenspannung eines Dreiphasensternsystems

$$
E_l = \sqrt{E_{l1}^2 + E_{l5}^2 + E_{l7}^2 + \ldots} = \sqrt{3\,(E_{p1}^2 + E_{p5}^2 + E_{v7}^2 + \ldots)},
$$

während die Phasenspannung

$$E_p = \sqrt{E_{p1}^2 + E_{p3}^2 + E_{p5}^2 + E_{p7}^2 + \cdots}$$

ist.

Im allgemeinen ist also $E_l < \sqrt{3}\, E_p$. Wir setzen

$$f_y = \frac{E_l}{E_p} = \sqrt{3}\;\sqrt{\frac{1 + \left(\dfrac{E_{p5}}{E_{p1}}\right)^2 + \left(\dfrac{E_{p7}}{E_{p1}}\right)^2 + \cdots}{1 + \left(\dfrac{E_{p3}}{E_{p1}}\right)^2 + \left(\dfrac{E_{p5}}{E_{p1}}\right)^2 + \cdots}}$$

$$f_y = \frac{\sqrt{3}}{\sigma_E}\,\sqrt{1 + \left(\frac{E_{p5}}{E_{p1}}\right)^2 + \left(\frac{E_{p7}}{E_{p1}}\right)^2 + \cdots} \quad\quad (115)$$

Setzt man ferner

$$k_y = f_y\, k,$$

so erhält man die verkettete Spannung eines Dreiphasengenerators

$$E_l = 4\,k_y\,c\,w\,\Phi\,10^{-8} \quad\quad\quad (116)$$

Daß die dritten, neunten usw. Harmonischen in der verketteten Spannung verschwinden, bedeutet, daß diese Harmonischen in allen Phasen vom neutralen Punkte aus gleichgerichtet sind und deswegen in der verketteten Spannung einer Sternschaltung nicht zur Wirkung kommen. Schaltet man die Wicklung des Generators im Dreieck, so werden diese Harmonischen (die dritten, neunten usw.) nicht mehr paarweise gegengeschaltet, sondern alle in Serie. Öffnet man deswegen das Dreieck an irgendeinem Punkte und schaltet in die Öffnungsstelle ein Voltmeter ein, so zeigt dasselbe die effektive Spannung

$$3\sqrt{E_{p3}^2 + E_{p9}^2 + \cdots}$$

an, die als eine innere Spannung[1] bezeichnet werden kann. Bei dieser Schaltung erzeugt sie einen inneren Strom, den man durch Einschalten eines Amperemeters in das Dreieck messen kann.

Sind E_{p1}, E_{p3}, E_{p5} usw. die Effektivwerte der einzelnen Oberwellen einer Phasenspannung eines verketteten Zwei- oder Vierphasensystems, so erhält man analog wie oben die Effektivwerte der verketteten Spannungen desselben zu:

$$\left.\begin{array}{lll} E_{l1} = \sqrt{2}\,E_{p1}; & E_{l3} = -\sqrt{2}\,E_{p3}; & E_{l5} = -\sqrt{2}\,E_{p5} \\[2mm] E_{l7} = \sqrt{2}\,E_{p7}; & E_{l9} = \sqrt{2}\,E_{p9}; & E_{l11} = -\sqrt{2}\,E_{p11} \end{array}\right\} \quad (117)$$

---

[1] Siehe O. S. Bragstad, „Über die Wellenform des Drehstromes". ETZ 1900. Heft 13.

hieraus folgt
$$E_l = \sqrt{2}\, E_p.$$

Ist ferner der Momentanwert einer Phasenspannung

$$e_p = \sqrt{2}\, E_{p1} \sin \omega t + \sqrt{2}\, E_{p3} \sin 3\,\omega t + \sqrt{2}\, E_{p5} \sin 5\,\omega t + \dots$$

so ist der Momentanwert der verketteten Spannung

$$e_l = \sqrt{2}\, E_{l1} \sin \omega t' - \sqrt{2}\, E_{l3} \sin 3\,\omega t' - \sqrt{2}\, E_{l5} \sin 5\,\omega t' + \dots,$$

wenn

$$\omega t' = \omega t + 45^\circ$$

ist. Hieraus sind die Momentanwerte der übrigen Phasenspannungen und verketteten Spannungen leicht zu ermitteln.

Auf Seite 188 wurde die Feldkurve für eine Reihe von Polschuhen berechnet und in ihre Harmonischen aufgelöst. Unter Benutzung dieser Feldkurven sind nun für die verschiedenen Wicklungen die EMK-Faktoren k und k_y und der Kurvenfaktor σ_E ausgerechnet und in den folgenden Tabellen zusammengestellt worden.

Tabelle für den EMK-Faktor und den Kurvenfaktor von Einphasenwicklungen.

(Berechnet für die Polschuhform Fig. 254.)

$\alpha = \dfrac{b}{\tau}$		0,75	0,65	0,55	0,55	0,55	0,45	0,35
$\dfrac{\delta}{b}$		$\dfrac{1}{25}$	$\dfrac{1}{25}$	$\dfrac{3}{50}$	$\dfrac{1}{25}$	$\dfrac{1}{50}$	$\dfrac{1}{25}$	$\dfrac{1}{25}$
$\alpha_i = \dfrac{b_i}{\tau}$		0,773	0,682	0,604	0,587	0,552	0,486	0,382
Lochwicklungen								
$Q=1$	$k = f_B$	1,097	1,158	1,215	1,235	1,280	1,358	1,530
$q=1$	σ_E	1,0165	1,015	1,022	1,028	1,046	1,072	1,158
$Q=3$	k	0,94	1,003	1,047	1,063	1,065	1,117	1,163
$q=2$	σ_E	1,004	1,014	1,015	1,019	1,021	1,018	1,015
$Q=4$	k	1,00	1,06	1,11	1,12	1,14	1,19	1,26
$q=2$	σ_E	1,0058	1,0056	1,0038	1,005	1,0092	1,021	1,032
$Q=4$	k	0,874	0,922	0,956	0,97	0,97	1,030	1,077
$q=3$								
$Q=5$	k	0,828	0,882	0,9125	0,925	0,925	0,974	1,020
$q=4$								
$Q=6$	k	0,902	0,952	0,993	1,005	1,005	1,057	1,105
$q=4$								

$Q=7$ $q=4$	k	0,945	0,997	1,04	1,055	1,054	1,108	1,160
$Q=8$ $q=6$	k	0,865	0,907	0,945	0,957	0,957	1,007	1,057

			Verteilte Wicklungen				
$\dfrac{S}{\tau}=\dfrac{1}{2}$	k	0,87	1,03	1,075	1,09	1,11	1,15	1,20
$\dfrac{S}{\tau}=\dfrac{2}{3}$	k	0,905	0,96	1,00	1,01	1,03	1,06	1,10
$\dfrac{S}{\tau}=1$	k	0,69	0,73	0,76	0,77	0,78	0,81	0,85

Tabelle für den EMK-Faktor und den Kurvenfaktor von Zweiphasenwicklungen.

(Berechnet für die Polschuhform Fig. 254).

$\alpha=\dfrac{b}{\tau}$		0,75	0,65	0,55	0,55	0,55	0,45	0,35
$\dfrac{\delta}{b}$		$\dfrac{1}{25}$	$\dfrac{1}{25}$	$\dfrac{3}{50}$	$\dfrac{1}{25}$	$\dfrac{1}{50}$	$\dfrac{1}{25}$	$\dfrac{1}{25}$
$\alpha_i=\dfrac{b_i}{\tau}$		0,773	0,682	0,604	0,587	0,552	0,486	0,332

			Lochwicklungen				
$q=2$	k	1,00	1,06	1,11	1,12	1,14	1,19	1,23
	σ_E	1,006	1,0055	1,004	1,005	1,009	1,021	1,032
$q=3$	k	0,985	1,04	1,08	1,10	1,12	1,16	1,22
	σ_E	1,002	1,001	1,002	1,003	1,005	1,010	1,023
$q=4$	k	0,89	1,035	1,08	1,095	1,115	1,155	1,21
	σ_E	1,0017	1,0012	1,0017	1,0022	1,0042	1,008	1,020

			Verteilte Wicklungen				
$\dfrac{S}{\tau}=\dfrac{1}{2}$	k	0,87	1,03	1,075	1,09	1,11	1,15	1,20
	σ_E	1,0021	1,0005	1,0014	1,0018	1,0036	1,007	1,0180
$\dfrac{S}{\tau}=1$	k	0,69	0,73	0,76	0,77	0,78	0,81	0,848
	σ_E	1,0015	1,0005	1,0014	1,0018	1,0035	1,0007	1,018

Tabelle für den EMK-Faktor und den Kurvenfaktor von Dreiphasenwicklungen.

(Berechnet für die Polschuhform Fig. 254).

$\alpha = \dfrac{b}{\tau}$		0,75	0,65	0,55	0,55	0,55	0,45	0,35
$\dfrac{\delta}{b}$		$\dfrac{1}{25}$	$\dfrac{1}{25}$	$\dfrac{3}{50}$	$\dfrac{1}{25}$	$\dfrac{1}{50}$	$\dfrac{1}{25}$	$\dfrac{1}{25}$
$\alpha_i = \dfrac{b_i}{\tau}$		0,773	0,682	0,604	0,587	0,552	0,486	0,382
Lochwicklungen								
$q = 1$	k	1,097	1,158	1,215	1,235	1,280	1,358	1,530
	k_y	1,88	1,94	2,07	2,11	2,17	2,22	2,33
	σ_E	1,0165	1,015	1,022	1,0283	1,047	1,072	0,158
$q = 2$	k	1,05	1,11	1,16	1,17	1,20	1,26	1,27
	k_y	1,81	1,91	2,00	2,01	2,04	2,10	2,20
	σ_E	1,007	1,0012	1,0048	1,0066	1,015	1,0325	1,080
$q = 3$	k	1,04	1,10	1,145	1,16	1,19	1,25	1,35
	k_y	1,79	1,88	1,96	2,00	2,04	2,10	2,17
	σ_E	1,0062	1,0008	1,0040	1,0056	1,015	1,0312	1,073
$q = 4$	k	1,04	1,095	1,145	1,16	1,19	1,24	1,34
	k_y	1,79	1,87	1,98	2,00	2,04	2,07	2,17
	σ_E	1,006	1,0003	1,0033	1,0046	1,012	1,028	1,070
Verteilte Wicklungen								
$\dfrac{S}{\tau} = \dfrac{1}{3}$	k	1,035	1,09	1,14	1,16	1,19	1,24	1,34
	k_y	1,77	1,88	1,97	2,00	2,04	2,08	2,17
	σ_E	1,0057	1,00085	1,0036	1,005	1,012	1,027	1,070
$\dfrac{S}{\tau} = \dfrac{2}{3}$	k	0,905	0,96	1,00	1,01	1,03	1,06	1,10
	k_y	1,57	1,66	1,73	1,75	1,78	1,83	1,90
	σ_E	1,001	1,0005	1,0006	1,0007	1,0008	1,0005	1,0004

Im allgemeinen wird man immer eine sinusförmige Feldkurve anstreben, und da für Dreiphasenmaschinen die dritte Harmonische in der Klemmenspannung fortfällt und die andern meist verschwindend klein sind, kann man fast immer mit genügender Genauigkeit

$$k = 1,11\, f_{w1}$$
und
$$k_y = 1,11\, \sqrt{3}\, f_{w1} = 1,92\, f_{w1}$$

$$\left.\begin{array}{c} \\ \\ \end{array}\right\} \quad \ldots \quad (118)$$

und die Phasenspannung zu

$$E_p = 4{,}44\,f_{w1}\,c\,w\,\varPhi\,10^{-8}\ \text{Volt} \quad . \ . \ . \ . \quad (119)$$

setzen, wo w die Windungszahl einer Phase bedeutet.

37. Einfluß der Nuten auf die Kurvenform der EMKe.

Wir haben bis jetzt die induzierte EMK einer Wechselstrommaschine berechnet, als ob das Feld so am Ankerumfang verteilt wäre, wie es in Fig. 230 dargestellt ist. Diese Annahme trifft für einen glatten Anker zu, nicht aber für einen genuteten. Infolge der Nutung des Ankers ist die magnetische Leitfähigkeit an der Ankeroberfläche nicht gleichmäßig, sondern an der Stelle eines Zahnes größer, an der Stelle einer Nut geringer. Dementsprechend ist auch die Induktion in der Luft über einem Zahn und im Zahn selbst größer, über einer Nut und in ihr bedeutend geringer als der Mittelwert der Induktion an der betreffenden Stelle. Die Feldkurve zeigt mehr oder weniger stark ausgeprägte Oberwellen, deren Wellenlänge gleich einer Zahnteilung ist, wie es Fig. 5 schematisch zeigte.

Die Größe der Oberwellen der Feldkurve ist von der Nutenöffnung, der Breite der Zahnkrone, von der Weite des Luftspaltes und von der Größe der Zahnsättigung abhängig. Die größten Oberwellen entstehen bei weiten offenen Nuten, engem Luftspalt und wenig gesättigten Zähnen.

Diese Oberwellen bewegen sich mit dem Anker; sie stehen relativ zu ihm still, bewegen sich relativ zum Polrad und ändern bei dieser Bewegung periodisch ihre Amplitude. Die Feldkurve ändert ihre Gestalt periodisch, und die Periode ihrer Änderung ist die Zeit, die ein Zahn braucht, um an die Stelle seines Vorgängers im Raume zu treten. Da die magnetische Induktion in den Nuten nur sehr gering sein kann, bewegen sich in diesem Fall die Ankerstäbe dauernd in einem sehr schwachen Feld, so daß der Ausdruck für die EMK, der auf S. 7, Gl. 10 abgeleitet wurde, nicht mehr ohne weiteres für Nutenanker gültig sein kann.

Die Anwendung des allgemeinen Induktionsgesetzes, wie es auf S. 10 dargestellt ist,[1] zeigt uns aber, daß wir doch auf die Gl. 71 zurückgehen dürfen, nur ist die Feldkurve, mit der wir in dieser Gleichung rechnen, ein Mittelwert. Für jeden mit dem Magnetsystem fest verbundenen Punkt schwankt die Induktion

---

[1] Die exakte Untersuchung der induzierten EMK von Nutenankern wurde von Dr.-Ing. R. Rüdenberg, E. u. M. 1907, S. 599, durchgeführt

während der Bewegung des Polrades zwischen einem Maximum, das dann eintritt, wenn sich ihm gegenüber ein Zahn befindet, und zwischen einem Minimum, das eintritt, wenn sich ihm gegenüber eine Nut befindet. Wenn man für alle jene Punkte Mittelwerte bestimmt, so ergibt sich eine Feldkurve ($\overline{B}$, Fig. 5, siehe auch Gl. 22, S. 12), die wir im Sinne von Gl. 71 zur Berechnung der vom Hauptfelde induzierten EMK verwenden dürfen.

Dies geschieht auch, indem wir die Feldkurve unter Berücksichtigung von Zahnsättigung und Polschuhsättigung wie für einen glatten Anker feststellen und bei Berechnung der Amperewindungen für den Luftspalt die Verminderung der gesamten magnetischen Leitfähigkeit durch die Nuten des Ankers berücksichtigen.

Die Anwendung dieses Gesetzes, Gl. 22, S. 12, gab uns den exakten Ausdruck für die in einer Spule induzierte EMK und zeigte uns, daß infolge der Nutung noch eine zusätzliche EMK, die man als Nutenschwingung bezeichnen kann, induziert wird. Die Größe dieser Nutenschwingung fanden wir zu (s. S. 13)

$$e_n = -2\,l\,v\,\Sigma\,A_\lambda\,N_\nu\,\frac{\alpha_\lambda{}^2}{\alpha_\lambda{}^2 - \beta_\nu{}^2}\sin\alpha_\lambda\,\frac{s_0}{2}\sin\lambda\,\omega\,t \quad \text{(s. Gl. 24).}$$

Die Grundwelle der Nuten-EMK ($\lambda = 1$) hat dieselbe Periodenzahl wie die Haupt-EMK.

Für die ersten Oberwellen kann man α gegen β vernachlässigen, $\sin\alpha_\lambda\,\frac{s_0}{2}$ gleich 1 setzen, da $s_0 \simeq \tau$ ist, und erhält, da

$$\frac{\alpha_\lambda}{\beta_\nu} = \frac{\lambda}{\nu}\,\frac{t_1}{2\,\tau} = \frac{\lambda}{\nu}\,\frac{p}{Z} \quad\quad\quad \ldots \ldots \quad (120)$$

ist, die Harmonische von der Ordnung λ

$$e_{n\lambda} = 2\,l\,v\left(\frac{p}{Z}\right)^2 A_\lambda\,\lambda^2\,\Sigma\,N_\nu\,\frac{1}{\nu^2}\sin\lambda\,\omega\,t \quad . \; . \quad (121)$$

Je größer die Zahnzahl pro Polteilung ist, desto kleiner werden diese Oberschwingungen. Die Oberwellen treten relativ stärker auf als die Grundwelle, wegen des Faktors λ^2. Da die Gleichung der Haupt-EMK von der Ordnung λ

$$e_{h\lambda} = 2\,l\,v\,A_\lambda\sin\lambda\,\omega\,t$$

ist, vorausgesetzt, daß die Nut vollständig feldfrei und die Spulenweite gleich der Polteilung ist (s. S. 11 und 12), so ergibt sich das Verhältnis beider EMKe unter dieser Annahme zu

$$\frac{e_{n\lambda}}{e_{h\lambda}} = \left(\frac{p}{Z}\right)^2\lambda^2\,\Sigma\,\frac{N_\nu}{\nu^2}.$$

Unter Annahme einer rechteckigen Nutenfeldkurve $h(x-vt)$ ergibt sich

$$\Sigma \frac{N_\nu}{\nu^2} = -\frac{4}{\pi}\left(1 - \frac{1}{3^3} + \frac{1}{5^3} \cdots\right) = -\frac{\pi^2}{8}.$$

Für eine dreiphasige Zweilochwicklung z. B. ist

$$\frac{p}{Z} = \frac{1}{12}$$

und

$$\frac{e_{n\lambda}}{e_{h\lambda}} = 0,00856\,\lambda^2$$

d. h. die Grundwelle der EMK wird durch die Nutenschwingungen um $0,9^0/_0$, die 3. Harmonische um $8^0/_0$, die 5. um ca. $22^0/_0$ geändert.

Eine ganz besondere Harmonische ist jene, für welche $\alpha_\lambda = \beta_\nu$ ist. Damit diese Bedingung erfüllt sei, muß nach Gl. 120 gelten

$$\frac{Z}{p} = \frac{\lambda}{\nu}.$$

Da der wichtigste Fall $\nu = 1$ ist, folgt, daß $\dfrac{Z}{p}$ eine ungerade Zahl sein muß, um der Gleichung zu genügen. Der Ausdruck

$$\frac{\alpha_\lambda{}^2}{\alpha_\lambda{}^2 - \beta_\nu{}^2}\,\sin\alpha_\nu\frac{s_0}{2}$$

wird in diesem Falle zu $\dfrac{0}{0}$; durch Differentiation von Zähler und Nenner kann man seinen Wert bestimmen, und erhält die Größe dieser Harmonischen als

$$e_{n\lambda\nu} = \frac{1}{2}\,l\,v\,\nu\,\pi\,\frac{s_0}{\tau}\,\frac{Z}{p}\,A_\lambda N_\nu \sin\lambda\,\omega\,t$$

$$= \frac{1}{2}\,l\,v\,\lambda\,\pi\,\frac{s_0}{\tau}\,A_\lambda N_\nu \sin\lambda\,\omega\,t \quad \ldots \ldots (122)$$

Um uns ein Bild von der Größenordnung dieser Harmonischen zu machen, bestimmen wir ihr Verhältnis zur Grundwelle der Haupt-EMK. Bezeichnen wir die Amplitude der Grundwelle der mittleren Feldkurve $\overline{B}$ mit $\overline{B}_1$, so ist die Grundwelle der Haupt-EMK

$$e_{h1} = 2\,l\,v\,\overline{B}_1 \sin\omega\,t,$$

wenn die Spulenweite gleich der Polteilung $(s_0 = \tau)$ ist und es ist das gesuchte Verhältnis der Amplituden

$$\frac{e_{n\lambda\nu}}{e_{h1}} = \frac{1}{4}\,\frac{\lambda\,\pi}{}\,\frac{A_\lambda N_\nu}{\overline{B}_1}.$$

Es sei z. B. $\dfrac{Z}{p} = 15$, so ist für

$$\nu = 1, \qquad \lambda = 15, \qquad N_1 \cong \dfrac{4}{\pi} \quad \text{(s. S. 11 u. 12)} \quad \text{und} \qquad A_{15} \cong \dfrac{1}{100}\, B_1,$$

$$\dfrac{e_{n\lambda\nu}}{e_h} = \dfrac{1}{4}\,\dfrac{15\,\pi}{\pi}\,\dfrac{4}{100} = 0{,}15.$$

Die Nutenoberschwingung beträgt 15 % der Grundwelle der EMK.

Diese Harmonische erscheint also den andern gegenüber außerordentlich verstärkt; es tritt eine Art Resonanz zwischen der Nutenfeldkurve und einer höheren Harmonischen der Hauptfeldkurve auf, so daß, selbst bei kleinen Amplitudenwerten dieser Harmonischen A_λ, diese EMK sich stark in der Spannungskurve bemerkbar machen wird. Sie kann leicht Werte von 10 bis 20 % und darüber der Haupt-EMK erreichen. Die Frequenz dieser gefährlichen Harmonischen ist (für $\nu = 1$)

$$\lambda\,\dfrac{\omega}{2\,\pi} = \dfrac{Z}{p}\,c.$$

Es ist jene Harmonische, die durch die Schwingungen des Kraftflussses bei der Bewegung des Ankers um eine Zahnteilung entsteht.

Die Frequenz dieser Pulsation ist $Z\,\dfrac{n}{60}$. Die Grundperiodenzahl ist $\dfrac{p\,n}{60}$, beide verhalten sich zueinander wie $\left(\dfrac{Z}{p}\right)$. Ist $\left(\dfrac{Z}{p}\right)$ eine ungerade Zahl, wie es bei Gleichstromwicklungen oder Teillochwicklungen vorkommen kann, so erregt das pulsierende Feld direkt eine Oberharmonische der Grundwelle, die sehr stark zur Geltung kommt. Da in bezug auf diese Harmonische zwei aufeinanderfolgende Spulen um eine ganze Wellenlänge oder ein Vielfaches derselben gegeneinander räumlich verschoben sind, ist der Wicklungsfaktor für sie gleich 1 und diese Harmonische wird gegenüber den anderen sehr verstärkt erscheinen; und da in allen Ankerwindungen diese EMK gleichphasig pulsiert, wird sie bei geschlossenen Gleichstromwicklungen einen starken inneren Strom in der Wicklung erzeugen, der große zusätzliche Kupferverluste unabhängig von der Belastung hervorruft. Es werden in diesem Falle auch große zusätzliche Eisenverluste auftreten.

––––––––––

Bei den gewöhnlichen Wechselstromwicklungen ist nun $\dfrac{Z}{p}$, die Anzahl der Zähne pro doppelte Polteilung, gewöhnlich eine gerade Zahl. Infolge des symmetrischen Baues der Maschinen können aber in der Fourierschen Reihe, in die man die Spannungskurve zerlegt, keine geraden Harmonischen vorkommen. Will man die Wellen in ihrer natürlichen Schwingungszahl darstellen, so muß man sie als „phasewechselnde" Oberschwingungen einführen[1]), wie es

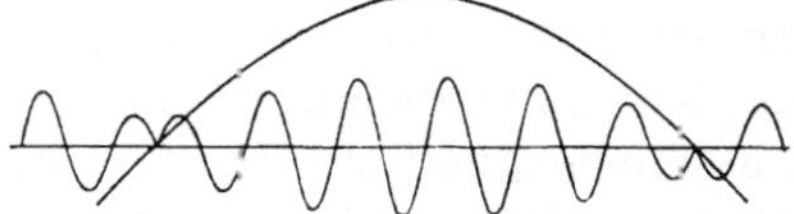

Fig. 256. Grundwelle der EMK mit phasewechselnder Oberschwingung.

Fig. 256 zeigt, denn in diesem Falle bleibt die Gleichheit von positiver und negativer Welle gewahrt.

Daß diese Schwingungen in den Spannungskurven der Wechselstrommaschinen wirklich auftreten, kann man nachweisen, wenn man die Spannung auf einen Kreis wirken läßt, der auf Resonanz mit dieser Harmonischen eingestellt ist und dann die Stromkurve mit einem Oszillographen aufnimmt. Das Bild einer solchen Stromkurve zeigt Fig. 257.

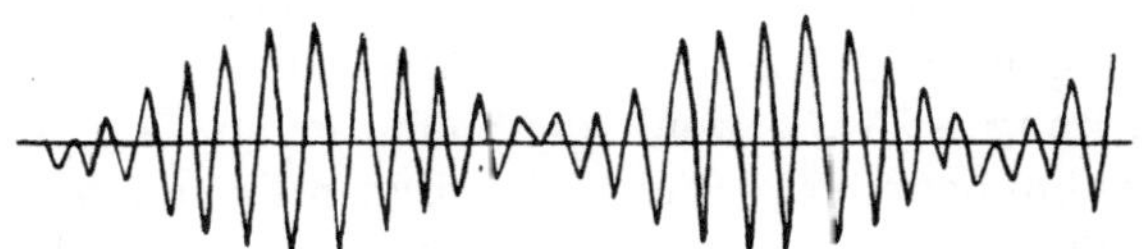

Fig. 257. Phasewechselnde Oberschwingung eines Generators.

Aus dieser Stromkurve läßt sich die Kurve der Nuten-EMK ermitteln[2]).

Der Einfluß der Nutenoberschwingungen auf die Kurve der EMK ist wesentlich von der Form und Breite des Polschuhs abhängig[3]).

Die Oszillationen des mit einer Spule verketteten Kraftflusses infolge der Nutung kann man sich im allgemeinen durch zwei verschiedene Erscheinungen, die wir getrennt betrachten wollen, physikalisch deuten:

1. Der Polbogen sei gleich einer ganzen Anzahl von Nutenteilungen. Es ist dann die Anzahl von Zähnen, auf die sich der Hauptteil des Kraftflusses erstreckt, je nach der Ankerstellung verschieden. Fig. 258 und 259 geben die beiden Grenzstellungen an,

---

[1]) Siehe B. Strasser und J. Zenneck, „Über phasewechselnde Oberschwingungen". W. Rogowski, „Theorie der Resonanz phasewechselnder Schw.". Ann. d. Phys., Bd. 20, 1906. K. Simons, ETZ 1906, S. 634.

[2]) W. Rogowski, Ann. d. Phys., Bd. 20, 1906, S. 771.

[3]) Ausführliche Versuche darüber sind von G. W. Worrall im ETI. zu Karlsruhe ausgeführt worden. Siehe: G. W. Worrall, „Magnetic oscillations in Alternators". Journal of the Inst. of. E. E. vol. 37, 39, 40.

wenn entweder 2 Nuten oder 2 Zähne sich unter den Polkanten befinden.

Der Hauptkraftfluß hat im einen Fall einen Zahn mehr, auf den er sich erstrecken kann, im anderen Fall einen Zahn weniger. Die Kraftliniendichte ist im einen Fall größer als im anderen, d. h. die magnetische Leitfähigkeit für den Gesamtkraftfluß ändert sich periodisch und es muß sich daher auch dieser selbst ändern.

Fig. 258.Fig. 259.

Diese Schwankung der Stärke des Gesamtkraftflusses erstreckt sich auf den gesamten magnetischen Kreis der Maschine und läßt sich mit Prüfspulen im Polschenkel und auch im Joch nachweisen. Diese Pulsation des Kraftflusses wirkt am stärksten auf eine Ankerspule, wenn ihre Spulenseiten sich in der neutralen Zone befinden, weil sie dann den ganzen pulsierenden Kraftfluß umschlingt. Die induzierende Wirkung ist Null, wenn die Spulenseiten sich gerade unter den Polmitten befinden. Die magnetischen Pulsationen aller Pole sind natürlich genau gleichphasig wegen der ganzen Anzahl von Zähnen pro Polteilung. Da die Richtung des Kraftflusses aber unter den verschiedenen Polen entgegengesetzt ist, sind die von 2 Polen im gleichen Moment erregten EMKe in einer Spule entgegengesetzt gerichtet. Denken wir uns die Spule zuerst unter einem Nordpol in der neutralen Zone, so wird sie den ganzen pulsierenden Kraftfluß dieses Poles umfassen. Bewegt sie sich nun gegen einen Südpol zu, so nimmt der umschlungene Kraftfluß des Nordpoles ab, seine induzierende Wirkung wird geringer und wird gleich Null, wenn sich die Spule um eine Polteilung verschoben hat. Man erhält also ungefähr das Bild Fig. 260a der vom Nordpolkraftfluß induzierten EMK als Funktion der Lage der Spulenmitte.

In Stellung I ist die EMK gleich Null und ebenso in Stellung II, da in dieser Stellung nach Fig. 258, 259 der Kraftfluß ein Maximum oder ein Minimum ist, also $\dfrac{d\,\Phi}{d\,t}$ gleich Null ist. Die Anzahl der Wellen entspricht der Zähnezahl pro Pol, in unserem Falle 6. Sobald aber die Spule sich aus der Stellung I fortbewegt, kommt sie auch in das Gebiet des Südpolkraftflusses, der phasengleich mit dem Nordpolkraftfluß pulsiert, aber eine entgegengesetzt gerichtete EMK in der Spule induziert. Die induzierende Wirkung des Südpolkraftflusses nimmt nun dauernd zu und ist ein Maximum, wenn sich die Spule in Stellung II befindet. Für die vom Südpolkraftfluß induzierte Nuten-EMK erhalten wir also das Bild Fig. 260 b.

Um nun die resultierende Nuten-EMK zu erhalten, superponieren wir beide EMK-Kurven und erhalten Fig. 260 c.

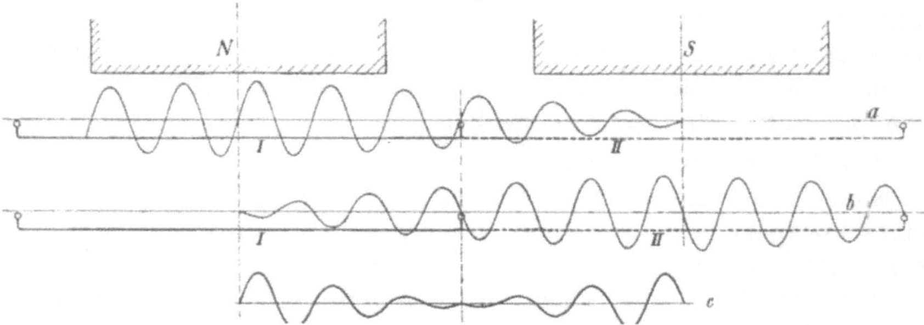

Fig. 260. Phasensprung infolge der Pulsation des Kraftflusses.

Wir sehen also, daß wir als resultierende EMK eine „phasenwechselnde" erhalten und daß der Phasensprung gerade dann eintritt, wenn die Spulenseiten sich unter den Polmitten befinden, die Spule sich im Maximum der normalen Haupt-EMK befindet. Die Nuten-EMK zeigt zu- und abnehmende Amplituden und der Phasensprung findet im Gebiet der kleinsten Amplituden statt. Da die größten Wellen der Nuten-EMK in der Nähe des Nullwertes der Haupt-EMK auftreten, wo diese sich sehr rasch ändert, sind in diesem Falle die Nutenschwingungen nur selten in den Kurven der EMK, die man oszillographisch aufnehmen kann, zu beobachten. Man erhält eine fast sinusförmige Feldkurve.

2. Die Polbreite betrage eine ganze Anzahl von Nutenteilungen plus einer halben. Es treten in diesem Falle nur unbedeutende Schwankungen der magnetischen Leitfähigkeit ein. Die Anzahl der Zähne, auf die sich der Hauptkraftfluß verteilt, bleibt fast dieselbe, nur treten Änderungen in den Stellen der Zähne, die ihn führen, auf. Die beiden extremen Stellungen zeigen Fig. 261 und 262.

Fig. 261.   Fig. 262.

Es tritt in diesem Falle fast keine Pulsation des gesamten Kraftflusses ein, dagegen könnte man von einem Schwingen des

Kraftflusses von rechts nach links und umgekehrt um eine Zahnteilung sprechen, also von einer weiteren Relativbewegung zwischen Kraftfluß und Ankerwindungen. Durch dieses „Schwingen" des Kraftflusses werden diejenigen Spulen am meisten beeinflußt, deren Seiten sich an den Stellen maximaler Induktion, also unter den Polmitten befinden, da hier eine Relativbewegung von Spule und Kraftfluß die größte Variation des mit der Spule verketteten Kraftflusses erzeugt. Sehr gering dagegen sind die Nutenschwingungen in der Nähe der neutralen Zone, da hier nur wenig Kraftlinien beim Schwingen die Spule schneiden.

Bei der Bewegung einer Spule von einer neutralen Zone bis zur nächsten (Lage I bis III, Fig. 263) wird die eine Spulenseite a von dem schwingenden Nordpolkraftfluß, die andere Spulenseite b von dem schwingenden Südpolkraftfluß geschnitten, es entsteht eine resultierende Nutenschwingung, deren Amplitude am stärksten ist, wenn Spulenseite und Polmitte zusammenfällt (Fig. 263 II).

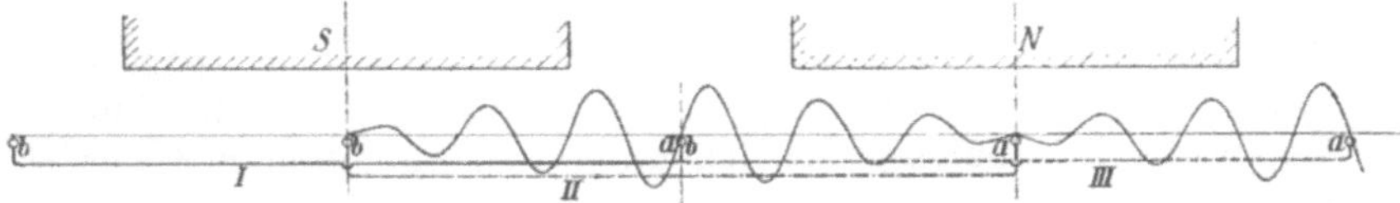

Fig. 263. Phasensprung infolge des seitlichen Schwingens des Kraftflusses.

Tritt die Spule nun über die neutrale Zone (III) hinaus, so wird nun Spulenseite a vom Südpolkraftfluß und Spulenseite b vom Nordpolkraftfluß beeinflußt. Da alle Kraftflüsse natürlich genau synchron schwingen, so muß die Wirkung des pulsierenden Kraftflusses nach dem Überschreiten der neutralen Zone genau die entgegengesetzte sein als vor dem Durchschreiten, d. h. diesmal muß in der neutralen Zone ein Phasensprung auftreten.

Da in diesem Falle das Maximum der Nuten-EMK mit dem Maximum der Haupt-EMK zusammenfällt, werden sich nun die Schwingungen deutlich in den Oszillogrammen der Spannung und des Stromes zeigen, besonders wenn man den Generator auf eine Kapazität arbeiten läßt. Eine derartig aufgenommene Kurve zeigt Fig. 264.

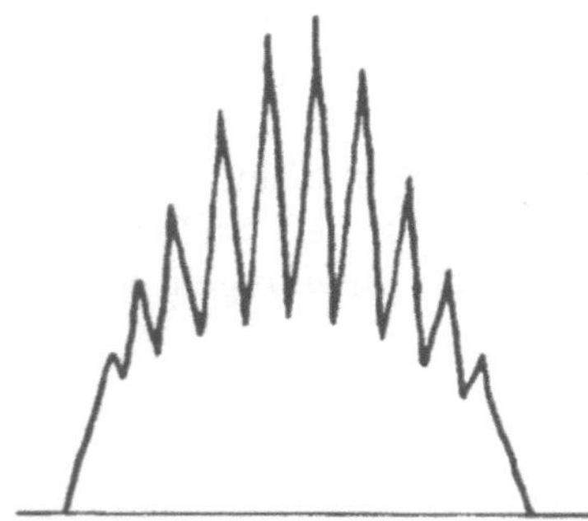

Fig. 264. Spannungskurve eines Generators bei Resonanz mit der Nutenschwingung.

$$\frac{\text{Polbogen}}{\text{Zahnteilung}} = 5,5.$$

G. W. Worrall, der ausführliche Versuche über diese Nutenwirkung anstellte, veränderte bei einer Dreiphasenmaschine mit elf Zähnen pro Pol den Polschuh nach und nach, so daß das Verhältnis $\dfrac{\text{Polbogen}}{\text{Zahnteilung}}$ gleich 6,03 bis 5,5 war, und nahm jedesmal bei der gleichen Erregung die Kurve der Spannung auf. Diese Oszillogramme sind in Fig. 265 wiedergegeben.

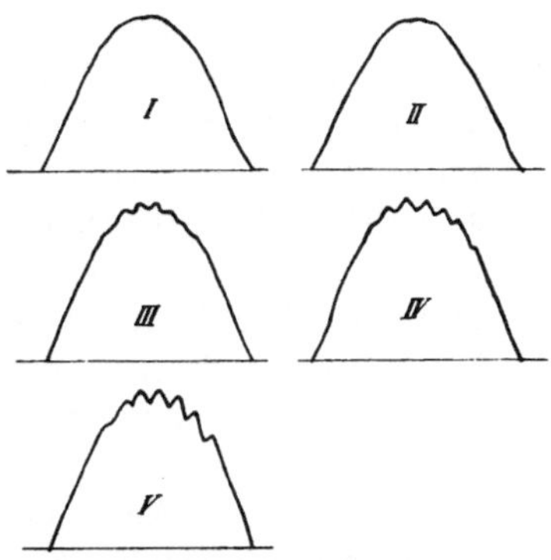

Fig. 265. Spannungskurven eines Generators bei verschiedenen Verhältnissen des Polbogens zur Zahnteilung.

I. $P_{eff} = 173$ V. $\quad \dfrac{\text{Polbogen}}{\text{Zahnteilung}} = \dfrac{b_p}{t_1} = 6{,}03.$

II. $P_{eff} = 174$ V. $\quad \dfrac{b_p}{t_1} = 5{,}92.$

III. $P_{eff} = 178$ V. $\quad \dfrac{b_p}{t_1} = 5{,}82.$

IV. $P_{eff} = 179$ V. $\quad \dfrac{b_p}{t_1} = 5{,}71.$

V. $P_{eff} = 179$ V. $\quad \dfrac{b_p}{t_1} = 5{,}50.$

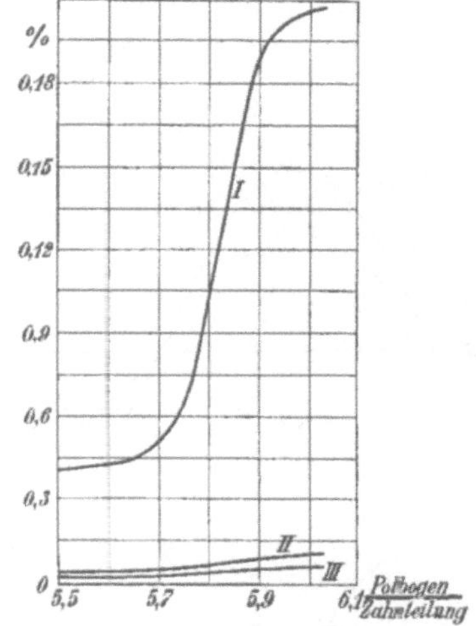

Fig. 266. Pulsation des Kraftflusses, I. im Polschuh, II. im Magnetschenkel, III. im Joch, in Prozenten des Gesamtkraftflusses bei verschiedenen Werten von Polbogen zu Zahnteilung.

Man erkennt deutlich, wie im ersten Fall $\left(\dfrac{\text{Polbogen}}{\text{Zahnteilung}} \cong 6\right)$, die Pulsationen des Kraftflusses keine Verzerrung der EMK hervorrufen, wie die Zacken immer stärker werden, je schmaler der Polschuh wird, und ein Maximum erreichen, wenn der Polbogen gleich dem 5,5fachen der Zahnteilung ist. Es ist auch für jede Kurve der Effektivwert der Spannung angegeben und man sieht den Einfluß der verschiedenen Zahnharmonischen, die die effektive Spannung um 6 Volt, d. i. 3,5 %, erhöhen. Der Polbogen war, um die Erscheinungen markant zu zeigen, am Ende glatt radial abgeschnitten. Die Nuten der Maschine waren offen, 7,15 mm breit und 23,8 mm tief, Zahnbreite war gleich Nutenweite und der Luftspalt betrug 3 mm.

Die Pulsationen des Kraftflusses im Polschuh, im Polschenkel und Joch wurden auch mit Prüfspulen bestimmt und sind in Prozenten des Gesamtkraftflusses in Fig. 266 wiedergegeben.

Man sieht, wie die Pulsation mit steigender Polschuhbreite rasch zunimmt, während die Oberschwingungen in der Kurve der EMK abnehmen. Es ist also, um eine glatte EMK-Kurve zu erhalten, stets zu empfehlen, die Polschuhbreite gleich einem ganzen Vielfachen der Nutenteilung zu machen. Freilich hat man dann dauernde Oszillationen im Magnetsystem. Auch bei ganz geschlossenen Nuten verschwinden diese Schwingungen nicht ganz.

Die Pulsationen des Hauptkraftflusses im Polschuh und im Joch wurden bei offenen und geschlossenen Nuten, bei Leerlauf oder beliebiger Belastung nahezu konstant gefunden. Am geringsten waren sie bei geschlossenen Nuten bei Leerlauf und bei induktiver Belastung, am größten bei geschlossenen Nuten und bei induktionsfreier Belastung, was wohl mit der Sättigung des Steges durch den Ankerstreufluß zusammenhängt.

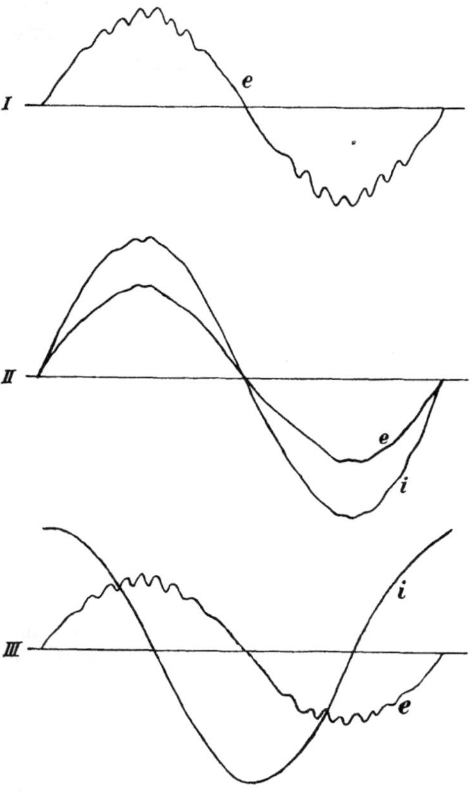

Fig. 267. Abhängigkeit der Form der Spannungskurve von der Belastung.
I. Leerlauf.   II. Induktionsfreie Belastung.
III. Induktive Belastung.   e Spannungskurve.
i Stromkurve.

Den Einfluß der Belastung auf die Oberschwingungen der EMK zeigt Fig. 267. Die Zacken sind am geringsten bei induktionsfreier Belastung und bei induktiver Belastung gleich denen bei Leerlauf, was mit der größeren Impedanz zusammenhängt, die die Oberwellen bei induktiver Belastung zu überwinden haben, im Vergleich zur Impedanz der Hauptwelle; während bei induktionsfreier Belastung die Impedanz für alle Wellen annähernd die gleiche ist.

Im allgemeinen werden die beiden besprochenen Erscheinungen gemeinsam auftreten, die eine oder die andere stärker ausgeprägt, je nachdem die Polschuhbreite näher einer ganzen Anzahl von Zahnteilungen liegt, oder um eine halbe Zahnteilung davon verschieden ist.

Zur Abschwächung der Erscheinungen ist es günstig, wenn die Maschine nur schmale Nutenöffnungen, abgeschrägte und abgerundete Polschuhe und einen relativ zu den Nutenöffnungen großen Luftspalt besitzt.

38. Anordnungen zur Verhütung der Schwingungen des Kraftflusses infolge Nutenwirkung.

Um die störenden Oberwellen der EMK-Kurve infolge der Nutung ganz zu beseitigen, ordnet man die Pole so an, daß die Schwingungen des Kraftflusses möglichst gering werden oder sich in bezug auf eine Spule oder die ganze Wicklung gegenseitig aufheben. Das einfachste Mittel, das z. B. die Maschinenfabrik Örlikon anwendet, ist ein Schrägstellen der Pole, so daß Vorder- und Hinterseite um eine volle Nutenteilung gegeneinander versetzt sind.

Ist dies nämlich der Fall, so ist die Kraftflußbewegung bei zwei Punkten, die um die halbe axiale Ankerlänge voneinander entfernt sind, gerade entgegengesetzt gerichtet, so daß die Variation des Kraftflusses, der mit dem Teil der Spulenfläche verkettet ist, den man sich durch zwei Rechtecke, gebildet von den Seiten dx in Richtung der Ankerlänge an den beiden betrachteten Stellen, und der Spulenweite y_1 dargestellt denken kann, entsprechend der Fig. 253, gleich Null ist. Setzt man sich nun die ganze Spulenfläche aus lauter solchen unendlich kleinen Rechtecken, die jeweils um die halbe Ankerlänge voneinander entfernt sind, zusammen, so erkennt man ohne weiteres, daß die gesamte Kraftflußvariation infolge der Nutung Null sein muß und keine Oberwellen auftreten können.

Die Maschinenfabrik Örlikon setzt auch die Pole und Polschuhe in rein axialer Richtung, fräst aber die den Nuten parallel laufenden Kanten schräg ab, Fig. 268.

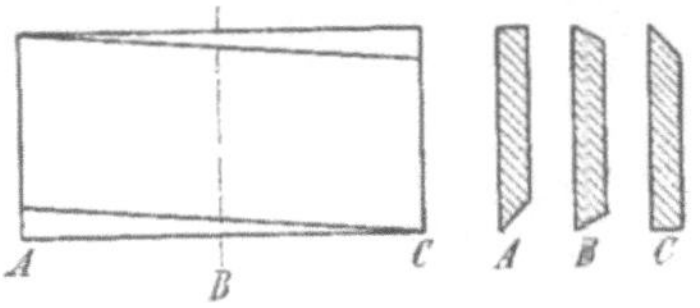

Fig. 268. Schräg abgefräster Polschuh der M.-F. Örlikon.

Doch ist hier die Kraftlinienverteilung nicht so gleichmäßig wie bei der ersten Anordnung.

Bei einer anderen Anordnung der Maschinenfabrik Örlikon bestehen die Pole aus mehreren Lamellenstößen, die in verschiedenen

Profilen gestanzt werden. Die Lamellen werden dann derart zusammengesetzt, daß die Längskanten treppenförmig abgestuft erscheinen, so daß man sich je nach der Zahl der Abschnitte dem ersten Fall mehr oder weniger nähert (s. Fig. 243).

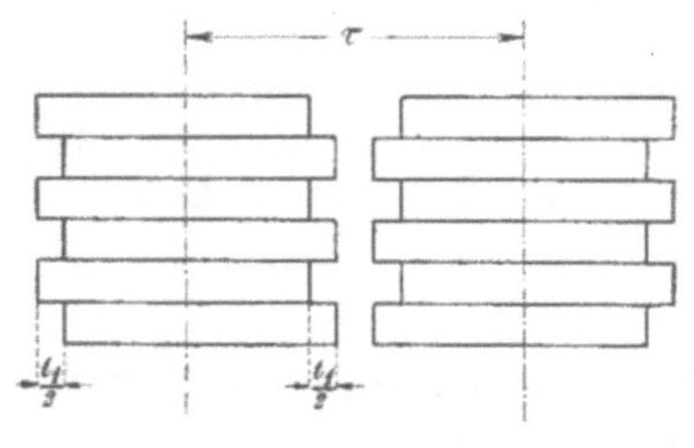

Fig. 269.

Man kann auch den Polschuh aus einer geraden Zahl von Blechpaketen zusammensetzen, die gleich breit sind und jeweils um $\frac{1}{2}$ Nutenteilung gegeneinander versetzt werden, Fig. 269.

Den beiden um $\frac{1}{2}$ Zahnteilung gegeneinander verschobenen Blechpaketen entsprechen zwei um 180° verschobene Kraftflußoszillationen, die einander aufheben.

Statt den einzelnen Polschuh schräg zu setzen, kann man ihn auch axial aufsetzen, aber die aufeinander folgenden Polschuhe einer 2p-poligen Maschine um $\dfrac{1}{2p}$ einer Nutenteilung verschieben,

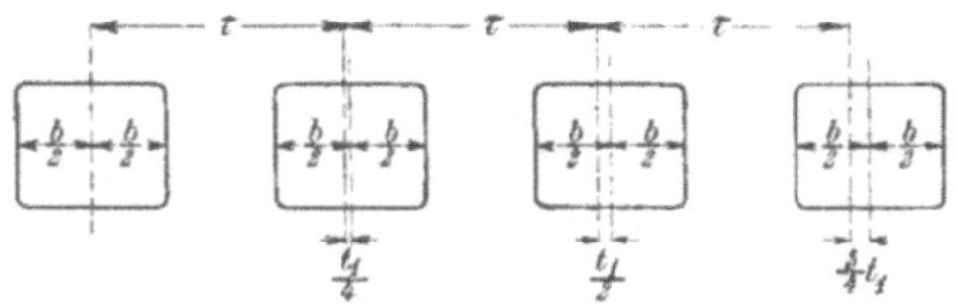

Fig. 270.

wie es die Société alsacienne Belfort ausführt. Z. B. für eine vierpolige Maschine nach Fig. 270.

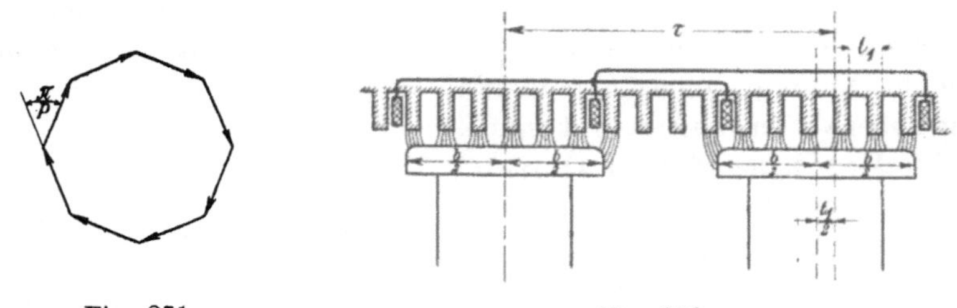

Fig. 271.　　　　　　　　　　Fig. 272.

Bei einer normalen gleichmäßig verteilten Wicklung ist in diesem Falle die resultierende Nuten-EMK gleich Null, weil das Vektorpolygon der Nutenharmonischen sich schließt, Fig. 271.

Schließlich kann man auch nach einer Angabe von Lindström die einzelnen aufeinander folgenden Pole abwechselnd nach rechts und nach links um je $\frac{1}{4}$ Nutenteilung versetzen, so daß zwei aufeinander folgende Pole um $\frac{1}{2}$ Nutenteilung gegeneinander versetzt sind, wie es Fig. 272 zeigt.

Die Pulsationen des Kraftflusses werden dann sehr gering, da die magnetische Leitfähigkeit eines Kreises annähernd konstant bleibt. Die beiden Pole kompensieren einander, indem der eine die größte Leitfähigkeit besitzt, wenn der andere die geringste hat, und umgekehrt. Denn stehen z. B. unter den Kanten des linken Poles zwei Nuten, so stehen unter den Kanten des rechten zwei Zähne, und umgekehrt. Auch die Schwingungen des Kraftflusses erscheinen in bezug auf die beiden Spulenseiten als um 180° phasenverschoben, d. h. ihre Wirkungen werden sich in bezug auf eine Spule nahezu kompensieren.

Bei Turbogeneratoren mit verteiltem Feldeisen besitzt sowohl der Stator wie der Rotor Nuten. Es tritt deshalb in jedem Zahne des Stators eine Pulsation des Kraftflusses auf, und die Periodenzahl dieser Pulsationen ist durch die Anzahl der in einer Sekunde an einem Statorzahn vorüberstreichenden Rotorzähne gegeben, also durch $\dfrac{Z_r\,n}{60}$, wenn Z_r die Zahnzahl des Rotors bedeutet. Auch diese Pulsation des gesamten Kraftflusses ist eine gerade Oberwelle der Grundperiodenzahl. Sie macht sich am stärksten bemerkbar, wenn die Spule sich in der neutralen Zone befindet, weil sie dann den ganzen pulsierenden Kraftfluß umfaßt. Sie wird Null im Maximum der Haupt-EMK und führt in diesem Momente auch ihren Phasensprung aus. Haben Stator und Rotor gleiche Zähnezahlen, so werden die Pulsationen der Rotor- und Statorzähne einander unterstützen und es kann zur Ausbildung solch starker Oberharmonischen kommen, daß ein geregelter Betrieb unmöglich wird. Es sollten deshalb immer Stator und Rotor verschiedene Zahnteilungen haben. Unterscheiden sich die Zahnzahlen beider Teile nur wenig, so werden die entstehenden Oberschwingungen zur Interferenz miteinander kommen. Die Zahl der Schwebungen pro Periode ist durch $\dfrac{Z_s - Z_r}{p}$ gegeben; besitzt z. B. der Stator 18 Nuten, der Rotor 12 Nuten pro Polpaar, so werden in einer vollen Periode der Grundwelle sechs Schwebungen vorkommen, d. h man kann sechs Maxima und sechs Nullwerte der Amplituden der Oberwellen feststellen, wie man es tatsächlich auf aufgenommenen Oszillogrammen sehen kann. Die Ausbildung der Oberwellen ist wieder von Luftspalt und Nutenweite, Zahnsättigung usf. abhängig. Es kann unter gewissen Umständen die Schwingung der Rotorzähne sich in der Wicklung kompensieren und verschwinden und nur die der Statorzähne übrigbleiben.

Um diese vom Rotor erregten Schwingungen zu kompensieren, stellt man die Nuten des Stators relativ zu den Nuten des Rotors um eine Rotorzahnteilung schräg, da dann für eine Spule der resultierende pulsierende Kraftfluß Null wird und diese Schwingungen verschwinden. Die von diesen Nutenoberschwingungen erregten Wirbelstromverluste im Eisen sind in WT V, 1, S. 208 ff. ausführlich besprochen und berechnet.

Zehntes Kapitel

Die Feldkurve einer asynchronen Maschine.

39. Die magnetomotorische Kraft einer Einlochwicklung. — 40. Die magnetomotorische Kraft einer Mehrlochwicklung. — 41. Drehsinn und Geschwindigkeit des Grundfeldes und der Oberfelder. — 42. Die Form der Feldkurve. —
43. Einfluß der Zahnsättigung auf die Form der Feldkurve.

In den synchronen Maschinen wird das Drehfeld durch rotierende von einem Gleichstrom erregte Pole erzeugt. In den asynchronen Maschinen dagegen wird das Drehfeld von dem Mehrphasenstrom des Ankers selbst erzeugt.

Das Magnetsystem der synchronen Maschinen wird, wie wir
gesehen haben, fast stets mit körperlichen Polen ausgeführt, und
zwar erstens, weil diese eine einfachere und billigere Herstellung
des Magnetsystems und der Feldwicklung gestatten, und zweitens,
weil die Rückwirkung des Ankerstromes auf das Feld durch die
Pollücken verkleinert wird. Bei den asynchronen Maschinen
liegen die Verhältnisse ganz anders. Das Feld wird hier von dem
Anker- oder Statorstrom erzeugt und soll in der Feld- oder Rotorwicklung möglichst große EMKe induzieren, d. h. die Ankerrückwirkung soll möglichst groß sein.

Um nun den Magnetisierungsstrom, der eine wattlose Strom-
komponente bedingt, möglichst klein zu machen und um die Ankerrückwirkung zu verstärken, macht man erstens den Luftspalt δ so
klein, wie es mechanisch zulässig ist, und führt zweitens den Rotor
als Trommel aus. Dadurch erreicht man, daß das Statorfeld sich
fast vollständig durch das Rotoreisen schließt und in der Rotorwicklung möglichst große EMKe induziert. Bei offener Rotorwicklung wird der Statorstrom ein so großes Feld erzeugen, daß
es eben ausreicht, um eine der Klemmenspannung entgegengesetzt
gerichtete und ihr annähernd gleiche EMK in der Statorwick-

lung zu induzieren. Die Form dieses Feldes hängt natürlich sowohl von der Wicklung wie von der Form der Spannungskurve ab. Da eine sinusförmige Spannungskurve angestrebt werden soll, und da diese die einfachste ist, so werden wir uns zuerst mit den von Sinusströmen erzeugten Feldern beschäftigen.

39. Die magnetomotorische Kraft einer Einlochwicklung.

a) Einphasige Einlochwicklungen. Die einfachste aller Wicklungen ist die Einphasen-Einlochwicklung mit der Spulenweite gleich der Polteilung. Denken wir uns deswegen zuerst eine solche auf dem Stator angebracht, so wird sie im Luftspalt ein magnetisches Wechselfeld erzeugen. Gehen wir von der Annahme aus, daß der magnetische Widerstand des Eisens gegenüber demjenigen des Luftzwischenraumes vernachlässigbar ist, so wird die Kurve des Wechselfeldes, wie die der MMK, rechteckig, wie die ausgezogene Kurve der Fig. 273 angibt. Die Feldkurve einer solchen Wicklung wird jedoch in Wirklichkeit eine etwas deformierte Form, ähnlich derjenigen der punktierten Kurve in Fig. 273, erhalten, weil der Eisenwiderstand nicht vollständig vernachlässigbar ist und die Kraftröhren nicht die gleiche Länge haben.

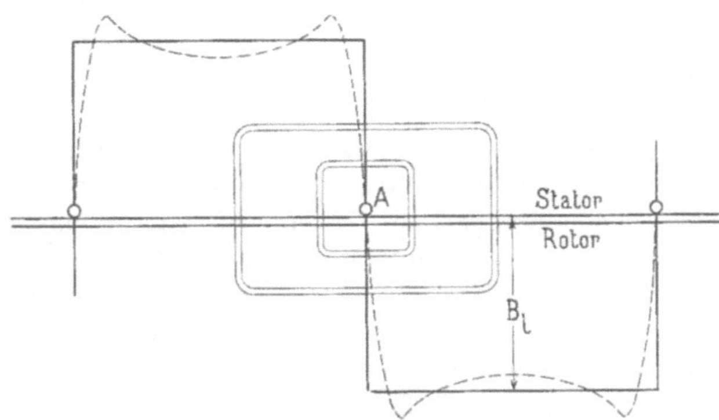

Fig. 273. Feldkurve einer Einlochwicklung.

Die Richtung der magnetischen Kraft kann mittels der Handregel (WT I, S. 12) gefunden werden. Überall, wo Kraftfluß aus den Eisenflächen in den Luftspalt austritt, denkt man sich nordmagnetische Belegungen, und überall, wo Kraftfluß eintritt, südmagnetische Belegungen; es stehen also überall Nordpole und Südpole einander gegenüber. Wie aus der Fig. 273 ersichtlich, wirkt auf jede Kraftröhre, die die Nut A umschlingt, dieselbe MMK, gleichgültig wie die Röhre verläuft. Diese MMK schwankt zeitlich nach einer Sinusfunktion mit der Amplitude $\sqrt{2}\,J s_n$, wenn J die effektive Stromstärke in jedem der s_n Stäbe der Nut bedeutet. Diese MMK, die ihren Sitz in der Statorwicklung hat, dient hauptsächlich dazu, den Kraftfluß zweimal über den Luftspalt und durch die Zähne zu treiben. Bildet man das Linienintegral $0{,}8 \int H\,dl$ über eine Kurve C, so ist dieses bekanntlich gleich der MMK der Windungen, mit denen diese Kurve C verkettet ist. Das Integral läßt sich angenähert durch eine Summe von Amperewindungen ersetzen, die sich aus den MMKen zusammensetzt, die nötig sind, um den Kraftfluß zweimal über den Luftspalt, durch die Zähne des Rotors und Stators und durch das Rotor- und Statoreisen hinter den Zähnen zu treiben. Die beiden letzten Glieder sind gegen die ersten im allgemeinen verschwindend klein und sollen deswegen vorerst vernachlässigt werden. Betrachten wir nun ausschließlich Röhren, die in bezug auf die Spulenseite A (Fig. 273) symmetrisch sind, so kann die MMK $\sqrt{2}\,J s_n$ der Spule in zwei gleich große Teile zerlegt werden, von denen jeder dazu dient, den Kraftfluß einmal über den Luftspalt und durch die Rotor- und Statorzähne zu treiben. Dadurch wird es möglich, die MMK, die an jeder Stelle im Luftspalt wirksam ist, graphisch darzustellen, was von Vorteil für die weiteren Rechnungen sein wird.

Bei der Einphasen-Einlochwicklung wird also die MMK als Funktion einer am Statorumfange gemessenen Länge durch die rechteckige Kurve mit der Ordinate gleich $\sqrt{2}\,\dfrac{J s_n}{2}$ dargestellt. Fig. 274 zeigt ein Bild derselben. Diese Kurve, die wir im folgenden als Magnetomotorischekraftkurve bezeichnen, kann in ihre Harmonischen aufgelöst werden.

Die Grundwelle dieser MMK-Kurve hat eine Amplitude von

$$\sqrt{2}\,\frac{J s_n}{2}\,\frac{4}{\pi} = \frac{2\sqrt{2}}{\pi}\,J s_n = 0{,}9\,J s_n \quad \text{(s. Bd. I, S. 223)};$$

diese Grundwelle erzeugt ein sinusförmiges Wechselfeld, das als Grundfeld des Motors zu betrachten ist, da es die gewünschte Anzahl Pole, die der Motor haben soll, besitzt. Wenn man demnach im folgenden von der Polzahl des Motors spricht, so ist darunter immer die Polzahl des Grundfeldes zu verstehen. Über das Grundfeld lagern sich Oberfelder, die von den höheren Harmonischen der MMK-Kurve herrühren. Diese Oberfelder sind Wechselfelder und sind in Fig. 274 mit dem Grundfeld zusammen aufgezeichnet. Das ν^{te} Oberfeld hat eine νmal kleinere Amplitude und eine νmal größere Polzahl als das Grundfeld (s. Bd. I, S. 223). Legen wir die Ordinatenachse durch den Scheitel des Grundfeldes, so kann der Momentanwert der MMK dieses Feldes für irgendeinen Punkt im Abstande x durch die folgende Formel ausgedrückt werden:

$$f_1 = F \sin(\omega t) \cos\left(\frac{x}{\tau}\,\pi\right),$$

wo
$$F = \frac{2}{\pi}\sqrt{2}\,J s_n = 0{,}9\,J s_n, \qquad \omega = 2\pi c$$

und τ die Polteilung ist.

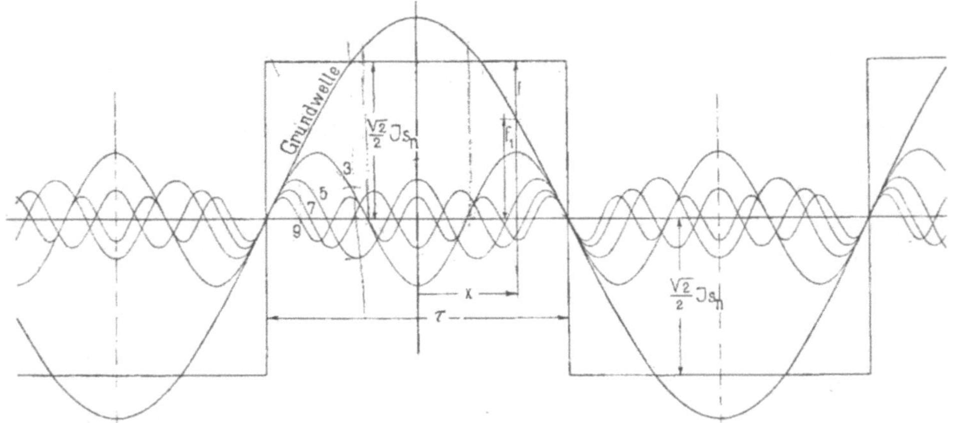

Fig. 274. MMK-Kurve einer Einphasen-Einlochwicklung einer asynchronen Maschine und ihre Harmonischen.

Die resultierende MMK aller Felder, die durch die rechteckige Kurve dargestellt wird, lautet in dieser Ausdrucksweise

$$f = 0{,}9\,J s_n \sin \omega t \left\{ \cos\left(\frac{x}{\tau}\pi\right) - \frac{1}{3}\cos\left(\frac{3x}{\tau}\pi\right) + \frac{1}{5}\cos\left(\frac{5x}{\tau}\pi\right) - \ldots \right\} \quad (123)$$

Betrachten wir vorläufig nur die Grundwelle, so kann die Formel für f_1 auch in der folgenden Form geschrieben werden:

$$f_1 = F \sin(\omega t) \cos\left(\frac{x}{\tau}\,\pi\right)$$
$$= \frac{F}{2}\sin\left(\omega t - \frac{x}{\tau}\pi\right) + \frac{F}{2}\sin\left(\omega t + \frac{x}{\tau}\pi\right) = f_{1x} + f_1 \ .$$

In den Fig. 275 a—g sind für verschiedene Zeitmomente sowohl f_1 wie ihre Komponenten f_{1x} und f_{1y} für die verschiedenen Orte des Statorumfanges aufgezeichnet. Aus diesen Figuren sieht man deutlich, daß die MMKe f_{1x} und f_{1y} je für sich kein Wechselfeld erzeugen,

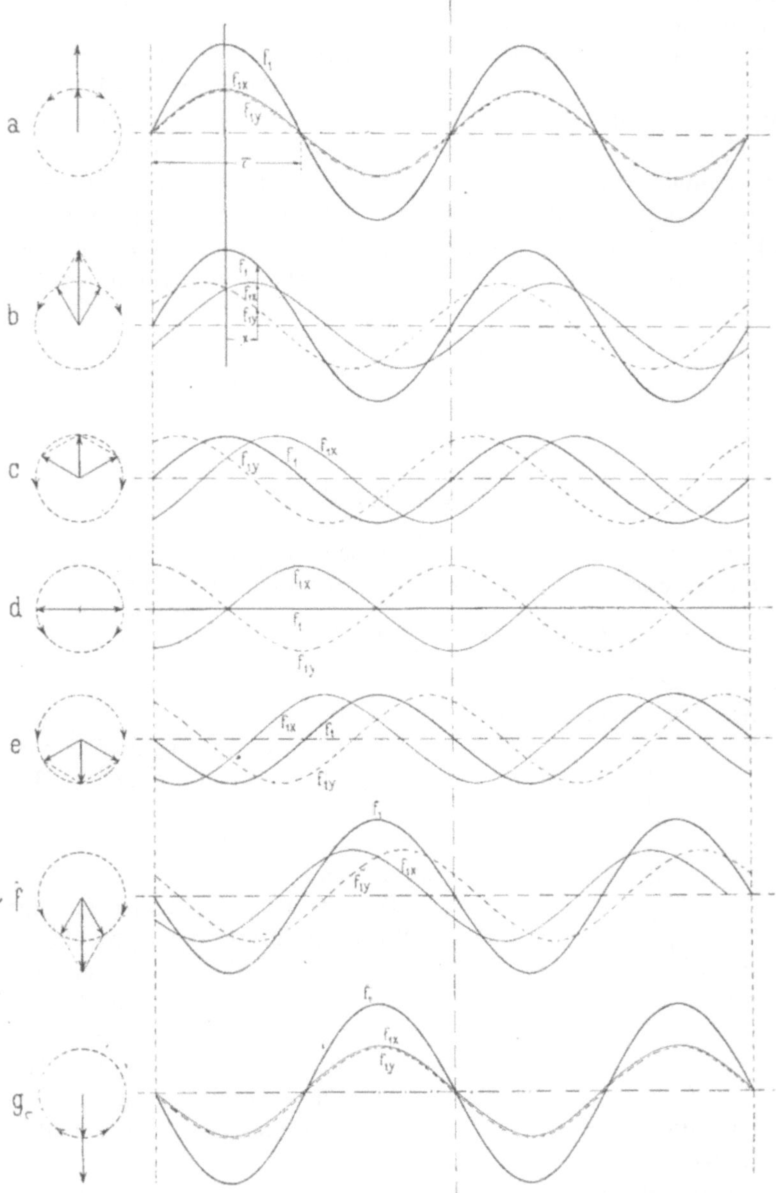

Fig. 275. Zerlegung eines Einphasenwechselfeldes in zwei Drehfelder.

sondern daß zwei Drehfelder entstehen, die sich mit gleicher Geschwindigkeit, aber in entgegengesetzter Richtung über die Stator-

oberfläche hin verschieben. f_{1x} erzeugt ein rechtsdrehendes und f_{1y} ein linksdrehendes Feld.

Ein Wechselfeld ist somit äquivalent mit zwei Drehfeldern, deren Amplituden gleich der Hälfte der Amplitude des Wechselfeldes sind, und die mit gleicher Geschwindigkeit, aber in entgegengesetzter Richtung rotieren.

In ähnlicher Weise kann jedes der Oberfelder des Wechselfeldes in zwei Drehfelder von der halben Amplitude zerlegt werden.

b) Mehrphasige Einlochwicklungen. Wir gehen jetzt zur Betrachtung des von einem Mehrphasenstrom erzeugten Feldes

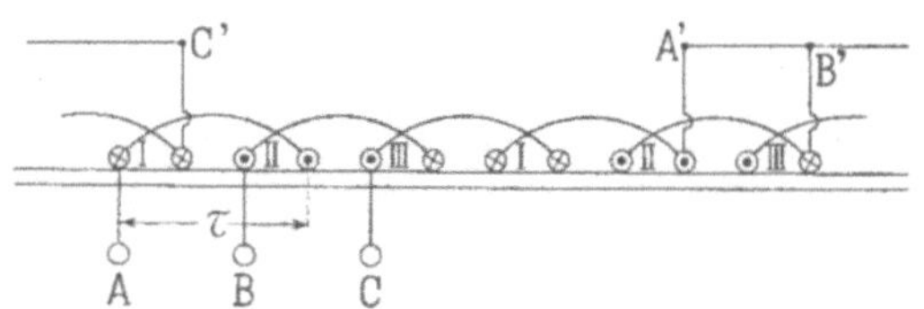

Fig. 276.   Dreiphasen-Einlochwicklung.

über. In Fig. 276 ist eine symmetrische Dreiphasen-Einlochwicklung dargestellt. Sie besteht aus drei um 120°, entsprechend

$$120 \frac{\tau}{180} = \frac{2}{3}\tau,$$

gegeneinander verschobenen Spulen pro Polpaar, die z. B. in Stern verbunden werden können, wie in Fig. 277 gezeigt ist. Die drei Spulen denken wir uns von einem symme-

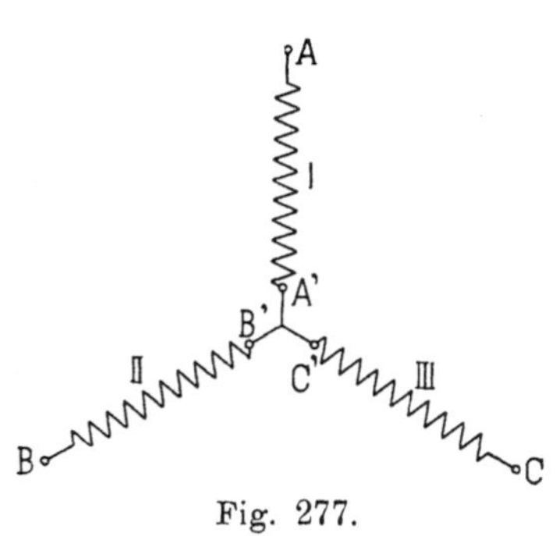

Fig. 277.

trischen und sinusförmigen Dreiphasenstrom, d. h. von drei gleich großen Strömen, deren gegenseitige Phasenverschiebungen gleich 120° sind, durchflossen.

Der Strom jeder Phase erzeugt ein Wechselfeld von der rechteckigen Form Fig. 273. Berechnet man die MMKe der einzelnen Phasen für verschiedene Zeitmomente, indem man die Richtung und Größe der Momentanströme berücksichtigt, so erhält man die in Fig. 278 mit dünnen Linien dargestellten drei MMK-Kurven.

Die Kurve der Phase I ist mit $(1-1-1-1\ldots)$ bezeichnet und voll ausgezogen, die der Phase II ist mit $(2-2-2-2\ldots)$ bezeichnet und punktiert und die der Phase III ist mit $(3-3-3-3\ldots)$ bezeichnet und strichpunktiert. Addiert man die Ordinaten dieser MMK-Kurven, so erhält man als resultierende MMK-Kurve die dick

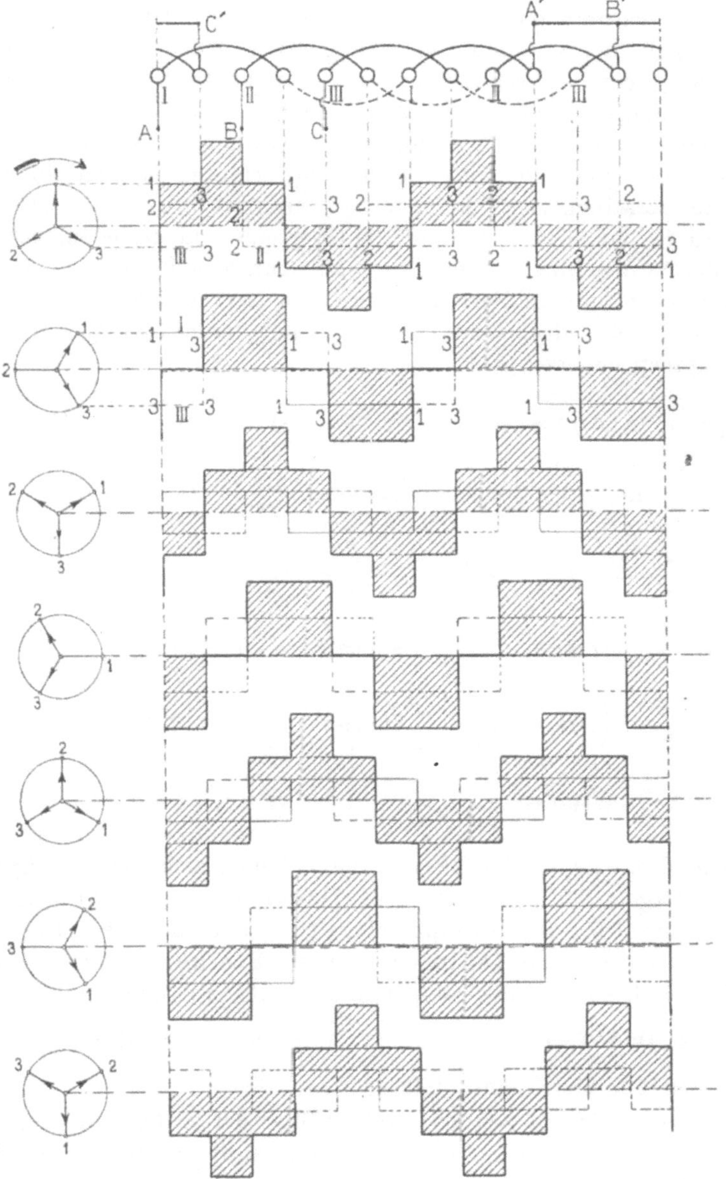

Fig. 278. Zusammensetzung der MMK-Kurven einer Dreiphasen-Einlochwicklung zu ihrer Resultierenden.

ausgezogene eckige Kurve, die ein Drehfeld von gleicher Form
erzeugt.

In Fig. 278a—g ist dies für sieben aufeinanderfolgende Zeitmomente innerhalb einer halben Periode aufgezeichnet. Aus diesen Figuren geht hervor, daß das Feld eines Mehrphasenstromes seine Größe und Form während einer Periode nicht stark ändert, sondern nur seine Lage. Das Statorfeld verschiebt sich gleichförmig während einer Periode um die doppelte Polteilung, also um dieselbe Strecke, um die ein von Gleichstrom erregtes Magnetfeld sich während derselben Zeit in einem Synchronmotor bewegt. Um das Drehfeld in das Grundfeld und die Oberfelder zu zerlegen, zerlegt man am besten die rechteckige MMK-Kurve jeder Phase in ihre Harmonischen und addiert die Ordinaten der entsprechenden Harmonischen. Es wird somit das folgende Grundfeld f_1 von dem Dreiphasenstrom erzeugt:

$$f_1 = F \sin(\omega t) \cos\left(\frac{x}{\tau}\pi\right) + F \sin(\omega t - 120^0) \cos\left(\frac{x}{\tau}\pi - 120^0\right)$$

$$+ F \sin(\omega t - 240^0) \cos\left(\frac{x}{\tau}\pi - 240^0\right)$$

$$= \frac{F}{2} \sin\left(\omega t - \frac{x}{\tau}\pi\right) + \frac{F}{2} \sin\left(\omega t + \frac{x}{\tau}\pi\right)$$

$$+ \frac{F}{2} \sin\left(\omega t - \frac{x}{\tau}\pi\right) + \frac{F}{2} \sin\left(\omega t + \frac{x}{\tau}\pi - 240^0\right)$$

$$+ \frac{F}{2} \sin\left(\omega t - \frac{x}{\tau}\pi\right) + \frac{F}{2} \sin\left(\omega t + \frac{x}{\tau}\pi - 480^0\right)$$

$$= 3 \frac{F}{2} \sin\left(\omega t - \frac{x}{\tau}\pi\right).$$

Die drei Glieder der zweiten Reihe heben sich gegenseitig auf, woraus folgt, daß sich die drei Drehfelder, die sich nach links verschieben, kompensieren, so daß nur die drei rechtsläufigen Drehfelder bestehen bleiben. Da diese alle in Phase sind, so wird das resultierende Grundfeld ein rechtsläufiges Drehfeld sein mit der Amplitude der MMK gleich $\frac{3}{2}$ derjenigen der MMK einer Phase.

Wählen wir die zeitliche Reihenfolge der Ströme in den drei Spulen umgekehrt wie bisher, so daß z. B. Spule I von dem Strome $J\sqrt{2} \sin \omega t$, Spule II von dem Strome $J\sqrt{2} \sin(\omega t + 120^0)$ und Spule III von dem Strome $J\sqrt{2} \sin(\omega t + 240^0)$ durchflossen wird, so ergibt sich ein der MMK F entsprechendes Drehfeld

$$f_1 = \frac{3}{2} F \sin\left(\omega t + \frac{x}{\tau}\pi\right) . \quad . \quad . \quad . \quad . \quad (124)$$

dasselbe ist linksdrehend. **Wir sehen somit, daß das Drehfeld seine Richtung ändert, wenn wir die zeitliche Reihenfolge der Phasen ändern.** Um die Reihenfolge der 3 Phasen umzutauschen, genügt es, 2 Phasen zu wechseln, wie die folgenden zwei Zahlenreihen veranschaulichen, in denen die Zahlen 2 und 3 vertauscht sind.

$$\longrightarrow$$

$$1 \quad 2 \quad 3 \quad 1 \quad 2 \quad 3 \quad 1 \quad 2 \quad 3 \quad 1$$
$$1 \quad 3 \quad 2 \quad 1 \quad 3 \quad 2 \quad 1 \quad 3 \quad 2 \quad 1$$

$$\longleftarrow$$

Führen wir einer symmetrischen m-Phasenwicklung, bestehend aus m Spulen, die um $\dfrac{2\,\tau}{m}$ räumlich gegeneinander verschoben sind, einen symmetrischen Mehrphasenstrom zu, so wird in analoger Weise wie oben ein resultierendes Grundfeld entstehen, das von der folgenden MMK-Kurve erzeugt wird:

$$f_1 = F\sin(\omega t)\cos\left(\frac{x}{\tau}\pi\right) + F\sin\left(\omega t - \frac{360}{m}\right)\cos\left(\frac{x}{\tau}\pi - \frac{360}{m}\right)$$

$$+ F\sin\left(\omega t - 2\,\frac{360}{m}\right)\cos\left(\frac{x}{\tau}\pi - 2\,\frac{360}{m}\right) + \ldots$$

$$+ F\sin\left[\omega t - (m-1)\frac{360}{m}\right]\cos\left[\frac{x}{\tau}\pi - (m-1)\frac{360}{m}\right]$$

$$= \frac{F}{2}\sin\left(\omega t - \frac{x}{\tau}\pi\right) + \frac{F}{2}\sin\left(\omega t + \frac{x}{\tau}\pi - 2\,\frac{360}{m}\right)$$

$$+ \frac{F}{2}\sin\left(\omega t - \frac{x}{\tau}\pi\right) + \frac{F}{2}\sin\left(\omega t + \frac{x}{\tau}\pi - 4\,\frac{360}{m}\right)$$

$$\ldots \ldots \ldots \ldots \ldots \ldots \ldots \ldots$$

$$+ \frac{F}{2}\sin\left(\omega t - \frac{x}{\tau}\pi\right) + \frac{F}{2}\sin\left[\omega t + \frac{x}{\tau}\pi - 2\,(m-1)\frac{360}{m}\right]$$

$$= \frac{m}{2}F\sin\left(\omega t - \frac{x}{\tau}\pi\right).$$

Das resultierende Drehfeld einer symmetrischen m-Phasenwicklung hat somit eine Amplitude, die $\dfrac{m}{2}$ mal so groß ist wie die Amplitude des Wechselfeldes einer Phase.

Die Amplitude der das Grundfeld erzeugenden Amperewindungen ist somit pro magnetischen Kreis gleich

$$\frac{m}{2}\,F = \frac{m}{2}\,\frac{2}{\pi}\,\sqrt{2}\,J\,s_n = 0{,}45\,m\,J\,s_n \quad \ldots \quad (125)$$

Wir haben bis jetzt die von den einzelnen Spulen erzeugten Oberfelder vernachlässigt und wollen nun kurz untersuchen, zu welchen resultierenden Oberfeldern diese sich zusammensetzen.

Betrachten wir hier wieder zuerst eine symmetrische Dreiphasenwicklung mit einem Loch pro Pol und Phase, so erhalten wir allgemein folgende resultierende MMK-Kurve:

$$f = F \sin \omega t \left(\cos \frac{x}{\tau} \pi - \frac{1}{3} \cos \frac{3x}{\tau} \pi + \frac{1}{5} \cos \frac{5x}{\tau} \pi - \ldots \right)$$

$$+ F \sin (\omega t - 120^0) \left[\cos \left(\frac{x}{\tau} \pi - 120^0 \right) - \frac{1}{3} \cos \left(\frac{3x}{\tau} \pi - 360^0 \right) \right.$$

$$+ \frac{1}{5} \cos \left(\frac{5x}{\tau} \pi - 600^0 \right) - \ldots \left] + F \sin (\omega t - 240^0) \left[\cos \left(\frac{x}{\tau} \pi - 240^0 \right) \right. \right.$$

$$- \frac{1}{3} \cos \left(\frac{3x}{\tau} \pi - 720^0 \right) + \frac{1}{5} \cos \left(\frac{5x}{\tau} \pi - 1200^0 \right) - \ldots \right].$$

Zerlegen wir alle diese Wechselfelder in je zwei Drehfelder und rechnen die Summe aus, so ergibt sich

$$f = \frac{3}{2} F \left[\sin \left(\omega t - \frac{x}{\tau} \pi \right) + \frac{1}{5} \sin \left(\omega t + \frac{5x}{\tau} \pi \right) - \frac{1}{7} \sin \left(\omega t - \frac{7x}{\tau} \pi \right) \right.$$

$$- \frac{1}{11} \sin \left(\omega t + \frac{11x}{\tau} \pi \right) + \ldots \right] \quad \ldots \ldots \ldots \ldots \quad (126)$$

Hieraus sehen wir, daß die Oberfelder mit $3a$-facher Polzahl des Grundfeldes, wobei a eine ganze Zahl bedeutet, vollständig verschwinden, während die mit fünf- und elffacher Polzahl als resultierende Felder linksläufige Drehfelder und diejenigen mit sieben- und dreizehnfacher Polzahl rechtsläufige Drehfelder ergeben, wobei das Grundfeld ebenfalls rechtsläufig ist, wie oben angegeben.

Betrachten wir die Tabelle:

Grundfeld 1 $= 0 \times 3 + 1$ rechts drehend
Oberfeld   3 $= 1 \times 3 + 0$ verschwindet
,,   5 $= 2 \times 3 - 1$ links drehend
,,   7 $= 2 \times 3 + 1$ rechts drehend
,,   9 $= 3 \times 3 + 0$ verschwindet
,,   11 $= 4 \times 3 - 1$ links drehend
,,   13 $= 4 \times 3 + 1$ rechts drehend,

so ersehen wir ferner, daß alle Oberfelder, die eine Polzahl gleich $3a + 1$ haben, rechtsläufige Drehfelder und alle Oberfelder mit einer Polzahl gleich $3a - 1$ linksläufige Drehfelder ergeben.

Da sowohl das Grundfeld wie auch die Oberfelder von demselben sinusförmigen Dreiphasenstrom erzeugt werden, folgt, daß während einer Periode des Stromes sowohl Grundfeld wie Oberfelder sich um eine doppelte Polteilung des betreffenden Feldes verschieben; da die Polteilung des ν ten Oberfeldes gleich einem ν tel der Polteilung des Grundfeldes ist, verschiebt sich dabei das ν te Oberfeld mit dem ν ten Teile der Geschwindigkeit des Grundfeldes.

Die Umfangsgeschwindigkeit des ν ten Oberfeldes ist also $\dfrac{1}{\nu}$ derjenigen des Grundfeldes.

In Fig. 279 sind die MMKe f und ihre höheren Harmonischen für 7 verschiedene aufeinanderfolgende Zeitmomente innerhalb einer halben Periode aufgezeichnet. Es ist ersichtlich, daß die Grundwelle (1) und die 7. Oberwelle sich nach rechts und die 5. und 11. Oberwelle sich nach links verschieben.

Zu demselben Resultat, das durch Summation der Wirkungen der einzelnen Phasen erhalten wird, wären wir auch durch direktes Auflösen der eckigen resultierenden MMK-Kurve f in ihre Harmonischen gelangt.

Hieraus sieht man also, daß die MMKe der einzelnen Phasen sich teils derartig kompensieren, daß ein Drehfeld (Grundfeld) mit einer Polteilung gleich der Spulenweite und mehrere kleine Drehfelder mit Polzahlen, die ein Vielfaches der Polzahl des Grundfeldes sind, entstehen.

In analoger Weise wie bei der symmetrischen Dreiphasenwicklung erhält man bei einer symmetrischen m-Phasenwicklung die folgende resultierende MMK-Kurve:

$$f = F \sin \omega t \left[\cos \frac{x}{\tau}\,\pi + \frac{1}{3}\cos \frac{3\,x}{\tau}\,x + \ldots\right]$$

$$+ F\sin\left(\omega t - \frac{360}{m}\right)\left[\cos\left(\frac{x}{\tau}\,\pi - \frac{360}{m}\right) + \frac{1}{3}\cos\left(\frac{3\,x}{\tau}\,\pi - 3\,\frac{360}{m}\right) + \ldots\right]$$

$$+ F\sin\left(\omega t - 2\,\frac{360}{m}\right)\left[\ldots\ldots\ldots\right]$$

$$+ \quad \ldots\ldots\ldots\ldots\ldots\ldots\ldots\ldots\ldots\ldots\ldots\ldots\ldots$$

$$\left.\begin{aligned}
&= \frac{m}{2}\,F\left[\sin\left(\omega t - \frac{x}{\tau}\,\pi\right) + \frac{1}{2\,m - 1}\sin\left[\omega t + (2\,m - 1)\frac{x}{\tau}\,\pi\right]\right.\\[2mm]
&\quad - \frac{1}{2\,m + 1}\sin\left[\omega t - (2\,m + 1)\frac{x}{\tau}\,\pi\right]\\[2mm]
&\quad + \frac{1}{4\,m - 1}\sin\left[\omega t + (4\,m - 1)\frac{x}{\tau}\,\pi\right] - \ldots\ldots,
\end{aligned}\right\} \quad (127)$$

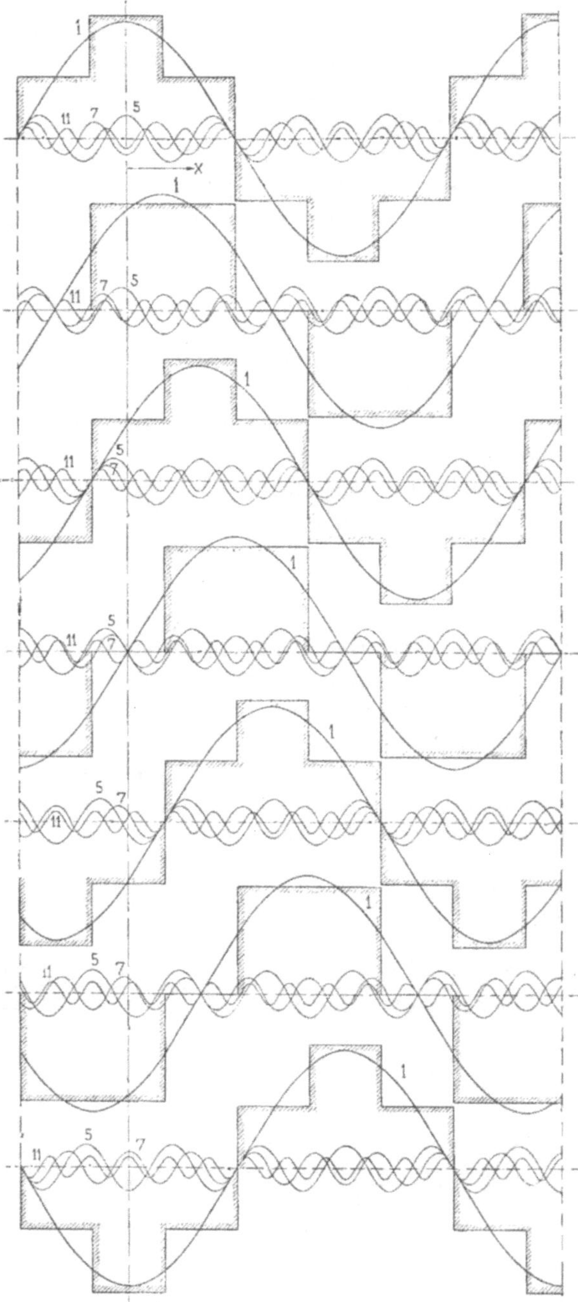

Fig. 279. Auflösung der resultierenden MMK-Kurve einer Dreiphasen-
Einlochwicklung in ihre Harmonischen.

worin m eine ungerade Zahl ist. Wenn die Phasenzahl m eine gerade Zahl und größer als 2 ist, so hat man in obige Formel $\dfrac{m}{2}$ statt m einzusetzen, weil in diesem Falle die Wicklung mit derjenigen von der halben Phasenzahl äquivalent ist; z. B. ist bei Vier- und Sechsphasenwicklungen $m = 2$ bzw. 3 zu setzen. Ferner müssen für $\dfrac{m}{2}$ gleich einer geraden Zahl die Vorzeichen aller Oberwellen in der obigen Formel umgewechselt werden.

40. Die magnetomotorische Kraft einer Mehrlochwicklung und die Wicklungsfaktoren.

a) Einphasige Mehrlochwicklungen. Im allgemeinen verwendet man bei asynchronen Maschinen keine Einlochwicklungen, bei denen die Wicklung jeder Phase in einem Loch pro Pol vereinigt ist, sondern Mehrlochwicklungen oder verteilte Wicklungen, damit die Stromstärke pro Nut, und folglich auch die Streuung, nicht zu groß wird.

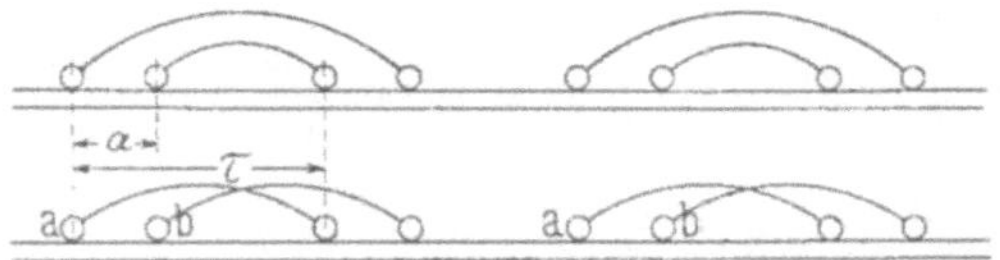

Fig. 280 und 281.   Einphasen-Zweilochwicklung.

Betrachten wir zuerst eine Einphasen-Zweilochwicklung, wie die in Fig. 280 und 281 dargestellte, bei der die zwei Löcher um die Strecke a auseinander liegen, so ist es einleuchtend, daß ein Wechselstrom, der diese Wicklung durchfließt, auch ein Wechselfeld erzeugt; dieses Wechselfeld ist aber nicht mehr rechteckig, sondern besitzt die Form derjenigen eckigen Kurve (Fig. 282), die sich durch Superposition der zwei rechteckigen Felder, die von den beiden Spulen erzeugt werden, ergibt.

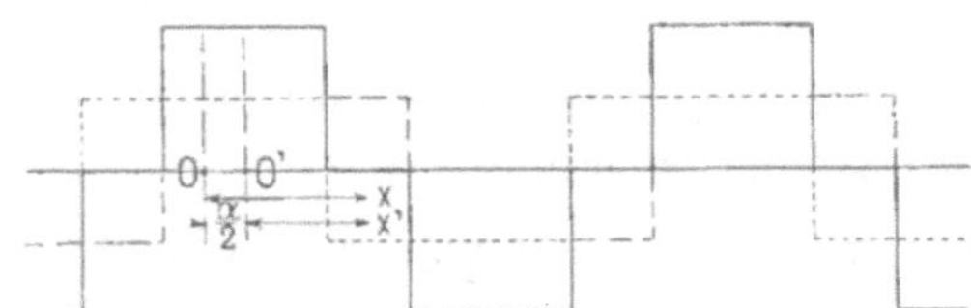

Fig. 282.   Feld einer Einphasen-Zweilochwicklung.

Aus den beiden Fig. 280 und 281 geht weiter hervor, daß die Form des resultierenden Wechselfeldes unabhängig ist von der Art, in der die einzelnen Spulenseiten miteinander verbunden sind; deswegen denken wir uns im folgenden alle Wicklungen nach Art der Fig. 281 ausgeführt, wo alle Spulen dieselbe Weite τ haben. Ist eine Wicklung nicht in dieser Weise ausgeführt, so kann sie immer durch eine derartige ersetzt werden. Man könnte nun die eckige MMK-Kurve des resultierenden Wechselfeldes in ihre Harmonischen auflösen und dann mit dem Grundfelde und den Oberfeldern, wie oben gezeigt wurde, weiter rechnen. Man verfährt jedoch zweckmäßiger folgendermaßen: Man zerlegt die MMK-Kurve jeder Spule in ihre Grundwelle und in die höheren Harmonischen und superponiert dann die entsprechenden Harmonischen der MMK-Kurven der beiden Spulen. Die MMK der Spule a können wir wie folgt schreiben:

$$f_a = F \sin \omega t \left(\cos \frac{x}{\tau} \pi - \frac{1}{3} \cos \frac{3x}{\tau} \pi + \frac{1}{5} \cos \frac{5x}{\tau} \pi - \dots \right)$$

und die der Spule b

$$f_b = F \sin \omega t \left[\cos \left(\frac{x}{\tau} \pi - \alpha \right) - \frac{1}{3} \cos 3 \left(\frac{x}{\tau} \pi - \alpha \right) + \dots \right],$$

also

$$f = f_a + f_b = F \sin \omega t \left[2 \cos \frac{\alpha}{2} \cos \left(\frac{x}{\tau} \pi - \frac{\alpha}{2} \right) \right.$$

$$\left. - \frac{2}{3} \cos \frac{3\alpha}{2} \cos 3 \left(\frac{x}{\tau} \pi - \frac{\alpha}{2} \right) + \dots \right]$$

$$= F \sin \omega t \left(2 \cos \frac{\alpha}{2} \cos \frac{x'}{\tau} \pi - \frac{2}{3} \cos \frac{3\alpha}{2} \cos \frac{3x'}{\tau} \pi + \dots \right),$$

wo

$$x' = x - \frac{\alpha}{2} \frac{\tau}{\pi}.$$

Wir heißen im folgenden ebenso wie bei den Synchronmaschinen (s. S. 200):

$$\cos \frac{\alpha}{2} = f_{w1} \quad \text{den Wicklungsfaktor des Grundfeldes einer Zweilochwicklung,}$$

$$\cos 3 \frac{\alpha}{2} = f_{w3} \quad \text{den Wicklungsfaktor des dritten Oberfeldes einer Zweilochwicklung,}$$

$$\cos 5 \frac{\alpha}{2} = f_{w5} \quad \text{den Wicklungsfaktor des fünften Oberfeldes usw.;}$$

also können wir schreiben:

$$f = 2 F \sin \omega t \left(f_{w1} \cos \frac{x'}{\tau} \pi - \frac{f_{w3}}{3} \cos \frac{3x'}{\tau} \pi + \dots \right),$$

Diese Gleichung werden wir allgemein für alle Wicklungen gelten lassen, indem wir f_{w1}, f_{w3}, f_{w5} usw. für die betreffende Wicklung entsprechend berechnen. Diese **Faktoren sind somit allgemein die Wicklungsfaktoren der Grundfelder und der Oberfelder der betreffenden Wicklungen** und die Formel für f lautet deshalb:

$$f = q\,F \sin \omega t \left(f_{w1} \cos \frac{x}{\tau} \pi - \frac{f_{w3}}{3} \cos \frac{3x}{\tau} \pi + \dots \right) \quad . \quad . \quad (128)$$

$$= q\,\frac{F}{2} \left[f_{w1} \sin \left(\omega t - \frac{x}{\tau} \pi \right) + f_{w1} \sin \left(\omega t + \frac{x}{\tau} \pi \right) \right.$$

$$\left. - \frac{f_{w3}}{3} \sin \left(\omega t - \frac{3x}{\tau} \pi \right) - \frac{f_{w3}}{3} \sin \left(\omega t + \frac{3x}{\tau} \pi \right) + \dots \right] \quad (129)$$

wo q die Lochzahl pro Pol und Phase bedeutet, und wo wir der Einfachheit halber x statt x' eingesetzt haben.

Da alle Sinusgrößen durch Vektoren dargestellt und als solche addiert werden können, ergibt sich für die Wicklungsfaktoren der einzelnen Harmonischen der MMK-Kurven dieselbe graphische Berechnungsweise, wie für die der EMK-Kurven der Synchronmaschinen. Die Wicklungsfaktoren f_{w1}, f_{w3}, f_{w5}, ... der MMK-Kurven hängen lediglich von der Wicklung ab und stimmen vollständig mit denen der Synchronmaschinen überein. Es kommen jedoch bei den asynchronen Maschinen außer den bei den Synchronmaschinen behandelten Wicklungen eine Reihe von komplizierteren Wicklungen vor, deren Wicklungsfaktoren schwieriger zu bestimmen sind. Des besseren Verständnisses halber soll daher im folgenden unter Wiederholung der früheren Ausführungen eine voll-

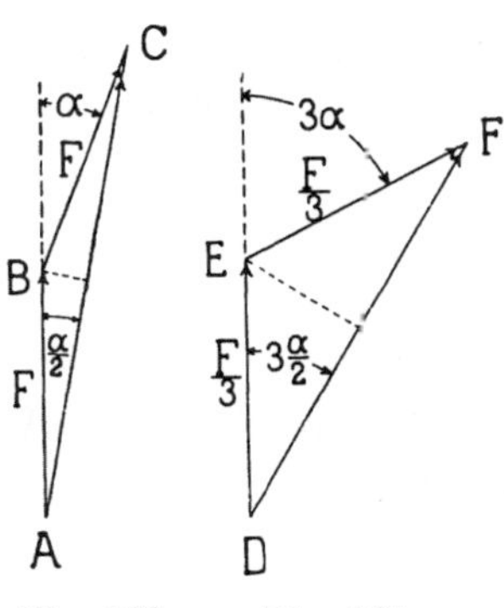

Fig. 283.   Fig. 284.

ständige Darstellung der Berechnungsweise der Wicklungsfaktoren gegeben werden. Auch die Tabellen der Wicklungsfaktoren sind hier nochmals eingefügt.

Für die Zweilochwicklung z. B. setzt man, vgl. Fig. 283 und 284, die zwei Vektoren F unter dem Winkel α zusammen und erhält

$$f_{w1} = \frac{\overline{AC}}{\overline{AB} + \overline{BC}} = \cos \frac{\alpha}{2}$$

und für die dritte Harmonische

$$f_{w3} = \frac{\overline{DF}}{\overline{DE} + \overline{EF}} = \cos 3\,\frac{\alpha}{2} \text{ usw.}$$

Analytisch lassen sich die Wicklungsfaktoren durch eine allgemeine Formel ausdrücken.

Es ist der Wicklungsfaktor der Grundwelle einer Einphasenwicklung mit Q Löchern pro Pol, von denen nur q bewickelt sind, zu berechnen. Der Lochabstand in Graden gemessen ist

$$\alpha = \frac{\pi}{Q}.$$

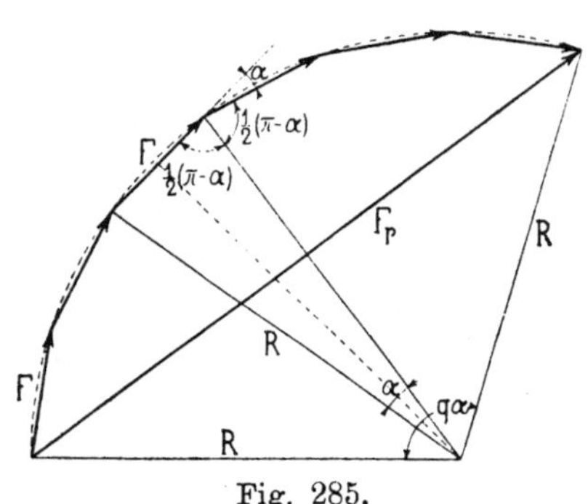

Fig. 285.

Da alle MMKe gleich groß sind und benachbarte MMKe denselben Winkel α miteinander einschließen, so liegen die Endpunkte aller Vektoren F auf einem Kreise, von dessen Mittelpunkt aus jeder Vektor unter demselben Winkel α gesehen wird, den die Vektoren miteinander bilden (Fig. 285). Es wird somit der Radius R des Kreises gleich

$$R = \frac{F}{2\sin\dfrac{\alpha}{2}}.$$

Der resultierende Vektor F_r für q bewickelte Löcher ist also gleich

$$F_r = 2\,R\sin\left(q\,\frac{\alpha}{2}\right) = F\,\frac{\sin\left(q\,\dfrac{\alpha}{2}\right)}{\sin\left(\dfrac{\alpha}{2}\right)}$$

und der Wicklungsfaktor des Grundfeldes ist gleich

$$f_{w1} = \frac{F_r}{qF} = \frac{\sin\left(q\,\dfrac{\alpha}{2}\right)}{q\sin\left(\dfrac{\alpha}{2}\right)} \quad \ldots \ldots \ldots \quad (130)$$

Analog erhält man für die höheren Harmonischen

$$f_{w3} = \frac{\sin\left(3\,q\,\frac{\alpha}{2}\right)}{q\,\sin\left(3\,\frac{\alpha}{2}\right)}$$

$$f_{w5} = \frac{\sin\left(5\,q\,\frac{\alpha}{2}\right)}{q\,\sin\left(5\,\frac{\alpha}{2}\right)} \quad \text{usw.}$$

Setzen wir nun hier den Wert für

$$\alpha = \frac{\pi}{Q}$$

ein, so ergibt sich für eine Einphasenwicklung mit Q Löchern pro Pol, von denen nur q Löcher bewickelt sind,

$$\left.\begin{aligned}
f_{w1} &= \frac{\sin\dfrac{q}{Q}\dfrac{\pi}{2}}{q\,\sin\dfrac{1}{Q}\dfrac{\pi}{2}}\\[2em]
f_{w3} &= \frac{\sin 3\,\dfrac{q}{Q}\dfrac{\pi}{2}}{q\,\sin\dfrac{3}{Q}\dfrac{\pi}{2}}\\[2em]
f_{w5} &= \frac{\sin 5\,\dfrac{q}{Q}\dfrac{\pi}{2}}{q\,\sin\dfrac{5}{Q}\dfrac{\pi}{2}}
\end{aligned}\right\} \quad \cdots \cdots \quad (131)$$

$$\cdots \cdots \cdots$$

Bei glatten Armaturen geht der Linienzug des Vektorpolygons der MMKe (Fig. 286) in einen Kreisbogen vom Radius R über, dessen Zentriwinkel

$$\beta = \frac{S}{\tau}\,\pi$$

ist. S ist gleich der Breite einer Spulenseite und τ gleich der Polteilung. Man erhält für diesen Fall aus Fig. 286 die algebraische Summe gleich dem Bogen

$$\widehat{AB} = R\,\beta$$

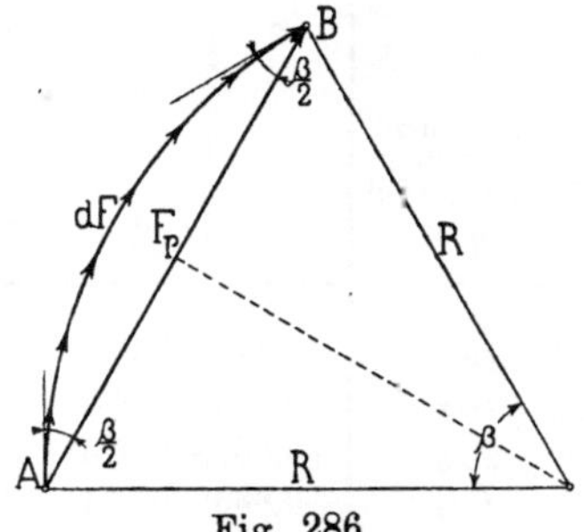

Fig. 286.

und die geometrische Summe F_r aller Vektoren gleich der Sehne

$$\overline{AB} = 2\,R \sin \frac{\beta}{2}.$$

Also ist der Wicklungsfaktor

$$f_{w1} = \frac{F_r}{\Sigma\, dF} = \frac{\overline{AB}}{\overparen{AB}} = \frac{2\,R \sin \frac{\beta}{2}}{R\,\beta}$$

oder

$$f_{w1} = \frac{\sin \frac{\beta}{2}}{\frac{\beta}{2}} = \frac{\sin \frac{S}{\tau}\frac{\pi}{2}}{\frac{S}{\tau}\frac{\pi}{2}}$$

und analog

$$\left.\begin{array}{l} f_{w3} = \dfrac{\sin 3\,\dfrac{\beta}{2}}{3\,\dfrac{\beta}{2}} = \dfrac{\sin 3\,\dfrac{S}{\tau}\dfrac{\pi}{2}}{3\,\dfrac{S}{\tau}\dfrac{\pi}{2}} \\[5ex] f_{w5} = \dfrac{\sin 5\,\dfrac{\beta}{2}}{5\,\dfrac{\beta}{2}} = \dfrac{\sin 5\,\dfrac{S}{\tau}\dfrac{\pi}{2}}{5\,\dfrac{S}{\tau}\dfrac{\pi}{2}} \end{array}\right\} \quad \dots \dots \ (132)$$

In den folgenden Tabellen sind nun die Wicklungsfaktoren für die wichtigsten Einphasenwicklungen wiederholt. Die erste Tabelle enthält die Wicklungsfaktoren für Lochwicklungen, während die zweite dieselben für verteilte Wicklungen angibt.

Tabelle I.

Wicklungsfaktoren der einphasigen Lochwicklungen.

Anzahl Löcher pro Pol Q	3	4	4	5	5	5	6	6	6
Anzahl der bewickelten Löcher pro Pol q	2	2	3	2	3	4	2	3	4
f_{w1}	0,866	0,925	0,804	0,953	0,872	0,766	0,966	0,910	0,833
f_{w3}	0,000	0,385	−0,118	0,589	0,125	−0,182	0,707	0,333	0,000
f_{w5}	−0,866	−0,385	−0,138	0,000	−0,333	0,000	0,259	−0,244	−0,224
f_{w7}	−0,866	−0,924	0,805	−0,589	0,127	0,182	−0,259	−0,244	0,224

Anzahl Löcher pro Pol Q	6	7	7	7	7	8	8	8	8	8
Anzahl der bewickelten Löcher pro Pol q	5	2	3	4	5	2	3	4	5	6
$f_{w\,1}$	0,744	0,977	0,935	0,873	0,810	0,985	0,952	0,906	0,856	0,794
$f_{w\,3}$	−0,200	0,783	0,364	0,175	−0,071	0,833	0,590	0,319	0,069	−0,115
$f_{w\,5}$	0,0536	0,433	−0,083	−0,270	−0,139	0,556	0,076	−0,212	−0,187	−0,077
$f_{w\,7}$	0,0536	0,000	−0,333	0,000	0,200	0,195	−0,282	−0,180	0,114	0,157

Tabelle II.

Wicklungsfaktoren der einphasigen verteilten
Wicklungen.

$\dfrac{S}{\tau}$	0,1	0,2	0,3	0,4	0,5	0,6	0,7	0,8	0,9	1
$f_{w\,1}$	0,997	0,986	0,962	0,937	0,901	0,857	0,810	0,756	0,699	0,636
$f_{w\,3}$	0,963	0,860	0,699	0,504	0,300	0,109	−0,047	−0,156	−0,213	−0,222
$f_{w\,5}$	0,899	0,636	0,126	0,000	−0,180	−0,222	−0,128	0,000	0,099	0,127
$f_{w\,7}$	0,812	0,368	−0,047	−0,216	−0,123	0,047	0,128	0,067	−0,046	−0,091

b) Mehrphasige Mehrlochwicklungen. In Fig. 287 ist die
MMK-Kurve einer verteilten Dreiphasenwicklung, deren
Spulenweite gleich $^1/_3$ der Polteilung ist, für sieben aufeinander-
folgende Zeitmomente innerhalb einer halben Periode dargestellt.
Wie ersichtlich, erhält man auch in diesem Falle ein Drehfeld.
Da dieses seine Form weniger ändert als das Drehfeld der Ein-
lochwicklung, so ist zu erwarten, daß die Oberfelder der verteilten
Wicklung bedeutend kleiner sind als die einer Einlochwicklung.
In Fig. 288 ist die MMK-Kurve einer verteilten Zweiphasenwicklung,
die als unaufgelöste Gleichstromwicklung ausgeführt ist, für fünf
aufeinanderfolgende Zeitmomente innerhalb einer halben Periode
dargestellt.

Um die Stärke der einzelnen Felder zu bestimmen, denken
wir uns zuerst die MMK-Kurve jeder Phase in der oben angegebenen Weise berechnet. Aus diesen so gewonnenen Kurven
ergibt sich dann in derselben Weise wie bei den Mehrphasen-Ein-
lochwicklungen die resultierende MMK-Kurve zu

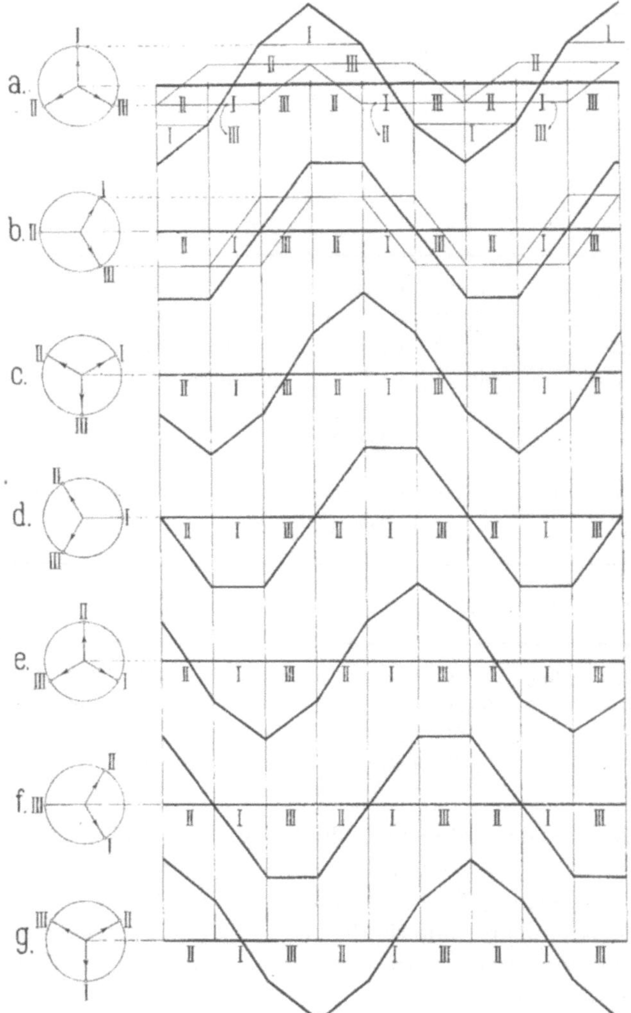

Fig. 287. MMK-Kurven einer verteilten Dreiphasenwicklung $(S = \tfrac{1}{3}\,\tau)$ für sieben
Zeitmomente innerhalb einer halben Periode.

$$
t = \frac{m}{2}\,q\,F'\Big\{ f_{w\,1} \sin\left(\omega t - \frac{x}{\tau}\pi\right)
$$

$$
+\; \frac{f_{w(2m-1)}}{2m-1}\sin\left(\omega t + [2m-1]\frac{x}{\tau}\pi\right)
$$

$$
-\; \frac{f_{w(2m+1)}}{2m+1}\sin\left(\omega t - [2m+1]\frac{x}{\tau}\pi\right) + \ldots \Big\} \quad . \quad . \quad (133)
$$

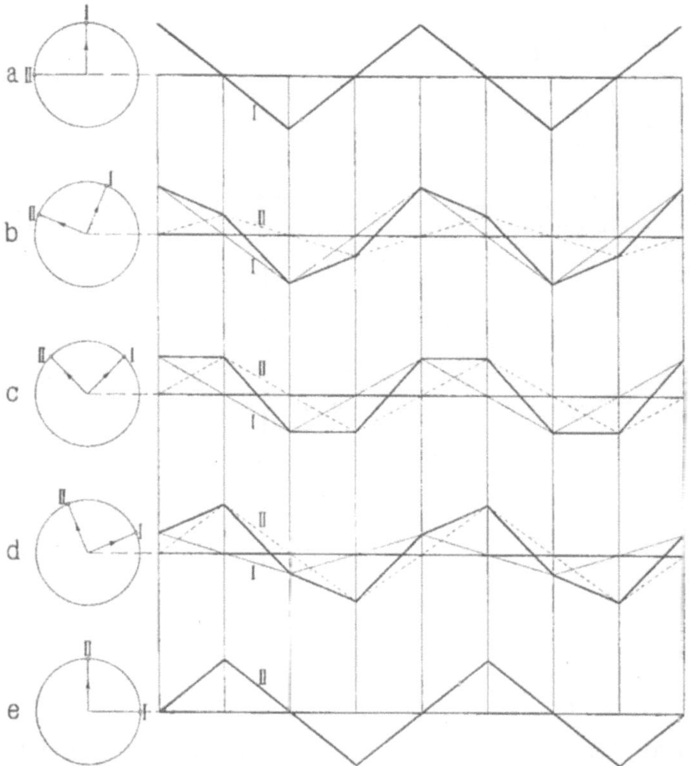

Fig. 288. MMK-Kurven einer verteilten Zweiphasenwicklung (Gleichstromwicklung) für fünf Zeitmomente innerhalb einer halben Periode.

worin

$$f_{w1} = \frac{\sin \dfrac{q}{Q}\dfrac{\pi}{2}}{q \sin \dfrac{1}{Q}\dfrac{\pi}{2}} = \frac{\sin \dfrac{\pi}{2m}}{q \sin \dfrac{\pi}{2qm}}$$

da $Q = qm$ und analog

$$f_{w3} = \frac{\sin 3\dfrac{q}{Q}\dfrac{\pi}{2}}{q \sin \dfrac{3}{Q}\dfrac{\pi}{2}} = \frac{\sin \dfrac{3\pi}{2m}}{q \sin \dfrac{3\pi}{2qm}}$$

$$f_{w5} = \frac{\sin 5\dfrac{q}{Q}\dfrac{\pi}{2}}{q \sin \dfrac{5}{Q}\dfrac{\pi}{2}} = \frac{\sin \dfrac{5\pi}{2m}}{q \sin \dfrac{5\pi}{2qm}}$$

$$\left. \right\} \quad \cdots \quad (134)$$

Ist die Wicklung eine verteilte Mehrphasenwicklung, so
tritt ΣF an die Stelle von qF und es ist also

$$f = \frac{m}{2}\, \Sigma F \left\{ f_{w1} \sin\left(\omega t - \frac{x}{\tau}\pi\right) \right.$$

$$+ \frac{f_{w(2m-1)}}{2m-1} \sin\left(\omega t + [2m-1]\frac{x}{\tau}\pi\right)$$

$$\left. - \frac{f_{w(2m+1)}}{2m+1} \sin\left(\omega t - [2m+1]\frac{x}{\tau}\pi\right) + \ldots \right\} \quad . \ . \ (135)$$

worin

$$\left. \begin{aligned} f_{w1} &= \frac{\sin \dfrac{S}{\tau}\dfrac{\pi}{2}}{\dfrac{S}{\tau}\dfrac{\pi}{2}} \\[2em] f_{w3} &= \frac{\sin 3\dfrac{S}{\tau}\dfrac{\pi}{2}}{3\dfrac{S}{\tau}\dfrac{\pi}{2}} \\[2em] f_{w5} &= \frac{\sin 5\dfrac{S}{\tau}\dfrac{\pi}{2}}{5\dfrac{S}{\tau}\dfrac{\pi}{2}} \end{aligned} \right\} \quad . \ . \ . \ . \ . \ . \ (136)$$

Im allgemeinen ist $\dfrac{S}{\tau} = \dfrac{1}{m}$ wie bei den aufgelösten Gleichstromwicklungen, bei denen die Wicklungen der einzelnen Phasen sich nicht überdecken. Bei den gewöhnlichen Gleichstromwicklungen, bei denen die Wicklungen der einzelnen Phasen sich überdecken, ist $\dfrac{S}{\tau} = \dfrac{2}{m}$.

In den folgenden zwei Tabellen sind die Wicklungsfaktoren der wichtigsten Zwei- und Dreiphasenwicklungen für die Grundwelle, die dritte, fünfte und siebente Oberwelle wiederholt.

Wicklungsfaktoren der Zweiphasenwicklungen.

Anzahl Löcher pro Pol u. Phase $q =$	Lochwicklungen					Verteilte Wicklungen $\dfrac{S}{\tau} = \dfrac{1}{2}$
	2	3	4	5	6	
f_{w1}	0,924	0,91	0,906	0,904	0,903	0,901
f_{w3}	0,383	0,333	0,318	0,312	0,309	0,300
f_{w5}	— 0,383	— 0,244	— 0,213	— 0,200	— 0,194	— 0,180
f_{w7}	— 0,924	— 0,244	— 0,180	— 0,159	— 0,149	— 0,129

Wicklungsfaktoren der Dreiphasenwicklungen.

Anzahl Löcher pro Pol u. Phase $q =$	Lochwicklungen					Verteilte Wicklungen	
	2	3	4	5	6	$\dfrac{S}{\tau} = \dfrac{1}{3}$	$\dfrac{S}{\tau} = \dfrac{2}{3}$
f_{w1}	0,966	0,960	0,958	0,957	0,957	0,956	0,830
f_{w3}	0,707	0,670	0,654	0,646	0,644	0,636	0,000
f_{w5}	0,259	0,217	0,205	0,200	0,198	0,191	— 0,165
f_{w7}	— 0,259	— 0,177	— 0,158	— 0,152	— 0,145	— 0,137	0,119

Bei der Wahl einer Wicklung ist darauf zu achten, daß der Wicklungsfaktor des Grundfeldes f_{w1} möglichst groß wird, und daß die Faktoren f_{w3}, f_{w5} usw. der Oberfelder möglichst klein werden. Denn in diesem Falle wird das Feld möglichst sinusförmig und es kann die größte Energie auf den Rotor übertragen werden. Aus den Tabellen geht hervor, daß diejenigen Wicklungen, die eine Spulenbreite S ungefähr gleich $\dfrac{1}{m}$ der Polteilung haben, die günstigsten sind. Einphasenwicklungen dagegen wird man gewöhnlich mit einer Spulenbreite S gleich $^2/_3$ der Polteilung ausführen, denn in diesem Falle wird die Ankeroberfläche am vorteilhaftesten ausgenutzt.

c) Ringwicklungen. Die dreiphasig aufgeschnittenen Ringwicklungen (s. Fig. 163 und 164) mit $\dfrac{S}{\tau} = \dfrac{1}{3}$ und die zweiphasigen Ringwicklungen mit $\dfrac{S}{\tau} = \dfrac{1}{2}$ stimmen in ihrem Verhalten vollständig mit den Trommelwicklungen überein und ihre Wicklungsfaktoren werden gleich denen der Trommelwicklung mit $\dfrac{S}{\tau} = \dfrac{1}{3}$ bzw. $\dfrac{1}{2}$.

Die geschlossenen dreiphasigen Ringwicklungen, bei denen $\dfrac{S}{\tau} = \dfrac{2}{3}$ ist, zeigen jedoch insofern ein abweichendes Verhalten, als bei ihnen, wie wir sehen werden, auch höhere Harmonische gerader Ordnung auftreten.

Die MMK-Kurven einer solchen Wicklung sind in Fig. 289 für drei verschiedene Zeitmomente dargestellt, wie man sie durch Betrachtung der in den drei Phasen fließenden Ströme erhält.

In Fig. 289b stellt die Kurve noch nicht direkt die MMK dar, denn da jede Kraftlinie, die in den Ring eintritt, auch wieder austreten muß, gilt

$$\Sigma d\,\Phi_x = \Sigma B_x\,dx = 0$$

für die doppelte Polteilung. Da

$$d\,\Phi_x = MMK_x\,\frac{1}{R_m}$$

ist, gilt also auch

$$\Sigma d\,\Phi_x = \Sigma MMK_x\,\frac{1}{R_m} = \frac{1}{R_m}\,\Sigma MMK_x = 0.$$

Es muß also die Abszissenachse so weit nach oben verschoben werden, daß die oberhalb und unterhalb gelegenen Flächen gleich sind, wie es die strichpunktierte Linie zeigt.

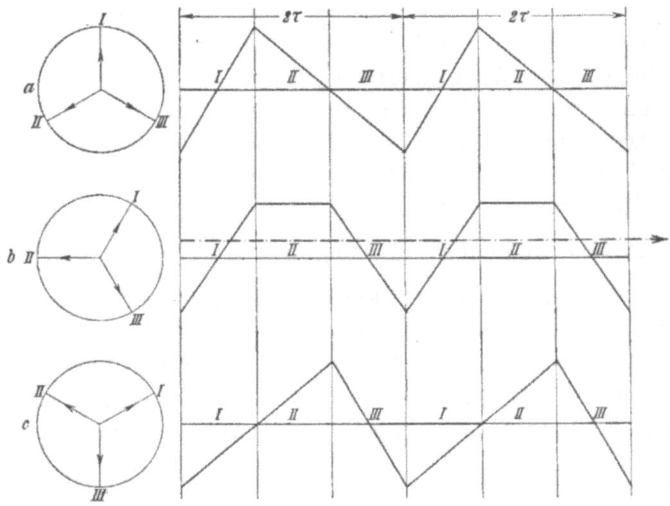

Fig. 289.   MMK einer geschlossenen dreiphasigen Ringwicklung.

Im Zeitmoment a ist der Strom in Phase I in seinem Maximum und die Ströme der beiden andern Phasen sind entgegengesetzt gerichtet und einander gleich. Im Zeitmoment b ist der Strom der Phase II gleich Null und im Moment c ist der Strom in Phase III zu einem Maximum geworden.

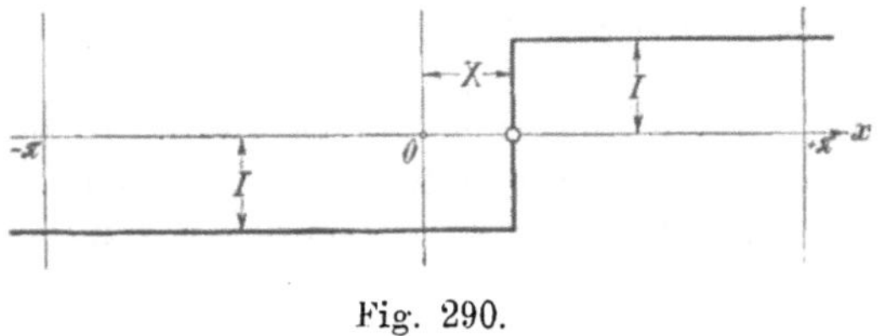

Fig. 290.

Zur Berechnung des resultierenden Feldes und der Wicklungsfaktoren gehen wir von der MMK-Kurve eines Drahtes aus, die in Fig. 290 dargestellt ist, summieren dann über alle Drähte einer

Phase und superponieren schließlich die drei Phasen. Denken wir uns vorerst den Strom sämtlicher Drähte einer Phase in einem einzigen fließend und nennen die gesamte MMK dieses Drahtes $2\,I$, so erhalten wir als Kurve der MMK dieses Drahtes die der Fig. 290.

Die Kurve stellt sich als **Fouriersche** Reihe von der Form

$$f(x) = \sum_{\nu=1}^{\nu} \left[a_\nu \cos \nu x + b_\nu \sin \nu x \right] \quad . \quad . \quad . \quad . \quad (137)$$

dar. Wir berücksichtigen nur die Werte innerhalb des Intervalls $-\pi$ bis $+\pi$, da wir wissen, daß diese Entfernung im resultierenden Feld (Fig. 289) eine volle Wellenlänge darstellt.

Die Amplituden a_ν und b_ν können nach WT, Bd. I, S. 222 berechnet werden.

$$a_\nu = \frac{1}{\pi} \int_{-\pi}^{+\pi} f(x) \cos(\nu x)\, dx = \frac{1}{\pi} \int_{-\pi}^{X} -I \cos(\nu x)\, dx + \frac{1}{\pi} \int_{X}^{\pi} +I \cos(\nu x)\, dx$$

$$= -\frac{2\,I}{\nu\,\pi} \sin \nu X,$$

$$b_\nu = \frac{1}{\pi} \int_{-\pi}^{+\pi} f(x) \sin(\nu x)\, dx = -\frac{2\,I}{\nu\,\pi} (\cos \nu\pi - \cos \nu X).$$

Hiermit erhält man

$$f(x) = -\frac{2\,I}{\pi} \sum_{1}^{\nu} \frac{1}{\nu} \left\{ \sin \nu X \cos \nu x + (\cos \nu\pi - \cos \nu X) \sin \nu x \right\}$$

$$f(x) = -\frac{2\,I}{\pi} \sum_{1}^{\nu} \frac{1}{\nu} \left\{ \sin(\nu X - \nu x) + \cos \nu\pi \sin \nu x \right\} \quad . \quad . \quad . \quad (138)$$

Denken wir uns nun die Drähte einer Phase nicht mehr in einem einzigen vereinigt, sondern gleichmäßig über $\dfrac{2}{m}$ der Polteilung verteilt, so erhalten wir die MMK-Kurve einer Phase, indem wir die MMK-Kurven der einzelnen Drähte an den verschiedenen Stellen des Ankerumfangs summieren. Die MMK pro Längeneinheit dieser verteilten Wicklung wird dann gleich $\dfrac{2\,I}{B-A}$ zu setzen sein, wenn A und B die Abszissen der Endpunkte einer Phase sind.

$(B - A)$ bedeutet die Breite einer Phase in elektrischen Winkeleinheiten gemessen.

$2\,I$ bedeutet wie bisher die maximale MMK einer Phase, wenn alle Drähte in einem Loche vereinigt sind, es ist also gleich $\dfrac{\sqrt{2}\,J\,w}{2\,p}$, wenn w die Windungszahl einer Phase ist.

Wir finden also als Gleichung der MMK-Kurve einer Phase

$$f'(x) = -\frac{2I}{B-A}\,\frac{1}{\pi}\int_{X=A}^{X=B}\sum\frac{1}{\nu}\left\{\sin\left(\nu X - \nu x\right) + \cos\nu\pi\sin\nu x\right\}dX$$

$$= \frac{2I}{B-A}\frac{1}{\pi}\sum_{1}^{\nu}\frac{1}{\nu^2}\left\{\cos\nu(B-x) - \cos\nu(A-x) - \nu(B-A)\cos\nu\pi\sin\nu x\right\}$$

$$f'(x) = -\frac{2I}{B-A}\,\frac{1}{\pi}\sum_{1}^{\nu}\frac{1}{\nu^2}\left\{2\sin\nu\left(\frac{B+A}{2} - x\right)\sin\nu\left(\frac{B-A}{2}\right)\right.$$

$$\left. + \nu(B-A)\cos\nu\pi\sin\nu x\right\} \quad . \quad . \quad . \quad . \quad . \quad . \quad . \quad . \quad (139)$$

Aus dieser Gleichung der MMK-Kurve einer Phase erhalten wir schließlich die resultierende MMK-Kurve aller Phasen (Fig. 289), indem wir die MMKe der einzelnen Phasen superponieren.

Für x führen wir nun $\dfrac{x}{\tau}\pi$ ein. $\dfrac{B-A}{2} = \dfrac{S}{\tau}\dfrac{\pi}{2}$ wird für alle drei Phasen gleich $\dfrac{2}{3}\dfrac{\pi}{2} = \dfrac{\pi}{3}$. $\dfrac{B+A}{2}$ wird (s. Fig. 289) für die erste Phase gleich $\dfrac{\pi}{3}$, für die zweite Phase gleich $\dfrac{3\pi}{3}$ und für die dritte Phase gleich $\dfrac{5\pi}{3}$. Setzen wir nun die MMKe der drei Phasen mit Berücksichtigung der Phasenverschiebung der Ströme zusammen, so erhalten wir (analog S. 240)

$$f''(x) = -\frac{2I}{\pi}\sum_{1}^{\nu}\frac{\sin\nu\dfrac{\pi}{3}}{\nu^2\dfrac{\pi}{3}}\left\{\sin\nu\left(\frac{\pi}{3} - \frac{x}{\tau}\pi\right)\sin\omega t\right.$$

$$\left. + \sin\nu\left(\frac{3\pi}{3} - \frac{x}{\tau}\pi\right)\sin\left(\omega t - \frac{2}{3}\pi\right) + \sin\nu\left(\frac{5\pi}{3} - \frac{x}{\tau}\pi\right)\sin\left(\omega t - \frac{4\pi}{3}\right)\right\}.$$

Das letzte Glied der Summe in Gl. 139 ist mit

$$\left[\sin\omega t + \sin\left(\omega t - \frac{2\pi}{3}\right) + \sin\left(\omega t - \frac{4\pi}{3}\right)\right] = 0$$

zu multiplizieren und fällt daher fort. Die höheren Harmonischen der Stromkurve vernachlässigen wir.

Löst man die Sinusprodukte auf, so erhält man

$$f''(x) = -\frac{2I}{\pi}\sum_1^\nu \frac{\sin \nu\frac{\pi}{3}}{\nu^2\frac{\pi}{3}}\left\{\frac{1}{2}\cos\left[\omega t - \nu\left(\frac{\pi}{3}-\frac{x}{\tau}\pi\right)\right]\right.$$

$$-\frac{1}{2}\cos\left[\omega t + \nu\left(\frac{\pi}{3}-\frac{x}{\tau}\pi\right)\right] + \frac{1}{2}\cos\left[\omega t - \frac{2\pi}{3}-\nu\left(\pi-\frac{x}{\tau}\pi\right)\right]$$

$$-\frac{1}{2}\cos\left[\omega t - \frac{2\pi}{3}+\nu\left(\pi-\frac{x}{\tau}\pi\right)\right] + \frac{1}{2}\cos\left[\omega t - \frac{4\pi}{3}-\nu\left(\frac{5\pi}{3}-\frac{x}{\tau}\pi\right)\right]$$

$$\left.-\frac{1}{2}\cos\left[\omega t - \frac{4\pi}{3}+\nu\left(\frac{5\pi}{3}-\frac{x}{\tau}\pi\right)\right]\right\}.$$

Das erste, dritte und fünfte Glied unter der Klammer ergibt linksgängige Drehfelder, die anderen drei Glieder rechtsgängige Drehfelder. Durch Auflösung der Cosinus findet man, daß man linksgängige Drehfelder zweiter, fünfter, achter, elfter usw. Ordnung erhält von der Form

$$f_a = -\frac{2I}{\pi}\frac{3}{2}\left\{\sum_1^\nu \frac{\sin\frac{\nu\pi}{3}}{\nu^2\frac{\pi}{3}}\cos\left[\omega t + \nu\left(\frac{x}{\tau}\pi-\frac{\pi}{3}\right)\right]\right\} \quad \ldots \ldots \quad (140)$$

$$f_a = -\frac{2I}{\pi}\frac{3}{2}\left\{\frac{1}{2}\frac{\sin 2\frac{\pi}{3}}{2\frac{\pi}{3}}\cos\left[\omega t + 2\left(\frac{x}{\tau}\pi-\frac{\pi}{3}\right)\right]\right.$$

$$\left.+\frac{1}{5}\frac{\sin\frac{5\pi}{3}}{5\frac{\pi}{3}}\cos\left[\omega t + 5\left(\frac{x}{\tau}\pi-\frac{\pi}{3}\right)\right]+\ldots\right\}$$

und rechtsgängige Drehfelder erster, vierter, siebenter, zehnter usw. Ordnung von der Form

$$f_b = \frac{2I}{\pi}\frac{3}{2}\left\{\sum_1^\nu \frac{\sin\frac{\nu\pi}{3}}{\nu^2\frac{\pi}{3}}\cos\left[\omega t - \nu\left(\frac{x}{\tau}\pi-\frac{\pi}{3}\right)\right]\right\} \quad \ldots \ldots \quad (141)$$

$$f_b = \frac{2I}{\pi}\frac{3}{2}\left\{\frac{\sin\frac{\pi}{3}}{\frac{\pi}{3}}\cos\left[\omega t - \left(\frac{x}{\tau}\pi-\frac{\pi}{3}\right)\right]+\right.$$

$$\left.+\frac{1}{4}\frac{\sin\frac{4\pi}{3}}{4\frac{\pi}{3}}\cos\left[\omega t - 4\left(\frac{x}{\tau}\pi-\frac{\pi}{3}\right)\right]+\ldots\right\}$$

Setzen wir

$$\left.\begin{aligned}
x' &= x - \frac{\pi}{3}\frac{\tau}{\pi} - \frac{\pi}{2}\frac{\tau}{\pi},\\[2mm]
&\frac{\sin\dfrac{\nu\pi}{3}}{\dfrac{\nu\pi}{3}} = f_{w\nu}
\end{aligned}\right\} \quad \ldots\ldots \quad (142)$$

und

$$\frac{2\,I}{\pi} = \Sigma\,F,$$

so finden wir

$$\left.\begin{aligned}
f = f_a + f_b = \frac{3}{2}\,\Sigma\,F\Big[&f_{w1}\sin\Big(\omega t - x'\,\frac{\pi}{\tau}\Big)\\[1mm]
&+\frac{1}{2}\,f_{w2}\cos\Big(\omega t + 2\,x'\,\frac{\pi}{\tau}\Big)\\[1mm]
&+\frac{1}{4}\,f_{w4}\cos\Big(\omega t - 4\,x'\,\frac{\pi}{\tau}\Big)\\[1mm]
&+\frac{1}{5}\,f_{w5}\sin\Big(\omega t + 5\,x'\,\frac{\pi}{\tau}\Big)\\[1mm]
&-\frac{1}{7}\,f_{w7}\sin\Big(\omega t - 7\,x'\,\frac{\pi}{\tau}\Big)\\[1mm]
&-\frac{1}{8}\,f_{w8}\cos\Big(\omega t + 8\,x'\,\frac{\pi}{\tau}\Big)\\[1mm]
&-\frac{1}{10}\,f_{w10}\cos\Big(\omega t - 10\,x'\,\frac{\pi}{\tau}\Big)\\[1mm]
&-\frac{1}{11}\,f_{w11}\sin\Big(\omega t + 11\,x'\,\frac{\pi}{\tau}\Big) + \ldots\Big]
\end{aligned}\right\} \quad \cdot\ (143)$$

Diese Formel stimmt in ihrem Aufbau vollständig mit der entsprechenden Formel für Trommelwicklungen überein, nur treten hier auch höhere Harmonische gerader Ordnung auf. Daß dies der Fall sein muß, kann man direkt aus den Kurven Fig. 289 erkennen. Verschiebt man nämlich den Teil der Kurve oberhalb der Abszissenachse um eine Polteilung, so bildet die Abszissenachse keine Symmetrielinie (s. WT. I., S. 225).

Die Größe

$$f_{w\nu} = \frac{\sin\dfrac{\nu\pi}{3}}{\dfrac{\nu\pi}{3}}$$

ist der Wicklungsfaktor der Ringwicklung. Sie stimmt mit den Wicklungsfaktoren der Trommelwicklungen überein, wie man leicht sehen kann, wenn man in Gl. 136 $\dfrac{S}{\tau} = \dfrac{2}{3}$ einsetzt.

Die Wicklungsfaktoren der Ringwicklungen sind in der folgenden Tabelle zusammengestellt.

$\dfrac{S}{\tau}$	$\dfrac{1}{3}$	$\dfrac{1}{2}$	$\dfrac{2}{3}$	1
$f_{w\,1}$	0,956	0,901	0.826	0,636
$f_{w\,2}$	—	—	0,413	—
$f_{w\,3}$	—	0,300	—	— 0,222
$f_{w\,4}$	—	—	— 0,206	—
$f_{w\,5}$	0,191	— 0,180	— 0,165	0,127
$f_{w\,6}$	—	—	—	—
$f_{w\,7}$	— 0,137	— 0,129	0,119	— 0,091

d) Die Gleichstromwicklungen mit verkürztem Schritte, wie sie von B. G. Lamme für Zweiphasenmotoren verwendet werden (s. Fig. 154, S. 107), lassen sich am besten wie Einphasenwicklungen behandeln. Die Wicklung verhält sich nämlich relativ zu zwei diametralen Klemmen $I_a - I_e$ bzw. $II_a - II_e$ Fig. 154 (in einem zweipoligen Schema) wie eine Einphasenwicklung mit zwei parallelen Zweigen. Von den Spulenseiten sind aber pro Pol nur $(y_2 + 1)$ Seiten magnetisch wirksam. In Fig. 291 ist die MMK-Kurve einer derartigen Zweiphasenwicklung für fünf aufeinanderfolgende Zeitmomente innerhalb einer halben Periode dargestellt. Wie man durch Vergleich der Fig. 291 und 288 sieht, nähert sich bei verkürztem Schritt die MMK-Kurve und daher auch die Feldkurve mehr der Sinusform. In Fig. 291 ist $\dfrac{S}{\tau} = 0,8$, wo S die Breite der $(y_2 + 1)$ magnetisch wirksamen Spulenseiten bedeutet. Die Wicklungsfaktoren dieser Wicklung ergeben sich, wenn man dieselbe einphasig auffaßt, zu

$$\left. \begin{aligned} f_{w1} &= \frac{S}{\tau}\,\frac{\sin \dfrac{S}{\tau}\dfrac{\pi}{2}}{\dfrac{S}{\tau}\dfrac{\pi}{2}} = \frac{2}{\pi}\sin \frac{S}{\tau}\frac{\pi}{2} \\[2em] f_{w3} &= \frac{2}{3\pi}\sin 3\,\frac{S}{\tau}\frac{\pi}{2} \\[2em] f_{w5} &= \frac{2}{5\pi}\sin 5\,\frac{S}{\tau}\frac{\pi}{2} \cdot \text{ usw.} \end{aligned} \right\} \quad \dots \quad (144)$$

und analog

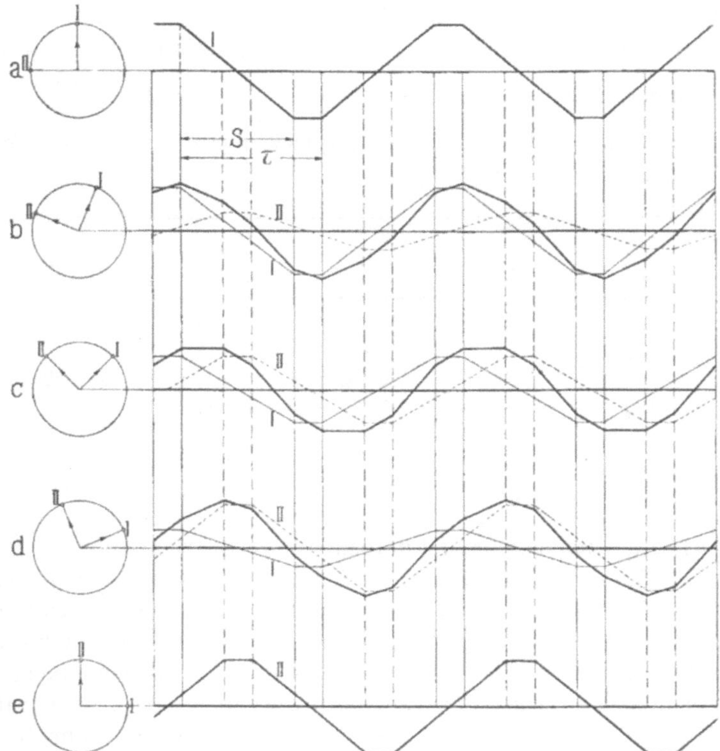

Fig. 291. MMK-Kurven einer Gleichstromwicklung mit verkürztem Schritt
für Zweiphasenmotoren.

In der folgenden Tabelle sind die Wicklungsfaktoren der
wichtigsten Wicklungen mit verkürztem Schritt für die Grundwelle
und die Oberwellen zusammengestellt.

**Wicklungsfaktoren der einphasigen verteilten Wicklungen
mit verkürztem Schritt.**

$\dfrac{S}{\tau} =$	0,5	0,6	0,65	0,7	0,75	0,8	0,85	0,9
$f_{w\,1}$	0,455	0,515	0,542	0,565	0,589	0,605	0,619	0,628
$f_{w\,3}$	0,150	0,065	0,019	— 0,033	— 0,082	— 0,125	— 0,160	— 0,192
$f_{w\,5}$	— 0,090	— 0,133	— 0,118	— 0,090	— 0,049	0,000	0,049	— 0,090
$f_{w\,7}$	— 0,062	0,028	0,069	0,090	0,084	0,053	0,008	— 0,041

e) Wicklung mit Polumschaltung von Dahlander. Die Wicklung von Dahlander für Polumschaltung im Verhältnis 1 : 2 (siehe

Fig. 185 und 186 S. 146) ist für die höhere Polzahl, wie aus Fig. 292a hervorgeht, als normale Dreiphasenwicklung mit einer Spulenweite gleich der Polteilung τ aufzufassen. Für diese Polzahl sind daher die oben (S. 253) für diese Wicklung gefundenen Wicklungsfaktoren einzusetzen:

$$f_{w1} = \frac{\sin \dfrac{q}{Q}\dfrac{\pi}{2}}{q \sin \dfrac{1}{Q}\dfrac{\pi}{2}} = \frac{\sin \dfrac{\pi}{2\,m}}{q \sin \dfrac{\pi}{2\,q\,m}}$$

$$f_{w3} = \frac{\sin 3\,\dfrac{q}{Q}\dfrac{\pi}{2}}{q \sin \dfrac{3}{Q}\dfrac{\pi}{3}} = \frac{\sin \dfrac{3\,\pi}{2\,m}}{q \sin \dfrac{3\,\pi}{2\,q\,m}} \quad \text{usw.}$$

Für die auf die Hälfte verringerte Polzahl ist der Stromverlauf für eine Phase in Fig. 292b dargestellt. Denkt man sich die Stirnverbindungen anstatt wie in Fig. 292b, so gelegt, wie in Fig. 292c gezeigt ist, so wird die Spulenweite gleich der Polteilung für die

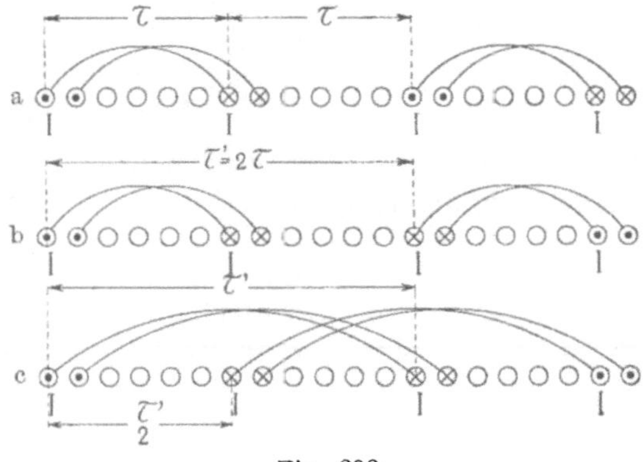

Fig. 292.

niedere Polzahl $\tau' = 2\,\tau$ und man erhält zwei Spulengruppen, die am Umfang um $\dfrac{\tau'}{2}$ oder $\dfrac{\pi}{2}$ Phasengrade gegeneinander verschoben sind. Für jede einzelne dieser Spulengruppen gelten, da die Spulenweite gleich der Polteilung ist, die normalen Wicklungsfaktoren der Mehrlochwicklungen, nur ist zu beachten, daß hier die Lochzahl pro Pol $Q = 2\,q\,m$ wird. Man erhält also als Wicklungsfaktoren jeder Spulengruppe:

$$f'_{w1} = \frac{\sin \dfrac{q}{Q}\dfrac{\pi}{2}}{q \sin \dfrac{1}{Q}\dfrac{\pi}{2}} = \frac{\sin \dfrac{\pi}{4m}}{q \sin \dfrac{4}{4mq}}$$

$$f'_{w3} = \frac{\sin 3\dfrac{q}{Q}\dfrac{\pi}{2}}{q \sin \dfrac{3}{Q}\dfrac{\pi}{2}} = \frac{\sin \dfrac{3\pi}{4m}}{q \sin \dfrac{3\pi}{4mq}} \quad \text{usw.}$$

Die Felder der beiden Gruppen sind um $\dfrac{\pi}{2}$ gegeneinander verschoben. Ihre Zusammensetzung erfolgt nach Fig. 283, 284, wobei der Winkel $\alpha = \dfrac{\pi}{2}$ zu setzen ist, und die Wicklungsfaktoren der gesamten Wicklung werden daher:

$$\left.\begin{aligned}
f_{w1} &= f'_{w1} \cos \frac{\pi}{4} = 0{,}707 \, \frac{\sin \dfrac{\pi}{4m}}{q \sin \dfrac{\pi}{4mq}} \\[2em]
f_{w3} &= f'_{w3} \cos \frac{3\pi}{4} = -0{,}707 \, \frac{\sin \dfrac{3\pi}{4m}}{q \sin \dfrac{3\pi}{4mq}} \quad \text{usw.}
\end{aligned}\right\} \quad . \quad (145)$$

Die Wicklungsfaktoren sind für verschiedene Lochzahlen in der folgenden Tabelle zusammengestellt.

Wicklungsfaktoren der Wicklung für verschiedene Polzahlen von Lindström.

Anzahl Löcher pro Pol und Phase für die größere Polzahl $\}q=$	Große Polzahl $(2P)$						Kleine Polzahl (P)					
	1	2	3	4	5	6	1	2	3	4	5	6
f_{w1}	1	0,966	0,960	0,958	0,957	0,957	0,707	0,706	0,702	0,700	0,700	0,700
f_{w5}	1	0,259	0,217	0,205	0,200	0,198	−0,707	−0,555	−0,540	−0,532	−0,528	−0,526
f_{w7}	1	−0,259	−0,177	−0,158	−0,152	−0,145	0,707	0,405	0,397	0,388	0,382	0,378

f) Gleichstromwicklungen mit verkürztem Schritt für verschiedene Polzahlen (s. S. 149 ff.). Bei diesen Wicklungen ist die mittlere Spulenweite nicht gleich der Polteilung, man muß daher die Wirkung der beiden Seiten jeder Spule getrennt betrachten.

Man kann sich das resultierende Drehfeld aus zwei Drehfeldern entstanden denken, von denen das eine von den Spulenseiten A in Fig. 293, die oben in den Nuten liegen, und das andere von den Spulenseiten B erzeugt wird.

Sämtliche Spulenseiten A sind äquivalent mit einer Ringwicklung und ebenso die Spulenseiten B. Die Wicklungsfaktoren f_{wv} für jedes der beiden Felder sind daher der Tabelle für Ringwicklungen S. 261 zu entnehmen. Bei dreiphasigen Wicklungen, bei denen jede Spulenseite $^2/_3$ der Polteilung bedeckt, treten auch höhere Harmonische gerader Ordnung auf.

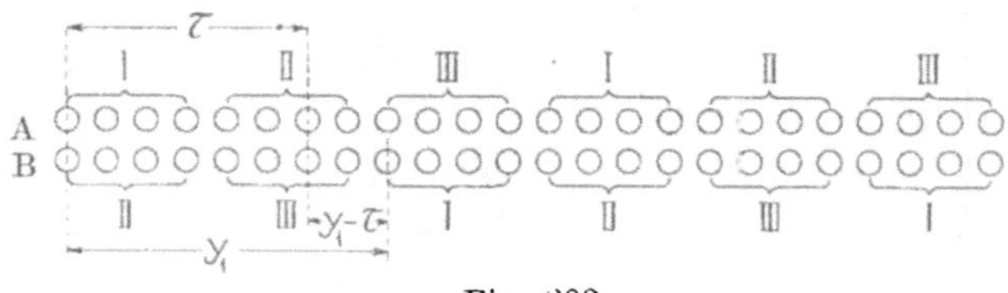

Fig. 293.

Für die höhere Polzahl (Fig. 293) sind die beiden Felder am Umfange um $y_1 - \tau$ oder um $\alpha = \dfrac{y_1 - \tau}{\tau}\,\pi$ Phasengrade gegeneinander verschoben; für die niedere Polzahl (Fig. 294) beträgt der Verschiebungswinkel $\alpha' = \dfrac{\tau' - y_1}{\tau'}\,\pi$.

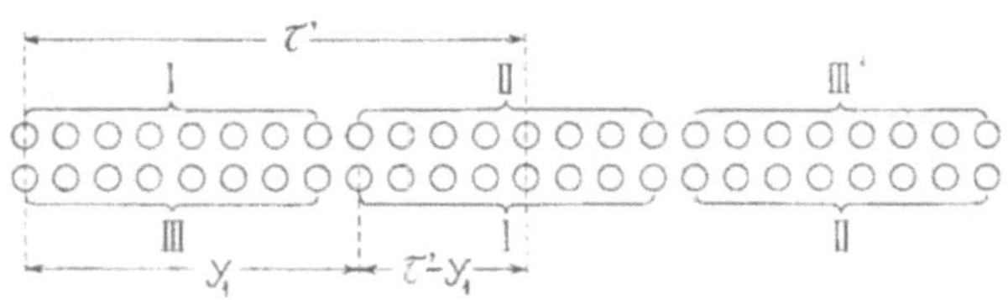

Fig. 294.

Bei Schleifenwicklungen ist für y_1 der größere der beiden Schritte, bei Wellenwicklungen der kleinere Schritt einzusetzen.

Bei der Zusammensetzung der beiden Felder sind die Harmonischen gleicher Ordnung geometrisch zu addieren. Die höheren Harmonischen ungerader Ordnung der MMK-Kurven beider Wicklungen sind annähernd um ein ungerades Vielfaches von π verschoben und da die MMKe einander entgegengesetzt gerichtet sind, wegen der entgegengesetzten Richtung der Ströme in beiden Wicklungen, addieren sie sich, wie Fig. 295 zeigt. Die Harmonischen gerader Ordnung sind annähernd um ein gerades Vielfaches von π verschoben und wirken einander daher entgegen. Ihre Zusammensetzung hat daher nach Fig. 296 zu erfolgen.

Wir ersehen daraus, daß der resultierende Wicklungsfaktor für die ungeraden Harmonischen gleich

$$2 f_\nu \cos \frac{\nu \alpha}{2} \quad . \quad . \quad . \quad . \ (146)$$

und für die geraden Harmonischen gleich

$$2 f_\nu \sin \frac{\nu \alpha}{2} \quad . \quad . \quad . \quad . \ (147)$$

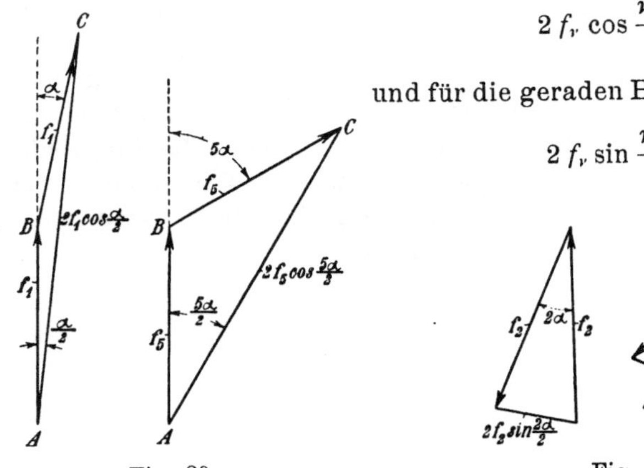

Fig. 29 .

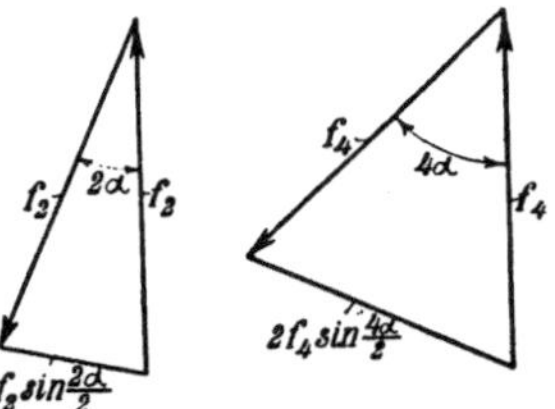

Fig. 296.

wird, wenn wir die Wicklungsfaktoren der Ringwicklung (S. 261) kurz mit f_ν bezeichnen.

Den Faktor 2 nehmen wir wieder in die Größe ΣF, S. 260, hinein und schreiben diese, die in dieser Form ganz allgemein für Trommelwicklungen gilt

$$\Sigma F = \frac{4 I}{\pi} = \frac{2}{\pi} \sqrt{2} \frac{J w}{p} .$$

Die Amplitude des Grundfeldes ist dann $\frac{m}{2} f_{w1} \Sigma F$, und die Amplituden der Oberfelder werden dann

$$\frac{m}{2} \frac{1}{2} f_{w2} \Sigma F, \qquad \frac{m}{2} \frac{1}{4} f_{w4} \Sigma F, \qquad \frac{m}{2} \frac{1}{5} f_{w5} \Sigma F \ \text{usw.}$$

Die f_{w1}, f_{w2} usw. haben dann folgende Werte:

Bei der höheren Polzahl bedeckt bei dreiphasigen Wicklungen eine Phase stets $^2/_3$ Polteilung; wir erhalten daher für diese die Wicklungsfaktoren:

$$\left.\begin{aligned}
f_{w1} &= f_1 \cos \frac{\alpha}{2} = 0{,}826 \cos \frac{y_1 - \tau}{\tau} \frac{\pi}{2} \\[2mm]
f_{w2} &= f_2 \sin \frac{2\alpha}{2} = 0{,}413 \sin \frac{y_1 - \tau}{\tau} \frac{2\pi}{2} \\[2mm]
f_{w4} &= f_4 \sin \frac{4\alpha}{2} = -0{,}206 \sin \frac{y_1 - \tau}{\tau} \frac{4\pi}{2} \\[2mm]
f_{w5} &= f_5 \cos \frac{5\alpha}{2} = -0{,}165 \cos \frac{y_1 - \tau}{\tau} \frac{5\pi}{2}
\end{aligned}\right\} \quad . \ (148)$$

usw.

Bei der kleineren Polzahl kann man es durch Aufschneiden der Wicklung erreichen (s. S. 158), daß eine Spulenseite nur $^1/_3$ Polteilung bedeckt; in diesem Falle ergeben sich die Wicklungsfaktoren:

$$\left. \begin{array}{l} f_{w1} = f_1 \cos \dfrac{\alpha'}{2} = 0{,}956 \cos \dfrac{\tau' - y_1}{\tau'} \dfrac{\pi}{2} \\[2ex] f_{w5} = f_5 \cos \dfrac{5\,\alpha'}{2} = 0{,}191 \cos \dfrac{\tau' - y_1}{\tau'} \dfrac{5\pi}{2} \\[2ex] f_{w7} = f_7 \cos \dfrac{7\,\alpha'}{2} = -0{,}137 \cos \dfrac{\tau' - y_1}{\tau'} \dfrac{7\pi}{2} \end{array} \right\} \quad . \quad (149).$$

Die Wicklungsfaktoren derartiger Zwei- und Dreiphasenwicklungen sind für verschiedene Verhältnisse $y_1 : \tau$ in den nachfolgenden beiden Tabellen zusammengestellt.

Wicklungsfaktoren von Gleichstromwicklungen mit verkürztem Schritt für verschiedene Polzahlen.
Zweiphasenwicklungen.

	f_{w1}		f_{w3}		f_{w5}		f_{w7}	
	Große Polzahl $2P$	Kleine Polzahl P	$2P$	P	$2P$	P	$2P$	P
$y_1 = \tau$	0,636	0,450	−0,212	0,150	0,127	−0,090	−0,091	−0,064
$y_1 = 1{,}17\,\tau$	0,615	0,505	−0,150	0,081	0,033	−0,126	0,024	0,012
$y_1 = 1{,}33\,\tau$	0,551	0,551	0	0	−0,110	−0,110	0,081	0,081
$y_1 = 1{,}50\,\tau$	0,450	0,586	0,150	0,081	−0,090	−0,049	−0,064	0,084
$y_1 = 1{,}67\,\tau$	0,318	0,615	0,212	−0,150	0,064	0,033	−0,045	0,024

Wicklungsfaktoren von Gleichstromwicklungen mit verkürztem Schritt für verschiedene Polzahlen.
Dreiphasenwicklungen.

$$\text{I.} \quad \frac{S}{\tau} = \frac{2}{3} \quad \text{für beide Polzahlen.}$$

	f_{w1}		f_{w2}		f_{w4}		f_{w5}		f_{w7}	
	Große Polzahl $2P$	Kleine Polzahl P	$2P$	P	$2P$	P	$2P$	P	$2P$	P
$y_1 = \tau$	0,826	0,586	0	0,413	0	0	−0,165	0,117	0,119	0,084
$y_1 = 1{,}17\,\tau$	0,810	0,657	0,205	0,396	0,177	0,102	−0,043	0,163	0,031	−0,015
$y_1 = 1{,}33\,\tau$	0,718	0,718	0,355	0,355	0,177	0,177	0,143	0,143	−0,103	−0,103
$y_1 = 1{,}50\,\tau$	0,586	0,770	0,413	0,291	0	0,205	0,117	0,063	−0,084	−0,110
$y_1 = 1{,}67\,\tau$	0,415	0,810	0,366	0,205	−0,177	0,177	0,083	−0,043	−0,060	−0,031

II. $\dfrac{S}{\tau} = \dfrac{2}{3}$ für die größere Polzahl und $\dfrac{S}{\tau} = \dfrac{1}{3}$ für die kleinere Polzahl.

	f_{w1}		f_{w2}		f_{w4}		f_{w5}		f_{w7}	
	Große Polzahl $2P$	Kleine Polzahl P	$2P$	P	$2P$	P	$2P$	P	$2P$	P
$y_1 = \tau$	0,826	0,676	0	0	0	0	−0,165	−0,135	0,119	−0,097
$y_1 = 1{,}17\,\tau$	0,810	0,758	0,205	0	0,177	0	−0,043	−0,190	0,031	−0,039
$y_1 = 1{,}33\,\tau$	0,718	0,826	0,355	0	0,177	0	0,143	−0,165	−0,103	0,119
$y_1 = 1{,}50\,\tau$	0,586	0,884	0,413	0	0	0	0,117	−0,073	−0,084	−0,126
$y_1 = 1{,}67\,\tau$	0,415	0,924	0,366	0	−0,177	0	0,083	0,049	−0,60	0,035

41. Drehsinn und Geschwindigkeit des Grundfeldes und der Oberfelder.

Aus den vorhergehenden Betrachtungen ergibt sich das folgende Resultat: Jeder symmetrische Mehrphasenstrom erzeugt in einer symmetrischen Wicklung als Grundfeld ein Drehfeld, dessen Drehrichtung von der zeitlichen Reihenfolge der einzelnen Phasen abhängt. Die Amplitude der MMK, die dieses Drehfeld erzeugt, ist für Lochwicklungen gleich

$$F_G = \frac{m}{2} f_{w1}\, q\, F$$

und da

$$F = \frac{2}{\pi} \sqrt{2}\, J s_n = 0{,}9\, J s_n$$

ist, wird

$$F_G = 0{,}45\, f_{w1}\, m\, q\, s_n\, J.$$

Die Zahl der pro Phase in Serie geschalteten Windungen bezeichnen wir mit w. Es ist also, wenn wir unter p die Zahl der Polpaare des Grundfeldes, d. h. des Motors, verstehen

$$w = p\, q\, s_n$$

und

$$\boldsymbol{F_G = 0{,}45\, f_{w1}\, \frac{m\, J\, w}{p}} \quad \ldots \ldots \quad (150)$$

Bei verteilten Wicklungen und Gleichstromwicklungen erhält man dasselbe Resultat, weil

$$\Sigma F = \frac{2}{\pi} \sqrt{2}\, \frac{J\, w}{p}$$

ist, wie wir S. 266 fanden.

Nur für Ringwicklungen müssen wir

$$\Sigma F = \frac{\sqrt{2}}{\pi}\frac{Jw}{p}$$

setzen, da hier nur die eine Hälfte einer Windung als beteiligt an der Erzeugung des Feldes im Luftspalt anzusehen ist, und wie es sich aus der Gl. 141, S. 259 ergibt.

Die Wicklungsfaktoren für Lochwicklungen sind in den Tabellen S. 254 und 255 angegeben. Die Wicklungsfaktoren für verteilte Wicklungen und Gleichstromwicklungen mit $y = \tau$ sind aus den Formeln 136 zu berechnen. Ist $y \lessgtr \tau$, so sind sie nach Formel 148 oder 149 zu berechnen.

In bezug auf die Geschwindigkeit, mit der sich das Grundfeld über die Statoroberfläche verschiebt, gibt man am besten die Tourenzahl des Feldes an. Für jede Periode des Stromes verschiebt sich das Grundfeld um eine doppelte Polteilung, d. h. das Feld macht bei je p Perioden eine Umdrehung. Wechselt der Strom mit der Periodenzahl c pro Sekunde, oder der Periodenzahl $60\,c$ pro Minute, so ist die Tourenzahl des Drehfeldes

$$n_1 = \frac{60\,c}{p};$$

diese Zahl wird auch synchrone Tourenzahl des Motors genannt.

Außer dem Grundfelde erzeugt der sinusförmige Strom auch eine ganze Reihe kleiner Oberfelder, die für Zwei- und Dreiphasen-Motoren stets Drehfelder sind. Einige derselben sind rechts-, andere linksdrehend. Ist m die Phasenzahl, so treten folgende Oberfelder auf:

$$2m-1,\quad 2m+1,\quad 4m-1,\quad 4m+1,\quad 6m-1,\quad 6m+1 \text{ usw.}$$

d. h. z. B. in Zweiphasen-Motoren das

3te, 5te, 7te, 9te, 11te usw.

und in Dreiphasen-Motoren das

5te, 7te, 11te, 13te, 17te, 19te usw.

Oberfeld, wobei also in letzteren das 3te, 9te, 15te usw. vernichtet werden.

Das $x$te Oberfeld hat eine Amplitude

$$F_x = 0,45\,f_{wx}\frac{m\,Jw}{p\,x} \quad \ldots \ldots \quad (151)$$

und eine Polpaarzahl gleich $p\,x$.

Das betreffende Feld rotiert also mit einer Tourenzahl

$$n_x = \frac{60\,c}{p\,x} = \frac{n_1}{x} \qquad \ldots \ldots \ldots (152)$$

Alle Oberfelder $2m+1$, $4m+1$, $6m+1$ usw. haben dieselbe Drehrichtung wie das Grundfeld, während die Oberfelder $2m-1$, $4m-1$, $6m-1$ usw. alle in entgegengesetzter Richtung rotieren. Es soll hier noch einmal wiederholt werden, daß für m als gerade Zahl $\frac{m}{2}$ statt m in die obigen Ausdrücke einzusetzen ist. Es ist dann w die Windungszahl zweier Phasen.

Im Einphasen-Motor sind sowohl das Grundfeld als auch die Oberfelder alle Wechselfelder, von denen jedes durch zwei Drehfelder, die mit gleicher Tourenzahl, aber in entgegengesetzter Richtung rotieren, ersetzt werden kann.

Trotzdem lassen sich alle Felder des Einphasen-Motors auch nach den oben für den Mehrphasen-Motor gegebenen Regeln ableiten.

Es entstehen also nach der obigen Regel folgende Drehfelder

$$0\cdot m+1, \quad 2m-1, \quad 2m+1, \quad 4m-1, \quad 4m+1 \text{ usw.},$$

d. h. für $m=1$

das   1ste,   1ste,   3te,   3te,   5te,   5te usw.
Drehfeld.

Bei jeder Polzahl entstehen somit im Einphasen-Motor zwei Drehfelder, die mit gleicher Geschwindigkeit, aber in entgegengesetzter Richtung rotieren. Die Amplituden und Tourenzahlen dieser Felder ergeben sich nach den Formeln 151 und 152, in denen $m=1$ zu setzen ist, zu

$$F_x = 0{,}45\,f_{wx}\frac{J\,w}{p\,x}$$

und

$$n_x = \frac{60\,c}{p\,x}.$$

42. Die Form der Feldkurve einer asynchronen Maschine.

Führt man einer mehrphasigen asynchronen Maschine Strom zu, so wird bei offener Rotorwicklung ein Drehfeld entstehen, das in der Statorwicklung eine EMK induziert, die fast dieselbe Kurvenform wie die Klemmenspannung besitzt. Ist die Klemmenspannung von Sinusform und das Eisen wenig gesättigt, so wird der Magnetisierungsstrom auch sinusförmig werden. Wenn nämlich das Eisen nicht gesättigt ist, so sind die Induktionskoeffizienten einer symmetrischen Mehrphasenwicklung konstant und die Stromstärke pro Phase ergibt sich aus der Gleichung:

$$e = - L \frac{d\,i}{d\,t}.$$

Der sinusförmige Magnetisierungsstrom erzeugt in diesem Falle, wo das Eisen nicht gesättigt ist, ein Feld von derselben Form wie die MMK-Kurve. Jede Harmonische dieser Kurve wird also ein sinusförmiges Feld derselben Polzahl und von der Stärke, die die Amplitude der Harmonischen ergibt, erzeugen.

Der Kraftfluß Φ_1 des Grundfeldes ergibt sich, wenn wir die Amplitude dieses Feldes mit B_1 bezeichnen, nach Formel 54, S. 181 zu

$$\Phi_1 = a_i \tau l_i B_1 = \frac{2}{\pi} \tau l_i B_1,$$

denn für Sinuskurven ist der Füllfaktor a_i gleich $\frac{2}{\pi}$. Wie aus Gl. 151 hervorgeht, besteht zwischen den Amplituden der Oberfelder B_3, B_5, B_7 usw. und der Amplitude des Grundfeldes folgender Zusammenhang

$$\frac{B_1}{f_{w1}} = \frac{3\,B_3}{f_{w3}} = \frac{5\,B_5}{f_{w5}} = \frac{7\,B_7}{f_{w7}} = \ldots \ldots \quad (153)$$

man erhält daher für die Oberfelder die Kraftflüsse

$$\Phi_3 = \frac{2}{\pi} \frac{\tau}{3} l_i B_3 = \frac{2}{\pi} \frac{\tau}{3} l_i \frac{B_1 f_{w3}}{3 f_{w1}}$$

oder

$$\Phi_3 = \frac{f_{w3}}{9 f_{w1}} \Phi_1$$

und analog

$$\Phi_5 = \frac{f_{w5}}{25 f_{w1}} \Phi_1; \qquad \Phi_7 = \frac{f_{w7}}{49 f_{w1}} \Phi_1 \quad \Biggr\} \quad \ldots \ldots (154)$$

Während die Oberfelder körperlicher Pole, die mit Gleichstrom erregt werden, mit gleicher Geschwindigkeit wie das Grundfeld rotieren, ist dies bei den von einem Mehrphasenstrom erzeugten Oberfeldern nicht der Fall; in dem letzten Falle rotiert, wie oben nachgewiesen wurde, das $x$te Oberfeld mit $\frac{1}{x}$tel der Geschwindigkeit des Grundfeldes. Deswegen ändert sich im letzten Falle auch die Form des Drehfeldes mit der Zeit.

Einfluß der Stromkurve auf die Form der Feldkurve. In den Fig. 297 a—e und 299 a—e sind die MMK-Kurven einer verteilten

Dreiphasenwicklung, deren Spulenbreite gleich einem Drittel der
Polteilung ist, für fünf aufeinanderfolgende Zeitmomente a—e innerhalb einer Viertelperiode aufgezeichnet.   Die Fig. 297 bezieht sich

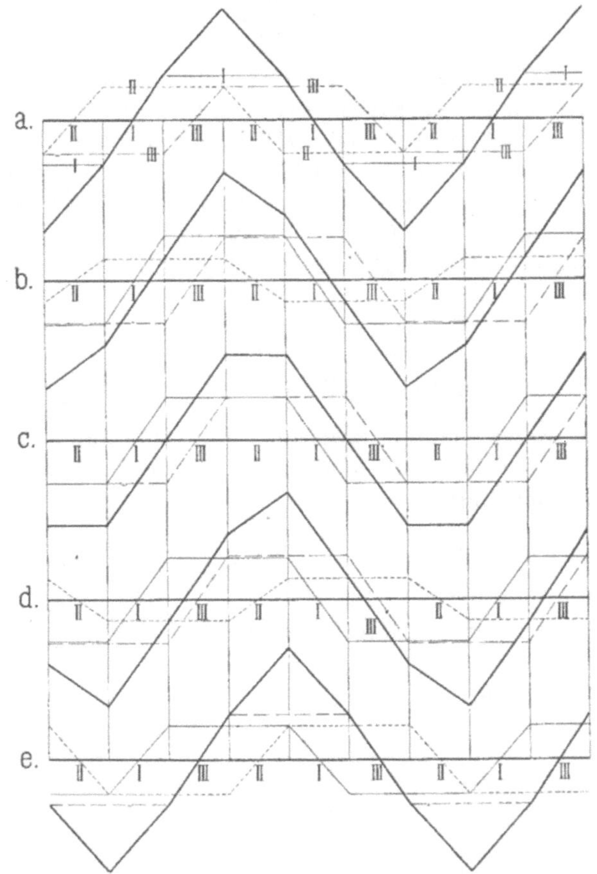

Fig. 297. MMK-Kurven einer verteilten Dreiphasenwicklung $(S = \frac{1}{3}\,\tau)$ für die
spitzen Stromkurven Fig. 298. Fünf Zeitmomente während $^1/_4$ Periode.

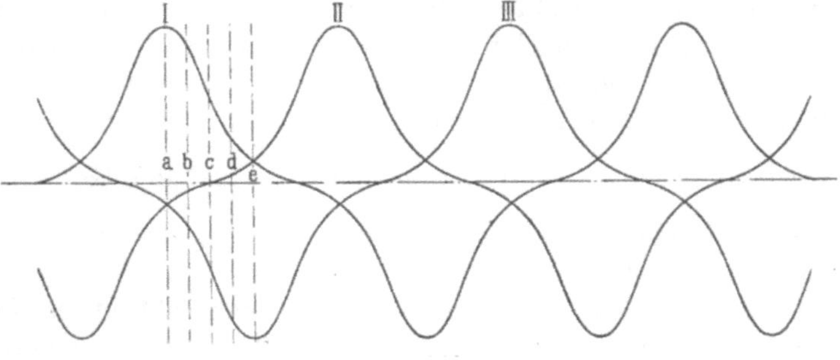

Fig. 298.

auf die in Fig. 298 dargestellten spitzen Stromkurven, während die Fig. 299 den flachen Stromkurven Fig. 300 entspricht.[1])

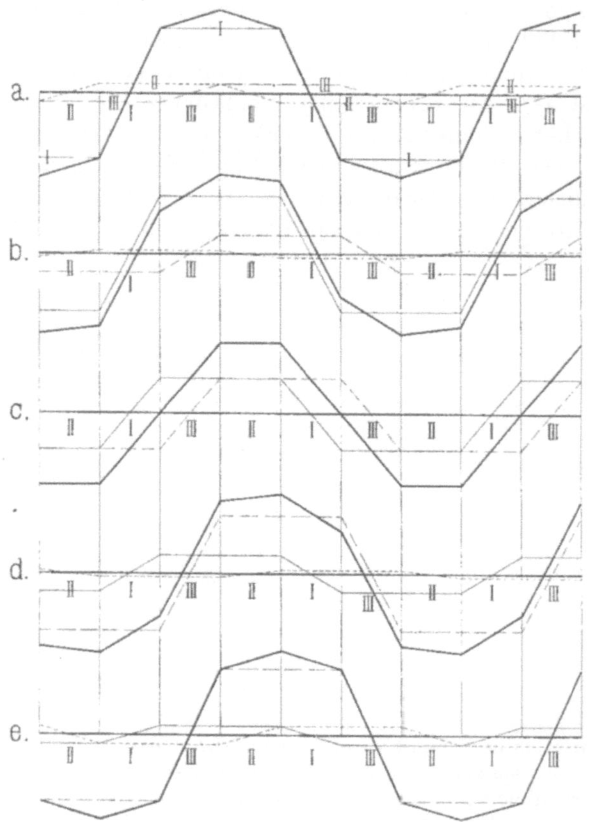

Fig. 299. MMK-Kurven einer verteilten Dreiphasenwicklung $(S = \tfrac{1}{3}\,\tau)$ für die flachen Stromkurven Fig. 300. Fünf Zeitmomente während $^1/_4$ Periode.

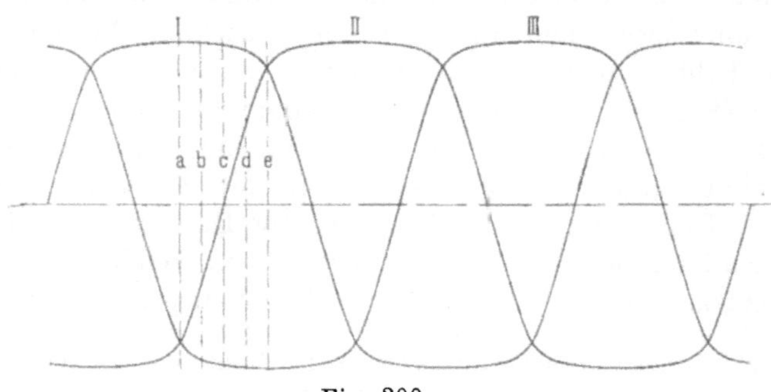

Fig. 300.

____

[1]) Diese Stromkurven sind allerdings nur möglich, wenn eine neutrale Leitung vorhanden ist, da $i_1 + i_2 + i_3 \gtrless 0$.

In den beiden Fig. 301 und 302 sind außerdem die Variationen
der Amplituden des Grundfeldes als Funktion ·der Zeit in einem
Polardiagramm dargestellt. Beide Figuren beziehen sich wie die
Fig. 297 und 299 auf die verteilte Dreiphasenwicklung. Das Grundfeld Fig. 301 entspricht der spitzen Stromkurve Fig. 298 und die
Zeitmomente a—e entsprechen den Feldkurven Fig. 297 a—e. Wie
ersichtlich, liefert eine spitze Stromkurve ein stark pulsierendes
Grundfeld. Die flache Stromkurve Fig. 300 dagegen liefert ein
schwach pulsierendes Grundfeld Fig. 302. Der mittlere Kraftfluß
im Motor wird bei der flachen Stromkurve größer als bei der spitzen
Stromkurve.

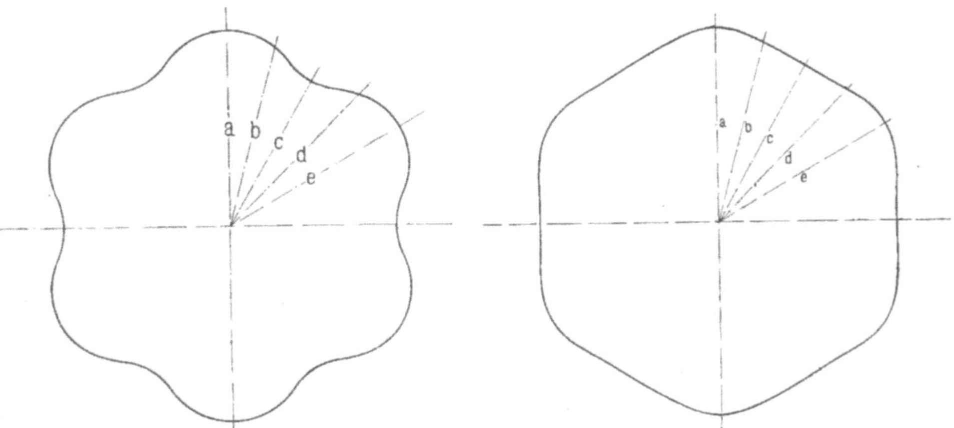

Fig. 301. Variation der Amplitude des
Grundfeldes bei spitzer Stromkurve
(Fig. 298) während einer Periode.

Fig. 302. Variation der Amplitude
des Grundfeldes bei flacher Stromkurve (Fig. 300) während einer Periode.

Um analytische Rechnungen durchzuführen, ·ist es am zweckmäßigsten, die Stromkurve in ihren Grundstrom und ihre Oberströme aufzulösen und die von den einzelnen Harmonischen erzeugten Felder getrennt zu behandeln[1]). In den folgenden drei
Tabellen (Fig. 303 bis 305) sind die Felder angegeben, die in einem
symmetrischen Dreiphasenmotor, in einem symmetrischen Vier-
phasenmotor und in einem Zweiphasenmotor mit verketteten Phasen
und drei Klemmen entstehen können. Die Harmonischen der Stromkurve sind mit n, die der Feldkurve mit ν bezeichnet. ◔ bedeutet
ein rechtsläufiges Drehfeld, ◑ ein linksläufiges Drehfeld und ◒

---

[1]) Man findet eine theoretische Behandlung der Felder asynchroner
Maschinen in der Abhandlung: „Beitrag zur Theorie und Untersuchung von mehrphasigen Asynchronmotoren" von O. S. Bragstad. Sammlung Elektrot. Vorträge. Verl. F. Enke, Stuttgart.

ein Wechselfeld. Bei dem Dreiphasensystem (Fig. 303) fallen verhältnismäßig viele von den höheren Harmonischen der resultierenden

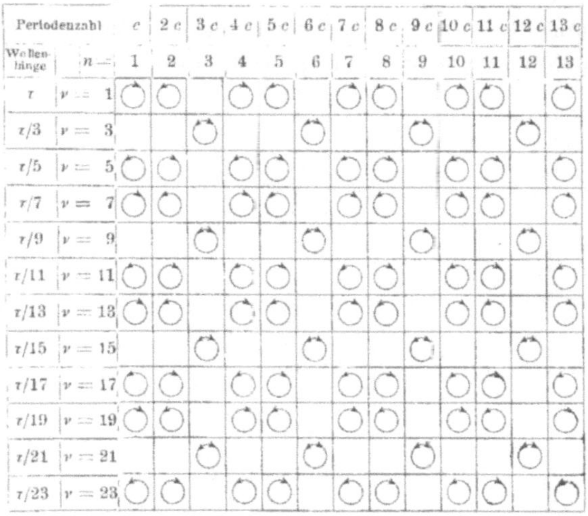

Fig. 303. Art und Drehsinn des Feldes eines Dreiphasenstromes.
$n =$ die Ordnung der Oberströme. $\nu =$ die Ordnung der Oberfelder.

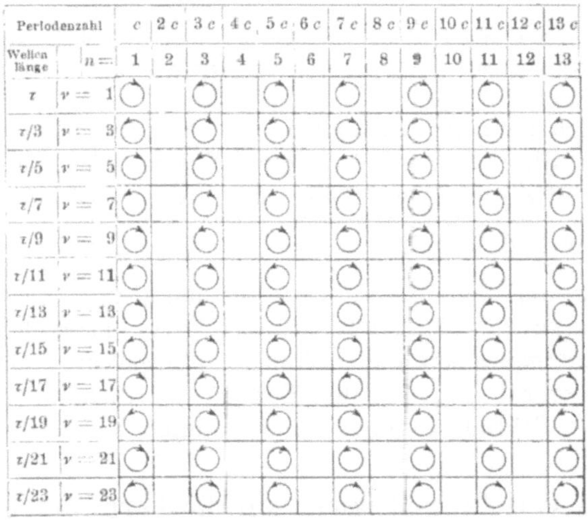

Fig. 304. Art und Drehsinn des Feldes eines Vierphasenstromes.
$n =$ die Ordnung der Oberströme. $\nu =$ die Ordnung der Oberfelder.

Feldkurve weg, nämlich zunächst die geraden und dann die durch 3 teilbaren.

In dem Feld des symmetrischen Vierphasenmotors (Fig. 304) kommen alle ungeraden Oberfelder vor, und zwar ergeben sie

18*

Drehfelder mit einem Drehsinn abwechselnd nach rechts und nach links. Gerade Harmonische der Stromkurve, die fast nie vorkommen, erzeugen mit ungeraden Harmonischen der Feldkurve keine Harmonischen in der resultierenden Feldkurve. Ein Unterschied des unsymmetrischen Vierphasenmotors (Fig. 305) in bezug

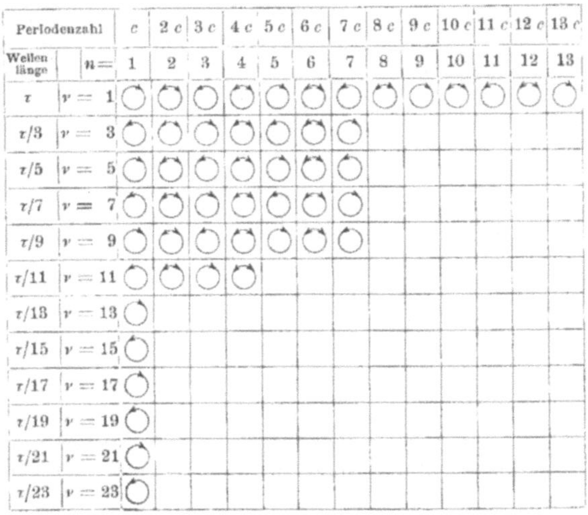

Periodenzahl	c	$2c$	$3c$	$4c$	$5c$	$6c$	$7c$	$8c$	$9c$	$10c$	$11c$	$12c$	$13c$
Wellenlänge	$n=$ 1	2	3	4	5	6	7	8	9	10	11	12	13
τ $\nu=1$													
$\tau/3$ $\nu=3$													
$\tau/5$ $\nu=5$													
$\tau/7$ $\nu=7$													
$\tau/9$ $\nu=9$													
$\tau/11$ $\nu=11$													
$\tau/13$ $\nu=13$													
$\tau/15$ $\nu=15$													
$\tau/17$ $\nu=17$													
$\tau/19$ $\nu=19$													
$\tau/21$ $\nu=21$													
$\tau/23$ $\nu=23$													

Fig. 305. Art und Drehsinn des Feldes eines Zweiphasenstromes.
$n=$ die Ordnung der Oberströme. $\nu=$ die Ordnung der Oberfelder.

auf die Beschaffenheit des Feldes besteht nur darin, daß hier die geraden Stromharmonischen zur Wirkung kommen können. Das Drehfeld des $n$ten Oberstromes und des νten Oberfeldes rotiert

mit $\dfrac{n}{\nu}$tel der Geschwindigkeit des vom Grundstrome erzeugten

Grundfeldes. Da nicht die Form der Stromkurve, sondern die der Spannungskurve für die Form der Feldkurve maßgebend ist, so soll hier nicht näher auf die Wirkung der Stromkurve eingegangen werden. Später soll dagegen der Einfluß der Spannungskurve auf die Form der Feldkurve eingehender erläutert werden.

43. Einfluß der Zahnsättigung auf die Form der Feldkurve.

Werden die Zähne so stark gesättigt, daß man oberhalb des Knies der Magnetisierungskurve arbeitet, so darf keine Proportionalität zwischen MMK und Feldstärke angenommen werden. Eine sinusförmige MMK-Kurve wird deswegen keine sinusförmige Feldkurve erzeugen und umgekehrt eine sinusförmige Feldkurve wird keine sinusförmige MMK-Kurve erfordern. Es wird aber für uns nur von Interesse sein, zu untersuchen, welche Feldkurve von einer sinusförmigen MMK-Kurve erzeugt wird. Dies geschieht in der Weise, daß man die Magnetisierungskurve für den Luftspalt und die Zähne im Rotor und Stator berechnet, d. h. man zeichnet die Luftinduktion B_l an irgendeiner Stelle als Funktion der Amperewindungen

$$\tfrac{1}{2}\left(AW_l + AW_{zr} + AW_{zs}\right)$$

auf. Eine solche Kurve ist in Fig. 306 dargestellt.

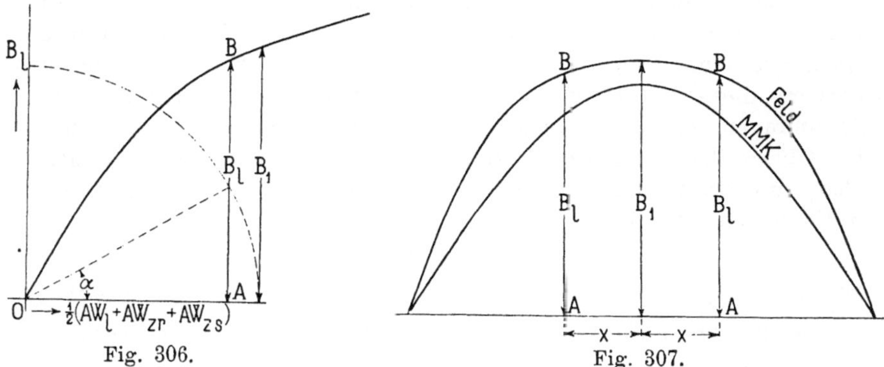

Fig. 306.   Fig. 307.

Fig. 306 und 307.   Ermittlung der Feldkurve für eine sinusförmige MMK-Kurve bei hohen Zahnsättigungen.

Die Kurve MMK der Fig. 307 stellt die sinusförmige MMK-Kurve als Funktion des Rotorumfanges dar. Diese erzeugt an jeder Stelle eine durch die Magnetisierungskurve bestimmte Feldstärke B_l; durch Auftragung dieser Feldstärken erhält man die Feldkurve. Dies geschieht am einfachsten, indem man einen Kreis mit dem Radius gleich der maximalen MMK um den Ursprung O (Fig. 306) beschreibt; durch Abtragung des Winkels α erhält man die zu der Abszisse $\dfrac{\alpha}{180}\,\tau = x$ gehörende MMK OA. Diese MMK erzeugt die Feldstärke AB, die in die Fig. 307 eingetragen wird. Die Fläche F der in dieser Weise erhaltenen Feldkurve ist ein Maß für den Kraftfluß pro Pol, denn wenn man die Abszissen in Zentimetern und die Ordinaten in Feldstärken mißt, ist der Flächeninhalt der Kurve

$$F = \frac{\Phi}{l}.$$

Bezeichnen wir die maximale Feldstärke mit B_l und die mittlere Feldstärke, die jetzt größer ist als $\dfrac{2}{\pi} B_1$, mit $B_{mitt} = \alpha_1 B_1$, so wird

$$F = \alpha_i \, \tau \, B_1$$

und

$$\Phi = \alpha_i \, \tau \, l_i \, B_1 .$$

α_i ist der Füllfaktor und ein Maß für den Kraftfluß, der bei gegebener Polteilung, Eisenlänge und maximaler Feldstärke B_1 durch den Luftspalt pro Pol herübertritt. Da diese Feldkurve aber keine Sinuskurve ist, so hat sie einen von 1,11 verschiedenen Formfaktor und auch andere Wicklungsfaktoren als die Sinuskurve. Um nicht die Rechnung unnötig kompliziert zu machen und alle diese Faktoren berechnen zu müssen, zerlegen wir die Feldkurve in ihre Harmonischen. Von den Oberwellen tritt die dritte am meisten hervor; diese induziert aber in allen Dreiphasenwicklungen keine Spannungen, so daß sie im allgemeinen vernachlässigt werden kann. Die Oberwellen mit großer Polzahl sind verschwindend klein, können also unberücksichtigt bleiben. Den Flächeninhalt F_1 der Grundwelle setzen wir gleich

$$F_1 = \alpha_1 \, \tau \, B_1 ,$$

also

$$\Phi_1 = \alpha_1 \, \tau \, l_i \, B_1 \quad . \quad . \quad . \quad . \quad . \quad . \quad . \quad (155)$$

α_1 ist der Füllfaktor, mit dem wir weiter rechnen werden; er ist, wie auch die Figur zeigt, größer als $\dfrac{2}{\pi}$. Hieraus folgt, daß der Kraftfluß infolge der Sättigung der Zähne schneller wächst als die maximale Feldstärke. Wir suchen nun in dieser Weise die MMK $\frac{1}{2}(AW_l + AW_{zr} + AW_{zs})$ auf, die den erforderlichen Kraftfluß Φ_1 erzeugt. Die Ermittlung dieser maximalen MMK für den Luftspalt und die Zähne kann, wie aus dem beschriebenen Verfahren hervorgeht, nur durch Probieren durchgeführt werden.

Elftes Kapitel.

Die in der Statorwicklung einer Asynchronmaschine induzierten EMKe.

44. Die von einem sinusförmigen Drehfelde induzierten EMKe.

Im vorigen Kapitel ist gezeigt worden, welche magnetischen Felder ein sinusförmiger Strom, der in der Wicklung einer Asynchronmaschine fließt, erzeugt. Diese Felder sind entweder Wechsel- oder Drehfelder und induzieren in den Wicklungen des Stators und Rotors EMKe, die im folgenden berechnet werden sollen. Wir betrachten hierbei die induzierende Wirkung der einzelnen Felder für sich und ersetzen jedes vorhandene Wechselfeld durch zwei in entgegengesetzter Richtung rotierende Drehfelder, weshalb es auch genügt, die induzierende Wirkung eines einzigen sinusförmigen Drehfeldes für sich zu studieren.

Wir beginnen wiederum mit der Betrachtung einer Einlochwicklung.

Aus der Fig. 232 ergibt sich die Variation des Kraftflusses während eines Zeitelementes dt zu

$$d\Phi = -(B_x - B_x')\,l_i\,v\,dt,$$

also

$$e_1 = -w\,\frac{d\Phi}{dt} = (B_x - B_x')\,w\,l_i\,v\,10^{-8}\ \text{Volt}.$$

Hierin ist l_i die ideelle Länge des Statoreisens und v die Umfangsgeschwindigkeit des Drehfeldes in cm/sek relativ zur betrachteten Wicklung.

Liegen zwei Drähte, die zu einer Windung gehören, um eine Polteilung auseinander, so ist

$$-B_x' = B_x.$$

Wir erhalten als momentane EMK einer Windung

$$e = 2\,B_x\,l_i\,v\,10^{-8}\ \text{Volt} \quad\ldots\ldots\ldots\ (156)$$

Der Formfaktor einer sinusförmigen Kurve ist bekanntlich gleich 1,11, so daß die in w Windungen induzierte effektive EMK gleich wird

$$\boldsymbol{E_1 = 4{,}44\,c\,w\,\Phi_1\,10^{-8}\ \textbf{Volt}} \quad\ldots\ldots\ (157)$$

Φ_1 ist der Maximalwert des Kraftflusses, und zwar für das Grundfeld. Da letzteres von Sinusform ist, wird bei Trommelankern

$$\Phi_1 = \frac{2}{\pi}\,B_1\,l_i\,\tau,$$

worin B_1 die maximale Feldstärke des Grundfeldes im Luftspalt bedeutet.

Dieser Ausdruck in die Formel 157 eingesetzt, gibt

$$E_1 = 4{,}44\,\frac{2}{\pi}\,c\,w\,B_1\,l_i\,\tau\,10^{-8}$$

$$= 2\,\sqrt{2}\,c\,w\,B_1\,l_i\,\tau\,10^{-8}\ \text{Volt}.$$

Die Periodenzahl c der induzierten EMK ergibt sich aus der Anzahl Polpaare, die eine Spulenseite pro Sekunde passiert. Hat das Grundfeld p Polpaare und macht es n Umdrehungen pro Minute, d. h. $\dfrac{n}{60}$ pro Sekunde, so ist die Periodenzahl

$$c = \frac{p\,n}{60}.$$

Die Polteilung des Motors ist

$$\tau = \frac{\pi\,D}{2\,p}$$

und die Umfangsgeschwindigkeit des Feldes

$$v = \frac{\pi\,D\,n}{60}\ \text{cm/sek}.$$

Diese Ausdrücke für c, τ und v führen wir nun in die obige Formeln für E_1 ein und erhalten

$$E_1 = 2\,\sqrt{2}\,\frac{p\,n}{60}\,w\,B_1\,l_i\,\frac{\pi\,D}{2\,p}\,10^{-8}$$

$$= \sqrt{2}\,w\,B_1\,l_i\,v\,10^{-8}\ \text{Volt} \quad\ldots\ldots\ (158)$$

Diesen Ausdruck können wir aber noch in anderer Weise ableiten; es ist nämlich nach der Formel 156 die in den w Windungen maximal induzierte EMK

$$E_{1\,max} = 2\,B_1\,w\,l_i\,v\,10^{-8}\ \text{Volt},$$

und somit die effektive EMK

$$E = \frac{E_{1\,max}}{\sqrt{2}} = \sqrt{2}\,w\,B_1\,l_i\,v\,10^{-8}\ \text{Volt}.$$

Bei Ringankern ist der maximale Kraftfluß, der eine Windung durchsetzt, halb so groß wie bei Trommelankern, so daß hier

$$\Phi_1 = \frac{1}{\pi}\,B_1\,l_i\,\tau$$

und die in w Windungen induzierte EMK

$$E_1 = \sqrt{2}\,c\,w\,B_1\,l_i\,\tau\,10^{-8}\ \text{Volt}$$

beträgt.

Nur bei Einlochwicklungen, deren Spulenweite gleich der Polteilung ist, liegen sämtliche Spulenseiten derselben Phase in demselben Felde und nur für diese sind deshalb die Formeln 157 und 158 gültig. Es sei jedoch hier bemerkt, daß die Einlochwicklungen fast nie zur Anwendung kommen.

Bei den Mehrloch- und verteilten Wicklungen liegen die Spulenseiten derselben Phase in verschiedenen Feldern, wodurch die in ihnen induzierten EMKe gegenseitig phasenverschoben werden. Man darf deswegen nicht die in allen w Windungen einer Phase induzierten EMKe einfach algebraisch summieren, sondern man muß sie als Vektoren geometrisch zusammensetzen. Aus diesem Grunde bekommt man für alle Wicklungen

$$E_1 = 4{,}44\,f_{w1}\,c\,w\,\Phi_1\,10^{-8}\ \text{Volt} \quad \ldots \ldots \quad (159)$$

oder

$$E_1 = 2{,}22\,f_{w1}\,c\,N\,\Phi_1\,10^{-8}\ \text{Volt} \quad \ldots \ldots \quad (160)$$

wobei $N = 2\,w$ die Zahl der in Serie geschalteten Drähte pro Phase bedeutet.

In den einzelnen Spulen einer Mehrlochwicklung induziert ein sinusförmiges Drehfeld sinusförmige EMKe, die von gleicher Größe, aber verschiedener Phase sind. Die Phasenverschiebung der in zwei benachbarten Spulen induzierten EMKe ist gleich dem Winkel α, um den die Spulen im Felde gegenseitig verschoben sind. Das Verhältnis zwischen der geometrischen Summe $\overline{AE}$ und der algebraischen Summe $\overline{AB} + \overline{BC} + \overline{CD} + \overline{DE}$ (Fig. 249) ist gleich dem Wicklungsfaktor f_{w1} einer Vierlochwicklung. Ein Oberfeld mit x mal so viel Polen wie das Grundfeld induziert in benachbarten Spulen der Vierlochwicklung EMKe, die um den Winkel $x\alpha$ gegeneinander verschoben sind. Die in irgendeiner Wicklung von dem

x ten Oberfelde induzierte EMK ergibt sich demnach nach der Formel 157 zu

$$E_x = 4{,}44\, f_{wx}\, c_x\, w\, \Phi_x\, 10^{-8} \quad \ldots \ldots \quad (161)$$

worin f_{wx} den Wicklungsfaktor der x ten Oberwelle und Φ_x den maximalen Kraftfluß des x ten Oberfeldes bedeutet. Die Periodenzahl c_x ergibt sich aus der Geschwindigkeit des x ten Oberfeldes relativ zur betrachteten Wicklung. Das x te Oberfeld des Grundstromes rotiert im Raume mit der Tourenzahl

$$n_x = \frac{60\,c}{p\,x} = \frac{n_1}{x}$$

und besitzt $p\,x$ Polpaare; also induziert es in einer feststehenden Wicklung eine EMK von der Periodenzahl

$$c_x = \frac{p\,x\,n_x}{60} = \frac{p\,x\,n_1}{60\,x} = c \quad \ldots \ldots \ldots \quad (162)$$

Wir sehen somit, daß die von dem Grundfelde und den Oberfeldern des Grundstromes in der Statorwicklung induzierten EMKe alle von derselben Periodenzahl c, und zwar von derjenigen des in der Statorwicklung fließenden Stromes sind. Das von dem Grundstrome erzeugte nicht sinusförmige Feld induziert somit eine sinusförmige resultierende EMK. Dies ist übrigens selbstverständlich und hätte keines Beweises bedurft, denn die in einer von einem sinusförmigen Wechselstrome durchflossenen Spule selbstinduzierte EMK muß bei kleinen Eisensättigungen sinusförmig werden, erst bei großen Eisensättigungen treten Ober-EMKe auf.

Anders dagegen liegt die Sache, wenn wir die in einer mit dem Rotor rotierenden Wicklung induzierte EMK betrachten (siehe WT V, 1, S. 17).

45. Die resultierende effektive EMK einer Statorwicklung.

Da die von dem Grundfelde und den Oberfeldern des Grundstromes induzierten EMKe $E_{\Phi 1}$, $E_{\Phi 3}$, $E_{\Phi 5}$ usw. von gleicher Periodenzahl und Phase sind, addieren sie sich algebraisch und ergeben die effektive EMK E_p pro Phase

$$E_p = E_{\Phi 1} + E_{\Phi 3} + E_{\Phi 5} + E_{\Phi 7} + \ldots$$

$$E_p = 4{,}44\, c\, w\, 10^{-8}\, (f_{w1}\, \Phi_1 + f_{w3}\, \Phi_3 + f_{w5}\, \Phi_5 + \ldots)$$

oder da (s. S. 271 Gl. 154)

$$\Phi_3 = \frac{f_{w3}}{3^2 f_{w1}}\, \Phi_1, \qquad \Phi_5 = \frac{f_{w5}}{5^2 f_{w1}}\, \Phi_1 \quad \text{usw.}$$

$$E_p = 4{,}44\, f_{w1}\, c\, w\, \Phi_1\, 10^{-8} \left(1 + \frac{f_{w3}^{\,2}}{3^2 f_{w1}^{\,2}} + \frac{f_{w5}^{\,2}}{5^2 f_{w1}^{\,2}} + \cdots \right)$$

$$E_p = 4{,}44\, f_{w1}\, c\, w\, \Phi_1\, \sigma_f\, 10^{-8}\ \text{Volt} = \sigma_f\, E_{\Phi 1} \quad \ldots \ldots \quad (163)$$

σ_f ist ein Faktor, durch welchen dem Einfluß der Oberfelder auf die totale induzierte EMK Rechnung getragen wird. In den folgenden Tabellen ist der Wert für σ_f für die verschiedenen Wicklungen angegeben. Er ist natürlich am größten für Einphasen- und Zweiphasen-Einlochwicklungen und nimmt mit der Zunahme der Lochzahl Q pro Pol schnell ab. In den Tabellen ist auch der Wicklungsfaktor f_{w1} der Grundwelle und der Faktor $f_w = f_{w1} \sigma_f$ des Gesamtfeldes der Asynchronmaschine und die Größe $\dfrac{E_p - E_{\Phi 1}}{E_p}$ $= 1 - \dfrac{1}{\sigma_f}$ eingetragen.

Der Wert $100 \left(1 - \dfrac{1}{\sigma_f} \right)$ ist ein Maß für die durch die Oberfelder bedingte prozentuale Erhöhung der EMK pro Phase. Da die Oberfelder sich wenig an der Energieübertragung vom Stator zum Rotor beteiligen und in ähnlicher Weise wie der Streufluß wirken, so besitzt dieses Verhältnis eine große Bedeutung für die Beurteilung einer Wicklung.

Werte von σ_f für einphasige Lochwicklungen.

Q	q	σ_f	f_{w1}	$f_w = f_{w1}\,\sigma_f$	$100\left(1 - \dfrac{1}{\sigma_f}\right)$
3	2	1,063	0,866	0,925	5,86 %
4	2	1,055	0,925	0,975	5,23
4	3	1,0240	0,804	0,825	2,3
5	2	1,075	0,953	1,023	6,85
5	3	1,03	0,872	0,897	2,84
5	4	1,0074	0,766	0,772	0,74
6	2	1,099	0,965	1,06	8,0
6	3	1,03	0,910	0,937	2,81
6	4	1,00438	0,833	0,837	0,44
6	5	1,0083	0,744	0,750	0,83
7	2	1,098	0,977	1,072	8,87
7	3	1,021	0,935	0,955	2,15
7	4	1,00827	0,873	0,880	0,82
7	5	1,00329	0,810	0,813	0,33
8	2	1,108	0,935	1,091	9,75
8	3	1,047	0,952	0,987	4,38
8	4	1,0167	0,906	0,921	1,6
8	5	1,00298	0,856	0,859	0,29
8	6	1,00349	0,794	0,797	0,35

Werte von σ_f für einphasige verteilte Wicklungen.

$\dfrac{S}{\tau}$	σ_f	$f_{w\,1}$	$f_w = f_{w\,1}\,\sigma_f$	$100\left(1 - \dfrac{1}{\sigma_f}\right)$
0,1	1,17	0,997	1,112	14,6 %
0,2	1,105	0,986	1,09	9,5
0,3	1,0585	0,962	1,02	5,5
0,4	1,0333	0,937	0,98	3,2
0,5	1,0144	0,901	0,915	1,4
0,6	1,00449	0,857	0,861	0,45
0,7	1,00188	0,810	0,812	0,19
0,8	1,00490	0,756	0,760	0,49
0,9	1,0111	0,699	0,707	1,1
1,0	1,0156	0,636	0,645	1,5

Werte von σ_f für Zweiphasenwicklungen.

	σ_f	$f_{w\,1}$	$f_w = \sigma_f f_{w\,1}$	$100\left(1 - \dfrac{1}{\sigma_f}\right)$
$q = 1$	1,22	1	1,22	17,5 %
$q = 2$	1,065	0,924	0,985	6,13
$q = 3$	1,03	0,91	0,937	2,9
$q = 4$	1,02	0,906	0,925	1,86
$q = 5$	1,0160	0,904	0,919	1,6
$q = 6$	1,0155	0,903	0,916	1,5
$\dfrac{S}{\tau} = \dfrac{1}{2}$	1,0141	0,901	0,914	1,4

Werte von σ_f für Dreiphasenwicklungen.

	σ_f	$f_{w\,1}$	$f_w = f_{w\,1}\,\sigma_f$	$100\left(1 - \dfrac{1}{\sigma_f}\right)$
$q = 1$	1,083	1,000	1,083	7,8 %
$q = 2$	1,027	0,966	0,993	2,68
$q = 3$	1,005	0,960	0,965	0,48
$q = 4$	1,004	0,958	0,963	0,35
$q = 5$	1,0035	0,957	0,962	0,308
$q = 6$	1,00218	0,957	0,959	0,22
$\dfrac{S}{\tau} = \dfrac{1}{3}$	1,00202	0,956	0,958	0,20
$\dfrac{S}{\tau} = \dfrac{2}{3}$	1,0020	0,830	0,832	0,20

Werte von σ_f für einphasige verteilte Wicklungen mit verkürztem Schritt $\left(\dfrac{y_2 + 1}{\tau} = \dfrac{S}{\tau}\text{ s. S. 261}\right)$.

$\dfrac{S}{\tau}$	σ_f	f_{w1}	f_w	$100\left(1 - \dfrac{1}{\sigma_f}\right)$
0,50	1,0141	0,455	0,461	1,40 %
0,60	1,0044	0,515	0,517	0,44
0,65	1,0024	0,542	0,543	0,24
0,70	1,0020	0,565	0,566	0,20
0,75	1,0014	0,589	0,590	0,14
0,80	1,0049	0,605	0,607	0,49
0,85	1,0077	0,619	0,623	0,77
0,9	1,0113	0,628	0,635	1,13

Werte von σ_f für Wicklungen von Lindström mit verschiedener Polzahl.

Anzahl Löcher pro Pol u. Phase für die größere Polzahl (2 P)	σ_f		f_{w1}		f_w		$100\left(1 - \dfrac{1}{\sigma_f}\right)$	
	2 P	P	2 P	P	2 P	P	2 P	P
$q = 1$	1,10	1,098	1	0,707	1,1	0,776	9,2 %	8,9 %
$q = 2$	1,028	1,035	0,966	0,706	0,993	0,730	2,69	3,3
$q = 3$	1,005	1,032	0,960	0,702	0,965	0,725	0,48	3,08
$q = 4$	1,004	1,032	0,958	0,700	0,963	0,723	0,35	3,1
$q = 5$	1,00228	1,03	0,957	0,700	0,959	0,720	0,23	2,86
$q = 6$	1,00218	1,0290	0,957	0,700	0,959	0,720	0,22	2,6

Werte von σ_f für Gleichstromwicklungen mit verkürztem Schritt und verschiedenen Polzahlen.

Zweiphasenwicklungen.

	σ_f		f_{w1}		f_w		$100\left(1 - \dfrac{1}{\sigma_f}\right)$	
	2 P	P	2 P	P	2 P	P	2 P	P
$y_1 = \tau$	1,0144	1,0114	0,636	0,450	0,645	0,457	1,44 %	1,44 %
$y_1 = 1,17\,\tau$	1,0082	1,0041	0,615	0,505	0,620	0,507	0,82	0,41
$y_1 = 1,33\,\tau$	1,0018	1,0018	0,551	0,551	0,552	0,552	0,18	0,18
$y_1 = 1,50\,\tau$	1,0144	1,0028	0,450	0,586	0,457	0,588	1,44	0,28
$y_1 = 1,67\,\tau$	0,0520	1,0082	0,318	0,615	0,320	0,620	5,00	0,82

Werte von σ_f für Gleichstromwicklungen mit verkürztem Schritt für verschiedene Polzahlen.

Dreiphasenwicklungen.

I. $\dfrac{S}{\tau} = \dfrac{2}{3}$ für beide Polzahlen.

	σ_f		$f_{w\,1}$		f_w		$100\left(1-\dfrac{1}{\sigma_f}\right)$	
	Große Polzahl $2\,P$	Kleine Polzahl P	$2\,P$	P	$2\,P$	P	$2\,P$	P
$y_1 = \tau$	1,002	1,125	0,826	0,586	0,826	0,660	0,206 %	11 %
$y_1 = 1,17\,\tau$	1,019	1,096	0,810	0,657	0,824	0,721	1,5	8,7
$y_1 = 1,33\,\tau$	1,067	1,067	0,718	0,718	0,765	0,756	6,3	6,3
$y_1 = 1,5\,\tau$	1,125	1,046	0,586	0,770	0,660	0,807	11	3,9
$y_1 = 1,67\,\tau$	1,207	1,019	0,415	0,810	0,500	0,825	16,5	1,9

II. $\dfrac{S}{\tau} = \dfrac{2}{3}$ für die große Polzahl, $\dfrac{S}{\tau} = \dfrac{1}{3}$ für die kleine Polzahl.

	σ_f		$f_{w\,1}$		f_w		$100\left(1-\dfrac{1}{\sigma_f}\right)$	
	Große Polzahl $2\,P$	Kleine Polzahl P	$2\,P$	P	$2\,P$	P	$2\,P$	P
$y_1 = \tau$	1,002	1,0024	0,826	0,676	0,826	0,676	0,206 %	0,24 %
$y_1 = 1,17\,\tau$	1,019	1,0025	0,810	0,758	0,824	0,758	1,9	0,25
$y_1 = 1,33\,\tau$	1,067	1,0020	0,718	0,826	0,765	0,826	6,3	0,20
$y_1 = 1,5\,\tau$	1,125	1,00088	0,586	0,884	0,660	0,884	11	0,088
$y_1 = 1,67\,\tau$	1,207	1,00014	0,415	0,924	0,500	0,924	16,5	0,014

Legt man eine sinusförmige Spannung E_p an die Statorklemmen einer Asynchronmaschine, so wird der maximale Kraftfluß des Grundfeldes nach Gl. 163

$$\Phi_1 = \frac{E_p\,10^8}{4,44\,f_{w\,1}\,c\,w\,\sigma_f}$$

$$\Phi_1 = \frac{E_p\,10^8}{4,44\,f_w\,c\,w} \qquad \ldots \ldots \ldots \quad (164)$$

Da der maximale Kraftfluß pro Pol zeitlich variiert und da die Kraftflüsse der Oberfelder im Verhältnis zu dem des Grundfeldes sehr klein sind, so dürfen die Oberfelder bei der Berechnung der Eisensättigungen vernachlässigt werden. Wir werden deswegen bei den Asynchronmaschinen überall mit dem maximalen

Kraftfluß $\Phi = \Phi_1$ rechnen. Die maximale Luftinduktion B_l wird also gleich

$$B_l = B_1 = \frac{\Phi}{\frac{2}{\pi}\, l_i\, \tau}.$$

Ist die Statorspannung nicht von Sinusform, sondern hat die Spannungskurve den Kurvenfaktor $\sigma_E = \sqrt{1 + \left(\frac{E_3}{E_1}\right)^2 + \left(\frac{E_5}{E_1}\right)^2 \cdots}$ (s. S. 212), so wird der maximale Kraftfluß des Grundfeldes

$$\Phi_1 = \frac{E_p\,10^8}{4,44\,\sigma_E f_w\,c\,w} \quad \cdots \quad \cdots \quad (165)$$

Was die Form des Drehfeldes anbetrifft, so hängt diese, wie im folgenden gezeigt ist, hauptsächlich von den Oberwellen der Spannungskurve ab. Ob die Spannungskurve spitz oder flach verläuft, hat dagegen weniger Einfluß auf die Form des Feldes.

. Da die Magnetisierungsströme aller Harmonischen wattlose Ströme sind, so werden sowohl der Grundstrom wie die Oberströme alle um 90^0 gegen ihre Spannungskurven in der Phase verschoben sein. Außerdem wird der $x$te Oberstrom im Verhältnis zum Grundstrom $x$mal kleiner als die $x$te Oberspannung im Verhältnis zu der Grundwelle der Spannungskurve. Dies rührt daher, daß die Reaktanz des $x$ten Oberstromes $x$mal größer ist als die des Grundstromes. Die Spannungskurven EMK Fig. 308 und 309 werden deswegen einen Magnetisierungsstrom von anderer Kurvenform als die Spannung ergeben. Wir erhalten diesen, indem wir die Spannungskurve in ihre Harmonischen zerlegen und für jede Harmonische die Stromkurve um 90^0 in der Phase verschieben und in dem angegebenen Verhältnisse zum Grundstrome aufzeichnen. Wie ersichtlich, ist der sich ergebende Magnetisierungsstrom fast sinusförmig, und weil in der Spannungskurve die dritte Harmonische überwiegt, so wird die Stromkurve eher spitz, wenn die Spannungskurve flach verläuft, und umgekehrt. In der entsprechenden Spannungs- und Stromkurve Fig. 310 und 311 überwiegt die 5. Harmonische. Aus diesem Grunde wird die Stromkurve noch sinusförmiger als die obige. Ist die Spannungskurve spitz oder flach, so wird die Stromkurve auch spitz oder flach. Man sieht leicht ein, daß die Stromkurve die entgegengesetzte Form der Spannungskurve erhält, wenn die 3. oder 7. oder 11. usw. Oberwelle überwiegt, und daß die Stromkurve dieselbe Form wie die Spannungskurve erhält, wenn entweder die 5. oder 9. oder 13. usw. Oberwelle die vorherrschende ist. Ferner ist der Magnetisierungsstrom fast stets sinusförmig, so daß die Felder des Grundstromes alle anderen überwiegen. Es hat deswegen keinen großen praktischen Wert, die Form des Drehfeldes zu konstruieren. Wünscht man dennoch die Form der Feldkurven zu bestimmen, so geschieht es in der Weise, daß man zuerst die Kurvenform des Magnetisierungsstromes

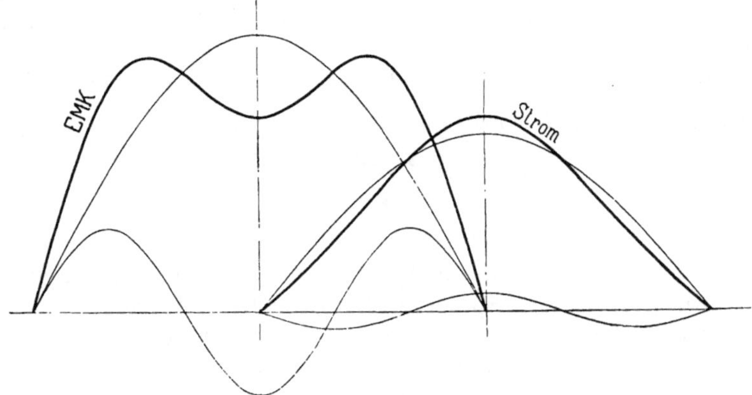

Fig. 308.

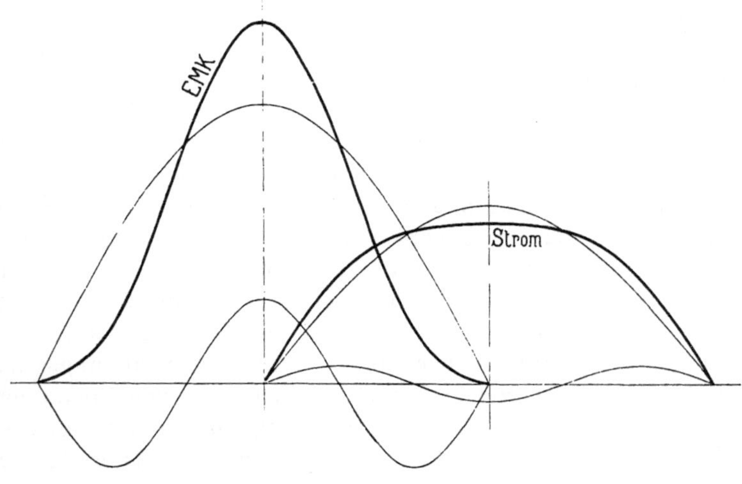

Fig. 309.

aus jener der Klemmenspannung bestimmt, und aus der Kurvenform des Magnetisierungsstromes wieder die Form des Drehfeldes in der S. 277 angegebenen Weise konstruiert.

Schon im ersten Band (s. S. 264) ist darauf hingewiesen worden, daß die Oberwellen den Leistungsfaktor verkleinern. Die sinusförmige Spannungskurve ist deswegen allen anderen vor-

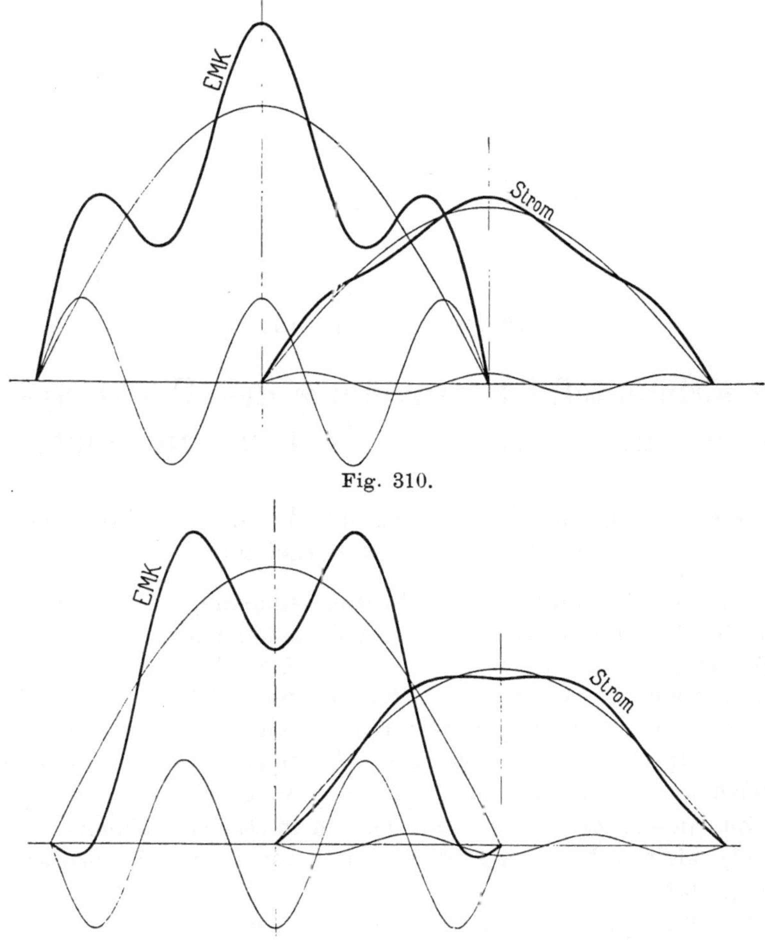

Fig. 310.

Fig. 311.

zuziehen. Ferner sind die Wicklungen mit dem größten Wicklungsfaktor f_{w1} und mit den kleinsten Wicklungsfaktoren f_{w3}, f_{w5} $\cdots$ anzuwenden. Wie in WT V, 1 gezeigt wird, leisten nämlich die Oberwellen nur sehr wenig Arbeit. Hat man deswegen eine effektive Spannung E_p pro Phase mit dem Kurvenfaktor σ_E, so wird fast nur die EMK

$$E_1 = 4{,}44\, f_{w1}\, c w\, \Phi_1\, 10^{-8} = \frac{f_{w1}}{\sigma_E f_w'}\, E_p, \quad \text{oder} \quad E_1 = \frac{E_p}{\sigma_E \sigma_f} \quad . \quad (166)$$

eine Energieübertragung von dem Stator auf den Rotor bedingen. Es sollen deswegen σ_f und σ_E sich möglichst der Einheit nähern.

<hr>

Zwölftes Kapitel

Experimentelle Bestimmung des Wicklungsfaktors und Vergleich mit dem berechneten.

46. Experimentelle Bestimmung des Wicklungsfaktors und Vergleich mit dem berechneten.

Um die Genauigkeit der Vorausbestimmung der EMK mit Hilfe der Wicklungsfaktoren festzustellen, kann man mittels einer Prüfspule von der Weite $y = \tau$ die in einer Windung induzierte EMK bestimmen, und durch Vergleich dieser EMK mit der EMK einer am Stator verteilten Wicklung, deren Verteilung bekannt ist, zu experimentell gewonnenen Werten des Wicklungsfaktors kommen und diese mit den berechneten vergleichen.

Zu diesem Zwecke wurde bei einem Einphasenkommutatormotor[1]) mit abgehobenen Bürsten der Stator an eine Wechselspannung gelegt.

Die Wicklung des Stators war verschieden schaltbar, so daß Feldkurven von dreieckiger und von trapezförmiger Form erzeugbar waren. In den Statornuten wurden Prüfspulen angebracht, die eine Polteilung umfaßten, und die genau so geschaltet wurden wie die Statorspulen, so daß die in den einzelnen Prüfspulen induzierten EMKe proportional waren den EMKen, die durch den Hauptkraftfluß in den entsprechenden Statorspulen induziert wurden. Eine Prüfspule von derselben Windungszahl und Weite wurde in Versenkungen in den Zähnen verlegt, so daß ihre Achse mit der Statorfeldachse zusammenfiel (s. Fig. 313) und sie den ganzen Kraftfluß umfaßte. Wurde nun mit Hilfe eines Dynamometers für die verschiedenen Schaltungen die EMK des oben beschriebenen Prüfspulensystems gemessen und ferner auch jedesmal die EMK der

---

[1]) s. Dr.-Ing. O. Stern, Diss. Karlsruhe 1910. „Untersuchung der Felder eines Einphasenrepulsionsmotors".

Prüfspule, die den ganzen Kraftfluß umfaßte (e_0), so ließ sich aus diesen beiden Größen leicht der Wicklungsfaktor für die entsprechende Schaltungsanordnung und für die maximale Sättigung, die der aufgedrückten Klemmenspannung entsprach, berechnen.

Besteht zum Beispiel das Prüfspulensystem aus 5 Spulen, so ist

$$f_w = \frac{e_1 + e_2 + e_3 + e_4 + e_5}{5\,e_0} = \frac{e}{5\,e_0}.$$

Zahn- und Luftinduktion wurden durch die EMK einer Prüfspule bestimmt, die um einen in der Statorfeldmitte liegenden Zahn gewunden war.

Für diese verschiedenen Schaltungen wurde nun der Wicklungsfaktor berechnet

1. unter der Annahme eines trapezförmigen Feldes (Fig. 312).

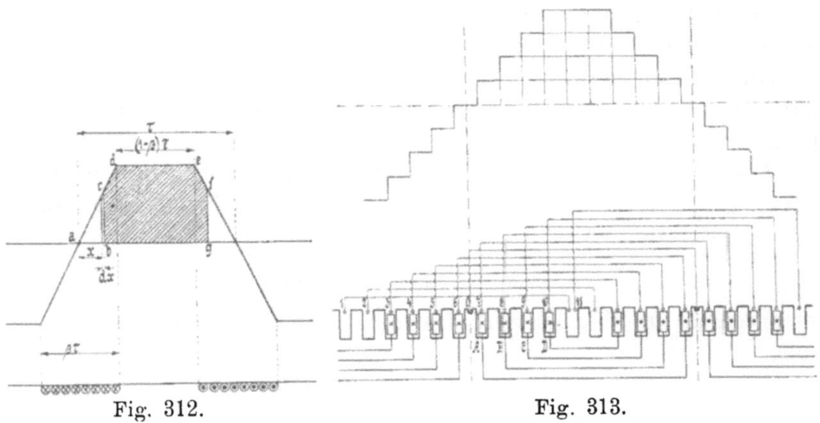

Fig. 312.	Fig. 313.

Rechnet man unter Voraussetzung dieser Feldverteilung den Wicklungsfaktor aus, so ergibt sich

$$f_w = \frac{6 - 4\,\beta}{6 - 3\,\beta}.$$

2. Unter der Annahme eines gestaffelten Feldes. Man sieht in diesem Falle von der Sättigung ab und nimmt an, das Feld nähme in den Drahtmitten sprungweise zu, wie es Fig. 313 zeigt.

Man bestimmt für jede Windung den umfaßten Kraftfluß durch Abzählung der Quadrate, addiert alle Teilbeträge und dividiert durch den Gesamtkraftfluß multipliziert mit der Windungszahl. Dieser ist durch die Gesamtzahl der Quadrate gegeben.

Z. B. für Fig. 313

$$f_w = \frac{24 + 22 + 18 + 12}{4 \cdot 24} = 0,792.$$

3. Unter der Annahme sinusförmiger Feldverteilung für Lochwicklungen.

$$f_w = \frac{\sin\left(\dfrac{q}{Q}\,\dfrac{\pi}{2}\right)}{q\,\sin\left(\dfrac{1}{Q}\,\dfrac{\pi}{2}\right)}$$

4. Unter der Annahme sinusförmiger Feldverteilung für gleichmäßig verteilte Wicklungen.

$$f_w = \frac{\sin\left(\dfrac{S}{\tau}\,\dfrac{\pi}{2}\right)}{\dfrac{S}{\tau}\,\dfrac{\pi}{2}}\,.$$

5. Unter Berücksichtigung der tatsächlichen Feldverteilung.

Die Feldkurven wurden für die verschiedenen Schaltungen und
für verschiedene Sättigungen dadurch bestimmt, daß der Stator
mit Gleichstrom erregt wurde und die Spannungskurve einer Prüfspule, die sich auf dem angetriebenen Rotor befand, durch einen
Oszillographen aufgenommen wurde.

Die Feldkurven wurden für jeden Fall in ihre Harmonischen
aufgelöst. Der Gesamtkraftfluß läßt sich dann in Teilkraftflüsse
von sinusförmiger Verteilung zerlegen:

$$\Phi = \Phi_1 + \Phi_3 + \Phi_5 + \Phi_7 + \ldots \ldots \quad (167)$$

entsprechend den einzelnen Harmonischen der Induktionskurve,
wobei

$$\left.\begin{aligned}
\Phi_1 &= \frac{2}{\pi} B_1\, \tau\, l_i \\[2mm]
\Phi_3 &= \frac{2}{\pi} B_3\, \frac{\tau}{3}\, l_i \\[2mm]
\Phi_5 &= \frac{2}{\pi} B_5\, \frac{\tau}{5}\, l_i
\end{aligned}\right\} \quad \ldots \ldots \quad (168)$$

ist.

Die Kraftlinienverkettungen dieser Einzelfelder sind

$$f_{w1}\,\Phi_1\,w,$$
$$f_{w3}\,\Phi_3\,w,$$
$$f_{w5}\,\Phi_5\,w,$$

wo f_{w1}, f_{w3} usw. die Wicklungsfaktoren für Sinusfelder sind.

Die Summe der Einzelverkettungen ist gleich der Verkettung
des Gesamtkraftflusses, oder

$$f_{w1}\,\Phi_1\,w + f_{w3}\,\Phi_3\,w + f_{w5}\,\Phi_5\,w + \ldots = f_w\,\Phi w,$$

also
$$f_w = \frac{f_{w1}\,\Phi_1 + f_{w3}\,\Phi_3 + f_{w5}\,\Phi_5 + \cdots}{\Phi}$$

und bei Berücksichtigung der Formeln 167 und 168

$$f_w = \frac{f_{w1} + \dfrac{1}{3} f_{w3} \dfrac{B_3}{B_1} + \dfrac{1}{5} f_{w5} \dfrac{B_5}{B_1} + \dfrac{1}{7} f_{w7} \dfrac{B_7}{B_1} + \dfrac{1}{9} f_{w9} \dfrac{B_9}{B_1} + \cdots}{1 + \dfrac{1}{3} \dfrac{B_3}{B_1} + \dfrac{1}{5} \dfrac{B_5}{B_1} + \dfrac{1}{7} \dfrac{B_7}{B_1} + \dfrac{1}{9} \dfrac{B_9}{B_1} + \cdots} \qquad (169)$$

Die Feldkurven wurden bis zur 9. Harmonischen analysiert und mit deren Hilfe f_w für die verschiedenen Wicklungsanordnungen und für die verschiedenen Sättigungen bestimmt. Die Resultate sind in den Fig. 314 bis 317 zusammengestellt. Die experimentell gewonnenen Kurven haben den Index a, die Kurven b und c stellen den genauen Wert von f_w dar. Man erhält für f_w 2 Kurven, je nachdem, ob man für f_{w1}, f_{w3}, f_{w5} die Formeln für Lochwicklungen (Kurve b) oder für verteilte Wicklungen (Kurve c) annimmt. Unter den entsprechenden Figuren ist jeweils die Wicklungsanordnung aufgezeichnet mit der zugehörigen Kurve der MMK, die ohne Berücksichtigung der Sättigung bei einer gleichmäßig verteilten Wicklung entsteht.

Darunter sind die Feldkurven für die kleinste und größte Sättigung dargestellt.

Man erkennt deutlich die Nutenoberschwingungen, 10 auf eine halbe Periode, da $\dfrac{Z}{p} = 20$ ist.

In der Fig. 318 sind die experimentell gewonnenen Wicklungsfaktoren der verschiedenen Schaltungen in Abhängigkeit von dem Faktor

$$\frac{AW_l + AW_{ei}}{AW_l} = \frac{\text{Summe der } AW \text{ für den Luftspalt und für das Eisen}}{AW \text{ für den Luftspalt}}$$

aufgetragen. S bedeutet die Breite der Spulenseite. Die eingezeichneten Geraden geben die Größe des Faktors für Trapezfelder an.

Man sieht aus den Faktoren, wie sehr sich der Wicklungsfaktor mit der Sättigung ändert. So ist z. B. für die Wicklung der Fig. 314 bei $B_{l\,max} \cong 6000$ der Faktor um ca. $13\,^0/_0$ kleiner als bei $B_{l\,max} \cong 2000$.

Diejenigen Punkte in den Fig. 314 und 315, wo die Geraden der Wicklungsfaktoren für Sinusfelder die Kurven schneiden, stimmen in ihrem Werte für B_l fast genau überein mit den nor-

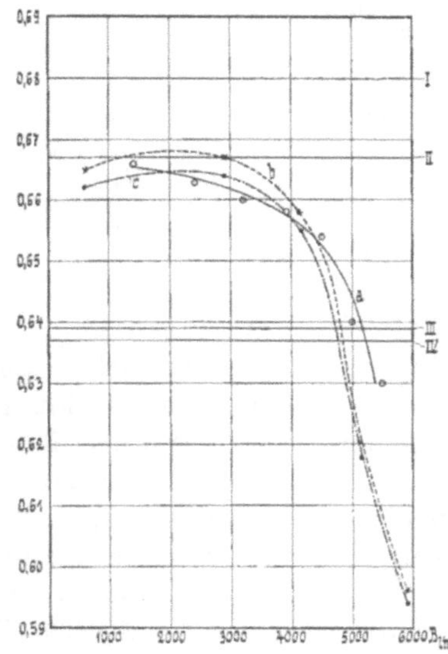

I. Gestaffeltes Feld.
II. Trapezförmiges Feld.
III. Sinusfeld, Lochwicklung.
IV.   „   verteilte Wick-
                           lung.

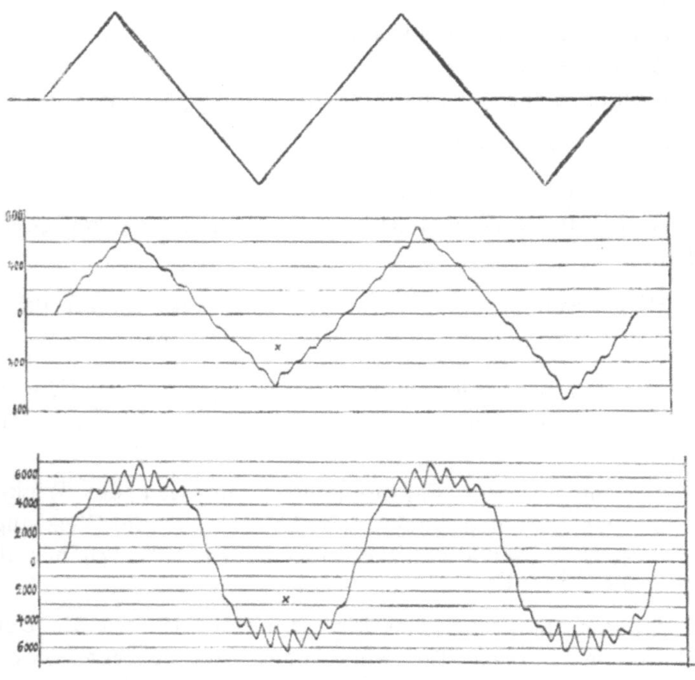

Fig. 314.

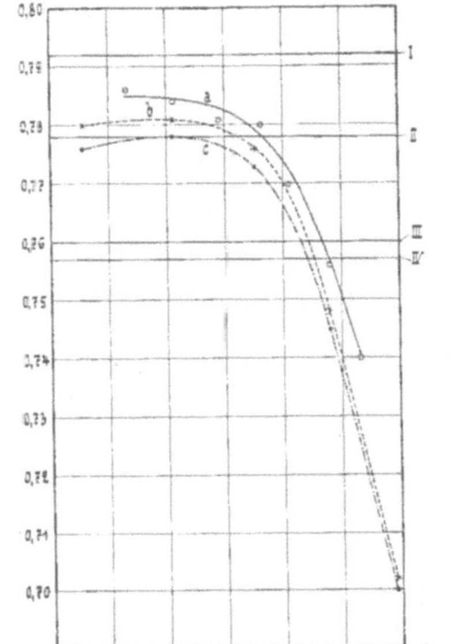

I. Gestaffeltes Feld.
II. Trapezförmiges Feld.
III. Sinusfeld, Lochwicklung.
IV.   „   verteilte Wick-
              lung.

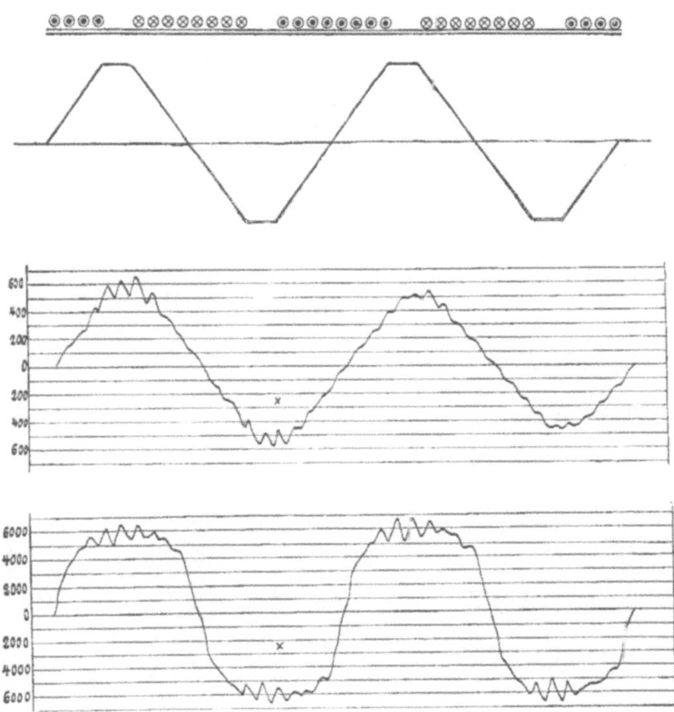

Fig. 315.

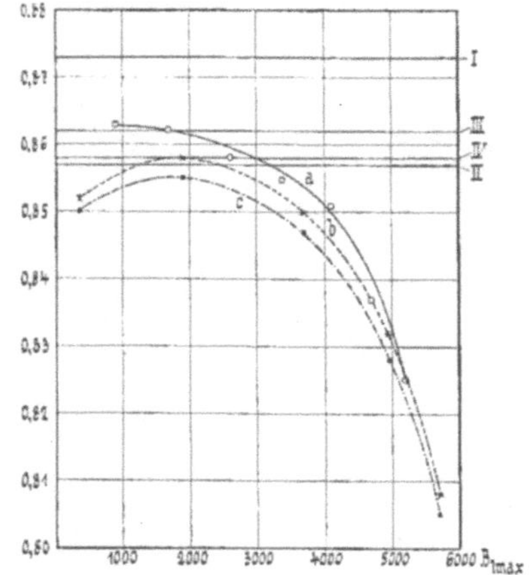

I. Gestaffeltes Feld.
II. Trapezförmiges Feld.
III. Sinusfeld, Lochwicklung.
IV.   „   verteilte Wick-
                    lung.

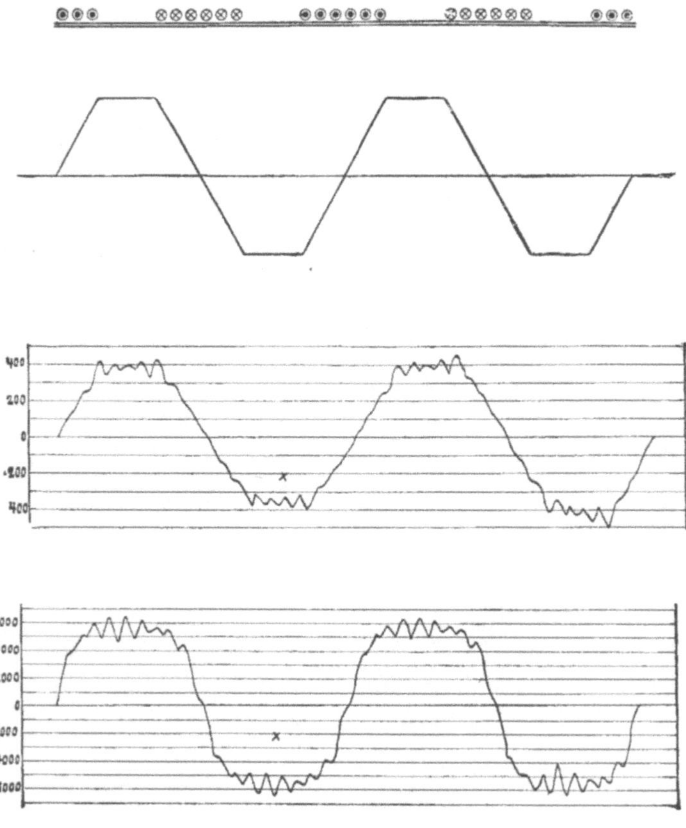

Fig. 316.

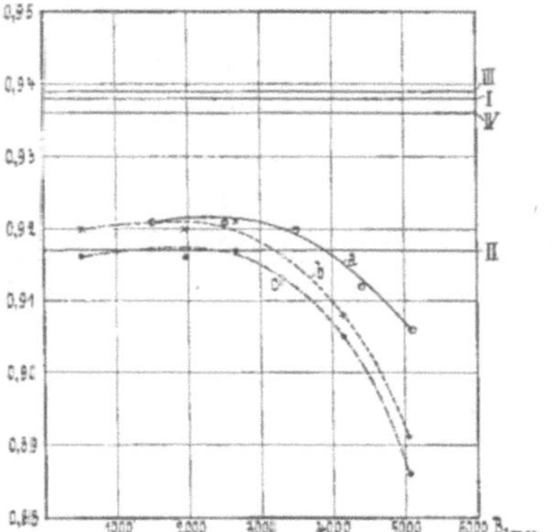

I. Gestaffeltes Feld.
II. Trapezförmiges Feld.
III. Sinusfeld, Lochwicklung.
IV.   „   verteilte Wick-
              lung.

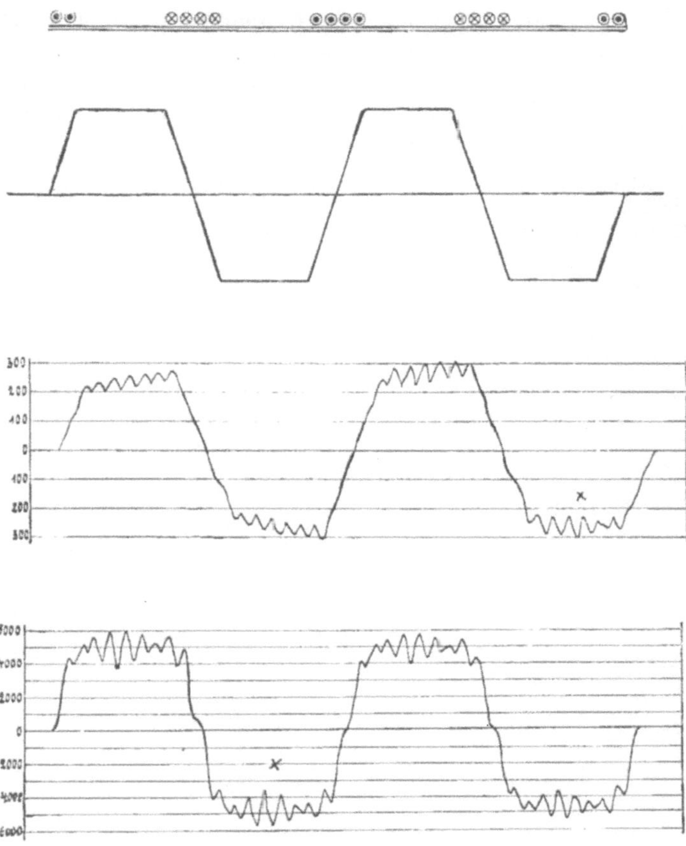

Fig. 317.

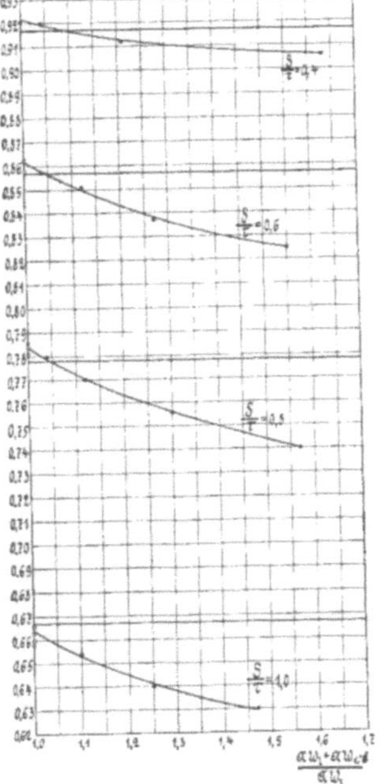

Fig. 318. Abhängigkeit des Wicklungsfaktors von der Zahnsättigung.

malen Betriebsbedingungen des Motors, so daß für Wicklungen, die den ganzen Polbogen bis $^2/_3$ des Polbogens bedecken, als gute Mittelwerte die Wicklungsfaktoren für Sinusfelder zu gebrauchen sind. Bei Wicklungen dagegen, die nur $^4/_{10}$ des Polbogens oder weniger bedecken, ergeben die Faktoren für Trapezfelder die beste Übereinstimmung, wenn man nicht mit den genauen Faktoren rechnen will.

Die Faktoren für gestaffelte Felder ergeben durchweg zu große Werte. Man sieht ferner, daß bei kleinen Sättigungen die Wicklungsfaktoren ziemlich genau mit denjenigen für Trapezfelder übereinstimmen.

Das Umbiegen der Kurven bei kleinen Sättigungen ist auf die starke Abnahme der Leitfähigkeit bei ganz kleinen Sättigungen zurückzuführen.

Dreizehntes Kapitel.

Anordnung und Isolierung einer Wicklung.

47. Die Querschnittsformen der Ankerdrähte.

Die verschiedenen Wicklungsarten, die gute Ausnutzung eines gegebenen Wicklungsraumes, die Größe der Stromstärke im Drahte, die Entstehung von Wirbelströmen in massiven Leitern von großem Querschnitte und andere Gründe führen den Konstrukteur zu verschiedenen Querschnittsformen der Ankerdrähte. In Fig. 319 sind verschiedene gebräuchliche Querschnittsformen abgebildet.

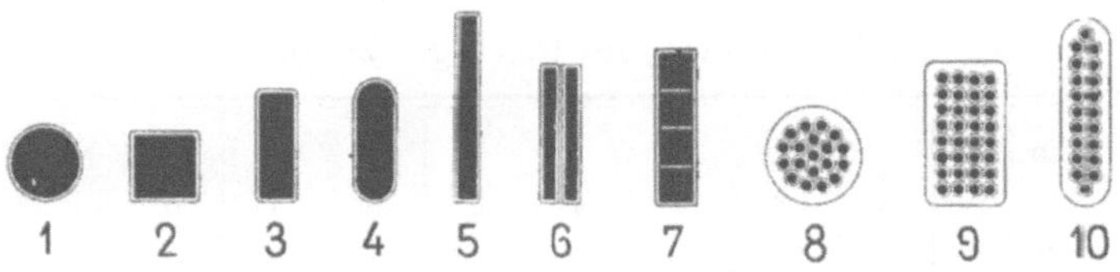

Fig. 319.   Draht-, Stab- und Kabelquerschnitte.

Für Drahtwicklungen ist der runde Querschnitt der geeignetste; die Ausführung einer Wicklung mit rundem Draht macht weniger Arbeit, und die Isolation wird weniger gefährdet als bei Verwendung von Flachdraht oder quadratischem Draht.

Für Stabwicklungen werden dagegen meistens rechteckige Stäbe benutzt; namentlich für Nutenanker sind diese Querschnitte geeignet.

Um die Wirbelstromverluste zu vermindern, werden Leiter von großem Querschnitt häufig aus zwei oder mehr parallelen Streifen (Fig. 319, Nr. 6 und 7) hergestellt. Diese Spaltung des Querschnittes hat nur geringen Erfolg, wenn die Stäbe an beiden Enden verlötet werden, weil die in den parallelen Streifen induzierten

EMKe verschieden sind und einen inneren Strom erzeugen, der sich durch die Lötstellen schließt. Bildet dagegen jeder Streifen für sich eine ganze Windung und kreuzen sich die Streifen einzelner Windungen beim Übergange von einem Pole zum andern, so wird die Entstehung von inneren Strömen verhindert.

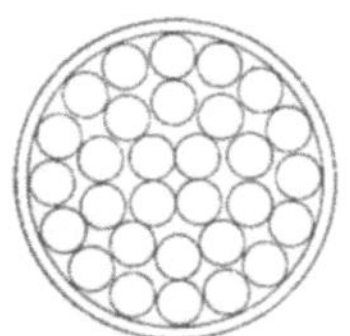
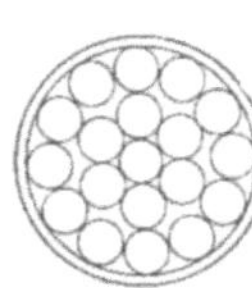

Fig. 320 a.   Fig. 320 b.
Litze ohne Seele.   Litze mit Seele.

Das letztere gilt auch für Drahtlitzen, bei denen die Drähte verdrillt sind (Fig. 319, Nr. 8. 9, 10).

Die Drahtlitzen lassen sich in quadratische und rechteckige Querschnittsformen walzen, wodurch bei der Wicklung eine bessere Raumausnutzung erreicht wird, was um so wichtiger ist, weil die Raumausnutzung der Litze nur 70 bis 75 $^0/_0$ beträgt.

Die Raumausnutzung der Litzen ohne und mit Seele ist in den nachfolgenden Tabellen angegeben. Litzen, die weniger als 70 $^0/_0$ Raumausnutzung besitzen, sind als minderwertig zu betrachten.[1]

Litzen ohne Seele (Fig. 320 a).

	1	2	3	4	5
Anzahl Drahtlagen	1	2	3	4	5
Anzahl der Drähte in jeder Lage	4	10	16	22	28
Gesamtzahl der Drähte	4	14	30	52	80
Raumausnutzung in $^0/_0$	69,0	72,4	72,9	73,7	74,0

Litzen mit Seele (Fig. 320 b).

Anzahl Drahtlagen	1 (Seele)	2	3	4	5	6	7	8	9	10
Anzahl der Drähte in der äußersten Lage	1	6	12	18	24	30	36	42	48	54
Gesamtzahl der Drähte	1	7	19	37	61	91	127	169	217	271
Raumausnutzung in $^0/_0$	100	77,7	76	75,6	75,3	75,2	75,2	75,2	75,2	75,2

Durch den Drall der Litzen geht ebenfalls etwas an Raum verloren und der Widerstand wird wegen der Vergrößerung der Drahtlänge erhöht. Da jedoch der Drall nur 1 bis 3 $^0/_0$ beträgt, so darf sein Einfluß vernachlässigt werden.

[1] Siehe ETZ 1902. „Über die Raumausnutzung von Litzen." Von Ing. Dr. P. Holitscher.

48. Die Isolation der Ankerdrähte.

Obwohl die Ankerdrähte in isolierte Nuten gelegt werden, so muß doch noch für eine gute Isolation der einzelnen Drähte und eine gute Isolation der Armaturspulen unter sich Sorge getragen werden.

Nur bei den Kurzschlußwicklungen der asynchronen Motoren ist es möglich, die Wicklung aus blanken Kupferleitern, die vom Ankerkörper und unter sich gar nicht oder nur wenig isoliert sind, herzustellen.

Als Draht verwendet man ein- oder zweimal, seltener dreimal besponnenen, oder ein- oder zweimal besponnenen und einmal beklöppelten, möglichst weichen Kupferdraht von höchster Leitfähigkeit. Wird die Wicklung als Stabwicklung ausgeführt, so werden die Stäbe meistens mit Hilfe einer Bandumwickelmaschine isoliert. Eine derartige Maschine zeigt Fig. 321.

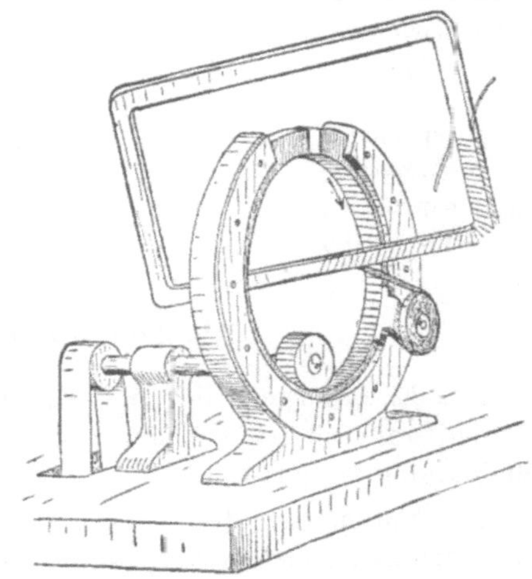

Fig. 321. Bandumwickelmaschine.

Der Platz am Ankerumfange muß mit möglichster Sparsamkeit an Isolation ausgenutzt werden. Die doppelte Bespinnung ist die gebräuchlichste, die dreifache Bespinnung oder die ein- und zweifache Bespinnung mit Beklöppelung kommt bei höheren Spannungen und größerer mechanischer Beanspruchung des Drahtes und der Isolation während des Wickelns in Betracht. Die Dicke der Bespinnung ist aus der nachfolgenden Tabelle ersichtlich, gewöhnlich wird eine Bespinnung mit 60er oder 50er Baumwolle gewählt.

Für flache Querschnitte ist zu berücksichtigen, daß die Bespinnung auf der flachen Seite nicht fest anliegt; die Isolation trägt daher hier $2 \times 0{,}05 = 0{,}1$ mm mehr auf, als auf der Hochkantseite

Bei der Berechnung des Raumbedarfes für die Drähte ist noch etwa 0,05 bis 0,1 mm pro Draht zuzugeben.

Leiter von großem Querschnitt werden von nackten Kupferstangen abgeschnitten, auf Schablonen in die Spulenform gebogen und dann von Hand oder mittels einer Umwickelmaschine isoliert. Zur Isolation dienen Streifen von Baumwolltuch, das mit einem Isolierlack getränkt ist, Streifen von Ölleinwand, Ölpapier, Cellulosepapier usw., die mit Überlappung spiralförmig oder kanalförmig um den Stab gewickelt werden.

Durchmesserzunahme durch die Umspinnung.

Umspinnung mit ungebleichter Baumwolle Nr.	160	100	60	50
1 mal umsponnen	0,10 mm	0,13 mm	0,17 mm	0,20 mm
2 „ „	0,20 „	0,26 „	0,32 „	0,40 „
3 „ „	0,30 „	0,39 „	0,51 „	0,60 „
1 „ umsponnen ⎫ 1 „ umklöppelt ⎭	0,60 „	0,63 „	0,67 „	0,70 „
2 „ umsponnen ⎫ 1 „ umklöppelt ⎭	0,70 „	0,76 „	0,82 „	0,90 „

49. Die Nutenformen.

Der Eisenkörper, der die Wicklung trägt, besteht aus Blechscheiben von 0,3 bis 0,5 mm Stärke, die gewöhnlich durch Papier voneinander isoliert sind.

Die Nuten, die die Wicklung aufnehmen sollen, werden aus den einzelnen Blechen ausgestanzt und die gestanzten Bleche werden zum Eisenkörper zusammengesetzt. Bei kleinen Induktionsmaschinen werden Stator- und Rotornuten gleichzeitig aus einem Blech ausgestanzt; der Rotorteil wird nachher ausgeschnitten.

Wir können drei Hauptformen der Nuten unterscheiden, die geschlossene, die teil- oder halbgeschlossene und die offene Form.

Bei der Wahl der Nutenform und Nutenzahl ist folgendes zu berücksichtigen.

1. Die Verteilung des Kraftflusses im Luftspalte δ. Steht den Nuten eine kontinuierliche Eisenfläche oder ein zweiter Eisenkörper mit Nuten gegenüber, so verteilt sich der Kraftfluß nicht gleichmäßig über den zwischenliegenden Luftspalt, sondern die Feldstärke ist da, wo die Nuten sind, am kleinsten und unter den Zähnen am größten.

Die für die Magnetisierung des Luftspaltes erforderliche Amperewindungszahl ist der maximalen Feldstärke proportional und der Magnetisierungsstrom wird daher um so größer, je ungleicher sich der Kraftfluß verteilt.

Die Fig. 322 a, b, c gibt ein Bild der Kraftflußverteilung im

Luftspalte für verschiedene Nutenformen. Die Verteilung ist um so ungleichmäßiger, je größer $\dfrac{t_1 - z_1}{\delta}$ ist.

Steht den Nuten ein Pol gegenüber, der sich relativ zu den Nuten bewegt, so wandert die ungleiche Verteilung des Kraftflusses längs der Polfläche.

Ist der Pol massiv, so treten Wirbelströme auf. Die Induktion der Wirbelströme hört erst in einer Tiefe auf, bei der eine gleichmäßige Verteilung des Kraftflusses vorhanden ist.

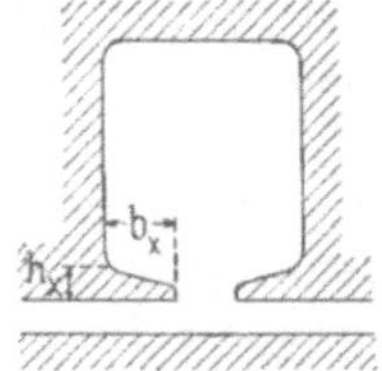

Fig. 323.

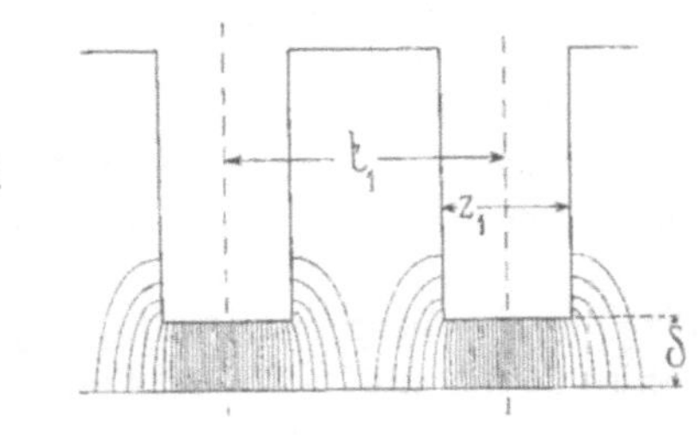

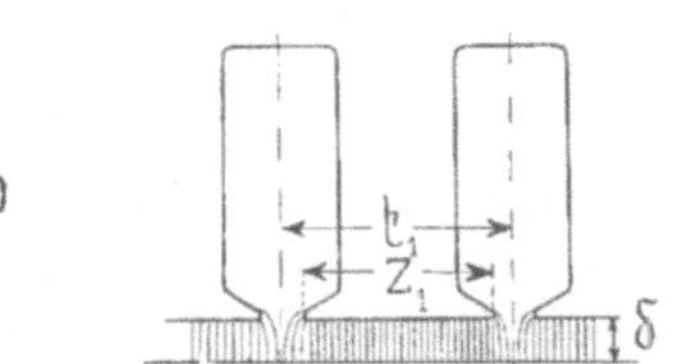

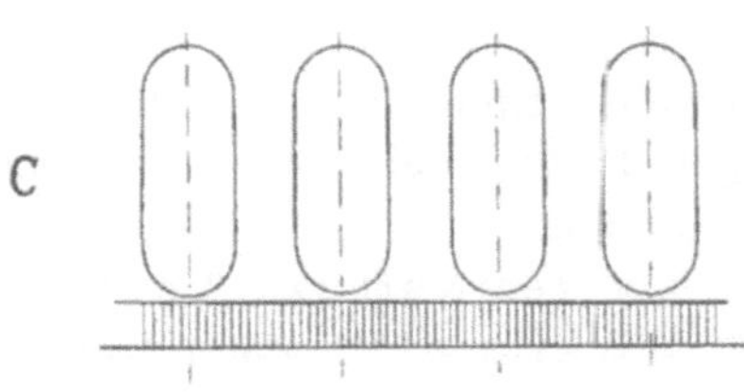

Fig. 322. Verteilung des Kraftflusses im Luftraum: a) bei offenen Nuten; b) bei halb geschlossenen Nuten; c) bei geschlossenen Nuten.

Durch eine große Zahl von halb- oder ganz geschlossenen Nuten läßt sich eine nahezu gleichmäßige Verteilung des Kraftflusses im Luftspalte erreichen. Wichtig ist hierbei, daß der Ansatz des Nutensteges nicht zu dünn gemacht wird.

Bezeichnet B_l die mittlere Luftinduktion, so soll (s. Fig. 323)

$$h_x \geq \frac{b_x B_l}{15\,000} \quad \text{sein.}$$

Läßt sich eine mit Rücksicht auf die Wirbelstromverluste günstige Nutenform nicht erreichen, so muß der gegenüberstehende Pol lamelliert werden.

2. Der Einfluß der Nutenform auf die Nutenstreuung. Die Nutenstreuung wird um so größer, je größer das Stromvolumen (Drahtzahl $\times$ Stromstärke pro Draht) einer Nut, je kleiner die Nutenweite und je größer die Nutentiefe wird. Um eine kleine Nutenstreuung zu erhalten, ist es daher so lange günstig, die Wicklung auf möglichst viele Nuten zu verteilen, als das Verhältnis von

Nutenhöhe zur Nutenweite nicht zu groß wird. Bei den üblichen Nutenformen ist meistens

$$\frac{\text{Nutenhöhe}}{\text{Nutenweite}} < 4.$$

Bei Wechselstrom-Kommutatormotoren ist es nicht immer möglich, dieses Verhältnis einzuhalten.

Das Schließen der Nuten (Fig. 322c) vergrößert die Nutenstreuung erheblich. Will man bei geschlossenen Nuten die Nutenstreuung klein halten, so macht man den Steg in der Mitte nur 0,5 bis 1 mm stark.

Ein Aufschlitzen der Nuten (Fig. 322b) vergrößert den magnetischen Widerstand für den Streufluß bedeutend, so daß zwischen aufgeschlitzten, d. h. halbgeschlossenen (2 bis 10 mm Schlitz) und ganz offenen Nuten in dieser Hinsicht kein großer Unterschied mehr besteht.

3. Einfluß der Nutenform und der Nutenzahl auf die Kurvenform der EMK oder auf die Kurvenform des erzeugten magnetischen Feldes. Weite offene Nuten geben zur Induktion von höheren Harmonischen Veranlassung. Diese Wirkung wird um so schwächer, je größer die Nutenzahl pro Pol und je größer der Luftspalt gewählt werden. Durch die Wahl eines größeren Luftspaltes erhält man eine gleichmäßigere Verteilung des Kraftflusses in ihm.

Für die Erzeugung einer möglichst sinusförmigen EMK bei Generatoren oder eines sinusförmigen Feldes bei Motoren ist eine auf viele Nuten verteilte Wicklung günstig.

4. Einfluß der Nutenform und der Nutenzahl auf die Herstellung der Bleche und der Wicklung. Die unter 1 und 3 genannten Punkte verlangen eine möglichst große Nutenzahl. Der Verbrauch an Isoliermaterial und der von der Wicklung beanspruchte Raum wird um so größer, je größer die Nutenzahl ist. Bei Hochspannungswicklungen, bei denen eine starke Isolation zwischen Nutenwand und Wicklung liegen muß, macht man daher die Nutenzahl pro Pol und Phase (q) möglichst klein. Bei langsam laufenden Maschinen für 50periodigen Drehstrom schwankt q zwischen 2 und 4; bei Drehstrom-Turbogeneratoren zwischen 3 und 12.

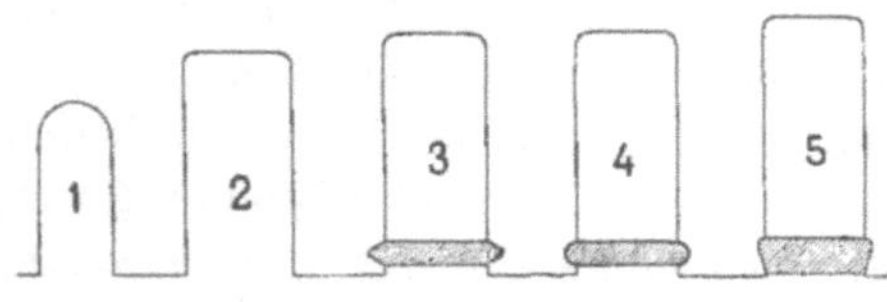

Fig. 324. Offene Nutenformen.

In den Fig. 324 bis 327 sind verschiedene offene, halbgeschlossene und geschlossene Nuten dargestellt.

Die offenen Nuten (Fig. 324) haben den Vorteil, daß die Spulen auf einfache und billige Art auf Schablonen hergestellt und fertig isoliert in die Nuten eingelegt und bei notwendigem Ersatz leicht durch neue ersetzt werden können. Besonders in den Vereinigten Staaten ist wegen der hohen Arbeitslöhne ein einfaches Verfahren für die Herstellung der Wicklung erforderlich.

Bei Generatoren ist diese Anordnung vielfach im Gebrauch; durch Lamellieren und Schrägstellen der Polschuhe lassen sich hier die schädlichen Einflüsse der offenen Nuten zum größten Teil beseitigen. Wegen der starken Vergrößerung des Magnetisierungsstromes kommt diese Nutenform bei asynchronen Motoren weniger zur Verwendung.

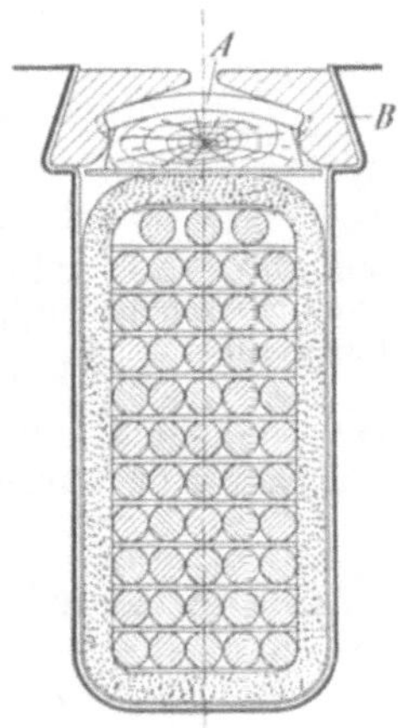

Fig. 325. Nut eines 250 KW-Kaskadenumformers für 9500 Volt. (Brown, Boveri & Co., Baden.)

Ist die Spannung im Verhältnis zur Leistung hoch, so spart man aber aus den oben angegebenen Gründen durch die Verwendung offener Nuten so viel, daß man sie trotzdem bei Induktionsmotoren und Kaskadenumformern verwendet. Um nun die Vergrößerung des Magnetisierungsstromes und die großen zusätzlichen Eisenverluste zu vermeiden, verwendet man dann am besten einen magnetischen Keilverschluß.

Fig. 325 zeigt eine solche Nut eines 250 KW-Kaskadenumformers für 9500 Volt, ausgeführt von Brown Boveri. Die Gußkeile B sind in der Längsrichtung der Maschine geteilt, um die Wirbelströme nicht unnötig zu vergrößern. Die Keile A sind aus Nickelin hergestellt.

Man kann auch aus aufgewickeltem Eisen- oder Stahlgewebe

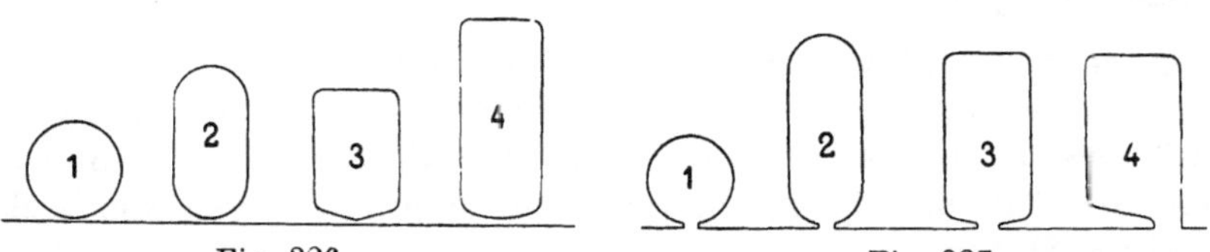

Fig. 326.	Fig. 327.
Geschlosse Nutenformen.	Halb geschlossene Nutenformen.

hergestellte Keile[1]) verwenden, die in der erforderlichen Form gepreßt werden. Das Drahtgewebe ist vor dem Zusammenrollen ausgeglüht und mit einem Lackanstrich versehen, so daß die einzelnen

---

[1]) D. R. P. 207918, AEG.

Arnold, Wechselstromtechnik. III. 2. Aufl.   20

Lagen gut voneinander isoliert sind, ohne daß beträchtliche magnetische Zwischenräume entstehen. Man braucht dann nur einen
oder höchstens zwei Keile für jede Nut zu verwenden.

Die geschlossene Nut (Fig. 326) hat den Nachteil, daß die
Drähte durch die Nuten durchgezogen werden müssen, was bei
größeren Windungslängen recht umständlich ist; sie
kommt in solchen Fällen verhältnismäßig wenig zur Anwendung.

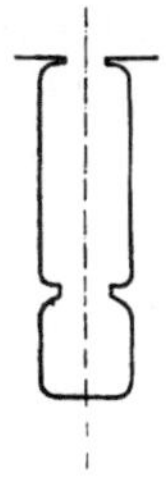

Am meisten gebräuchlich ist die halbgeschlossene Nut (Fig. 327). Bei Niederspannungswicklungen,
die keine geschlossenen Isolierhülsen erfordern, können
bei dieser Nutenform dünne Drähte von oben eingelegt
werden; auch hinsichtlich des Magnetisierungsstromes ist
sie günstig.

Bei allen Nutenformen kann man zwecks Lüftung
Luftkanäle vorsehen, wie Fig. 328 zeigt. Um die Nutisolation zu schonen bzw. zu befestigen, wird häufig der Luftkanal
von der Nut durch einen Blechstreifen getrennt.

Fig. 328.
Nut mit
Luftkanal.

50. Die Anordnung und Isolation der Wicklung in Nuten.

In den Fig. 329 bis 363 sind verschiedene Anordnungen der
Kupferleiter in Nuten dargestellt. Um eine gewünschte Nutenform
zu erhalten oder um den gegebenen Raum einer Nut gut aus-
zunützen, ist in jedem Falle die günstigste Anordnung aufzusuchen.

Da Drähte über 3 bis 4 mm Durchmesser, namentlich
bei kleinen Ankern, schwer zu wickeln sind und daher
ihre Isolation leicht beschädigt wird, werden oft zwei
und mehr dünnere Drähte parallel gewickelt, dadurch
wird jedoch die Ausnützung des Nutenraumes ver-
schlechtert.

Fig. 329.

Wird der Querschnitt eines Leiters größer als
etwa 20 bis 25 mm², so geht man von der Drahtwicklung besser zur Stabwicklung über. Die Fig. 330 bis 333, 339 bis
344 und 349 bis 357 geben verschiedene Anordnungen von rechteckigen Stäben.

Die Isolation der Wicklung kann auf drei verschiedene
Arten erfolgen:

1. Die nicht geschlossenen Nuten erhalten eine offene Isolation;
die besponnenen oder mit Band bewickelten oder auch nackten Ankerleiter werden von oben in die isolierte Nut eingelegt; die Nut wird
schließlich meistens mit einem Keil verschlossen (Fig. 329 bis 336).

2. Die Nuten erhalten eine geschlossene röhrenförmige Isolation.

Dünne Drähte werden in die isolierten Nuten „eingefädelt", d. h. in die Isolation eingezogen, und Stäbe werden in die Röhren von der Seite eingeschoben (Fig. 345 bis 359).

3. Die Spulen werden auf Schablonen hergestellt, mit Isoliermaterial umkleidet und in die Nuten eingelegt (Fig. 337 und 339).

Die Stärke der Nutenisolation richtet sich nach der Klemmenspannung der Maschine. Man darf verlangen, daß Probestücke der Isolation im kalten Zustande bei niedrigen Spannungen die 10 bis 5fache und bei hohen Spannungen die 4 bis 3fache Betriebsspannung ohne durchzuschlagen etwa 5 Minuten aushalten. Um dieses Resultat bei möglichst geringer Stärke der Isolation zu erreichen, ist es durchaus erforderlich, sie aus mehreren, mindestens etwa 3 Lagen, zusammenzusetzen.

Als Isoliermaterial für die Nuten wird hauptsächlich Preßspan (Karton, roh und geölt) Cellulosepapier und Manilapapier (mit Leinöl oder S-Lack getränkt), Leatheroid, Ölpapier, Rotpapier, Letroli (eine Art imprägniertes Papier), Ölleinewand oder Baumwolltuch mit Leinöl oder Lack getränkt, verwendet. Für hohe Spannungen kommen hauptsächlich fertige Rohre aus Mika und aus diesem hergestellten Fabrikate, wie Megohmit, Mikanit und Mikaleinen, ferner Ölleinen (empire cloth) und mit Leinöl oder mit einem Isolierlack getränkte Papiere und Preßspan in Betracht.

Für die Nutenkeile werden geöltes Buchenholz, Leatheroid, Fiber und ähnliche Materialien verwendet.

Jede Fabrik hat ihre eigenen Erfahrungen und Verfahren bei der Isolation. Das Studium der Eigenschaften der Isoliermaterialien und ihre richtige Behandlung und Verwendung ist heutzutage ein Spezialgebiet geworden, weshalb auf die einschlägige Literatur verwiesen sei. Wir beschränken uns auf das Wichtigste.

Es ist nicht nur für eine genügende Stärke der Isolation gegen Durchschlag, sondern auch auf eine gute Oberflächenisolation zu achten.

Die schlechteste Oberflächenisolation ergibt die offene Isolierung der Nuten; man geht daher bei offener Nutisolierung selbst bei großen Nuten, bei denen eine gute Überlappung der Isolationsschichten (s. Fig. 334) erreicht wird, mit der Spannung nicht über 3000 Volt hinaus.

Bei hohen Spannungen, sowie auch bei niedrigeren Spannungen und kleineren Nuten, ist für die Nuten immer ein geschlossenes Isolierrohr zu verwenden. Außerdem muß das Rohr auf beiden Seiten auf eine genügende Länge über den Eisenkern vorstehen. Bei hohen Spannungen darf man 1 bis 2 cm pro 1000 Volt rechnen.

20*

Im Nachfolgenden ist eine Anzahl von gebräuchlichen Anordnungen der Leiter in den Nuten und der Isolierarten angegeben.
Offene Nutenisolationen mit Keilverschluß sind in den
Fig. 337 bis 339 dargestellt.

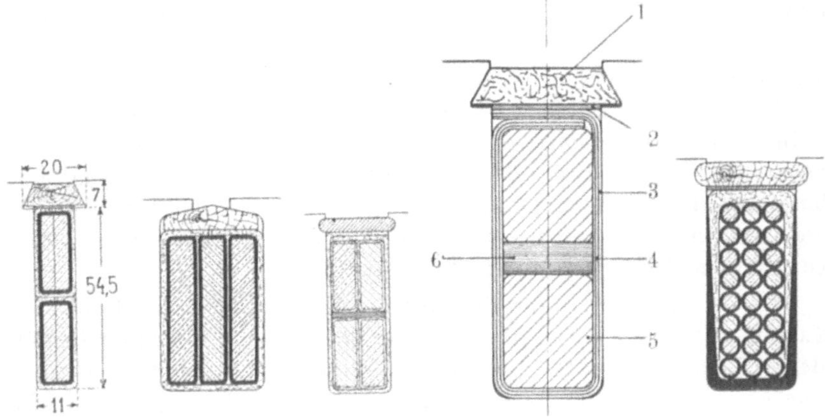

Fig. 330.   Fig. 331.   Fig. 332.   Fig. 333.   Fig. 334.

Fig. 330. Nut eines 750 KW-Drehstromgenerators für 60 Volt, 7500 Ampere
verk. Strom, Flachkupfer von 7×21 mm.

Fig. 333. 1. Fiberteil, 2. Preßspan, 3. Preßspan oder Fischpapier, 4. 2fach Öltuch, 5. Stäbe lackiert, 6. Preßspan.

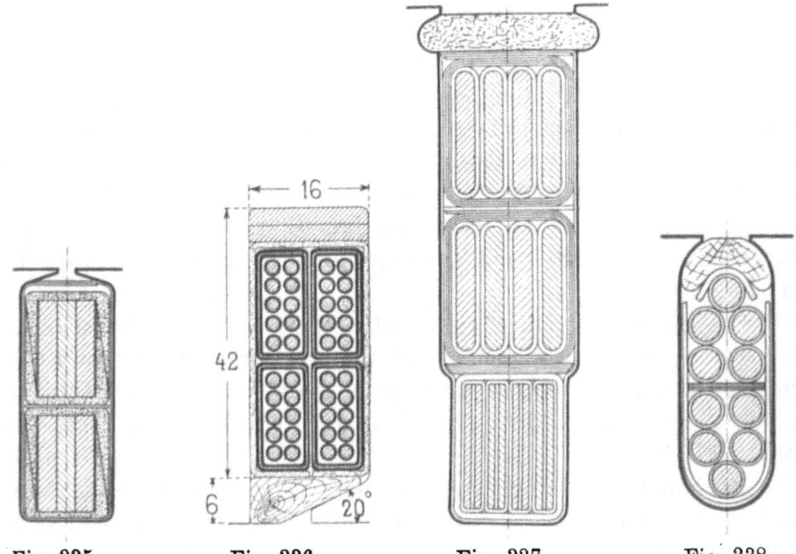

Fig. 335.   Fig. 336.   Fig. 337.   Fig. 338.

Fig. 336. Statornut eines 3 PS-Drehstrommotors für 190 Volt verkettet, pro
Nut 40 Drähte von 2,5/2,75 mm ϕ.

Um eine möglichst große Oberflächenisolation zu erhalten, kann die Isolation oben in der Nut über die Wicklung zusammengeklappt werden, sie stößt dann entweder, wie die Fig. 329, 330 und 331, stumpf zusammen oder überdeckt sich gegenseitig wie in Fig. 332 und 333.

In den Fig. 334 und 335 besteht die Isolation aus zwei Kanälen, deren Ränder keilförmig zugespitzt sind, so daß die Seitenwände sich auf der ganzen Länge überdecken.

Die Isolation für eine Schablonenwicklung mit vier Spulenseiten in einer Nut ist aus Fig. 336 ersichtlich. Die Nutenöffnung ist so groß, daß eine Spule durch sie eingelegt werden kann.

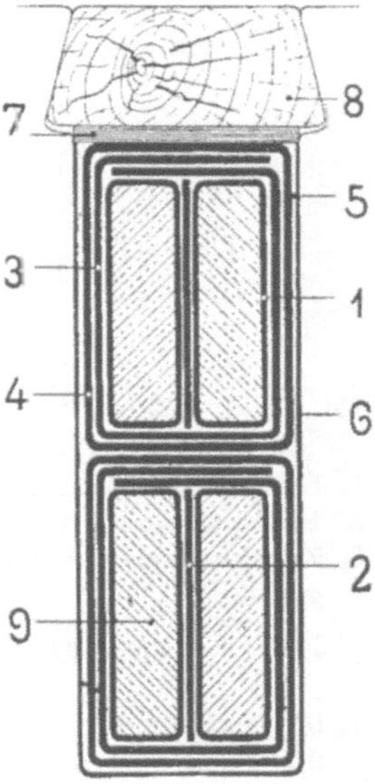

Fig. 339. Stabwicklung für 500 Volt.
(Zwei Stäbe werden gemeinsam vor dem Einlegen in die Nut isoliert.)

1. Baumwollband mit Sterling-Lack = 0,4 mm.
2. Geöltes Papier = 0,1 mm.
3. Rot-Papier = 0,2 mm und geölte Leinwand = 0,3 mm.
4. Baumwollband mit Sterling-Lack = 0,4 mm.
5. Spielraum = 0,1 mm.
6. Karton = 0,2 mm.
7. Karton = 0,5 mm.
8. Holzkeil.
9. Stab.

Nutenweite = Kupferbreite + 4,0 mm.

oder:

1. Baumwollband mit $1/3$ Überlappung = 0,4 mm.
2. Geöltes Papier = 0,1 mm.
3. Baumwollband mit $1/3$ Überlappung = 0,4 mm.
4. Zwei Lagen Ölleinwand, eingefaßt von einem dünnen Baumwolltuch, mit einer Gesamtstärke = 0,6 mm.
5. Spielraum = 0,15 mm.

Nutenweite = Kupferbreite + 4,0 mm.

Die Nut eines Rotors eines 225 PS·Wechselstrom-Kommutatormotors mit offener Isolation zeigt Fig. 337. In dem unteren Teile der Nut sind die Widerstandsverbindungen zwischen Wicklung und Kollektor eingelegt. Fig. 338 zeigt die Rotornut zur Fig. 325.

In Fig. 339 sind, ebenso wie es bei Gleichstromwicklungen geschieht, zwei benachbarte Spulenseiten gemeinsam in die Nut gelegt.

Damit das möglich ist, müssen die Seiten, die in einer Nut beisammen liegen, auch in der anderen Nut beisammen bleiben. Das ist nur dann der Fall, wenn die Spulenseite nach Formel 31 gewählt wird.

Nuten mit geschlossener Isolation zeigen Fig. 340 bis 353.

Fig. 340 und 341 zeigen die Statornuten eines Wechselstrom-Kommutatormotors. Fig. 340 zeigt die Hauptwicklung, die teils als Spulenwicklung, teils als umlaufende Wicklung ausgeführt ist. In der Nut Fig. 341 ist die Regulierwicklung angeordnet, die als Spulenwicklung ausgeführt ist.

Ein Isolierrohr aus Papier wird auf einfachste Weise auf folgende Art hergestellt. Der ausgemessene Preßspanstreifen wird auf einen leicht konischen Holzdorn von der Form der Nut, aber kleiner, aufgewickelt. Nach dem ersten Umgang wird die zweite und wenn erforderlich, die. dritte Schicht Isoliermaterial (Manila-

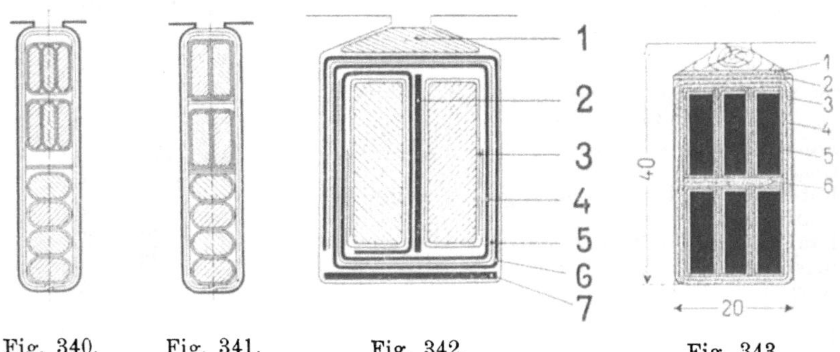

Fig. 340.   Fig. 341.   Fig. 342.   Fig. 343.

Fig. 342.   Nut für Stabwicklung bis ca. 220 Volt.

1. Leatheroidkeil passender Größe.
2. Preßspanstreifen 0,5 mm.
3. Zellulosepapier, Anfang u. Ende geklebt.
4. Preßspan 0,23.
5. Manilapapier-Einlage 0,14.
6. Preßspan 0,23.
7. Leatheroid, lackiert 0,4.

Fig. 343.   Stabwicklung des Stators eines 144 PS-Drehstrommotors. 500 Volt, 42 Perioden, 126 Umdrehungen.

1. 0,7 mm Glimmer.
2. 0,7 mm Glimmer.
3. 0,7 mm Glimmerpapier.
4. 0,7 mm Glimmerpapier.
5. Baumwollband, doppelt überlappt.
6. 1,5 mm Glimmer.

oder Zellulosepapier, Ölleinen, geöltes Baumwolltuch usw.) beigelegt. Die Hülse wird mit dem Holz dazu in die Nut eingeführt. Durch das Vorstoßen des konischen Holzes paßt sich das Isolierrohr dann sehr gut der Gestalt der Nut an.

In den Fällen, wo z. B. wie bei den Rotorwicklungen von asynchronen Wechselstrommotoren, blanke Kupferstäbe verwendet werden, kann jeder Stab zuerst auf die Eisenlänge mit Papier beklebt und die Stäbe nach einer in Fig. 342 gezeigten Methode in Preßspan eingewickelt werden. Das Umfalzen des Preßspans geschieht jeweils durch Einpressen der Stäbe in eine Holznut.

Sind die Stäbe fertig isoliert, so werden sie mit der Isolation gemeinsam seitlich in die Nut eingeschoben. Damit das möglich ist, dürfen sie gar nicht oder nur einseitig abgekröpft sein.

Eine verhältnismäßig starke Isolation besitzt die Nut mit 6 Stäben (Fig. 343). Die Stäbe sind gemeinsam isoliert und in die Nut seitlich eingeschoben.

Bei Stäben von geringem Querschnitt muß sehr mit dem Isoliermaterial gespart werden. Man kann, wie Fig. 344 veranschaulicht, zwischen je zwei isolierte Stäbe einen nackten Stab einlegen und alle Stäbe mit einer gemeinsamen Isolierschicht umgeben.

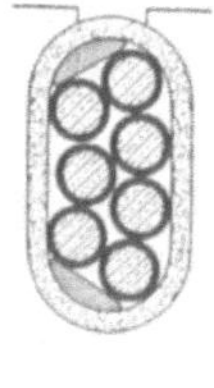

Diese Selbstherstellung derartiger Isolierrohre ist heutzutage durch die im weiteren beschriebenen Röhren der Spezialfabriken verdrängt.

Isolierrohre für hohe Spannungen können Fig. 344. aus zahlreichen Lagen von geöltem Preßspan und geöltem Zellulose- und Manilapapier bis zu 6 und mehr Millimetern Wandstärke hergestellt werden.

Rohre aus Preßspan und Ölleinwand oder aus geöltem Baumwolltuch mit Mikaeinlage eignen sich ebenfalls für hohe Spannungen.

Am häufigsten werden für hohe Spannungen Mikaröhren verwendet. Die in der Praxis üblichen Wanddicken betragen

für 2000 bis 3000 Volt ca. 2 mm
für   4000 Volt ca. 2,5 mm
für   6000 Volt ca. 3,0 mm
für 10000 Volt ca. 4,0 mm

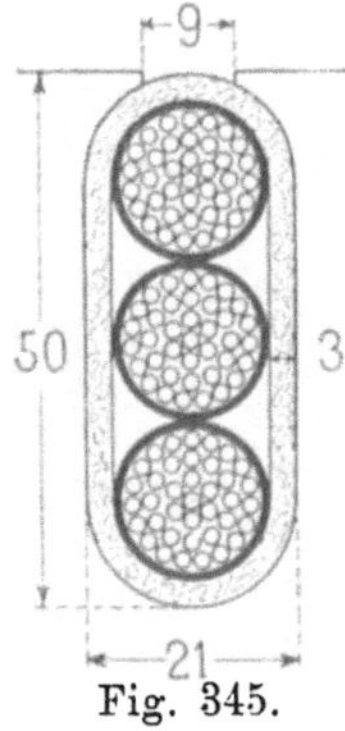

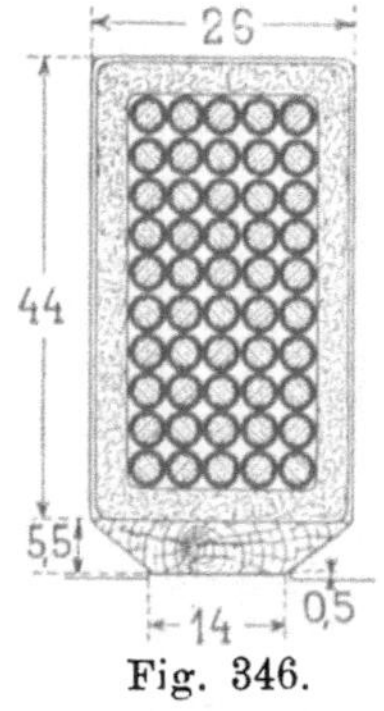

Fig. 345.   Fig. 346.   Fig. 347.

Fig. 345. Nut eines 1000 KW-Wechselstromgenerators für 3000 Volt. Pro Kabel 37 Litzen von 1,8 mm ϕ.

Fig. 346. Nut eines 250 KW-Dreiphasen-Synchronmotors. 5000 Volt. Drahtdurchmesser 3 mm.

Fig. 347. Nut eines 900 PS-Drehstromgenerators. 3000 Volt verkettet. Pro Nut 4 Windungen aus 2 parallelen Drähten von 4,5 mm ϕ.

Es ist zu empfehlen, die Röhren vor der Verwendung für sich allein zu prüfen. Man steckt zu dem Zwecke in die Röhren mit Stanniol umkleidete Holzleisten oder Draht und umwickelt die zu prüfenden Röhren auf einer Länge, die der Eisenlänge und Lage des Ankereisens entspricht, mit Stanniol. Die Klemmen eines Trans-

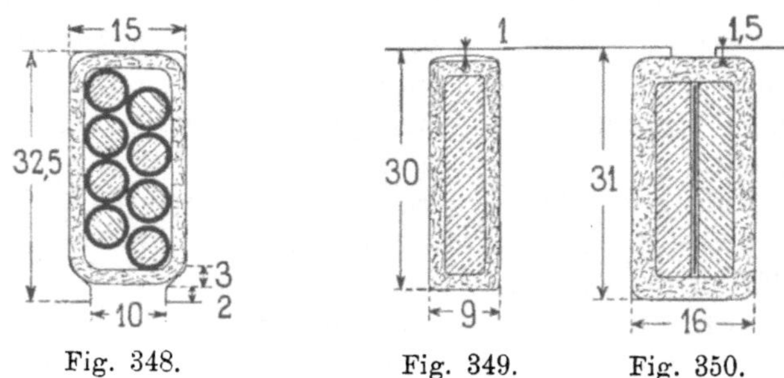

Fig. 348.   Fig. 349.   Fig. 350.

Fig. 349. Nut eines 740 PS-Zweiphasen-Synchronmotors von 1000—1100 Volt, Stabdimensionen 5 × 25 mm.

Fig. 350. Nut eines 1000 KW-Wechselstromgenerators für 2200 Volt. Pro Nut 2 Leiter von 4,5 × 25 mm.

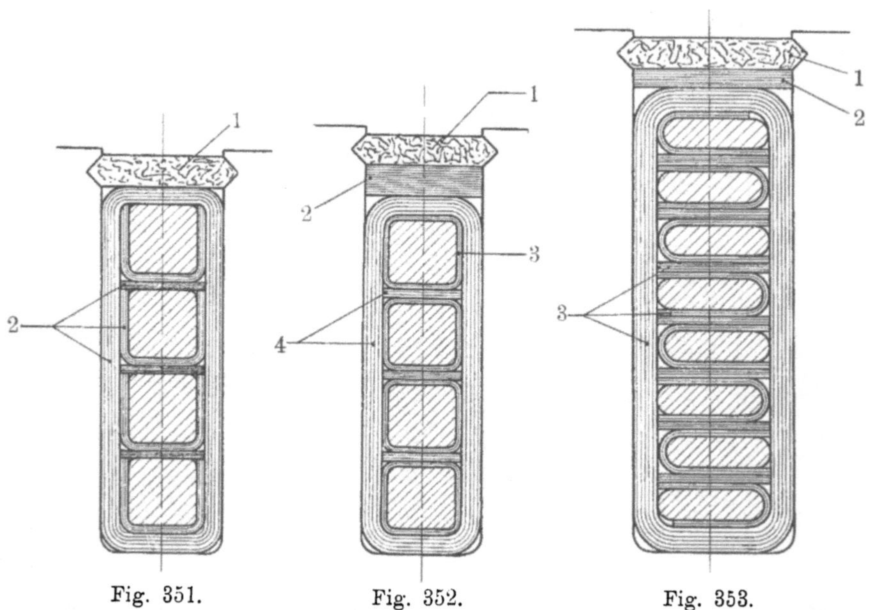

Fig. 351.   Fig. 352.   Fig. 353.

Fig. 351. Spulenwicklung für 5000 bis 9000 Volt. (1. Keil aus Fiber, 2. Mikanit.)

Fig. 352. Spulenwicklung für 5000 bis 9000 Volt. (1. Keil aus Fiber, 2. Preßspan oder Asbest, 3. Excelsior-Band oder Asbestseide, 4. Mikanit.)

Fig. 353. Spulenwicklung für 10000 Volt. (1. Keil aus Fiber, 2. Preßspan, 3. Mikanit.)

formators werden dann an die inneren und äußeren Stanniol-
belegungen angeschlossen. Die Prüfspannung soll das 2- bis 4fache
der Betriebsspannung sein, jedoch sollen längs des Rohres von
einer Belegung zur andern keine Funken überspringen; wenn erforderlich, wird die äußere Belegung kürzer gemacht.

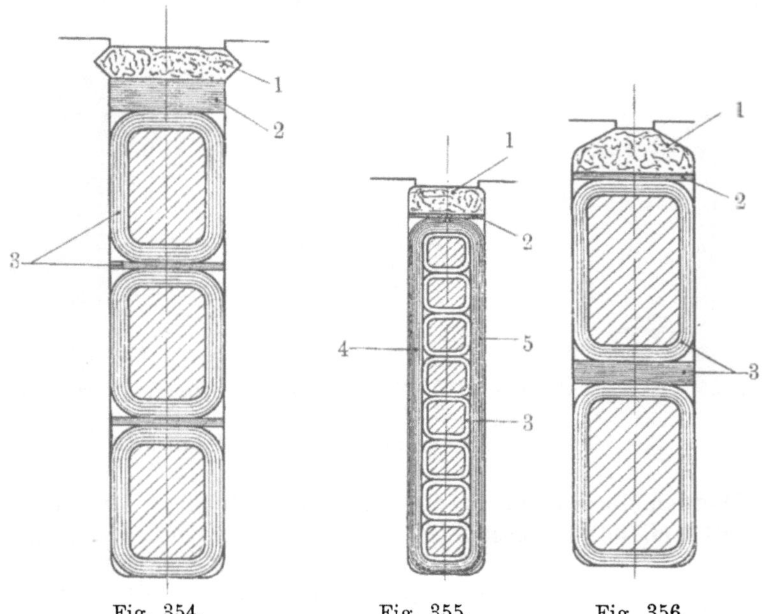

Fig. 354.   Fig. 355.   Fig. 356.

Fig. 354. Spulenwicklung für 5000 bis 9000 Volt. (1. Keil aus Fiber, 2. Preßspan oder Asbest, 3. Mikanit.)

Fig. 355. Spulenwicklung für 6000 Volt. (1. Keil aus Fiber, 2. Preßspan,
3. Excelsior-Band, 4. Mikanit, 5. 2 $\times$ Preßspan oder Fischpapier.)

Fig. 356. Stabwicklung bis 2000 Volt. (1. Keil aus Fiber, 2. Preßspan, 3. Mikanit.)

Verschiedene Anordnungen von Drahtwicklungen in Mikanit-
rohren sind aus den Fig. 345 bis 348 ersichtlich, während in den
Fig. 349 bis 358 in Mikanitrohre eingebrachte Stabwicklungen
aufgezeichnet sind. Die Fig. 359 zeigt die Anordnung von Stäben
oder Kabeln in einer Nut für den Fall, daß die Spannung pro
Nut verhältnismäßig hoch ist. Eine Z-förmige Isolation, die aus
Preßspan, oder aus Preßspan und Ölleinen, je nach der Spannung,
bestehen kann, ist zwischen den beiden Lagen angebracht.

Man kann eine solche Wicklung nach Schema I und II (Fig. 360)
ausführen. Schema I hat den Vorteil, daß nun eine kleine Spannung zwischen den einzelnen Leitern einer Nut auftritt. Dagegen
treten bei dieser Wicklungsart in den Stirnverbindungen Kreu-

zungen auf. Erfahrungsgemäß geben solche Wicklungen leicht zu
Kurzschlüssen in den äußeren Verbindungen Anlaß. Deswegen ist
die Wicklung nach Schema II vorzuziehen, trotzdem jetzt in der
Nut eine viel höhere Spannung zwischen zwei benachbarten Stäben
auftritt. Um nun einen Überschlag zwischen diesen Leitern zu verhindern, ist es nötig, die Isolation in der Mitte Z-förmig umzubiegen,
wie in Fig. 359 angegeben.

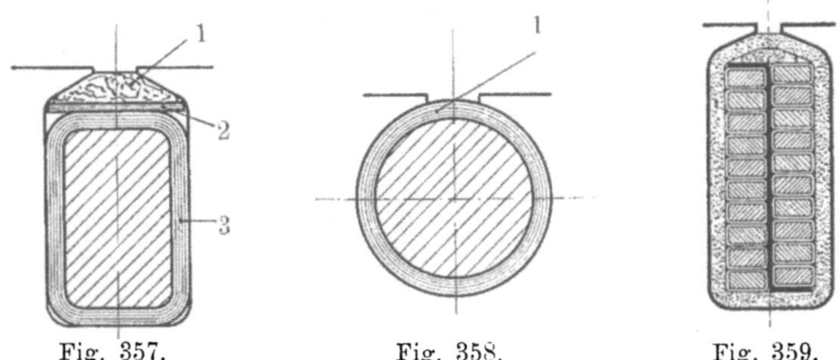

Fig. 357.   Fig. 358.   Fig. 359.

Fig. 357. Stabwicklung für 1000 Volt. (1. Keil aus Fiber, 2. Preßspan,
3. Mikanit.)

Fig. 358. Stabwicklung für 1000 Volt. (1. Mikanit.)

Werden die Spulen in offene Nuten eingelegt, wie in den
Fig. 361 und 362 dargestellt ist, so können sie vorher einzeln auf
Schablonen in die endgültige Form
gewickelt werden. Diese Herstellungsart der Spulen hat den großen
Vorteil, daß die Spulen unabhängig
vom Eisenkörper rasch und billig
hergestellt werden können, und daß
bei Reparaturen das Einlegen von
Ersatzspulen in kurzer Zeit und bequem vor sich geht.

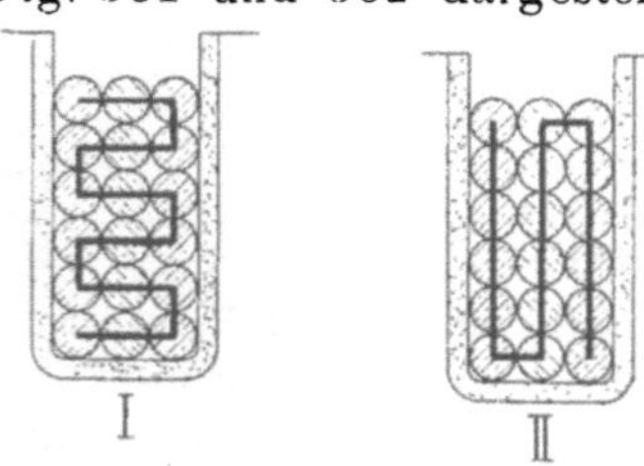

Fig. 360.

Für hohe Spannungen kann man die Spulen mit Mika umkleiden. Dasselbe wird in kleinen dünnen Blättern in sehr vielen
Lagen bis zu der erforderlichen Stärke mit Schellack oder einem
anderen Klebelack zusammengeklebt und auf diese Weise eine
Mikahülse direkt auf der Spule hergestellt. Damit die Fabrikation
rasch vorwärts schreitet, wird als Unterlage eine geheizte eiserne
Platte und außerdem ein geheiztes Bügeleisen benutzt. Fig. 357
stellt eine derart von der Maschinenfabrik Örlikon hergestellte
Isolation dar.

Man kann zur Herstellung eines Isolierrohres um die fertige
Spule auch eine flexible Mikanitplatte verwenden, die, etwas

erwärmt, in mehreren Lagen um die Spule gewickelt wird und durch Pressen die Form der Nut erhält.

Eine sehr gute Isolation läßt sich in diesem Falle durch Aufwickeln von vielen Lagen Ölleinwand (empire cloth) erreichen, das man durch eine Lage Preßspan gegen mechanische Beschädigungen schützt.

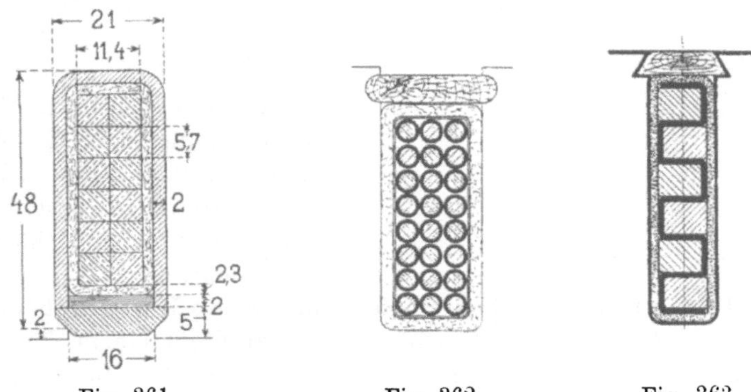

Fig. 361.　　　　　Fig. 362.　　　　　Fig. 363.

Fig. 361. Nut eines 1000 PS-Drehstromgenerators für 3000 Volt.
Fig. 362. Nutenisolation der Maschinenfabrik Örlikon für Hochspannungsgeneratoren. Spule auf einer Schablone hergestellt und nachher mit Mika umkleidet.

Eine eigenartige Nutisolation zeigt Fig. 363. Die nackten Stäbe sind in die rechts- und linksseitigen Kanäle einer entsprechend gebogenen Isolierplatte eingelegt.[1]）

51. Die Prüfung der Isolation einer Wicklung.

Die Prüfung der Isolation einer Wicklung wird in verschiedenen Stadien der Fabrikation vorgenommen. Werden die Spulen auf Schablonen hergestellt, so werden sie von einigen Firmen vor dem Einlegen in die Nut einzeln geprüft, ob innerer Kurzschluß zwischen zwei Windungen vorhanden ist. Zur Prüfung wird ein Transformator (Fig. 364) benutzt und jede Spule S (auch mehrere gleichzeitig) zur sekundären Wicklung dieses Transformators gemacht. Die obere Hälfte

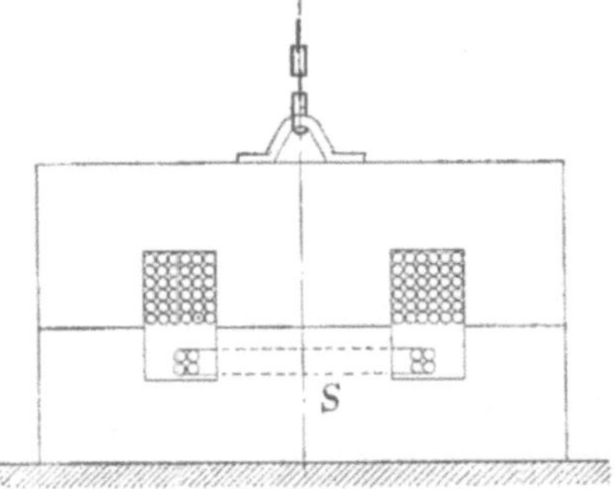

Fig. 364. Transformator für Isolationsprüfung.

----

[1]) D.R.P. 223015, M.-F. Örlikon.

des Transformators ist an einem Wagebalken befestigt, so daß sie leicht abgehoben und neue Spulen eingelegt werden können.

Zu beobachten ist die primäre Stromstärke; sobald ein Kurzschluß sich einstellt, steigt sie plötzlich an. Die sekundäre Prüfspannung wird gewöhnlich mindestens gleich der zwei- bis dreifachen normalen Spannung einer Spule gewählt. Um dabei keine zu hohen Induktionen und entsprechend hohe Magnetisierungsströme zu bekommen, baut man den Transformator für Isolationsprüfung am besten für eine entsprechend höhere Periodenzahl.

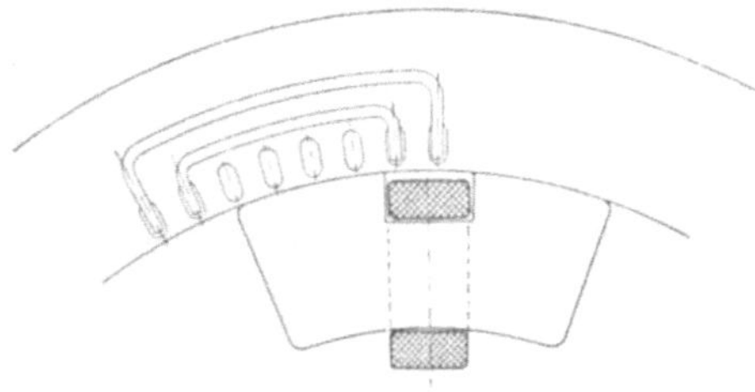

Fig. 365.

Die Prüfung der einzelnen Spulen auf inneren Kurzschluß kann auch auf der Armatur selbst erfolgen. Hierzu dient ein in Fig. 365 dargestellter Bügel aus Eisenblech, der die primäre Spule trägt und auf den Eisenkörper der Armatur aufgesetzt wird.

Ein Bild einer solchen Prüfanordnung der Firma Siemens & Halske zeigt Fig. 366. Der Anker wird gedreht und der Strom

Fig. 366. Prüfanordnung von Siemens & Halske.

in der Erregerspule des Elektromagneten beobachtet. Sind keine kurzgeschlossenen Windungen vorhanden, so muß dieser konstant bleiben. In dieser Weise läßt sich rasch das Vorhandensein von kurzgeschlossenen Windungen feststellen. Das Auffinden der kurzgeschlossenen Windungen geschieht mit Hilfe eines U-förmigen Eisenkerns, der eine Ankernut überbrückt und mit einer Induktionsspule und Telephon versehen ist. Der Elektromagnet wird wieder erregt und durch allmähliches Verdrehen des Ankers wird eine Nut nach der anderen unter den U-förmigen Eisenkern gebracht. Sobald von diesem eine Nut überbrückt ist, in der sich eine kurzgeschlossene Windung befindet, so schließt sich der Streufluß durch den Kern und das Telephon wird zum Tönen gebracht.

Sind alle Spulen auf den Anker gebracht, so erfolgt die erste Prüfung auf Körperschluß, indem man eine Klemme des Transformators an den Ankerkörper legt und mit der anderen alle Spulen verbindet. Außerdem kann während der Herstellung der Wicklung mit einem direkt zeigenden Galvanometer wiederholt eine Isolationsmessung vorgenommen werden, wodurch direkte Kurzschlüsse sofort ermittelt werden.

Die letzte Prüfung auf Körperschluß wird vorgenommen, wenn alle Spulen unter sich verbunden und die Wicklung vollkommen fertiggestellt ist.

Bei der Wahl der Prüfspannung auf Körperschluß ist zu beachten, daß die Wicklung im warmen Zustande einen kleineren Isolationswiderstand besitzt als im kalten.

Der Verband deutscher Elektrotechniker macht folgende Vorschriften, die den Normalien zur Prüfung elektrischer Maschinen und Transformatoren (§ 26 bis § 33) entnommen sind. Die Isolationsprüfung soll immer bei normaler Erwärmung der Maschine vorgenommen werden. Die betreffenden Paragraphen lauten:

§ 26. Die Messung des Isolationswiderstandes wird nicht vorgeschrieben, wohl aber eine Prüfung auf Isolierfestigkeit (Durchschlagprobe), die am Erzeugungsort, bei größeren Objekten auch vor Inbetriebsetzung am Aufstellungsort vorzunehmen ist. Maschinen und Transformatoren müssen imstande sein, eine solche Probe mit einer in Nachfolgendem festgesetzten höheren Spannung, als die normale Betriebsspannung ist, eine Minute lang auszuhalten. Die Prüfung ist bei warmem Zustande der Maschine vorzunehmen und später nur ausnahmsweise zu wiederholen, damit die Gefahr einer späteren Beschädigung vermieden wird.

Maschinen und Transformatoren von 40 bis 5000 Volt sollen mit der $2^1/_2$fachen Betriebsspannung, jedoch nicht mit weniger als 1000 Volt geprüft werden. Maschinen und Transformatoren von 5000 bis 7500 Volt sind mit 7500 Volt Überspannung zu prüfen. Von 7500 Volt an beträgt die Prüfspannung das zweifache. Ausgenommen hiervon sind Transformatoren für Prüfzwecke. Maschinen und Transformatoren unter 40 Volt sind mit wenigstens 100 Volt zu prüfen.

§ 27. Diese Prüfspannungen beziehen sich auf die Isolation der Wicklungen gegen das Gestell, sowie bei elektrisch getrennten Wicklungen gegeneinander. Im letzteren Falle ist bei Wicklungen verschiedener Spannungen immer die höchste sich ergebende Prüfspannung anzuwenden.

§ 28. Zwei elektrisch verbundene Wicklungen verschiedener Spannung sind gleichfalls mit der der Wicklung höchster Spannung entsprechenden Prüfspannung gegen Gestell zu prüfen.

§ 29. Sind Maschinen oder Transformatoren in Serie geschaltet, so sind, außer obiger Prüfung, die verbundenen Wicklungen mit einer der Spannung des ganzen Systems entsprechenden Prüfspannung gegen Erde zu prüfen.

§ 30. Obige Angaben für die Prüfspannung gelten unter der Annahme, daß die Prüfung mit Wechselstrom vorgenommen wird und beziehen sich auf effektive Werte. Wird mit Gleichstrom geprüft, so muß die Prüfspannung 1,4 mal so hoch genommen werden, wie oben angegeben.

§ 31. Ist eine Wicklung betriebsmäßig mit dem Gestell leitend verbunden, so ist diese Verbindung für die Prüfung auf Isolierfestigkeit zu unterbrechen. Die Prüfspannung einer solchen Wicklung gegen Gestell richtet sich dann aber auch nur nach der größten Spannung, die zwischen irgendeinem Punkte der Wicklung und des Gestells im Betriebe auftreten kann.

§ 32. Für Magnetspulen mit Fremderregung ist die Prüfspannung das dreifache der Erregerspannung, jedoch mindestens 1000 Volt.

Die Wicklung des Sekundärankers asynchroner Motoren ist mit der $2^1/_2$ fachen Anlaufspannung zu prüfen, jedoch mindestens mit 100 Volt. Kurzschlußanker brauchen nicht geprüft zu werden.

§ 33. Maschinen und Transformatoren sollen durch 5 Minuten eine um $30^0/_0$ erhöhte Betriebsspannung aushalten können.

Bei Maschinen darf die Überspannungsprobe mit einer Steigerung der Tourenzahl bis zu $15^0/_0$ verbunden werden, wobei jedoch nicht gleichzeitig eine Überlastung eintreten darf.

Diese Prüfung soll nur die Isolierfestigkeit feststellen und bei solcher Temperatur beginnen, daß die zulässige Temperaturzunahme nicht überschritten wird.

Vierzehntes Kapitel

Praktische Ausführung der Wicklungen.

52. Beispiele von Handwicklungen. — 53. Beispiele von Schablonenwicklungen. —
54. Beispiele von Stabwicklungen.

Hinsichtlich der Art der Ausführung lassen sich die Wicklungen
in zwei Gruppen einteilen, und zwar in Drahtwicklungen und
Stabwicklungen. Je nach der Herstellungsart spricht man von
einer Hand- oder Schablonenwicklung. Bei der letzteren werden die einzelnen Spulen außerhalb der Maschine fertiggestellt.
Diese Wicklungsart ist daher nur bei offener Nutenisolation möglich.

52. Beispiele von Handwicklungen.

Handwicklungen werden verwendet entweder bei Maschinen
kleinster Leistung oder bei Hochspannungsmaschinen mittlerer
Leistung.

Bei Niederspannungsmaschinen mit offener Nutenisolation können
die Leiter durch den Nutenschlitz eingelegt werden; bei Hochspannungsmaschinen mit geschlossener Nutenisolation werden die Leiter von der Seite eingeschoben. Sind die
Drähte sehr dünn, so werden sie im letzten Falle
mittels einer hohlen Nadel eingefädelt.

Ist die Windungslänge einer Spule sehr groß,
wie z. B. bei kleinen Dreiphasenmotoren, so kann bei
offener Nutenisolation die Herstellung der Wicklung
nach einem Verfahren der Siemens-Schuckert-
Werke wie folgt vereinfacht werden.

Fig. 367.

Für die einzelnen Abteilungen einer Spule pro Pol und Phase
werden verschieden große rechteckige Rahmen gewickelt, deren
mittlere Windungslänge an einem Probemodell ermittelt ist. Die
Rahmen werden dann, wie Fig. 367 und 368 zeigen, über die betreffenden Nuten gelegt und die Windungen einzeln durch die

Fig. 368. Einlegen der auf Schablonen hergestellten Spulen in die Nuten.

Fig. 369 und 370. Holzschablonen für Statorwicklungen.

Schlitze in die Nuten von Hand eingebracht und seitlich abgebogen. Die Enden der einzelnen Rahmen werden dann verlötet, ihre Stirnseiten zusammengebunden und die Nuten mit Keil verschlossen.

Damit die Drähte beim Einziehen in die Nut an die richtige Stelle gelangen und auf der ganzen Nutenlänge gerade liegen, wird die Nut mit Eisendrähten, deren Querschnitt gerade einen isolierten Draht ersetzt, gefüllt und diese Drähte werden dann der Reihe nach durch Windungen ersetzt.

Fig. 371. Statorbewicklung mit Schablone

Die Spulenköpfe werden bei den Wicklungen, bei denen die Drähte durch die Löcher durchgezogen werden, gewöhnlich mit Hilfe von Blech- oder Holzschablonen (Fig. 369 und 370), die seitlich an der Armatur befestigt werden, hergestellt. Man erreicht dadurch ein vollkommen gleichmäßiges und schönes Aussehen der Spulenköpfe. Nur bei kleinen Maschinen, wo für die Schablonen kein Platz vorhanden ist, wird ohne diese gewickelt.

Die Bewicklung eines Stators unter Verwendung einer Schablone zeigt Fig. 371.

Die Wicklungen von einigen kleinen Dreiphasenmotoren veranschaulichen die Fig. 372 und 373. Der Rotor des Motors Fig. 372 ist mit Stabwicklung, nach Fig. 433, und Schleifringen versehen, der Stator hat eine sechspolige Drahtwicklung. In Fig. 373 sehen wir rechts den Rotor mit Käfigwicklung und links den vierpoligen Stator.

Fig. 372.

Fig. 373. Maschinenfabrik Örlikon, Dreiphasenmotor von 3 PS.

Eine nur zum Teil hergestellte Vierloch-Dreiphasenwicklung läßt Fig. 374 erkennen. Die vorstehenden Spulenköpfe werden mit Baumwollband umwickelt.

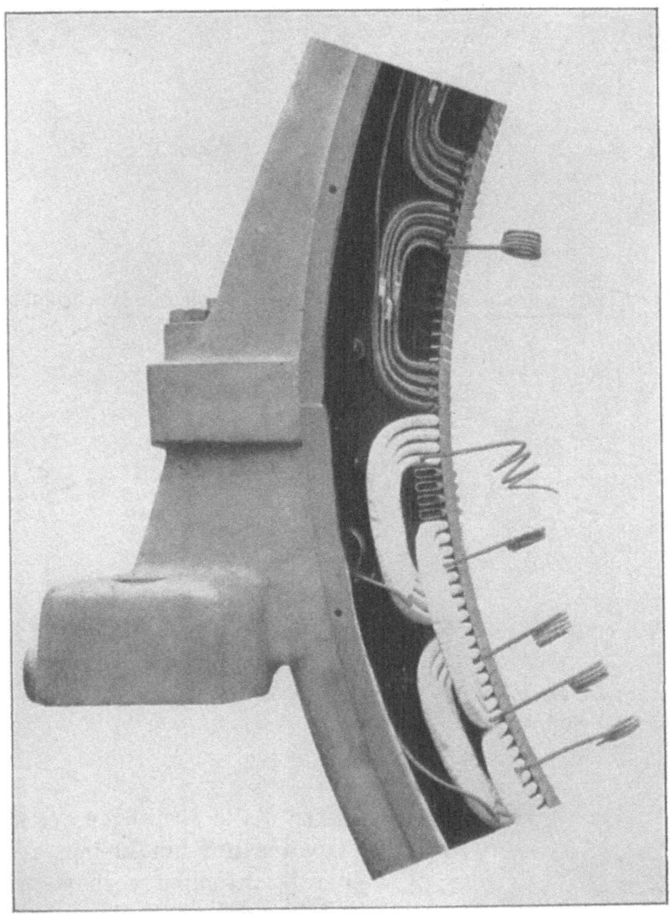

Fig. 374. Allgemeine Elektrizitäts-Gesellschaft, Berlin.

Querschnitt und Ansicht einer Armatur mit Vierloch-Zweiphasenwicklung sind in Fig. 375 dargestellt. Von einer Zweiloch-Dreiphasenwicklung unterscheidet sie sich nur durch die Polzahl, bzw. die Schaltung der Spulen, wir haben 8 Löcher pro Pol, während wir bei drei Phasen nur 6 Löcher pro Pol hätten.

Eine dreiphasige Dreilochwicklung mit nach zwei Seiten abgebogenen Spulenköpfen ist in Fig. 376 dargestellt.

Bei Hochspannungsmaschinen muß dafür Sorge getragen wer-

21*

den, daß ein Durchschlag von der Anker- zur Feldwicklung oder
von der Stator- zur Rotorwicklung unmöglich ist. Namentlich im

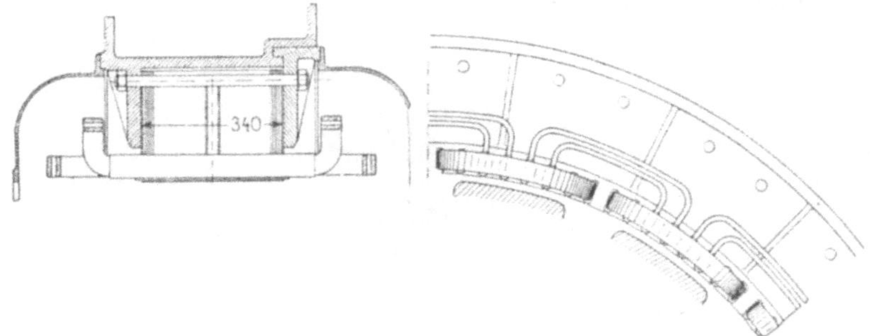

Fig. 375. Maschinenfabrik Örlikon, 700 KW-Zweiphasen-Synchronmotor.
2000 Volt.

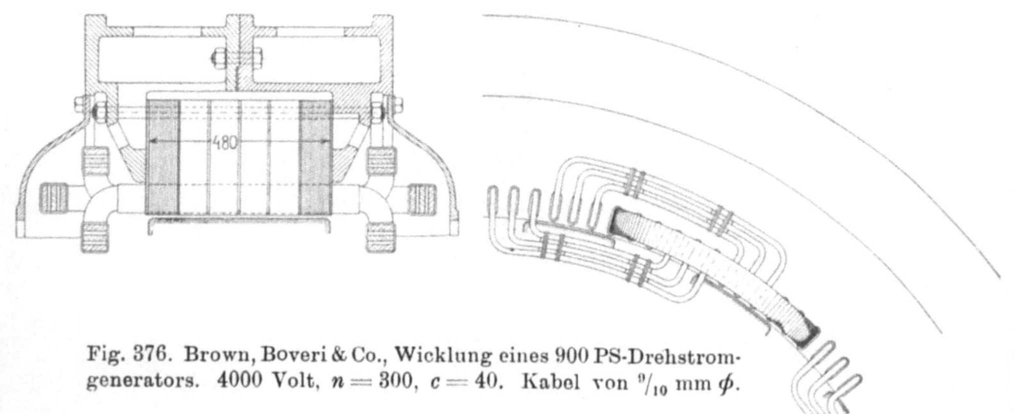

Fig. 376. Brown, Boveri & Co., Wicklung eines 900 PS-Drehstromgenerators. 4000 Volt, $n = 300$, $c = 40$. Kabel von $^9/_{10}$ mm ϕ.

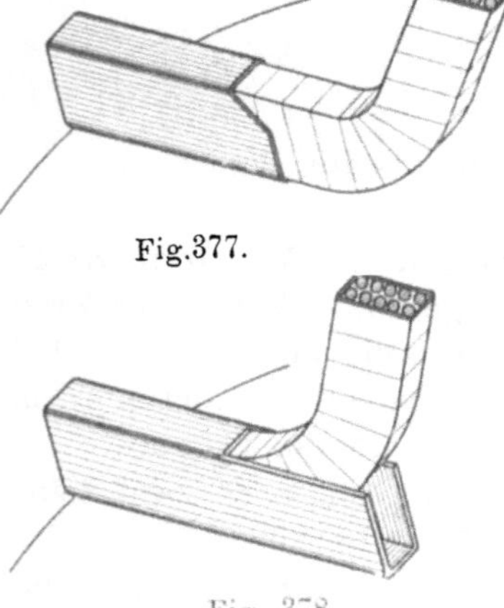

Fig. 377.

Fig. 378.

letzteren Falle ist wegen des kleinen
Luftspaltes nur ein kleiner Abstand
beider Wicklungen vorhanden.

Um eine gute Isolation zwischen
beiden Wicklungen zu erreichen,
darf der Rotor keine Mantelwicklung
erhalten. Es muß eine Gabel- oder
Bogenwicklung gewählt werden, so
daß die Spulenköpfe nur wenig vorstehen und die Isolierrohre der Statorwicklung weit über die Spulenköpfe des
Rotors hinausgehen. In den Fig. 377
und 378 sind zweckmäßige Ausbil-
dungen des Isolierrohres dargestellt.

Eine Hochspannungsarmaturwicklung zeigt ferner Fig. 379. Auf den beiden Stirnseiten werden die einzelnen Drähte voneinander distanziert und zu einem Spulenkopf vereinigt, der eine vorzügliche Abkühlung und Isolation besitzt.

Ist die Lochzahl q pro Pol und Phase sehr groß, so ist es zweck-

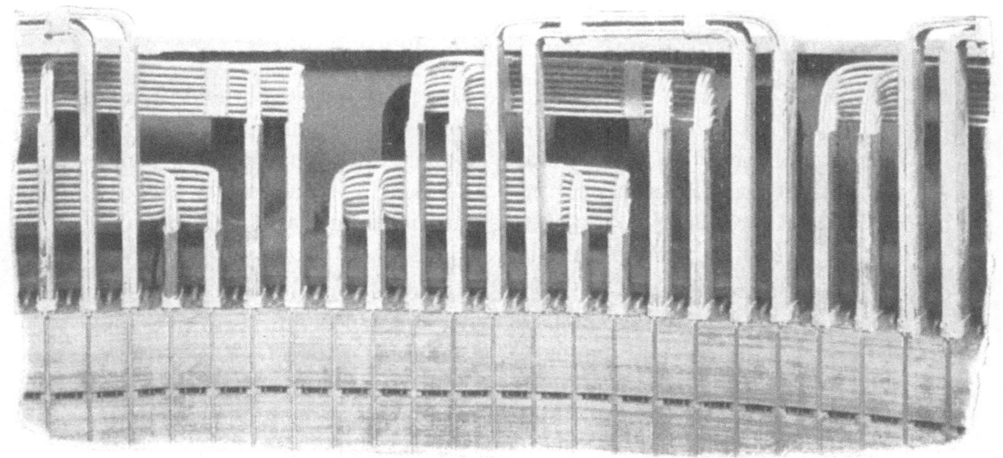

Fig. 379. Hochspannungsarmaturwicklung der Firma Alioth.

Fig. 380. Siemens-Schuckert-Werke, Einphasengenerator. 1180 KW, 5400 Volt, $n = 100$, $c = 5$, Außendurchmesser 4 m.

mäßig, die zu einem Spulenkopf zusammengefaßten Querverbindungen in zwei Ebenen anzuordnen, um die Höhe des Spulenkopfes in Richtung des Gehäusedurchmessers zu verkleinern. Dies kann der Fall sein bei Einphasengeneratoren. Fig. 380 zeigt eine derartige Anordnung für einen Generator mit Handwicklung.

53. Beispiele von Schablonenwicklungen.

Sind die Nuten, in denen die Wicklung untergebracht werden soll, ganz oder doch genügend offen, so können die Spulen vor dem Aufbringen auf die Armatur einzeln auf Schablonen (Wickelformen) hergestellt werden und dabei eine solche Gestalt erhalten, daß sie unverändert in die Nuten eingelegt und auf dem Armaturkörper befestigt werden können.

Die Schablonenwicklung hat folgende Vorteile:

Erstens kann die Isolation der Spulen sehr sorgfältig ausgeführt und für jede Spule einzeln geprüft werden: zweitens ermöglicht sie eine billige und schnelle Herstellung der Wicklung, namentlich bei Massenfabrikation; drittens ermöglicht die unabhängige Herstellung der Wicklung eine schnellere Fertigstellung der ganzen Maschine und viertens können bei Beschädigung der Wicklung einzelne Spulen gegen neue leicht ausgewechselt werden.

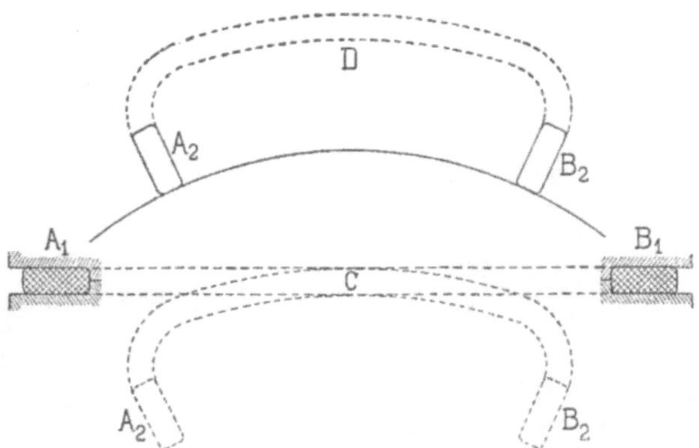

Fig. 381a und b. Schablonenwicklung.

In Fabriken, in denen die Wickelei gut durchgebildet ist, werden die Spulen auf der Wickelform vollständig fertiggestellt, und zwar sowohl Spulen mit als auch ohne Kröpfung. Vielfach werden jedoch die Spulen erst nach dem Aufwickeln in die endgültige Form gebogen oder begrenzt, was bei dünndrähtigen Wicklungen zulässig ist.

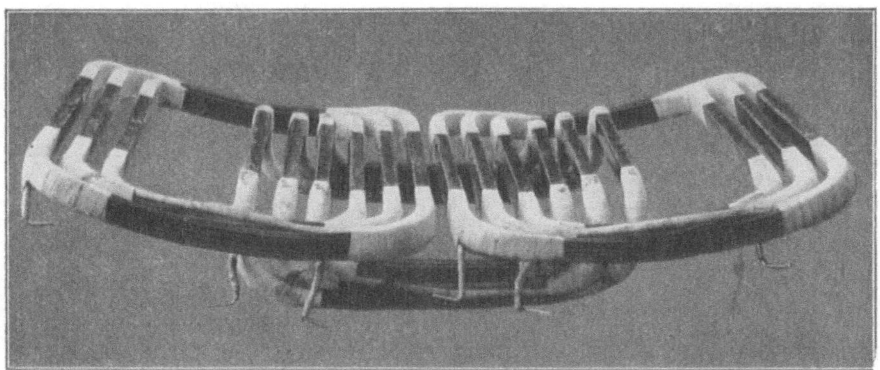

Fig. 382. Spulen einer Dreiloch-Dreiphasenwicklung der Siemens-Schuckertwerke.

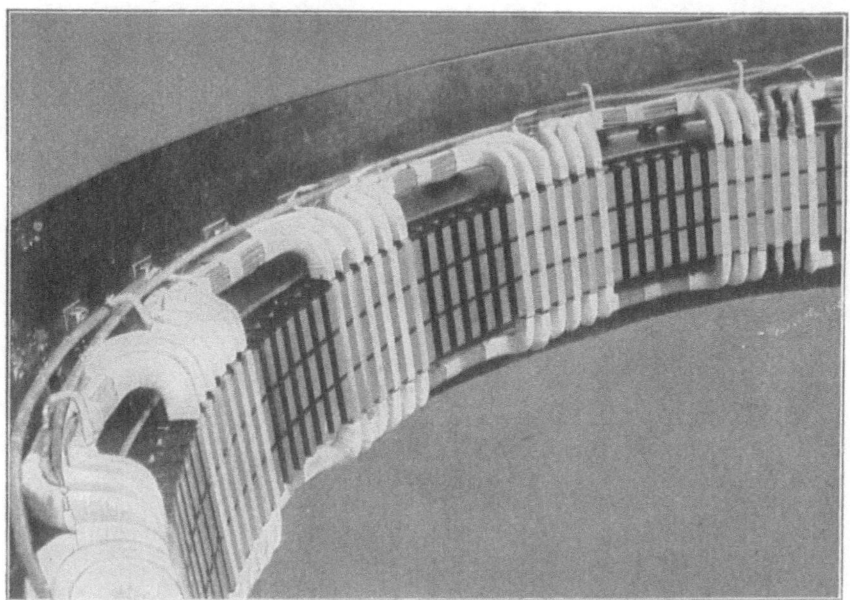

Fig. 383. Siemens-Schuckertwerke.

In den Fig. 381 a und b ist ein Verfahren nach letzterer Art dargestellt. Die Spule, die die endgültige Form $A_2 D B_2$ erhalten soll, wird auf einen Holzrahmen in die ebene Form $A_1 C B_1$ aufgewickelt, dann aus der Form entfernt und in die punktiert gezeichnete fertige Form $A_2 C B_2$ gebogen.

In Fig. 382 sind die gebogenen und geraden Spulen einer Dreiloch-Dreiphasenwicklung abgebildet. Die gebogenen Spulen

sind auf die eben beschriebene Art hergestellt, die geraden sind
dagegen auf der Wickelform vollständig fertiggestellt. Die geraden
Seiten der Spulen, die in Nuten eingelegt werden, sind mit Mika
umkleidet, und die Köpfe sind mit Baumwollband umwickelt und
erhalten einen Lackanstrich.

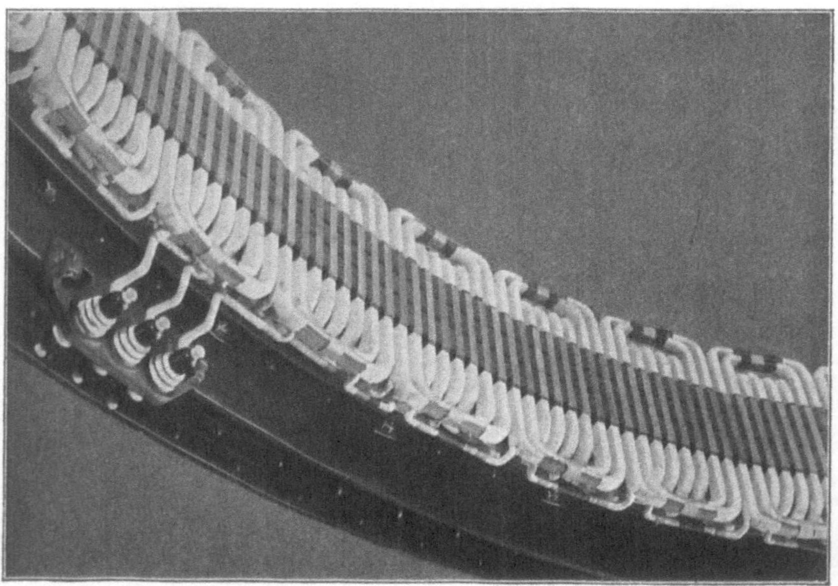

Fig. 384.   Siemens-Schuckertwerke.

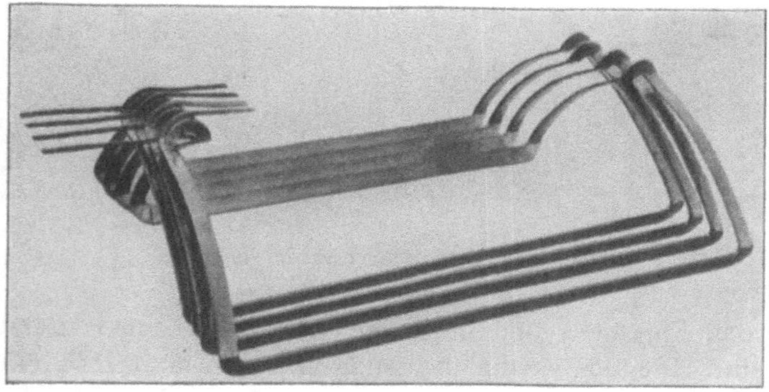

Fig. 385.   Auf einer Wickelform fertig gewickelte Spulen.

Fig. 383 zeigt ein Stück der Armatur mit eingelegten gebogenen Spulen und Fig. 384 gibt ein Bild der fertigen Wicklung.

Spulen, die auf Wickelformen ihre fertige Gestalt erhalten haben, sind in Fig. 385 abgebildet. Sollen alle Phasen einer Mehrphasenwicklung gleiche Spulen erhalten, so muß man zu dem in Fig. 91 gegebenen Schema übergehen. In Fig. 386 sind derartige durch Mikanitröhren gewickelte Spulen dargestellt. Jede Spule erhält eine lange und eine kurze Seite. Fertige Armaturen, die

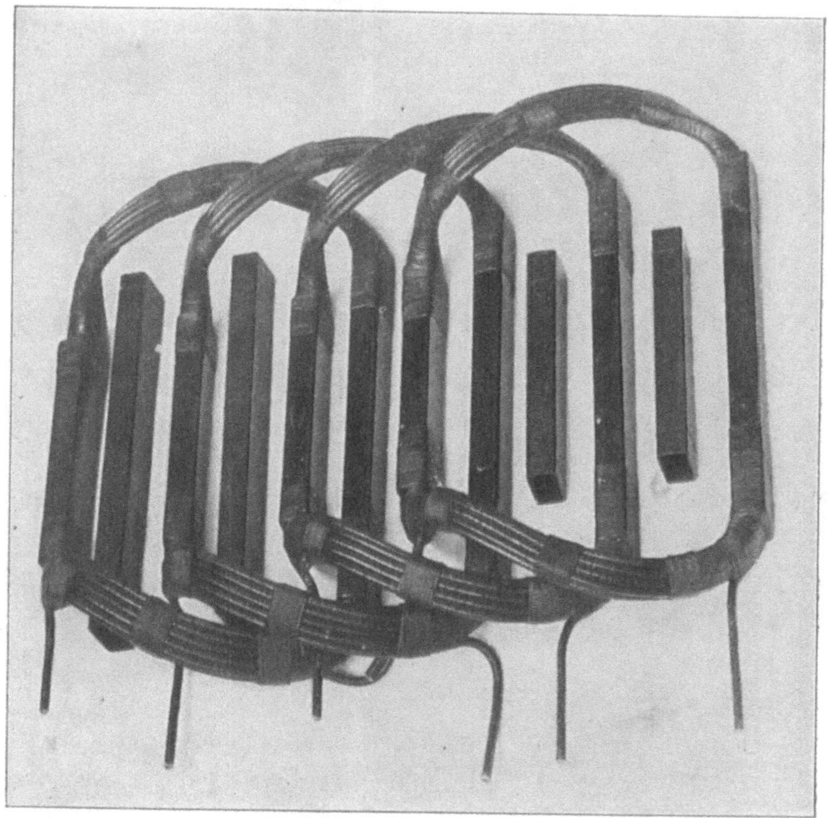

Fig. 386. Siemens-Schuckertwerke.

aus gleichen Spulen hergestellt sind, veranschaulichen Fig. 387 und 388. In Fig. 389 ist eine Zweiphasen-Zweilochwicklung mit weiten (1) und engen (2) Spulen dargestellt. Eine Dreiphasen-Zweiloch- und eine Dreiphasen-Dreilochwicklung mit gleichen Spulen veranschaulichen Fig. 390 und 391.

Die Strecken AB und CD der Spulenköpfe liegen in der Wicklungsebene der geraden Spulenseiten, während man im Bogen über die anderen Spulenenden hinweg von B nach C gelangt wie in Fig. 389. Diese Wicklungsart ist dann geeignet, wenn alle Spulenseiten in der gleichen Wicklungsebene liegen.

Fig. 387. Sachsenwerke Licht und Kraft A.-G. Asynchronmotor für 700 PS, $n = 125$.

Fig. 388. Sachsenwerke Licht und Kraft A.-G. Generator für 350 KVA, 10500 Volt, 125 Touren, $c = 50$.

Liegen in einer Nut zwei Spulenseiten übereinander, so erhalten wir für die Spulenseiten zwei Wicklungsebenen. Es liegt dann der Teil $C_1 B_1 B C$ der Spule in der einen und der Teil $C C_1$ in der anderen Wicklungsebene und bei C und C_1 entsteht eine Kröpfung.

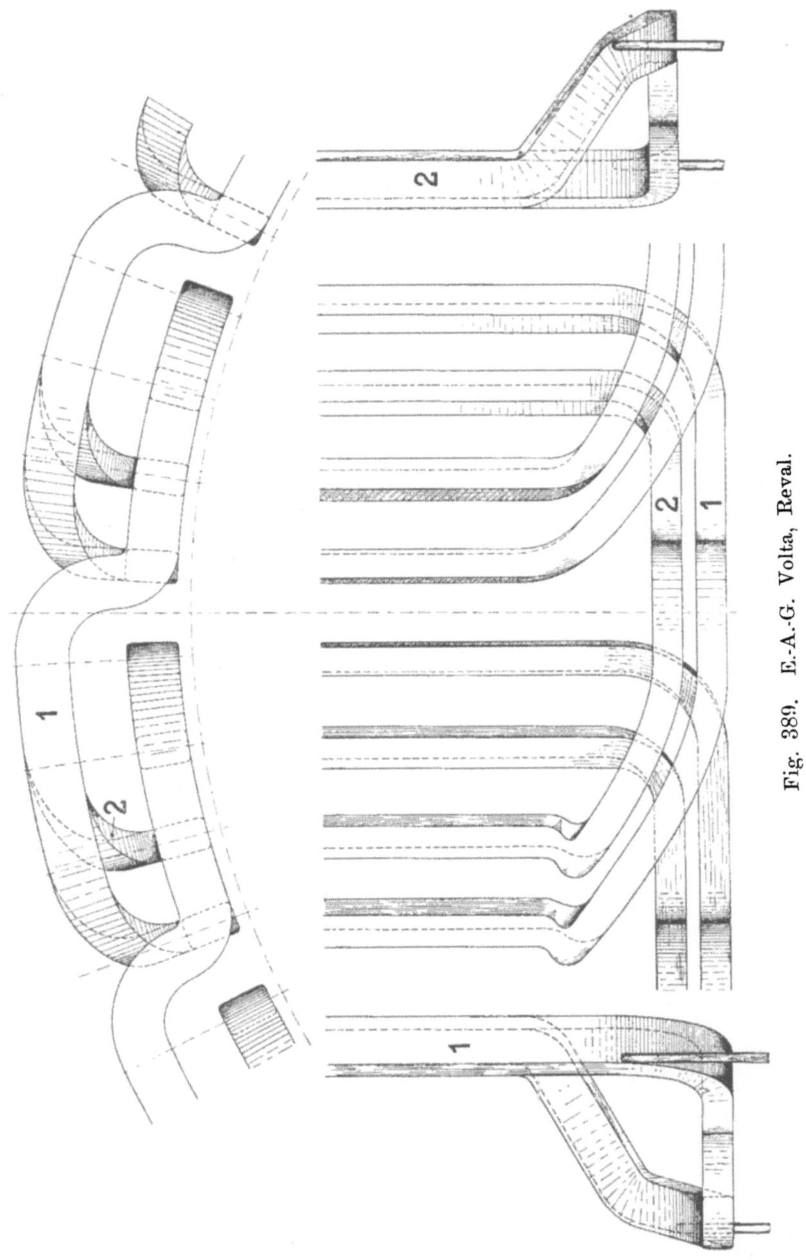

Fig. 389. E.-A.-G. Volta, Reval.

In diesem Falle werden die Spulenköpfe kürzer, wenn BC und DC gleich lang sind, wie in Fig. 392 dargestellt ist.

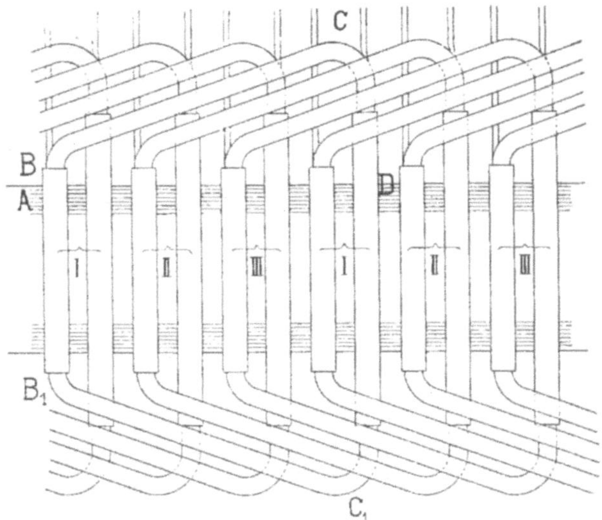

Fig. 390.

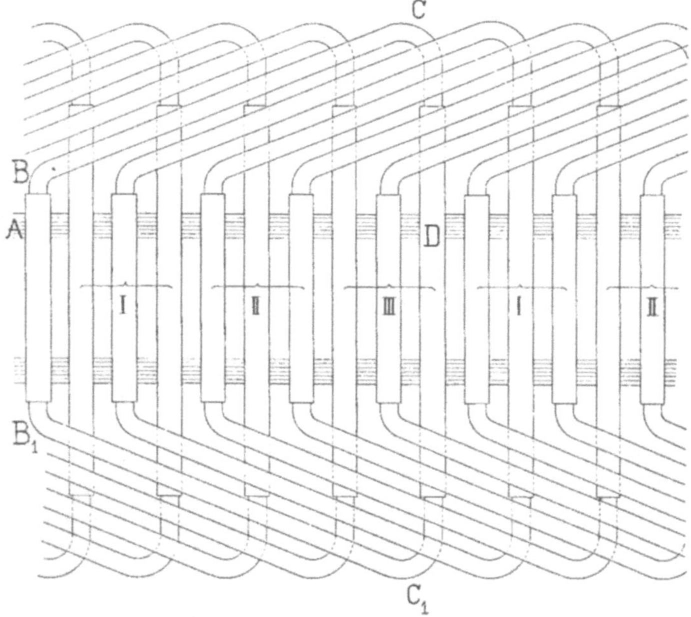

Fig. 391.

Die Kröpfung C der Spulen kann wie in Fig. 392 senkrecht zu den Wicklungsebenen stehen, oder man kann allmählich in mehr oder weniger sanfter Krümmung von einer Wicklungsebene in die andere übergehen, wie in Fig. 393.

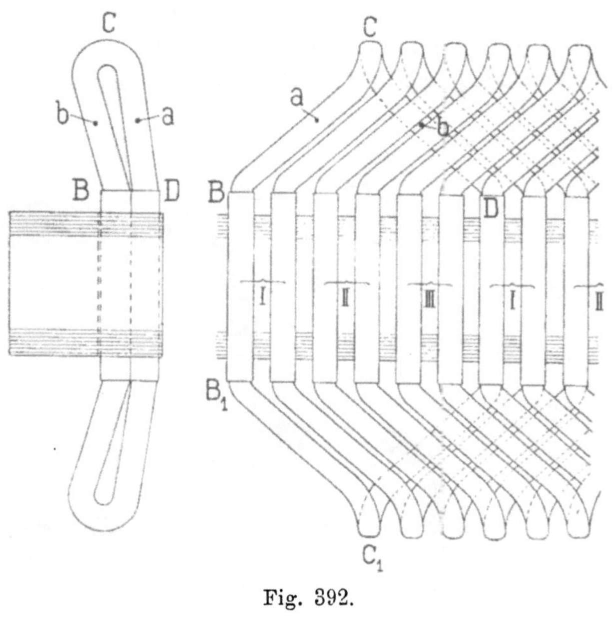

Fig. 392.

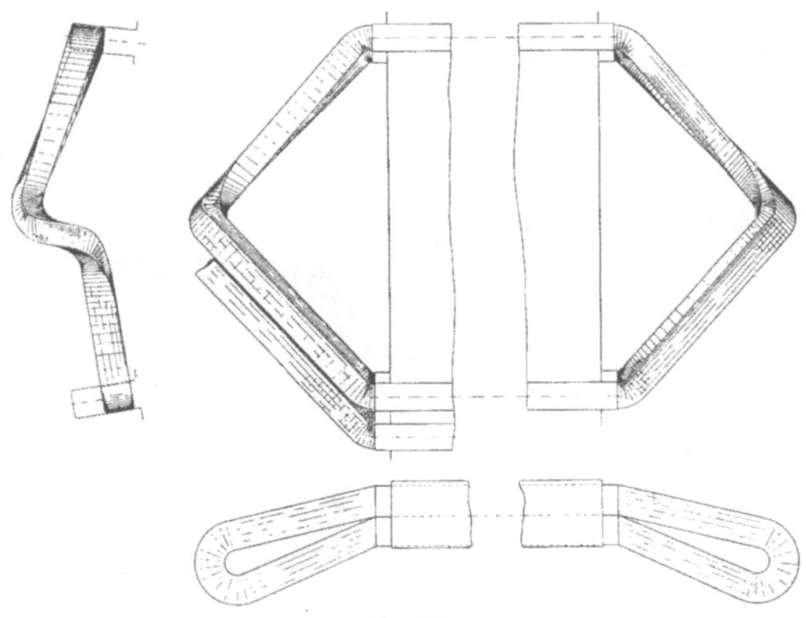

Fig. 393.

Die Herstellung der Spulen mit Kröpfung erfolgt ebenso wie bei Gleichstromwicklungen. Sie werden auf Rahmen gewickelt,

und zwar erhalten sie entweder direkt die endgültige Form oder
sie werden nach dem Wickeln in die richtige Form gebogen oder
gepreßt. Die verschiedenen Methoden der Herstellung von Form-

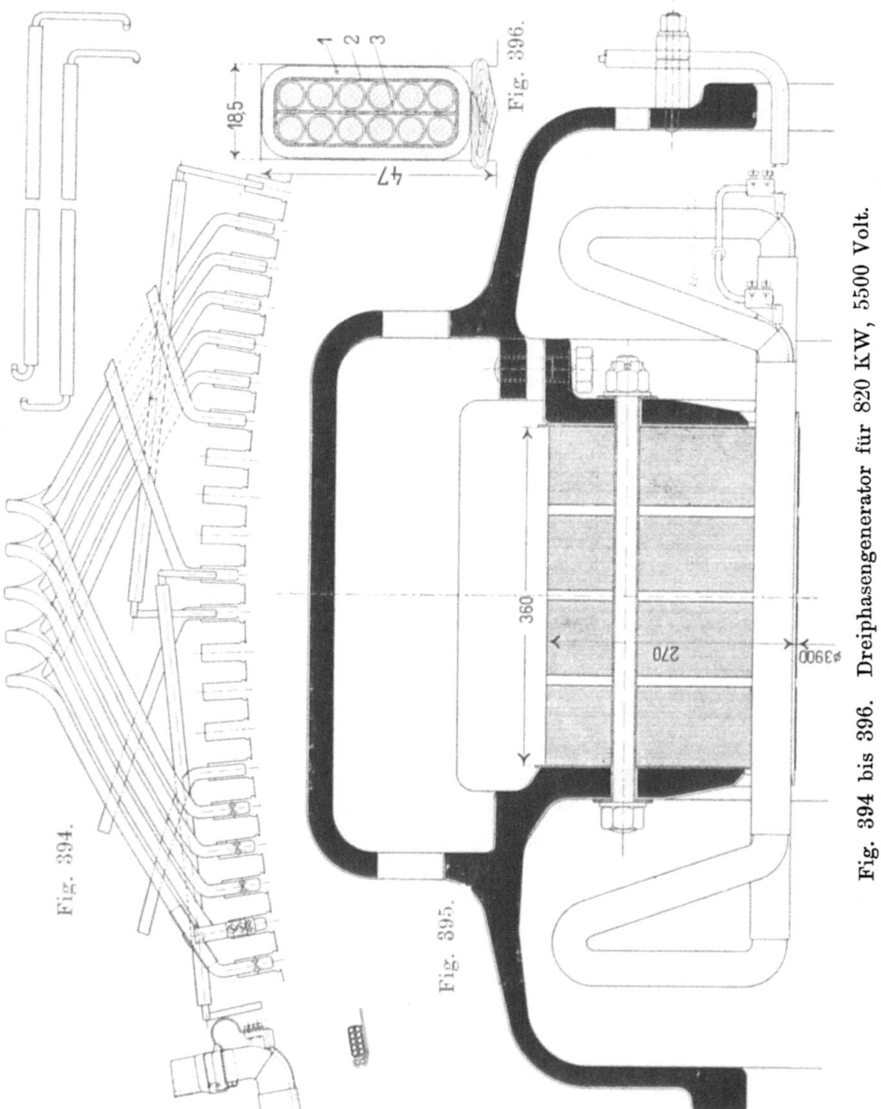

spulen sind im Buche des Verfassers „Die Gleichstrommaschine"
II. Band ausführlich beschrieben.

 Eine Schablonenwicklung eines Dreiphasengenerators für 820 KW,
5500 Volt und 115 Ampere zeigen Fig. 394 bis 396. Alle Spulen

Fig. 397. Alioth.

Fig. 398. Siemens-Schuckert-Werke, Drehstromgenerator für 5600 KVA,
$n = 428$.

sind unter sich gleich. Sie liegen in offenen, mit Holzkeil ver-
schlossenen Nuten. Pro Pol und Phase sind 5 Nuten vorhanden.

Die Nutenisolation ist in Fig. 396 in größerem Maßstabe besonders dargestellt. Es bezeichnet 1. eine Glimmerhülse von 2,5 mm, 2. Bandisolation von 0,4 mm und 3. Preßspan von 0,5 mm. Der Kupferdraht hat nackt 5 mm und isoliert 6 mm Durchmesser. Das Umkleiden der Spule mit Isolation erfolgt nach ihrer Fertigstellung auf der Schablone.

Fig. 399. Siemens-Schuckert-Werke. Drehstromgenerator für 3280 KVA, $n = 375$.

Fig. 397 zeigt den Rotor eines Asynchronmotors mit Schablonenwicklung.

Eine normale Wicklung eines Dreiphasengenerators mit ungleich weiten Spulen zeigt Fig. 398. Mit ungleich weiten Spulen

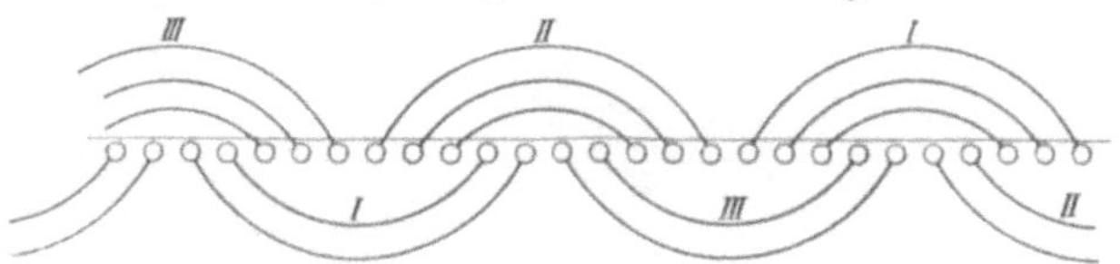

Fig. 400. Wicklungsschema der Teillochwicklung Fig. 399.

ist gleichfalls der Dreiphasengenerator nach Fig. 399 gewickelt. Diese Wicklung ist nach Schema Fig. 400 als Teillochwicklung ausgeführt.

Beispiele von Schablonenwicklungen bei Turbogeneratoren zeigen Fig. 401 und 402, sowie die Tafeln I und II. Bei den Fig. 401 und 402 sind die Spulenseiten pro Pol und Phase zu zwei nach verschiedenen Richtungen verlaufenden Spulenköpfen zusammengefaßt. Soll die Armatur zweiteilig ausgeführt werden, so wickelt man nach Schema 88, wie Tafel II zeigt.

Fig. 401. Société Alsacienne, Belfort. 5000 KVA, 5250 Volt, $n = 1500$, $c = 50$.

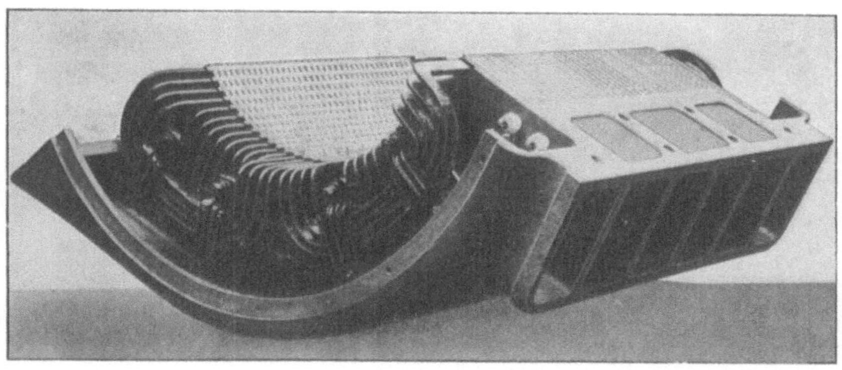

Fig. 402. Société Alsacienne, Belfort. 6000 KW bei cos $\varphi = 0,8$; 12500 Volt zweiphasig, $n = 833^1/_3$, $c = 41^2/_3$.

54. Beispiele von Stabwicklungen.

Übersteigt der für eine Windung erforderliche Querschnitt gewisse Grenzen, so werden die Spulen mit zwei oder mehr Drähten parallel oder mit Drahtlitzen gewickelt oder man geht zur Stabwicklung über.

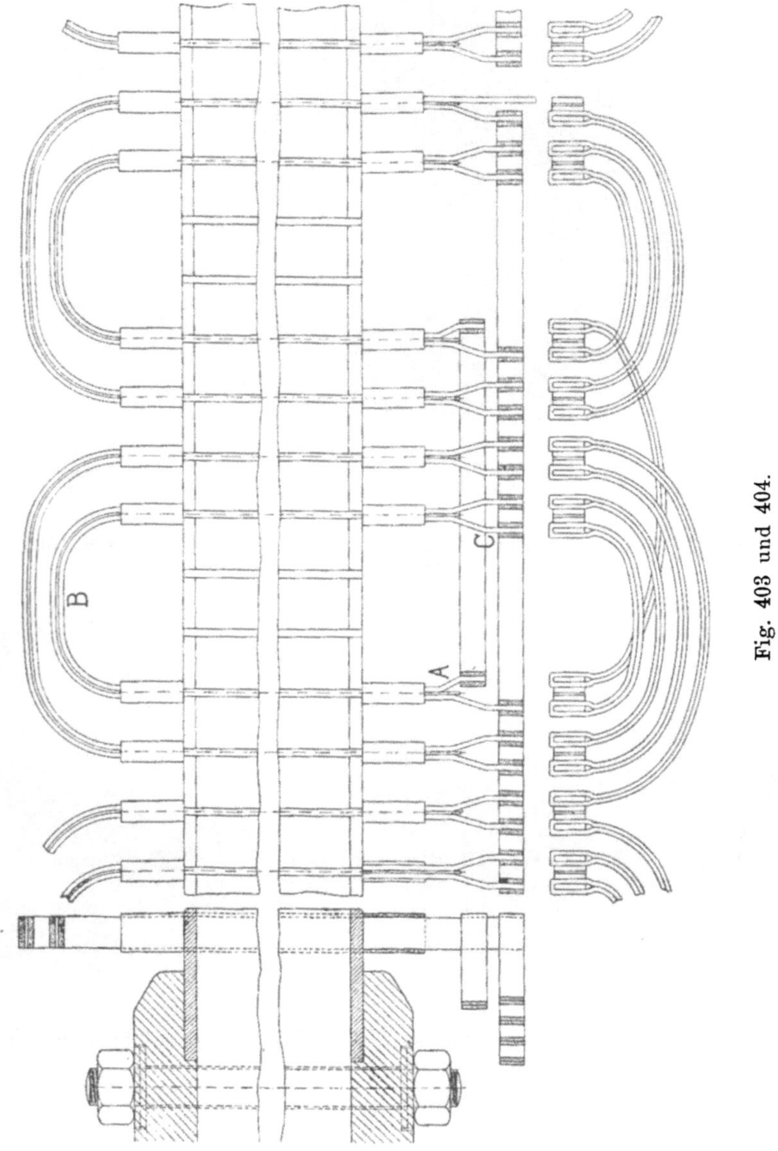

Additional material from *Die Wicklungen der Wechselstrommaschinen*
ISBN 978-3-642-88978-3, is available at http://extras.springer.com

Die Herstellung einer Stabwicklung ist wesentlich vom Querschnitt des Stabes abhängig. Bei kleineren Querschnitten können eine oder mehrere Windungen aus einem Stück hergestellt werden, bei großen Stabquerschnitten ist es zweckmäßig, eine Windung aus zwei oder mehr Teilen zusammenzusetzen. Sind die Nuten nicht genügend offen, so ist dies schon deswegen notwendig, damit die Stäbe in die Nuten von der Seite eingeschoben werden können.

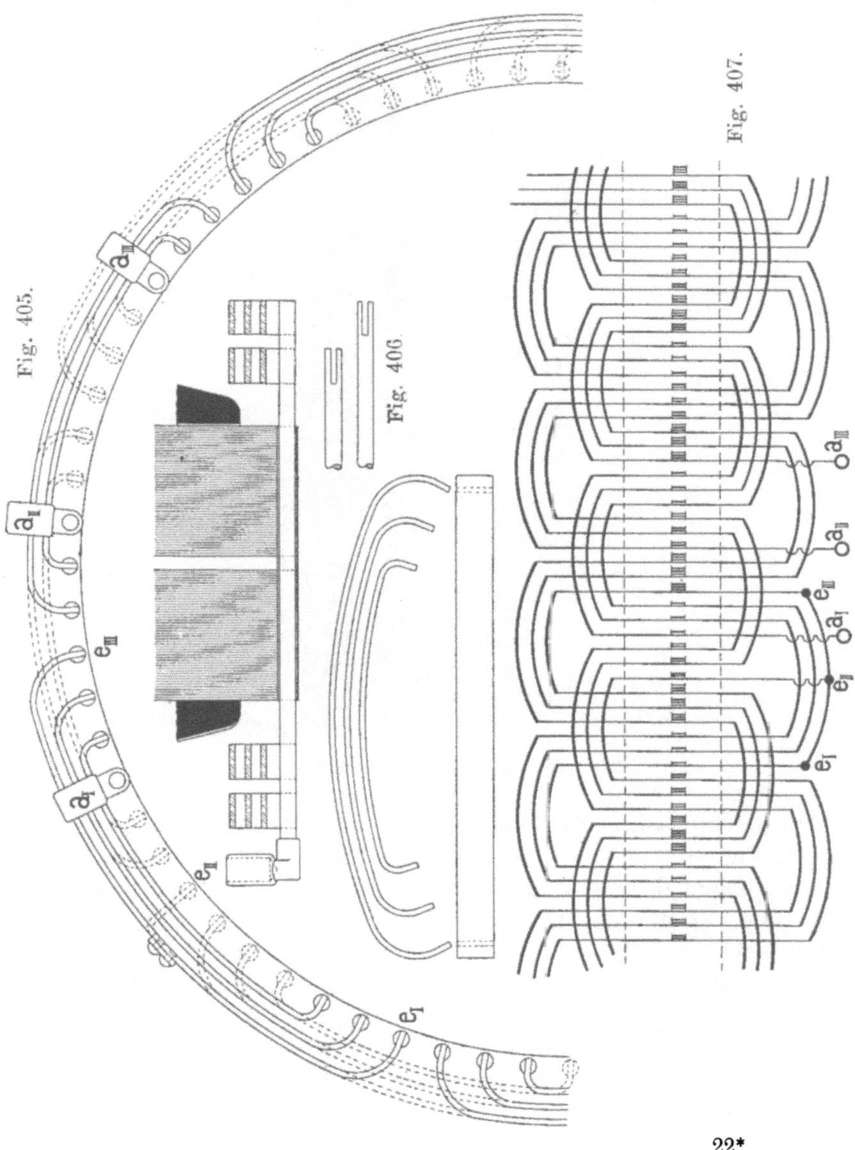

Nach der Art der Herstellung kann man die Stabwicklungen einteilen in solche mit Verbindungsbogen oder mit Verbindungsgabeln und in sog. Mantelwicklungen (Faßwicklungen).

Fig. 408.   Brown, Boveri & Co.

Eine einphasige Vierlochwicklung mit Verbindungsbogen ist in den Fig. 403 und 404 dargestellt. Zwei Stäbe und ein Verbindungsbogen B sind je aus einem Stück hergestellt (Stück ABC), der andere Verbindungsbogen liegt senkrecht zur Wicklungsebene und besteht aus doppelt zusammengefaltetem Kupferband.

Eine umlaufende dreiphasige Dreilochwicklung, die auf beiden Seiten eingelötete Verbindungsbogen besitzt, veranschaulicht Fig. 405 und 406. Für die Stromableitung sind drei Stabenden mit Kabelschuhen versehen. Das für die Wickelei bestimmte Verbindungsschema gibt Fig. 407.

Sehr deutlich ist die Anordnung und Befestigung des Verbindungsbogens aus den Fig. 408 und 409 ersichtlich, und der Lauf der Wicklung läßt sich in der Figur gut verfolgen.

Fig. 409. Brown, Boveri & Co., Einphasengenerator für große Stromstärke. 500 KVA, 50 Volt, $n = 375$, $c = 50$.

In den obigen Beispielen sind die Verbindungsbogen in zwei bzw. in drei Ebenen angeordnet. Wir können sie übereinstimmend mit dem früheren Schema Fig. 390 auch schräg anordnen, wie die Fig. 410 erkennen läßt. Dabei können Stäbe (AB, CD) gleich lang sein, oder wir erhalten kurze Stäbe AB_1 und lange Stäbe C_1D.

Wie sich die Ausführung einer solchen Wicklung gestaltet, veranschaulichen die Fig. 411 und 412.

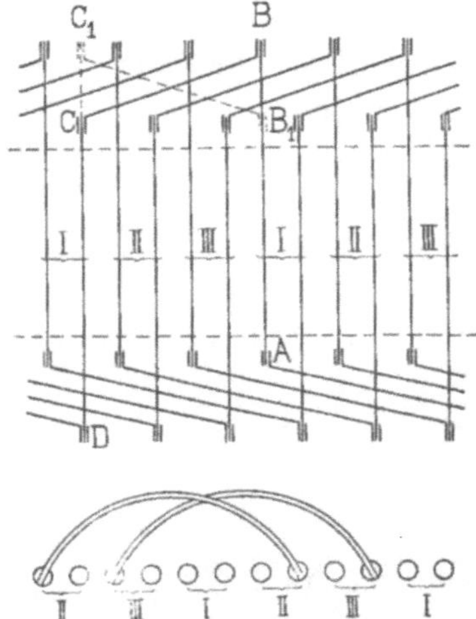

Fig. 410.   Dreiphasen-Stabwicklung
mit schiefen Verbindungsbogen.

Die Fig. 413 und 414 zeigen
eine Vierloch-Einphasenwicklung
mit 4 Stäben pro Nut, je zwei
Stäbe liegen übereinander. Es
entstehen für die Bogen auf einer
Seite der Armatur vier Wicklungsebenen, und zwar a und d
für die Verbindungen von Spule
zu Spule und b, c für die Verbindung der Spule selbst. Auf
der anderen Seite der Armatur
sind nur die Ebenen b_1 und c_1
vorhanden.   Der Deutlichkeit
wegen sind in der Seitenansicht
die Bogen c und d nach unten
geklappt.

Will man die Wicklung aus
Kupferband herstellen, so sind

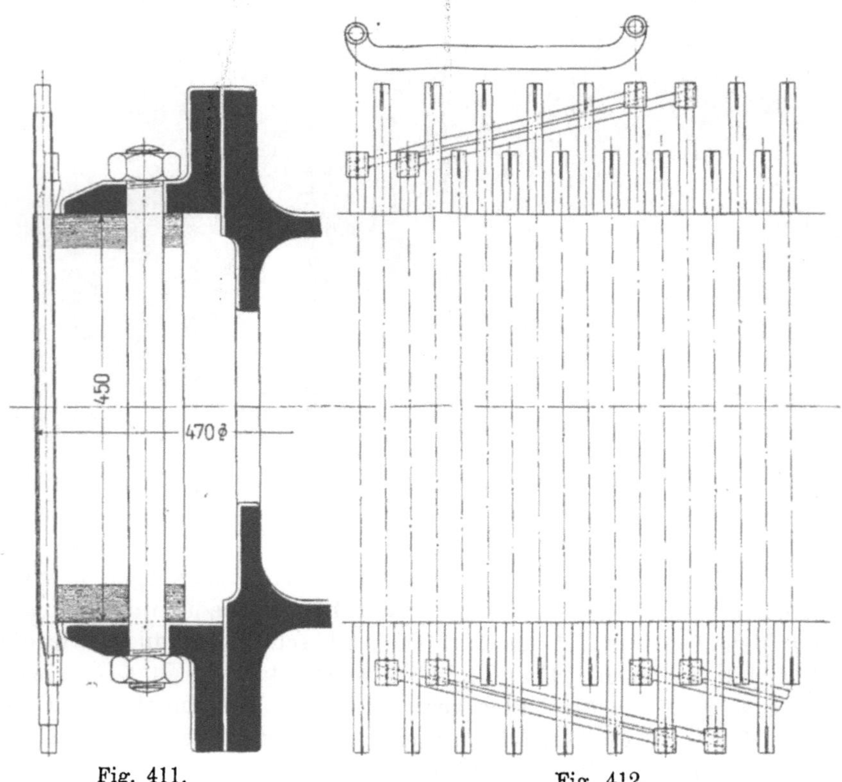

Fig. 411.   Fig. 412.

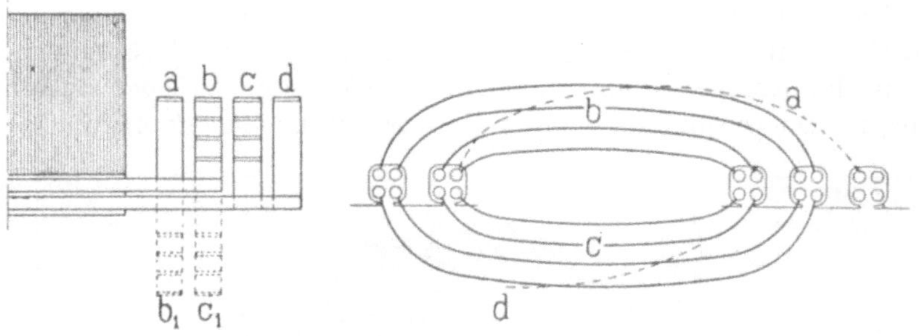

Fig. 413.   Fig. 414.

Fig. 413 und 414. Vierloch-Einphasenwicklung.

Fig. 415.

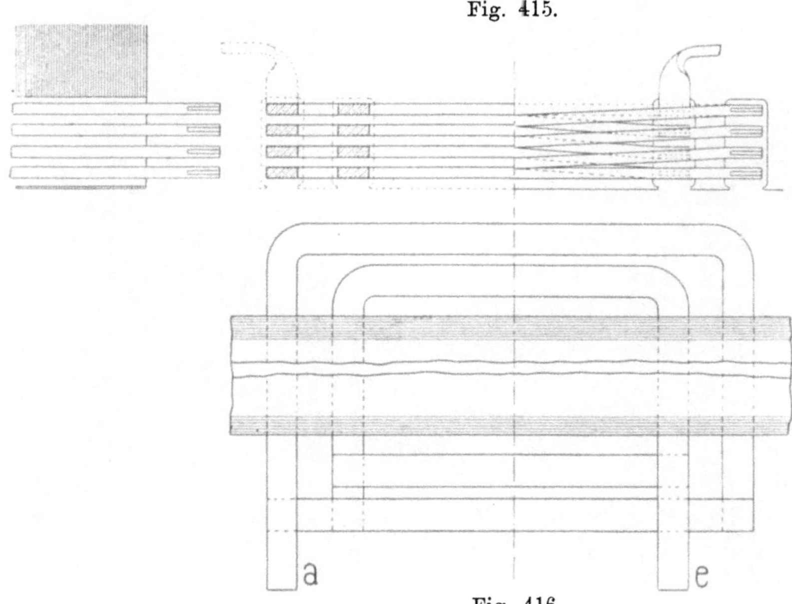

Fig. 416.

Fig. 415 und 416. Stabwicklung mit vier quer liegenden Stäben pro Nut.

aus den auf S. 82 mit Fig. 131 erläuterten Gründen bei großen
Nutenhöhen besser die Bänder quer zur Nut, wie in
den Fig. 415 und 416, als längs der Nut, wie in
Fig. 417 zu legen. Die Bänder können auf einer Seite
hochkant gebogen und auf der anderen Seite durch
eingelötete Querstreifen zu Spulen vereinigt werden.

Beispiele für die Verwendung von Bogenver-
bindungen bei Turbogeneratoren zeigen Fig. 418 und
Tafel II.

Fig. 417.
Nut mit vier
längs liegen-
den Stäben.

Die Statorwicklung eines einphasigen Kommutatormotors zeigt
Taf. IV. Auf der rechten Seite der Tafel sind die Verbindungs-
bogen der Kompensations- und Hilfspolwicklung, auf der linken
Seite die Querverbindungen der Hauptwicklung zu erkennen.

Fig. 418. Alioth, Turbogenerator für 3000 KVA, 5250 Volt, $n = 1500$,
$c = 50$.

Wenden wir uns nun zu den Wicklungen mit Verbindungsgabeln, so müssen wir zunächst zwei Fälle unterscheiden.
Entweder sind die Stäbe einer Nut außerhalb derselben nach der
gleichen Richtung oder nach entgegengesetzter Richtung gebogen.
Das letztere trifft bei den nach dem Schema einer Gleichstromwicklung ausgeführten Wicklungen immer zu.

Laufen die Verbindungsgabeln der Stäbe einer Nut nach
gleicher Richtung, so erhalten wir die Wicklungen Fig. 419 u. 420.

In Fig. 419 liegen die Stäbe einer Nut übereinander. Damit
die Gabeln Platz finden, werden die Stäbe am vorstehenden Ende

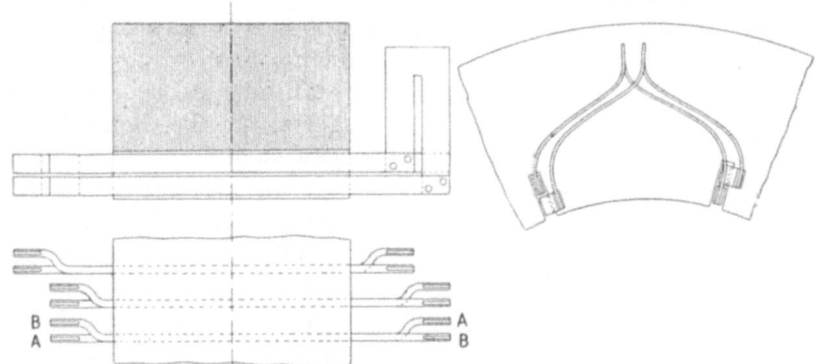

Fig. 419. Stabwicklung mit übereinander liegenden Stäben und Verbindungsgabeln, die in gleicher Richtung verlaufen.

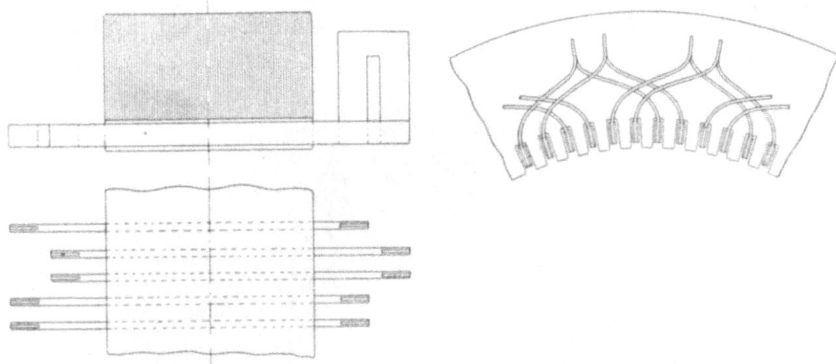

Fig. 420. Stabwicklung mit Verbindungsgabeln, die in gleicher Richtung
verlaufen.

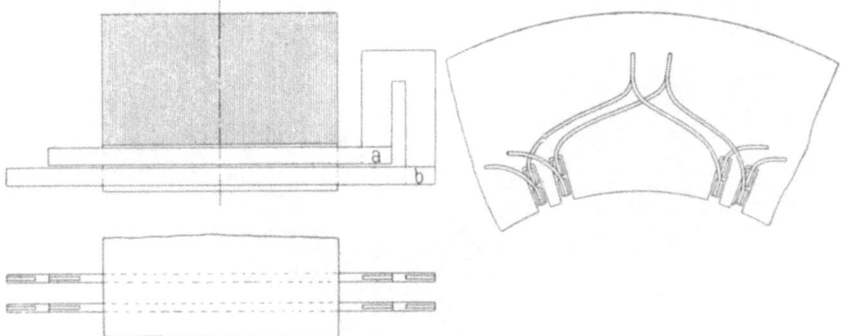

Fig. 421. Stabwicklung mit zwei übereinander liegenden Stäben pro Nut,
von denen Gabeln in verschiedener Richtung ausgehen.

gebogen, und zwar einseitig, so daß sie seitlich in die Nuten eingeschoben werden können.

Die Fig. 421 und 422 stellen Wicklungen dar, bei denen die Gabeln benachbarter Stäbe in entgegengesetzter Richtung laufen. Auch hier werden oft die Stabenden gebogen, um mehr Platz für die Lötstellen zu gewinnen.

In Fig. 421 ist die Lötstelle a etwas schwer zugänglich. Das läßt sich ändern, indem man, wie in Fig. 422, den unten in der Nut liegenden Stab mit dem äußeren Schenkel der Gabel und den oben in der Nut liegenden mit dem innern verbindet. Die Stäbe (A, A

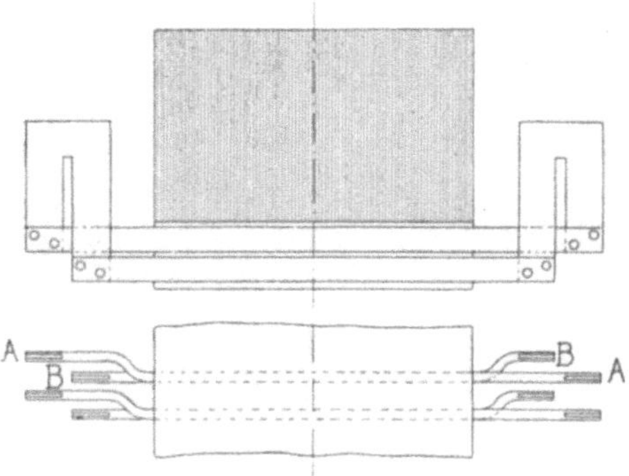

Fig. 422. Stabwicklung mit zwei übereinanderliegenden Stäben mit Nut, von denen Gabeln in verschiedener Richtung ausgehen.

Fig. 423. Alioth. 2050 KVA, 4100 Volt, $n = 428$, $c = 50$.

und $B, B)$ werden einseitig derart abgekröpft, daß der innere Gabelschenkel am unteren Stabe vorbei geht.

Eine Wicklung mit drei nebeneinander liegenden Stäben pro

Fig. 424.   Felten & Guilleaume Lahmeyerwerke A.-G.   Drehstromgenerator.

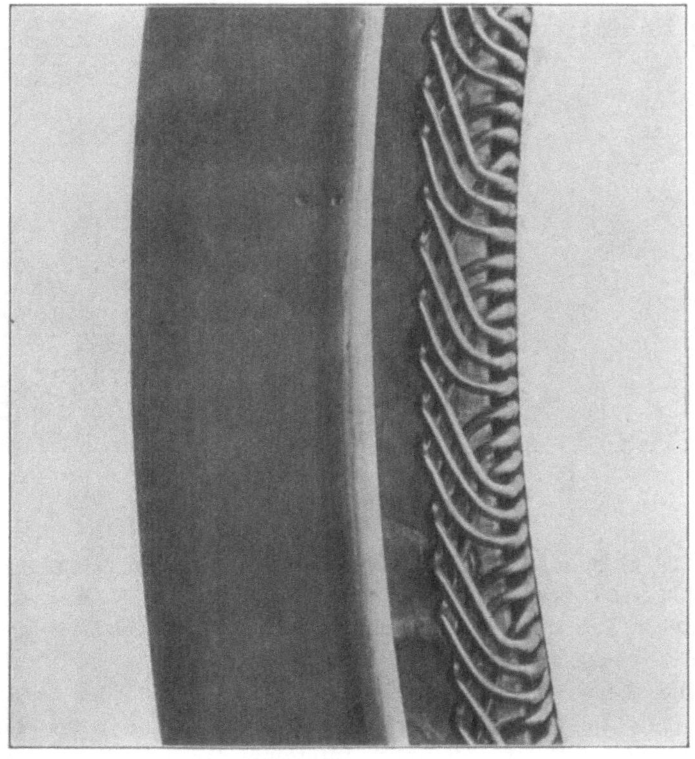

Fig. 425.

Nut zeigt Fig. 423. Eine Dreiphasenwicklung eines Turbogenerators mit 11 Löchern pro Pol und Phase zeigt Fig. 461. Die Befestigung der Gabelverbindungen mit den Stäben läßt sich aus Fig. 424 erkennen. Die Distanzierung der Gabelverbindungen mit Isolierstücken zeigt Fig. 459.

Bei Stäben von mäßigem Querschnitt kann es zweckmäßig sein, eine Gabel und zwei Stäbe aus einem Stück herzustellen, wie Fig. 425 veranschaulicht.

Fig. 426.

Das Segment eines Dreiphasenmotors, mit Rotorwicklung nach Fig. 431 und Statorwicklung nach Fig. 425, ist in Fig. 426 abgebildet. Damit die Wicklung sichtbar wird, ist ein Teil des Schildes weggenommen.

Die Verwendung von Gabeln bei Rotoren von Asynchronmaschinen zeigen Fig. 427 und 428. Die Verbindungen der einzelnen Teile der Rotorwicklung untereinander und die Ableitungen zu den Schleifringen sind in den Fig. 427 und 428 am inneren

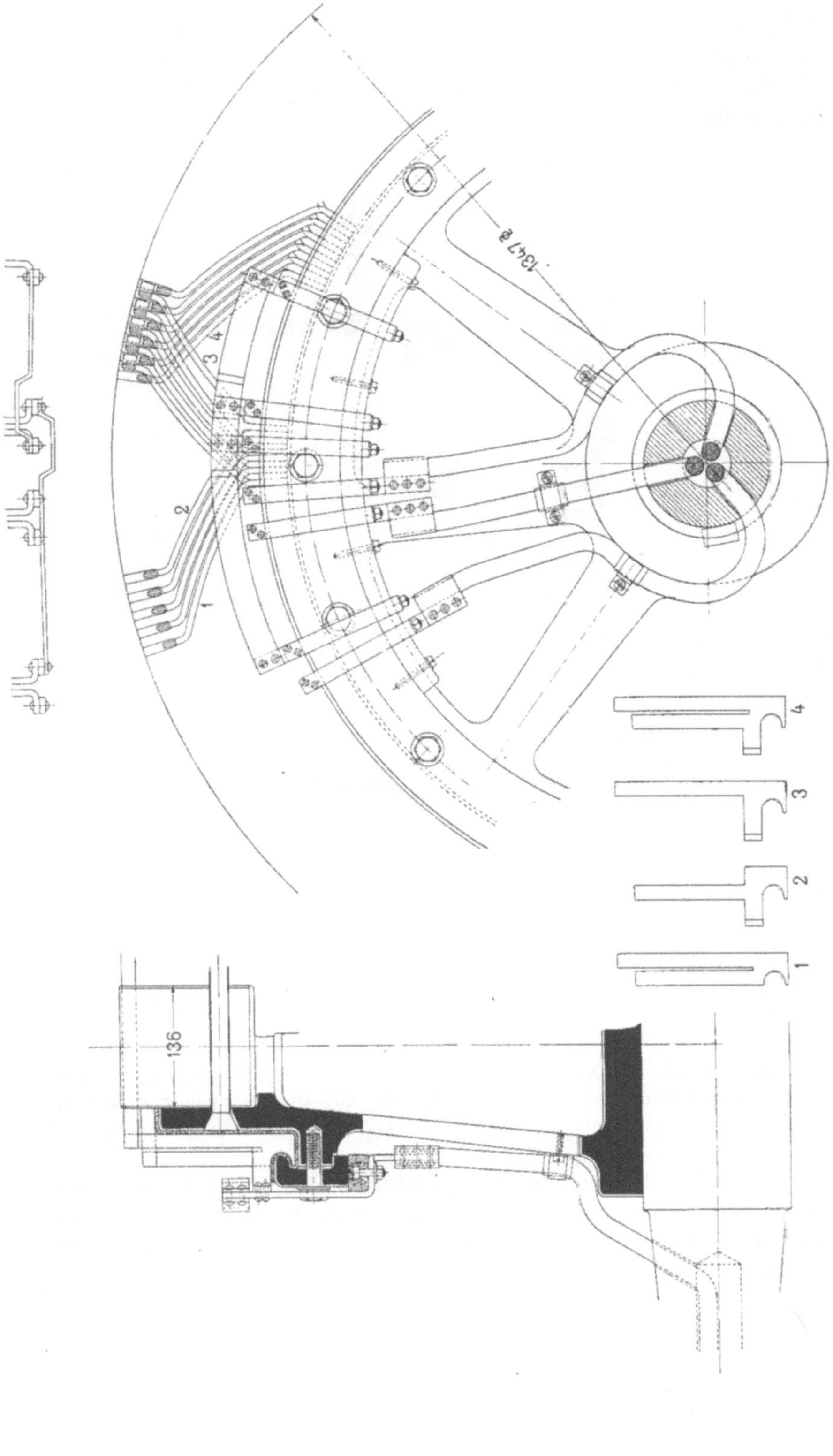

Fig. 427 und 428. Dreiphasenmotor 8000 Volt, 225 PS, 500 Touren.

Umfang der Verbindungsgabeln befestigt, so daß die vorstehenden Verbindungsteile weit von der Statorwicklung entfernt sind.

Eine andere Gabelwicklung, die ebenfalls für einen Rotor ausgeführt wurde, zeigen Fig. 429 bis 432.

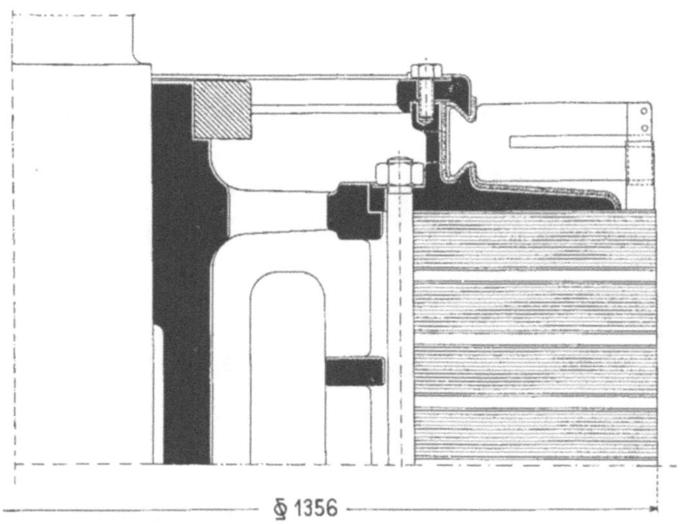

Fig. 429.

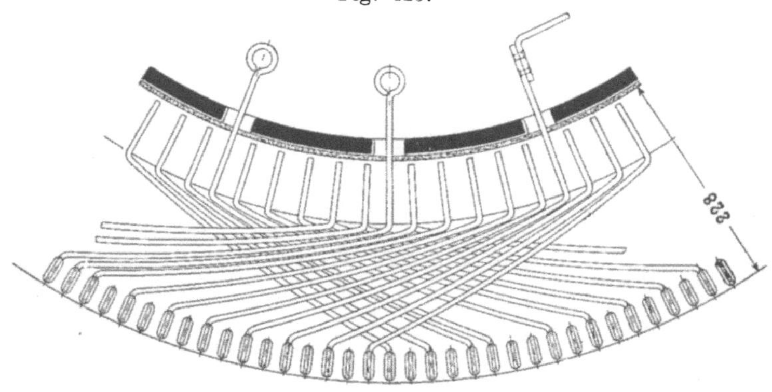

Fig. 430.

Fig. 429 und 430.   E.-A.-G. vorm. Kolben & Co., Prag.   Rotor eines sechspoligen Drehstrommotors.   700 PS, 5500 Volt, 406 Umdrehungen per Minute, 20,3 Perioden.

Die Gabeln bestehen aus gefaltetem Kupferband und sind gegen die Wirkungen der Zentrifugalkraft am Gußkörper des Rotors isoliert festgehalten. Eine Ableitung zu den Schleifringen und eine Verbindung zum neutralen Punkt ist sichtbar.

Werden die Stäbe in zwei Lagen übereinander angeordnet, so ist in allen Fällen eine sog. Mantelwicklung oder Faßwicklung ausführbar. Die Stäbe mit ihren Querverbindungen liegen dabei auf einem Zylindermantel. Die Wicklung zeichnet sich durch große Einfachheit aus. Jedoch hat sie in vielen Fällen den Nach-

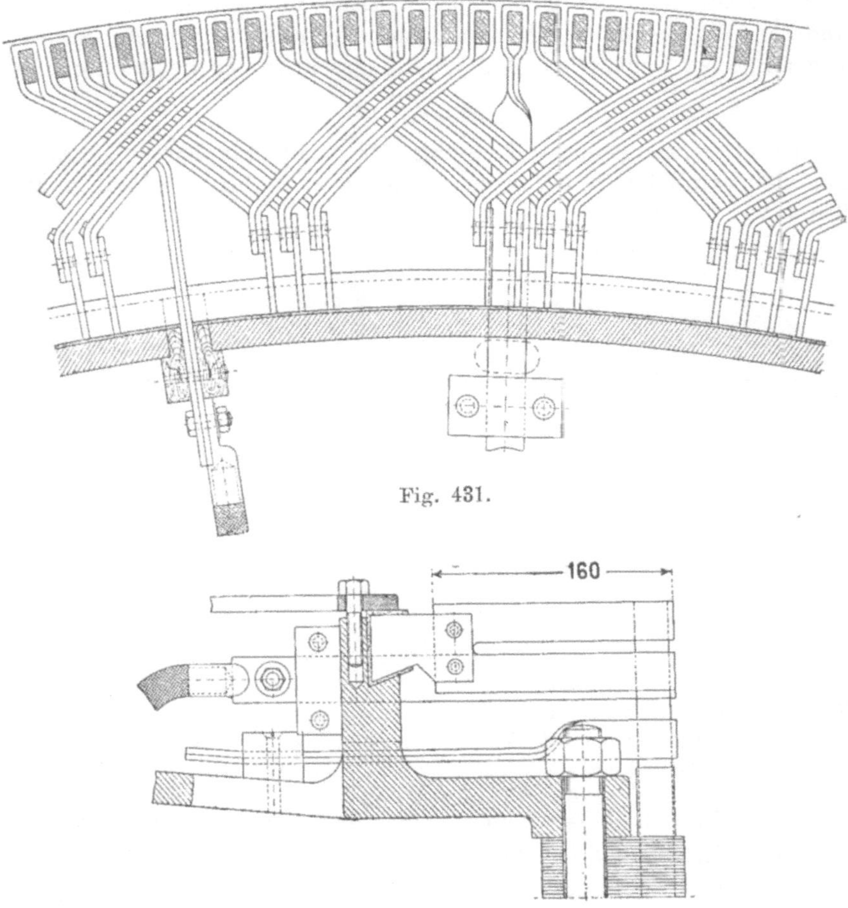

Fig. 431.

Fig. 432.

Fig. 431 und 432. Rotorwicklung mit Verbindungsgabeln.

teil, daß sie in axialer Richtung mehr Platz einnimmt als eine Bogen- oder Gabelwicklung. Die Herstellungsart der Wicklung hängt von der Größe des Stabquerschnittes sowie davon ab, ob die Nut offen oder halb bzw. ganz geschlossen ist. Bei kleineren Stabquerschnitten und offenen Nuten kann eine ganze Windung aus einem einzigen Stück hergestellt werden: Der Stab wird dann, wie

Fig 433 zeigt, bei C abgekröpft und auf einer Schablone in die Form A-B-C-D-E-F gebogen.

Liegen mehrere Stäbe in einer Nut, so können alle nebeneinander liegenden Stäbe (s. Fig. 339) gemeinsam isoliert und in die Nut eingelegt werden. Die nebeneinander liegenden Stäbe, die in der einen Nut beisammen sind, müssen in diesem Falle in der anderen Nut ebenfalls beisammen bleiben, was nur zutrifft, wenn, wie auf S. 94 angegeben, der Wicklungsschritt der Bedingung

$$y_1 = y_n u_n + 1$$

entspricht. Eine solche Wicklung für einen Einphasengenerator mit vier parallelen Außenzweigen und zwei Stäben pro Nut zeigt Tafel V.

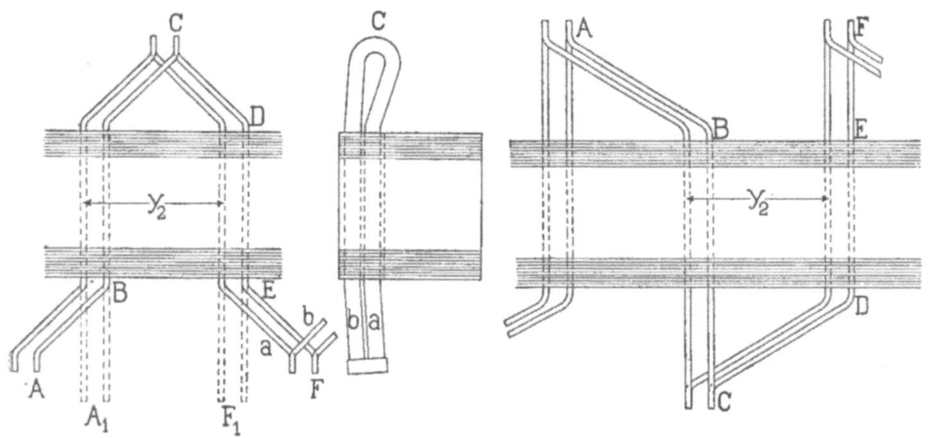

Fig. 433. Mantelstabwicklung, bei der jede Windung aus einem Stück hergestellt ist.

Fig. 434. Mantelstabwicklung.

Sind die Nuten ganz oder nahezu ganz geschlossen, so kann ein nach Fig. 433 gebogener Stab nicht in die Nuten eingebracht werden.

Um das zu ermöglichen, wird der Stab auf der Schablone in die Form $A_1 C F_1$ gebogen, seitlich in die Nuten eingeschoben und dann von Hand nach EF und AB abgebogen.

Dieses nachträgliche Abbiegen fällt fort, wenn wir, wie in Fig. 434 dargestellt ist, eine Windung aus zwei Teilen ABC und CDF zusammensetzen, wobei jeder Teil nur einseitig abgekröpft ist. Nachteilig ist die große Länge des Spulenkopfes.

Diese jetzt vielfach angewendete Wicklungsart, mit zwei oder mehr parallelen, durchgeführten Lagen und entweder einseitig nach

Schema Fig. 434 oder beiderseitig nach Schema Fig. 433 abgebogenen Enden, wurde sowohl für Wechselstrom- als Gleichstrommaschinen von Brown, Boveri & Co. eingeführt.[1])

Einen mit einer derartigen Wicklung ausgerüsteten Stator zeigt Fig. 435. Bei dieser sind die Stäbe einseitig abgebogen.

Fig. 435. Alioth. 500 PS, 250 Volt, $n = 428$, $c = 50$.

Die Querverbindungen der Stäbe können auch von der Zylinderfläche nach außen abgebogen werden, wie Fig. 458 zeigt. Man verbindet auf diese Weise die Vorteile einer Mantelwicklung mit der geringeren Raumbeanspruchung einer Gabel- oder Bogenwicklung.

---

[1]) Schweiz. Patent Nr. 5914 v. J. 1892.

Fig. 436. Siemens-Schuckert-Werke. Reihenschlußmotor für 11 PS,
$n = 1500$, $c = 50$.

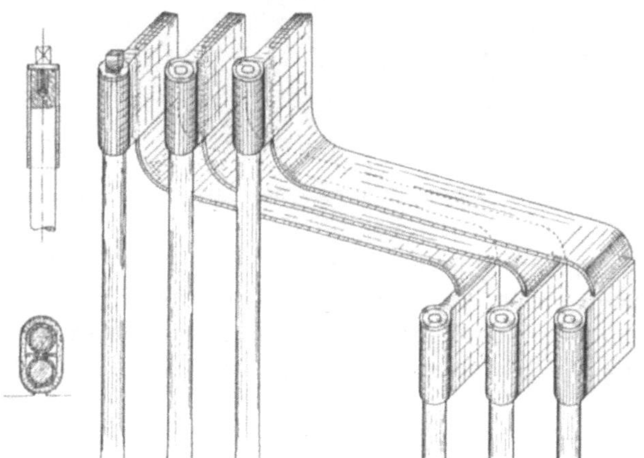

Fig. 437. Mantelwicklung mit Verbindungen aus Kupferband.

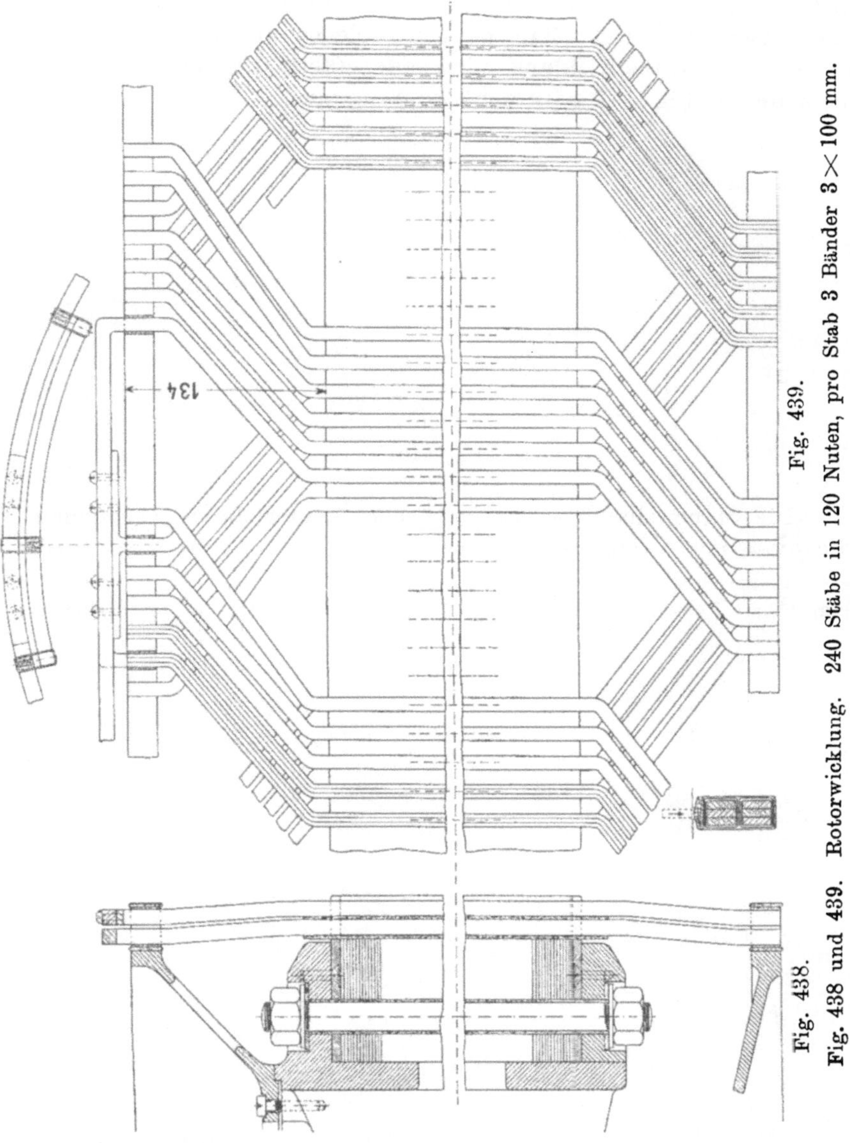

Fig. 439.

Rotorwicklung. 240 Stäbe in 120 Nuten, pro Stab 3 Bänder 3×100 mm.

Fig. 438.

Fig. 438 und 439.

Die Ausführung einer Mantelwicklung für den Stator eines Kommutatormotors zeigt Fig. 436. Der abgebildete Eisenkörper wird fertig bewickelt in das Gehäuse eingebracht.

Die Mantelwicklungen mit abgekröpften Stäben geben bei großen Polteilungen und großen Stabzahlen pro Pol oft unerwünscht lange Spulenköpfe, so daß nicht nur der Kupferverbrauch verhält-

nismäßig groß, sondern auch die axiale Länge der Maschine erheblich vergrößert wird. Man geht in solchen Fällen entweder zur
Bogen- oder Gabelwicklung über oder führt die Mantelwicklung
nach der in Fig. 437 dargestellten Weise aus.

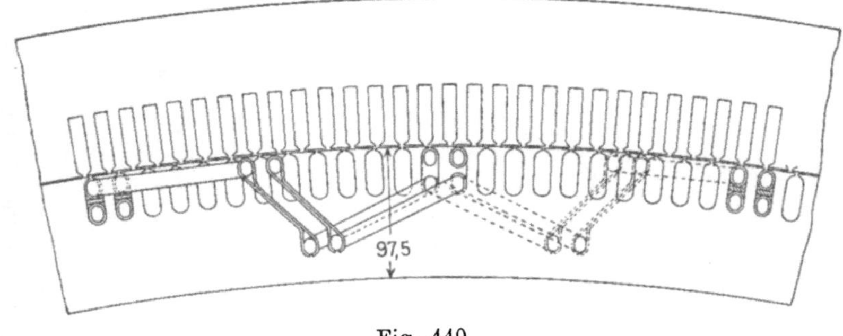

Fig. 440.

Die Stäbe sind hier durch flache Kupferbänder verbunden,
die axial nur wenig Raum brauchen.

Fig. 441 a.   Rotornut.   Fig. 441 b.   Statornut.

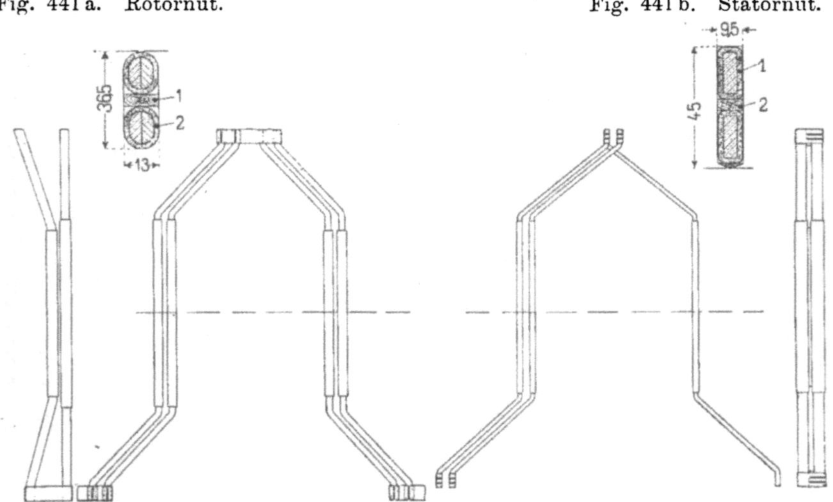

Fig. 442.   Stäbe des Rotors.   Fig. 443.   Stäbe des Stators.

Eine andere Lösung für das Einbringen von gebogenen Stäben
in die Nut gibt Fig. 438 und 439.   Hier besteht jeder Stab aus
drei parallelen nicht voneinander isolierten Kupferbändern, die so
schmal sind, daß jedes für sich allein durch die schmale Öffnung
der Nut eingelegt werden kann.

Die Stator- und die Rotorwicklung eines 40poligen 170 PS-Dreiphasenmotors für 500 Volt und 20 Perioden sind in den Fig. 440 bis 443 dargestellt. Der Stator besitzt Nuten von $45 \times 9,5$ mm mit zwei Stäben von $16 \times 5,8$ mm, die mit Glimmer (1) von 1,5 mm Stärke und Einlage einer 3 mm starken Holzleiste (2) isoliert sind. Der Rotor hat Nuten von $36,5 \times 13$ mm; die Stäbe sind mit 2 mm Preßspan (2) umwickelt und zwischen den Stäben liegt eine Holzleiste (1) von 4 mm Stärke.

Fig. 444. V. E. Wien. Rotor mit aufgeschnittener Gleichstromwicklung.

Einen fertig bewickelten Rotor mit aufgeschnittener Gleichstromwicklung zeigt Fig. 444.

Bei den Rotoren nach Fig. 445 bis 449 ist eine Vereinigung einer Mantelwicklung mit einer Gabelwicklung angewendet. Die Fig. 445 bis 447 zeigen einen Rotor mit Kurzschlußwicklung, die auf einer Seite den Polschritt ausführt und auf der anderen Seite durch Messingbänder und einen auf der Welle sitzenden Ring kurzgeschlossen ist. Der Rotor gehört zu einem 20 PS-Drehstrommotor.

Bei der Rotorwicklung nach Fig. 448 und 449 werden die Stäbe einseitig abgebogen und der abgebogene Teil des Stabes bildet den einen Schenkel der Verbindungsgabel. Über die vorstehenden Stabenden werden gerade oder leicht gebogene Kupfer-

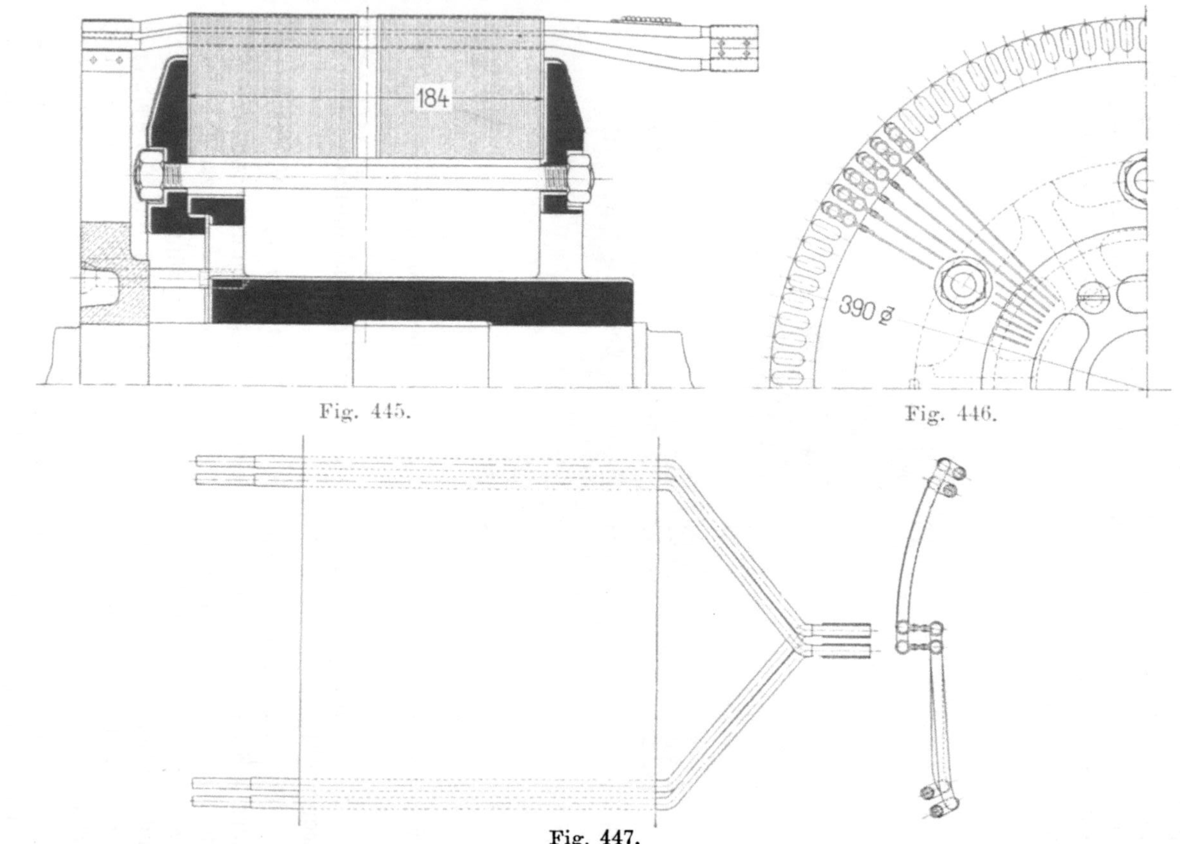

Fig. 445 bis 447. E.-A.-G. vorm. Kolben & Co. Rotor mit Kurzschlußwicklung für einen 20 PS-Dreiphasenmotor.

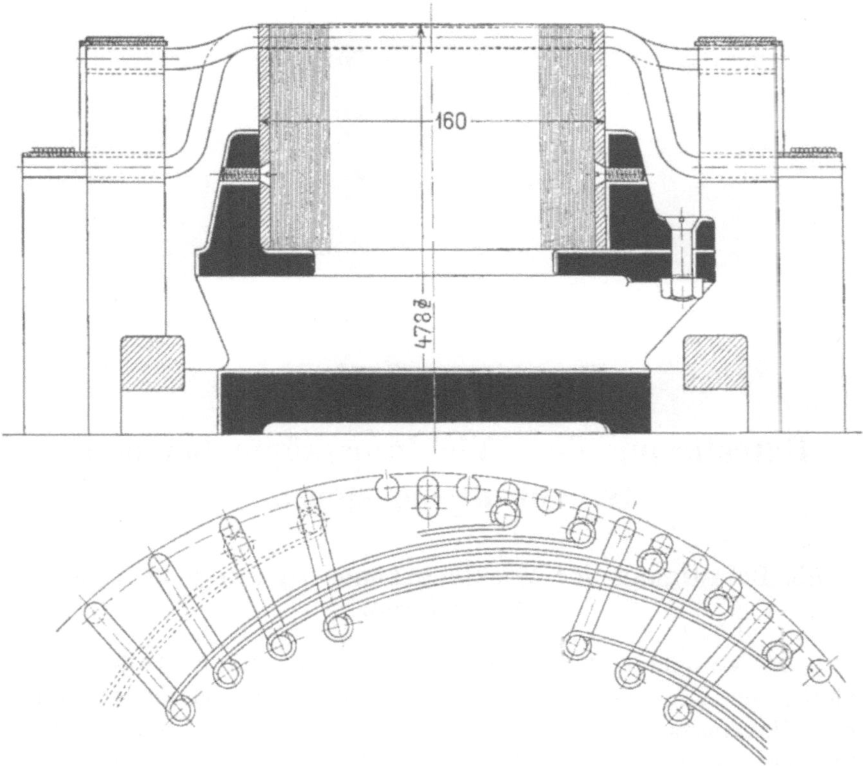

Fig. 448 und 449. Rotor eines Dreiphasenmotors. 40 PS, 550 Volt,
1000 Umdrehungen i. d. Minute, 6 Pole.

bänder mit Ösen an beiden Enden geschoben, die je einen abgebogenen und einen geraden Stab verbinden.

Fünfzehntes Kapitel.

Befestigung der Wicklungsköpfe bei den Synchrongeneratoren.

55. Befestigung der Wicklungsköpfe bei den Synchrongeneratoren.

Zur Aufnahme der mechanischen Kräfte, die im Falle eines plötzlichen Kurzschlusses oder eines falschen Parallelschaltens auf die Wicklungsköpfe wirken[1]) und eine Deformation derselben verursachen können, werden die Wicklungsköpfe besonders befestigt. Wir können zwei Fälle unterscheiden.

a) Die Wicklung ist nach Art einer Mantelwicklung angeordnet.

In diesem Falle wird die Wicklung etwas nach außen gebogen und entweder in Konsolen, die an die Preßplatte (Fig. 450 und 451) oder an das Gehäuse (Fig. 452 und 453) angeschraubt sind, gefaßt, oder es werden ein oder zwei Ringe angeordnet, die die Wicklung halten (Fig. 454).

b) Die Wicklung ist nach Art einer Stirnwicklung ausgeführt. Dieser Fall kommt häufiger vor. Die Befestigung kann geschehen erstens mittels eines oder mehrerer Schraubenbolzen, die mit den Preßplatten verschraubt werden (Fig. 455). Wicklungsbefestigungen dieser Art sind in den Fig. 456 bis 461 abgebildet. Die Bolzen können gegeneinander (Fig. 461) und gegen das Gehäuse versteift werden.

Um das Abbiegen der Ankerleiter an den Stellen, wo sie die Ankernuten verlassen, zu verhindern, werden Distanzklötze ange-

---

[1]) S. WT IV, Kap. XVIII.

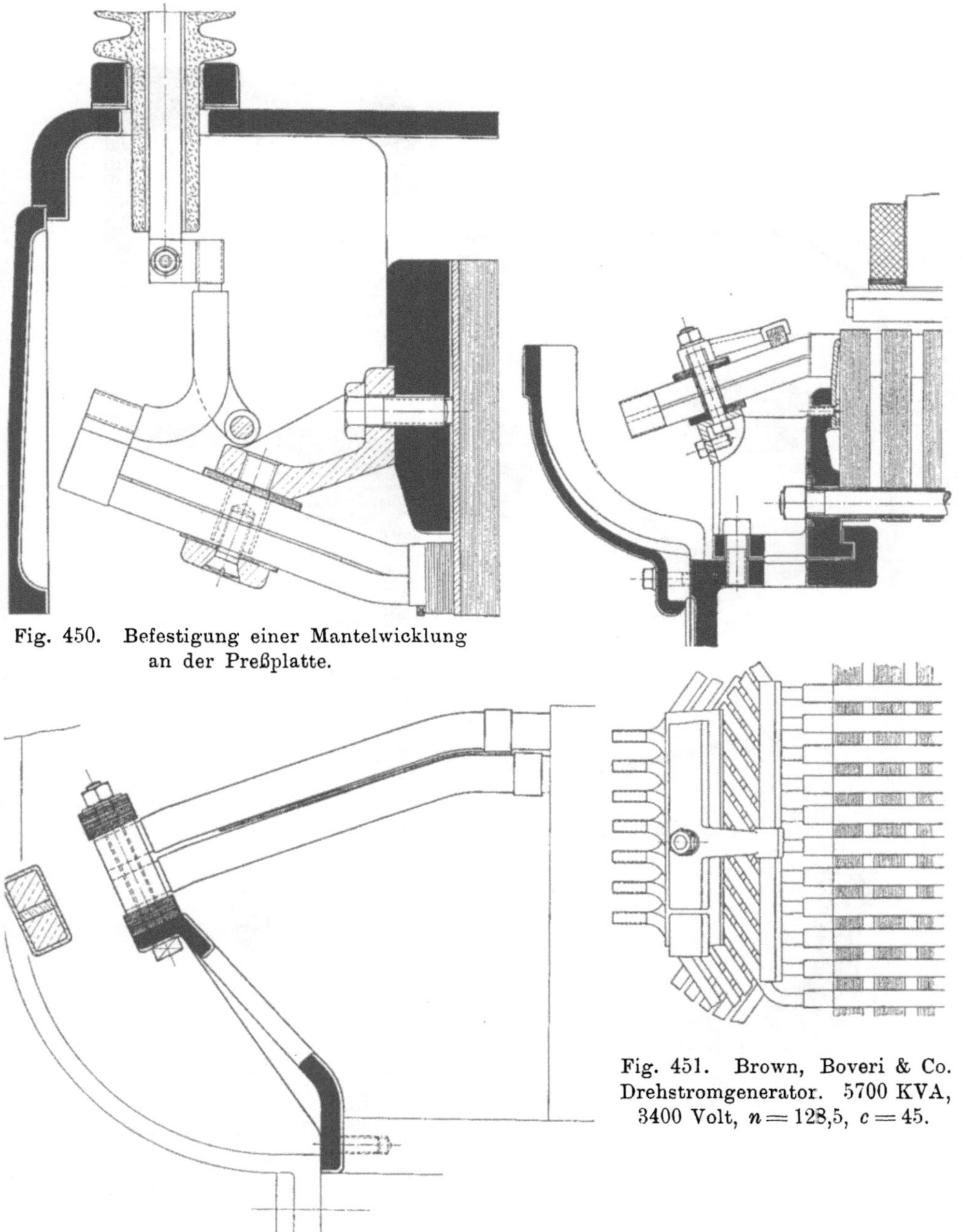

Fig. 450. Befestigung einer Mantelwicklung
an der Preßplatte.

Fig. 451. Brown, Boveri & Co.
Drehstromgenerator. 5700 KVA,
3400 Volt, $n = 123,5$, $c = 45$.

Fig. 452. El.-Ges. Alioth. Einphasengenerator, 1000 KVA, 850 Volt,
$n = 500$, $c = 25$.

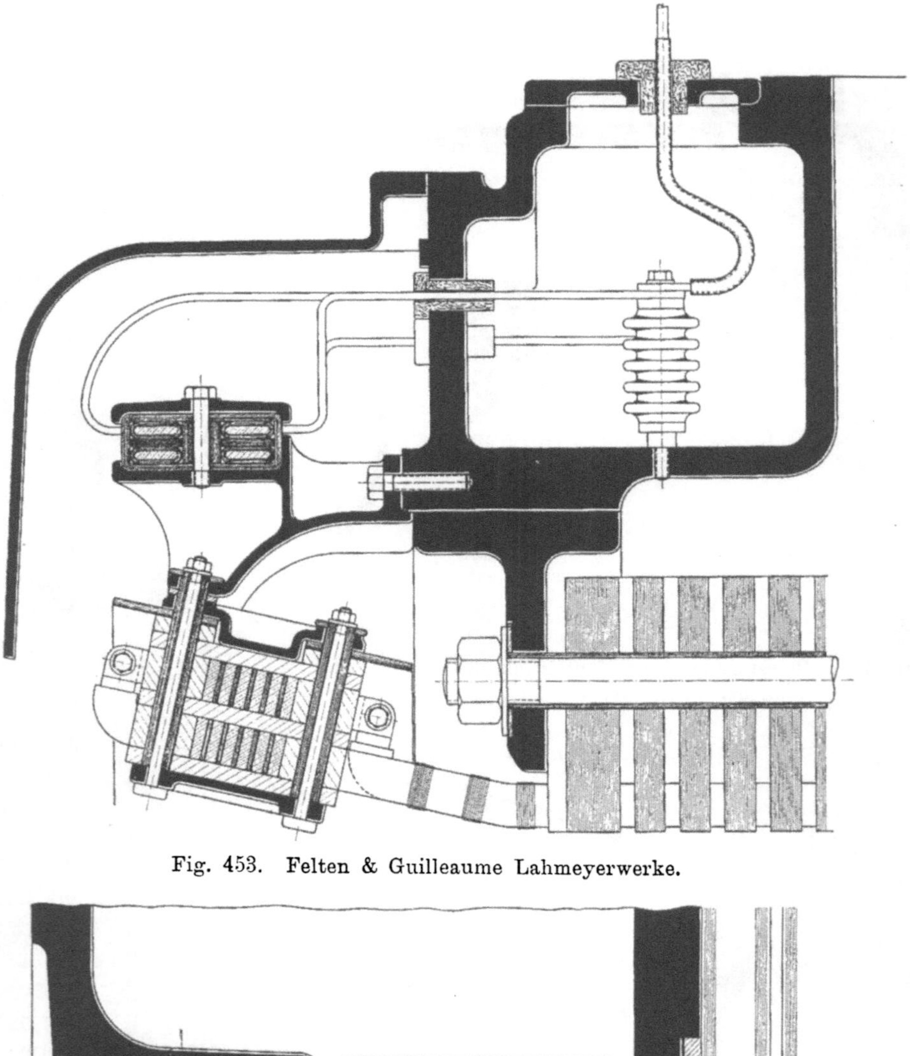

Fig. 453. Felten & Guilleaume Lahmeyerwerke.

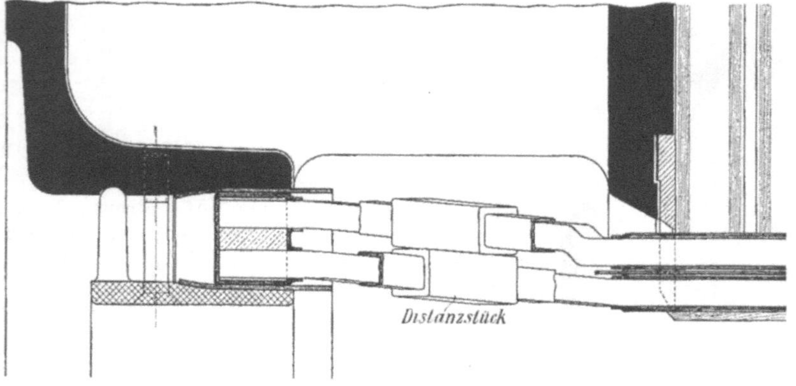

Fig. 454. Siemens-Schuckert-Werke. Dreiphasengenerator. 6250 KVA,
4400 Volt, $n = 300$, $c = 50$.

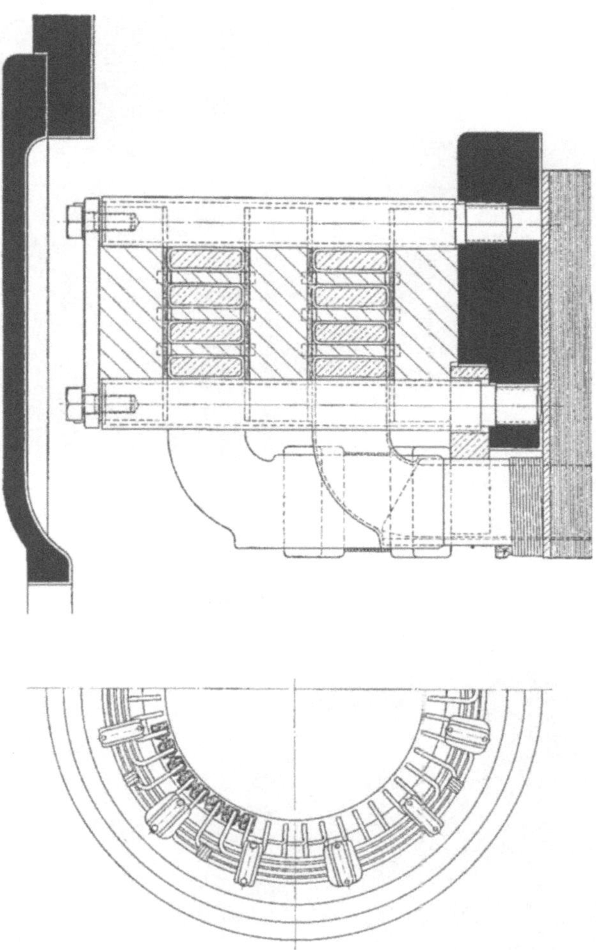

Fig. 455.   Befestigung einer Stirnwicklung an der Preßplatte.

Fig. 456. British Westinghouse. Dreiphasengenerator. 1500 KVA,
6600 Volt, $n = 750$, $c = 25$.

Fig. 457. Société Alsacienne de Belfort. 2150 KVA, 3000 Volt, $n = 1500$,
$c = 25$.

Fig. 458. Maschinenfabrik Örlikon. Drehstrom-Turbogenerator. 9300 KVA,
8650 Volt, $n = 1260$, $c = 42$.

Fig. 459. Siemens-Schuckert-Werke. Drehstromgenerator. 2000 KVA,
$n = 3000$. Gehäuse mit eingebauten unbewickelten Statorblechen.

Fig. 460. Siemens-Schuckert-Werke. Drehstromgenerator. 2000 KVA, $n = 3000$. Gehäuse mit eingebauten bewickelten Statorblechen.

Fig. 461. Siemens-Schuckert-Werke. Drehstromgenerator. 2000 KVA, $n = 3000$. Stator mit Wicklungsversteifung.

wendet (Fig. 462) oder die Mikaniträhren werden durch Bronzeguß-
stücke nach Ausführung Fig. 463 versteift.   Damit im Falle etwaiger
Verschiebung der Wicklung die Isolierrohre an den Austrittstellen

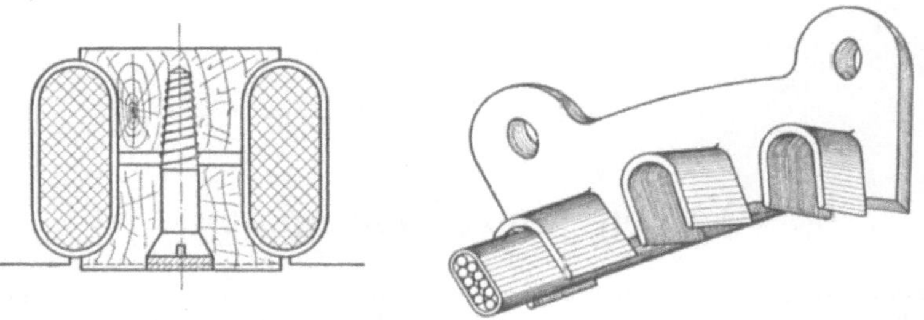

Fig. 462.   Fig. 463. Versteifung der Mikanit-
                         röhren durch Bronzestücke.

nicht brechen, werden manchmal die Nuten an den Enden etwas
erweitert und die Wicklung an diesen Stellen mit Bändern umwickelt.

Namen- und Sachregister.